混凝土结构安全性耐久性及裂缝控制

——混凝土结构设计规范的问题讨论

陈肇元

中国建筑工业出版社

图书在版编目（CIP）数据

混凝土结构安全性耐久性及裂缝控制——混凝土结构
设计规范的问题讨论/陈肇元. —北京：中国建筑工业
出版社，2013.4
　ISBN 978-7-112-15134-9

　Ⅰ.①混…　Ⅱ.①陈…　Ⅲ.①混凝土结构-结构设计-
设计规范-研究　Ⅳ.①TU370.4

中国版本图书馆 CIP 数据核字（2013）第 031003 号

　　　　本书为作者编写的关于国家标准《混凝土结构设计规范》在结构安全性、耐久性和裂
缝控制的设置水准上值得探讨的一些问题，指出现行规范对结构构件安全性的要求过低，
尤其是忽略了结构安全性中的整体牢固性要求。规范提出的与耐久性有关的最低要求也不
能保证一般混凝土结构的合理使用寿命。但规范在裂缝控制的措施上，反而设置不必要的
过严要求。混凝土结构设计规范似应作较大修改，以适应当前大规模工程建设和可持续发
展的时代需求。本书可供建筑结构设计人员、科研人员与高校师生参考。

　　　责任编辑：蒋协炳
　　　责任设计：赵明霞
　　　责任校对：姜小莲　赵　颖

混凝土结构安全性耐久性及裂缝控制
——混凝土结构设计规范的问题讨论
陈肇元
*
中国建筑工业出版社出版、发行（北京西郊百万庄）
各地新华书店、建筑书店经销
北京科地亚盟排版公司制版
北京中科印刷有限公司印刷
*
开本：787×1092 毫米　1/16　印张：20　字数：470 千字
2013 年 4 月第一版　　2013 年 10 月第二次印刷
定价：**68.00** 元
ISBN 978-7-112-15134-9
（23224）

前　　言

我在清华大学土木工程系从教至今正满 60 年，这段时间中，大部分的工作时间是在工程结构试验室内度过的。步入老年以后，做不动需要繁重体力的工程结构试验了，于是只能思考长期工作中经常感到困惑的一些问题，其中比较重要的一个，就是与国外相比，我国混凝土结构的安全性与耐久性在设置水准上要低得很多，那么这种状态是否合理。

一个建筑物的性能要求，在市场经济制度下应该是建筑物的业主、投资开发方和使用者来确定，当然还要满足工程的设计、施工与验收规范基于国家与社会利益提出的最低要求。但是我国的业主或开发方，至今仍缺乏对于工程质量要求的参与意识，加上设计人员习惯于按照技术规范的最低要求进行设计，这应该是我国结构工程的安全性普遍较低和使用寿命短促的一个主要原因。工程的开发商应该通过提升工程质量和技术水平争取市场，而在我国，有的开发商甚至能在工程建设中雇佣技术人员钻规范最低要求的空子，千方百计地偷工减料。

回顾历史，国外的结构设计规范对于结构安全性的设置水准，走的是一条从高到低的道路，开始时很高，取得实践经验以后逐步降低，最后趋于稳定；我们则从新中国成立后开始，走的是一降再降的路子，到了 20 世纪 60 年代降至谷底。于是到了改革开放的 20 世纪 80 年代以后，面对大规模现代化工程建设的高潮、住房的私有化以及人们对于工程高质量、长寿命、更安全的迫切期望和可持续发展的要求，再反过来要提高设计规范的最低要求，就必然会遇到种种阻力，成为政府和规范主管部门面对的一个难题。这种局面是历史条件造成的，新中国成立后历经几十年的备战备荒、物资供应短缺和城镇所有建筑物均为国有并由国家提供的经济困难时期，结构设计规范属于上层建筑，不得不降低质量要求为这种困难的经济基础服务。

我国的混凝土结构设计规范，以往又是一本混凝土的"构件"设计规范，够不上"结构"设计规范的水平，它忽略了结构安全性中的整体牢固性，而正是整体牢固性不足引起的连续倒塌，才是造成人员财产严重损失的主要祸首；如果整体性好，个别构件的损伤和破坏尚不至于会引起严重损失。

设计规范本应是设计人员的良师益友，但我国的一些设计人员往往误以为技术规范就是针对他们的法规，认为只要满足规范条文的最低要求照猫画虎地做设计，即使出了事故也能免于追究；这种"只对规范负责而不对工程负责"的认识，造成了对规范的严重依赖，束缚了技术人员的创造性并阻碍技术进步。这种认识也不能完全责怪他们，因为在认定工程事故的责任时，就常以是否符合技术规范进行判决的。认识上对规范的定位不当，将规范条文的最低要求作为唯一要求，又不适当的将各行各业的结构设计规范都用可靠度"统一"起来，进一步扩大了我国工程质量与国外的差距。

此外，大量未经培训的农民工成为当前施工一线的主力军，施工中的层层转包等管理不善，某些地方领导痴迷于政绩工程瞎指挥，也是严重影响工程质量的重要原因。

既然结构设计规范对于我国建筑工程的质量起到了关键作用，所以在探讨混凝土结构的安全性、耐久性和适用性时，就不能回避规范在这些方面存在的问题。何况提高结构工程性能所需的费用，与建造整个工程所需的投资相比，现在已几乎到了微不足道的程度。

本书选自作者历年来撰写的关于混凝土结构设计规范在安全性、耐久性和裂缝控制上存在不足的主要文章，共分三部分：第一部分是混凝土结构的安全性与耐久性，写作时间在 20 世纪 90 年代以后；第二部分讨论混凝土结构适用性中的裂缝控制问题；第三部分介绍几个典型的结构连续倒塌案例。每部分均按写作时间的先后排序。读者在阅读时，请注意与文章写作时间相应的混凝土结构设计规范版本，这里主要有 GBJ 10—89（1990—2001），GB 50010—2002（2002—2011.6），GB 50010—2010（2011.7—至今）。凡提及更早的规范版本如 TJ10-74，BJG21-66，规结 6-55，都已在文中分别注明。在文集的每篇文章后面，有这次编辑时所加的"编后注"，简要说明文章的写作时间和背景。

最后需要指出的是，2011 年开始实行的国家标准《混凝土结构设计规范》，在结构安全性与耐久性的最低要求上已有了良好的开端。比如开始将结构的整体牢固性要求列入了规范，尽管尚缺乏相关的具体规定；对于结构耐久性，明确要求所有的钢筋包括主筋、箍筋、分布筋等都需有同样大小的混凝土保护层最小厚度。此外，新规范在总则中明确指出：本规范是对混凝土结构设计的"基本要求"，"基本"两字是否也有了一点"至少"或"最低"的意思。设计规范不能包罗万象地解决所有问题，设计人应根据规范的基本要求进行创造性的脑力劳动而不是机械地执行条令，因为只有根据具体情况进行思考，才会做出合理的设计，才会有技术的进步和建筑业的发展。

规范的修订不宜跨越式前进，路子可以一步一步地快走。要是我国的设计规范也能像国际上通用的著名规范一样，每隔 3～5 年能够修改再版一次，能紧跟我国快速发展的工程建设需要不断地丰富、完善，再结合我们半个世纪来执行低安全度标准中得到的教训与有益经验，沿着这次新规范修订的路子继续走下去，相信定能在不久的将来，会有既具我国特色而又切合现代化建设需要的混凝土结构设计规范。

国家标准混凝土结构设计新规范中也还有一些值得讨论的问题，比如在具体条文中，当保护层厚度超过 5cm 时，要求在保护层内再加一层普通钢筋网，这样一来，最外层钢筋网的保护层厚度很可能只剩下 2～3cm，反而使混凝土构件的使用寿命缩短到原有的几分之一。欧洲规范中当保护层很厚而又采用非常粗的钢筋（如直径大于 32mm）时，为防止混凝土保护层剥离，才有在保护层中需加一层钢筋网的规定，但网的钢筋必须用不锈钢做成；美国规范规定海洋严酷环境中的混凝土保护层最小厚度有到 10cm 的，并不需要在保护层内再设置一层钢筋网片。

此外，混凝土结构设计规范在每次改版中变得越来越厚，从 20 世纪 50 年代最早发布规结 6-55 的 105 条共 44 页，膨胀到现在 GB 50010—2010 的 504 条共 425 页，逐渐向着设计手册方向蜕变。我国幅员广阔，各地经济、技术发展水平参差不齐，甚至相差相当悬殊。作为全国使用的国家标准，很难在各方面都能适合各地的实际。今后，似应大力发展地方性的技术规范或标准，国家标准似乎只需提出原则性的条文。政府主管部门应该积极鼓励学会和协会编制各种指南性文件，类似美国的 ACI 混凝土学会那样，能够出版数以百计的这类资料与规范相配合。

时代在进步，技术在发展，本书收录的文章中所反映的设计规范问题，有的或许已经过时，但按这些设计规范建成的工程现在仍在使用，而现行的设计规范在安全性与耐久性上似乎还需提高，所以说出来期望大家指正。文集中的一些提法也可能有片面之处，恳请读者不吝赐教。

陈肇元

2012 年 11 月

目　录

第一部分　混凝土结构的安全性与耐久性

关于结构设计的安全度

——致混凝土结构设计规范编写组的信

感谢编写组邀我参加混凝土结构设计规范的修订会，只是与另一重要会议的时间冲突，所以只得请假，并表歉意。

我国混凝土结构设计规范的编制和修订，近年来一直在中国建筑科学研究院李明顺总工的主持下，为我国建筑工程的建设做出了很大贡献。现行规范条文中对于结构构件的具体设计要求，除了受弯构件的抗剪设计与最小配筋率限制等部分外，似乎没有太多可挑剔的。现在的问题主要来自大形势的变化，需要大幅度地提高建筑结构设计的安全度。

客观形势的主要变化有：

（1）出自可持续发展的考虑，要求建筑物有更高的耐久性，更长的使用寿命。

（2）建筑物内各种设施的价值愈来愈高，要求建筑结构做得更安全、更牢固，在灾害作用下有更高的保障人员财产少受损失的能力。

（3）对建筑物的功能要求越来越高，承受的荷载也越来越大，在长期使用过程中需有更大的灵活性，能适应改造、提高的需要。

（4）结构的造价在整个建筑物的建造费用中所占比例愈来愈低。在我国改革开放以前，建筑物的整个建造费用中以结构造价为主，建筑装修、建筑设备等费用都很低，更没有现在那样地价、拆迁、城市建设等等一大笔附加费。刚开始有商品房时，以结构造价比例最高的住宅为例，1980 年商品房售价仅有 180 元/m²，可是现在中等城市内的商品房已卖到 2000 元/m²（清华这里要 5000 元/m²），这 2000 元中，土建成本大概是 800 元/m²，其中结构部分约占 300～400 元/m²。以 2000 元/m² 房价加上老百姓搬进去的装修费用大约要 2400 元/m²，所以结构费用只占整个建筑费用的 1/7 左右，而其中的钢筋混凝土部分所占更少。就结构抗震设计而言，据说抗震烈度每增加一个等级，结构造价大概增加 8%，现在老百姓自搞装修可以花 300～500 元/m²，他只要拿 1/6 左右的装修费就可以将所住房子的抗震能力提高一个烈度。把结构的尺寸设计得厚实一点，钢筋用的多一点，对总造价几乎不会有太大影响。至于高挡办公楼、厂房等建筑物，结构造价所占比例更低。

（5）建筑物成为商品

房屋建筑的商品化也许是最重要的变化。过去所有房子是公产，政府出钱盖，坏了公家修。国家经济一直困难，我们规范组为国家省钱，所以强调节约再节约，而现在的房子是商品，大家出钱买，这房子如果不够结实，维修的钱是要自己掏的。如果北京真的来个地震，房子裂了谁掏钱？是房主。所以我现在怀疑，要是继续遵循所谓"大震不倒、中震可修、小震不坏"的抗震设计原则是否明智？搞不好，一来中小地震，房子就裂得一塌糊涂，造成的直接和间接损失，老百姓会受不了的。北京现在人心惶惶，又说要来 6 级地震，谁不愿意多花每平方米几十元买个心里踏实？国内的几本结构规范中，问题最大的是荷载规范；前两年，清华大学盖个家属区，不许居民在装修时铺地板砖，铺好的限令拆除，因为校内出现了楼板被地板砖压裂的案例。

（6）从国际接轨的角度看，中国规范远远落后于国际标准。我们的规范打不到国外去，因为我们的安全度太低，或许白送给一些经济落后的非洲国家作为援外工程还可以；但事实上，援外工程多精雕细琢，质量要高于国内一般工程。对国家来说，现在工厂里的钢材积压卖不出去，政府要启动消费，如果我们几本结构设计规范能和国际上大体取齐，与国际接轨，使房子更耐久，更安全，这样国家得利，老百姓得利，投资人也有利，那有什么不好呢？

这次规范修订，我主要的想法就是上面所说的，现行的结构设计规范在安全度和耐久性要求上要大幅度提高。

有的同志提出，如果一下子将安全度变动太多，过去设计的房子怎么办？那么可以反问：汽车、空调机等高档商品从来就是不断提高质量，为什么房子作为最大件的商品要提高质量时就得向后看？我真希望不久的将来，国内的房地产开发商能在报纸上会有这样的广告做宣传："本工程按修订后的新规范设计，更牢靠，更耐久，用钢量更多，结构更厚，有更强的抵御各种不测之灾的能力，每平方米造价只需多花几十元钱"，说不定会生意兴隆。

这些说法有的可能是近乎玩笑之言。提高结构安全度也绝不是混凝土结构设计规范和荷载规范的编写组所能最后拍板决定的事，规范组有机会时能否和政府主管部门研究反映一下，因为这与政府的技术政策有关。

就混凝土结构而言，客观的形势变化还有近年来在混凝土材料中引入了各种外加剂和掺合料，使得现在的混凝土在性能上出现了新的特点，是否需要在混凝土结构设计规范内增加相应的条文，从结构设计角度对混凝土配比和生产、施工提出要求。此外，混凝土的设计强度是否必须都以 28 天强度为准（特别是粉煤灰混凝土）。出于耐久性和节材的需要，混凝土的过高水灰比应加限制，还要强调采用较高强度等级的钢筋。

抗震这一块不知以后在混凝土结构设计规范中怎么体现。结构抗震专家沈聚敏教授在生前一直呼吁，认为现在的规范在抗震上不够安全。国内有些做结构抗震研究的也是习惯于挖潜力，每人各从某一角度孤立的去挖，你挖、我挖、大家挖，抗震安全度挖得愈来愈小。土建工程是百年大计，在结构安全度上我们与国际相比确实差得太多，难道资本主义发达国家就这么浪费？还是我们到现在还仍守着战争年代的观点。如果说我们过去为国家分忧，就是要千方百计节约紧缺的钢材，勒紧裤带，准备打仗；那么今天为国分忧，就是要合理的启动消费，让多余钢材发挥作用，将结构设计的更耐久，更牢靠，使老百姓住得更放心。结构的安全度在一定程度上是和人的吃饭标准差不多的，经济困难时期每天二、三个窝窝头也能过日子，就好像已经满足了"安全度"一样。现在难就难在随着形势变化，如何放宽标准尺度。太过分的安全度也是糟蹋资源，为可持续发展所不容。"节约"一词也是如此，我们现在的生活方式如果拿五十年代标准衡量，纯属浪费，毫无疑问要以资产阶级思想予以深刻批判的。

我国规范的安全度和国外的差别，先从设计荷载的标准值看，如办公楼和住宅的活荷

载 Q，中国是 1.5kPa，而国际通用的美国 UDC 规范则为 2.4kPa（办公楼）和 1.9kPa（住宅）；这个标准值还要用荷载分项安全系数放大，英国规范是 $1.4G$（恒重）$+1.6Q$（活载），美国是 $1.4G+1.7Q$，而我国只有 $1.2G+1.4Q$，这样在活载的设计值上已经差了百分之好几十。在结构材料强度的分项安全系数上，混凝土的分项系数我们是 1.35，英国是 1.50，又差了百分之十。

拿我们的规范给外国老板在华的企业搞设计，是给外国人省了钱，可是人家如果懂行，还以为在拿中国的低标准降低了他们资产的质量。从中国人民的消费心理看，我们规范给他们省这点小钱也不一定就会领情，就拿我们还算懂点土建常识的人，在单位分房买房时，谁不先打听打听这房子的结构构造，恨不得房子愈结实愈好；要是普通老百姓知道我们设计的房子居然与国际标准有如此大的差距，没有意见才怪？另外，在发达国家，房产是和保险业紧密结合的，随着我国房产私有化的进展，保险业也将会和房子挂上钩，结构的安全度愈低，保险费交的愈多，中国的百姓将来是否要为现在国内设计规范的低安全度不断付出代价？

难道我们就代表了国家利益吗？上面已经说过了，现在国家要的是提高人民生活质量，不论是国有或民有房屋，都要有更安全、更耐久的结构，要启动消费，要少些人下岗。

所以，我们的决策者如果仍要守住老的安全度，或者只是一点一点的慢慢提高，加上规范每修订再版一次还要十来年，这究竟是为什么？对谁有好处？

几年前，我多次向上级反映过结构安全度过低的问题，没有得到反应。这次承蒙关照邀我参加会议，因为不能前来，所以将本想说出来的话写在纸上，算个书面发言，供批评参考。

编后注：本文写于 1998 年，文中所指的设计规范主要是当时使用的国家标准，即 1990 年开始施行的《混凝土结构设计规范》GBJ 10—89。建筑结构荷载规范是当时施行的 GBJ 9—87 和更早的 TJ 9—74，此后在 2001 年开始施行的 GB 50009 荷载规范中，对于民用建筑的楼板活载已提高到 2kPa，但总体情况并无较大变化。

要大幅度提高建筑结构设计的安全度

一、建筑结构设计安全度的现状

从 20 世纪 50 年代到现在的几十年内，我国建筑结构的设计标准不论在方法上或具体内容上都有了很大的发展和提高，并经历了容许应力设计法、破损阶段设计法、极限状态设计法和概率极限状态设计法的重大变化，但在结构设计的安全度设置水准要求上，却一直没有大的变动。与国际上通用的设计标准相比，始终处于低安全度的水平。

多大的安全度才算安全？这不是一个单纯技术问题。从根本上说，结构设计安全度的高低，是国家经济和资源状况、社会财富以及设计施工技术水平与材料质量水准的综合反映。提高结构的安全度，必然会增加一点结构造价和耗费更多的材料，但能相应降低结构的失效风险，所以确定建筑结构设计的安全度，还应体现投资者或业主的利益，在结构造价与结构风险之间权衡得失，寻求较优的选择。

我国最早的建筑结构设计标准是学习和借鉴二战后的苏联设计规范而来的，后者采用了低安全度的设计原则，它适应了当时饱受战争重创的苏联为迅速恢复经济和战后重建的急需，也符合我国解放后的政治经济情况。一直到改革开放以前，我国的财政经济状况长期拮据，物资供应普遍匮乏，又处在当时"备战、备荒"的政治大形势下，建筑结构设计自然要强调节省，因陋就简，对长远的考虑自然较少，以至于在结构的设计、施工和研究中，已经在工程界形成了一种倾向，即以节省钢材为荣，将节省钢材等同于"技术先进"，省钢就能获奖受表扬，还从没听说过有人由于多用了钢材但换得更好的长期效益而得到奖励的。

在结构设计标准中，结构的安全度主要体现在安全系数（容许应力法、破损阶段法）、分项安全系数（极限状态法）和可靠指标（概率极限状态法）中，后者在设计表达式中则用多个的分项系数加以体现。事实上，结构设计的安全程度还与其他许多因素相关，如结构构造、构件承载能力计算公式的保守程度以及结构内力（作用效应）分析的保守程度等。

这里我们以混凝土结构设计为例，简要地比较一下我国混凝土结构设计规范 GBJ 10-89 与国外规范在设计安全度上的差别：

1）构造规定

混凝土结构设计的构造要求主要是为了弥补结构强度计算方法的不足，其中有很多是用来保证混凝土结构能有必需的延性，因而构造规定往往与配筋量相联系。低用钢量是我国结构设计标准的最大特色，这从表 1 所示的混凝土最小配筋率的构造规定就可看出。我国 GBJ 10-89 规范确定的柱子压筋最小配筋率为 0.4%，比苏联 1949 年规范中的 0.5% 还要少，后者是根据当年苏联工业建筑研究院对低标号混凝土柱的试验研究结果，认为少于0.5％的配筋率已不能对混凝土柱的工作产生明显作用。如果以我国规范中的0.4％配筋率用于规范中的C60级混凝土并设计成钢筋混凝土柱，则钢筋对柱子承载力的贡献只占4％，这种柱子的工作性能更像是素混凝土柱。从总体上看，GBJ 10—89规范中梁的拉筋和柱的压筋的最小配筋率比起国外来差不多都要低50％以上（表1）。国外对梁的压筋多有最小配筋率要求，而我国无此规定。其他诸如箍筋最小配筋率、箍筋间距、配筋最小直径、混凝土保护层最小厚度等构造规定也普遍比国外标准所要求的低。

2）荷载的设计值与标准值

各国设计规范中的荷载标准值虽说都是统计出来的，但统计时考虑的宽严程度可大不一样。静载的标准值相差不大，而活载就有很大的差异。表2是我国设计混凝土结构楼板时采用的活载标准值与美国规范中的对比。这里既有活载统计对象的界定问题，也有在确定楼层活载的标准值时如何考虑楼板失效后果的严重性和必要的抵抗冲击荷载作用等问题。又如在确定风载时，尽管我国结构设计标准规定的结构基准使用期为50年，可是却以30年一遇的平均最大风速作为风压标准值的依据，也比国外的相应标准值低。

最小配筋率（％） 表1

国别 构件	中国	美国 ACI	英国 BS	日本
柱压筋	0.4	1.0	1.0	0.8
梁拉筋（I级钢筋）	0.15	0.5	0.24～0.32	0.4

楼层活载标准值（kPa） 表2

国别 结构物	住宅	办公室	办公楼门厅	教室	教室走廊	商店	仓库
中国	1.5	1.5	2.0	2	2.5	3.5	5.0
美国	1.9	2.4	4.8	1.9	3.8	4.8	不小于7.2

注：美国的住宅通常指独立的低层住房。

静载和活载组合后的载荷载设计值 表3

国别	荷载设计值	国别	荷载设计值	国别	荷载设计值
中国	$1.2G+1.4Q$	美国	$1.4G+1.7Q$	英国	$1.4G+1.6Q$

荷载设计值的差异不仅反映在荷载的标准值上，更重要的还在于体现荷载安全储备的分项系数上。以静载标准值G和活载标准值Q组合后的荷载设计值为例（表3），静载G的荷载分项系数（或分项安全系数）我国要低17％，活载要低约14％～21％，这样在设计钢筋混凝土楼层时，活载的设计值只是美国的65％（住宅）、51％（办公室）、34％（门厅）、60％（商店）。

3）材料强度的设计值与标准值

材料强度的设计值等于材料强度标准值除以材料分项系数。材料强度标准值也都是统计确定的，各国多取 95% 保证率的强度分位值作为标准值，看起来没有差别，但是各国对混凝土材料现场强度检验的标准不一样，国外的要求比我国严格得多。所以实际的材料强度保证率我国依然偏低。在荷载设计值远比国外低的情况下，我国设计规范中反映材料强度安全储备的材料分项系数又比国外的低（表 4）。同样的材料，我国规定的设计强度要比英美高，混凝土至少高出 5%～10%，钢筋至少高出 3%～6%。

材料强度分项系数（或分项安全系数） 表 4

材料 \ 国别	中国	英国	美国
混凝土	1.35	1.50	1.41（轴压，偏压构件），1.11（受弯构件）
钢筋（Ⅱ级钢筋）	1.08	1.15	1.41（轴压，偏压构件），1.11（受弯构件）

注：美国 ACI 规范设计方法的表达方式与我国及英国不一样，其中无分项系数，表中所列值为经过换算后得出的相当于分项系数的等效值。

4）构件承载力计算公式的保守程度

我国 GBJ 10-89 规范在正载面强度计算上，采用了 $f_{cm}=1.1f_c$ 的规定，使得偏心距处于大小偏压界限附近的压弯构件偏于不安全，也使配筋率较大并接近界限配筋率的受弯构件偏于不安全，当采用高强混凝土或高强钢筋时问题尤为严重，而国外则在正载面强度计算中均取混凝土压区等效矩形应力图的应力 f_{cm} 为 f_c。GBJ 10-89 规范中的抗剪斜截面强度计算公式在一些情况下的安全程度不足更是众所周知，与英美等国的规范比较，GBJ 10-89 规范给出的抗剪承载力计算值有时竟可比国外规范规定的高出一倍以上。此外，柱子的偏心很难避免，所以国际上对于中心受压柱的设计，都给出一个假想的偶然偏心距，而在我国规范中则按理想的对中假定进行计算。可能除了冲切承载能力的计算值以外，GBJ 10-89 规范的各种承载力计算公式的安全程度都比较差。

综上所述，我国的混凝土结构设计规范在相同的情况下进行结构设计时，取用的荷载值比国外低，材料的强度值用得比国外高，在估计结构承载力时所用计算公式的保守程度低于国外甚至在个别情况下偏于不安全，而对结构的构造规定又远比国外要求的低。在牵涉到结构安全度的各个环节中，可以说几乎没有一个环节比起别人来是更偏于安全的。

应该说，参与我国建筑结构设计标准编制的我国科研技术人员，在过去困难的历史环境和条件下，确实为我国的建设事业做出了巨大的贡献，他们在结构设计标准中取用了可能是世界上最低的设计安全度，在材料供应不足、投资经费不足的情况下，为国家建起了尽可能多的建筑结构物，而且绝大多数的结构确已成功经受了三四十年的考验，虽然有不少由于安全度较低以及长期保养不善而未老先衰被拆除。

结构设计的安全度（或可靠度）应该保证结构在规定的设计基准（使用）期限内，还应能抵御可能出现的各种作用，并在偶然事件发生时及发生后仍能保持必需的整体牢固性。较低的安全度尚不至于影响结构抵御一般作用（荷载）的能力，问题在于如何考虑非同一般的作用（荷载）以及可能发生的偶然事件。与低安全度相应的必然是相对较高的失效概率，并降低结构为防范各种不测作用的能力，也降低结构使用过程中适应功能变换的能力。

二、现行的建筑结构设计安全度已完全不能适应当前国情的需要

从 20 世纪 80 年代以来，我国的政治经济形势发生了根本的变化，既然建筑结构设计的安全度是国家经济实力、社会财富和资源状况的综合反映，就不能不对过去历史年代所确定的安全度在新形势下的适应性提出质疑。

客观形势的主要变化有：

1. 结构造价占整个建筑造价中的比例愈来愈低

过去，建筑物的整个造价中以结构造价为主，建筑装修和设备都比较简单，更没有现在那样地价、拆迁、城市建设等名目繁多的大笔附加费，土建工程成本中的结构造价仅是一个零头。如果将房子设计得更加结实些，增加费用极其有限。

2. 对结构使用功能的要求愈来愈高

随着生活方式的继续改善，希望建筑物在使用过程中能够适应功能变换和改造需要，也要求适当增加结构的安全度。

3. 可持续性发展的需求

可持续发展对于建筑结构的耐久性和使用寿命提出了更高要求。建造建筑结构所需的砂、石、水泥、钢材都取自宝贵的有限资源，生产水泥、钢材等结构材料既消耗能源又造成各种污染，所以延长建筑结构的使用寿命是节约资源和保护环境的具体体现。在结构安全度与结构耐久性之间虽然没有直接的关系，但设计时如能增加一点安全储备，对于结构的耐久性和使用寿命无疑是有利的。有人认为现在的生产、生活水平发展太快，建筑物最好能常拆常盖，不需要有很长的使用寿命和耐久性，这种观点至少不适合我国的国情。如果要推倒重建现有的建筑物，会造成多少建筑垃圾，消耗多少建筑材料和资源，可能还会引发诸多社会问题。

4. 建筑物成为商品

建筑物现已成为商品，国家不再是城镇建筑物的唯一投资者和拥有者。大家买了房子，总希望它愈结实愈好。

5. 结构材料已能充分供应

过去长期紧缺的钢材、水泥等结构材料现已变成生产过剩。合理的多用一些钢材不仅是提高结构性能的需要，而且还能带动国民经济发展。

显然，由历史遗留下来的反映在我国现行结构设计标准中的低安全度已完全不能适应当前和今后的需要。为提高结构安全度所需的付出现已降到了无关紧要的地步，而继续执行低安全度既不符合国家的眼前利益和长远利益，也违背投资人的意愿和利益。从国际接轨的角度看，我国现行的结构设计标准由于安全度太低因而根本不能进入国际市场。低安全度也有损我国建筑业的国际形象。既然建筑物是商品，安全度的高低应该是商品质量的一种标志，总不能把低安全度说成为高质量。

三、关于建筑结构的抗震设计标准

我国绝大多数城镇处于地震区，国家高度重视建筑物的抗震，制定了众所周知的"大震不倒、中震可修、小震不坏"的抗震设计原则。但是这个原则同样是基于过去的国情提

出来的，在新的形势下同样有重新审议的必要。

所谓"大震不倒"主要是为了保证人民生命安全，难以同时照顾财产的损失。"中震可修"是震后建筑物尚可修复但也照顾不到建筑物内各种设施的损坏。随着社会财富的增长，地震造成的经济损失愈来愈大。1976年我国唐山地震造成几十万的人员伤亡，由于经济尚不发达，直接经济损失不过60亿人民币。再看1989年美国加州的Loma Prieta地震，死伤几百人，经济损失达100多亿美元；1994年美国洛杉矶Northbridge地震，死61人，伤9000人，经济损失300亿美元；1995年日本阪神地震，死5250人，伤2.6万人，经济损失1300~1500亿美元。国外的这几次地震中建筑物倒塌较少，但经济损失巨大，说明建筑物的抗震设防能力，应该随着经济发展提高，否则代价太大。

我国现行的抗震设防标准是比较低的，中震相当于在规定的设计基准期内（50年）超越概率（即超过该给定烈度的概率）为10%的地震烈度。根据国家颁布的中国地震烈度表，烈度为7度时的地震水平加速度参考值平均为125cm/s²，8度为250cm/s²，而在建筑结构抗震设计标准中则又分别将其降为100和200cm/s²，其根本原因可能还在于国家财力、物力有限的考虑。建设部和国家建委于1989年发出文件还规定，对于抗震设防标准，各部门、团体和个人不得随意降低或提高。"不得降低"并没有错，"不得提高"就太没有道理了。

我国建筑结构的抗震除了设防烈度较低以外，具体抗震设计计算方法和构造规定上的保守程度也都不如国外。

在人民生活水平已经告别了生存型并转向小康型的今天，如果继续执行现行的抗震设计标准，则在地震发生时就有可能给国家和城市居民带来更大的危害和损失。以城市商品房建筑为例，如果我们将设防烈度提高1度，即将结构抵抗地震加速度的能力提高一倍，其所需费用也是比较有限，不过在原有的约700~800元/m²的土建造价上再增加6%~10%，大概只需50元/m²左右，与每平方米数以千元计的房屋售价相比算不了什么。相反，由于设防烈度较低，震后裂而不倒，昂贵的加固维修费用以及间接经济损失就不是一般居民所能负担。

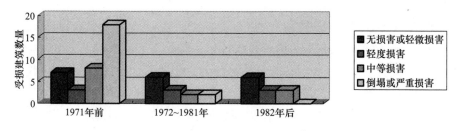

图1

日本从二战后曾经几次提高结构抗震设计标准，图1是1995年阪神地震后在某一小区对不同年代建造房屋的损害调查结果，1982年后修建的房屋即使在最严重的震区也没有倒塌和严重破坏的，确实在保障生命安全方面取得了重大成就，可是造成的经济损失依然巨大，若从保护投资的角度衡量，设防标准依然不够理想。

现在，国际上已经逐渐形成这样的认识，即地震设防标准应该与投资相适应，应有不同的最低设防标准由业主来确定。甚至有人主张结构在设防烈度下的抗震应该采用弹性设计。如能将"小震不坏"的抗震原则改为"中震不坏",可能对国家、对震区人民都更有利。

四、需要从商品的角度看待建筑结构的设计安全度

有一种观点认为,提高建筑结构设计的安全度只能微调,否则就无法对已建的工程作出交代。汽车、飞机等各种产品在不断提高其安全性能时从来不需照顾过去,为什么在提高建筑物的安全质量时,就得向后看呢?它们都是商品,商品质量的提高在资源和用户财力能够承受的前提下应该受到鼓励而不是限制,这样才有生产的发展和进步。在建筑结构抗震要求上,政府需要规定的是抗震设防标准的最低要求,而不应限制任何团体或个人为提高设防能力的更高需求。

建筑结构作为特殊的商品,其内在的安全质量非一般用户所能了解。确定建筑结构设计安全度的高低在过去是一种政府行为,而在改革开放后的今天,这个问题至少应有房产开发商,保险业和有关学术团体(学会)的参与。开发商应该对其出售建筑物的安全质量负责,在不影响售价过多的情况下,尽可能提高房屋的安全度特别是抵抗地震的能力;和汽车、飞机一样,更高的安全性应该作为房屋开发商促销和竞争的一个热点。保险业也应该积极干预建筑结构安全度的制定。随着我国房产私有化的进展,房产迟早会与保险业紧密挂钩,结构设计安全度低的房产必然要与较高的保险费相匹配。就像国外一样,保险业应聘请各类专家对其重大的保险对象进行评估。我国现行的低安全度结构设计原则如果任其维持下去,将来是要不断付出代价的,对于保险业本身也会产生不利的影响,过高的保险费会使投保的人望而却步,现在大家都住在公寓房内,只要有一家不愿意投保,就会有麻烦。

在很多国家,建筑结构设计标准的具体制订不是政府而是学会负责。我国当前正在进行政府机构职能转变的改革,对于政府部门具体包揽建筑结构设计标准制订的优缺点,似乎也值得进行一次总结。学会和协会应该能够参与标准的制订和管理。

五、小结

1. 我国现行结构设计标准中的低安全度设计原则是过去历史条件下的产物,它在过去曾为我国建设事业的发展做出巨大贡献,但随着我国经济的发展和社会财富的增长,业已完全不能适应改革开放后的国情。

2. 我国建筑结构设计的安全度应该提高,而且要大幅度的提高,这将有利于生产、生活水准的改善,有利于国民经济发展,也符合建筑物业主的利益和要求。

3. 我国地震区建筑结构的设防标准也应该提高。

4. 为了改善结构物的可靠性或安全性,要提倡合理的多用钢材,而不再是挖空心思节约钢材。

最后,笔者要声明的是,本文的一些看法其实并无新颖之处,更不是通过专题研究后的总结,许多人都曾提出过相同的或类似的观点。现在写出来无非是希望得到有关领导决策部门的注意,并求教于同行们。为撰写本文,笔者还要感谢建筑结构工程界的前辈杜拱辰先生的鼓励，感谢建设部科学技术委员会委员邵卓民研究员和中国建筑科学研究院白生翔、徐有邻研究员的支持。由于时间仓促，过去又没有在结构安全度领域做过很深入的研究，一些数字也来不及反复核实，错误和不当之处，敬请读者指正。

    编后注：本文写于 1998 年，是在上文《关于结构设计的安全度——致混凝土结构设计规范编写组的信》发出后，应规范主管部门指示，要求作者写成文章公开发表并展开讨论，所以文中的内容与基本观点甚至个别段落与上文大体相同。本文所指的设计规范，主要是当时使用的《混凝土结构设计规范》GBJ 10—89。该文发表于《建筑结构》杂志 1999 年第 1 期，又被转载于《工程建设标准化》杂志 1999 年第 1 期；此外应《中国改革》杂志要求，经重新组织文句能适合非土木专业的读者阅读，发表于该刊物总第 159 期（1999 年 3 月号），标题改为"安全第一还是节约第一?"这里收录的是本文的原稿，原稿文句比正式发表的稍长些，发表的稿子经过杂志的编辑部删节。这篇文章公开发表后，遭到结构工程设计界人士的普遍反对，认同的寥寥。但高校内从事结构专业的教师多有同感，尤其是解放初期从海外回国的教授们。

1999 年 7 月混凝土结构设计规范修订讨论会的书面发言

　　规范修订组的同志希望我能设法参加今天的讨论会。我因住在医院接受检查，而且对现行混凝土结构设计规范的看法，在去年寄给规范组李总的一封信中和后来发表在杂志上的一篇文章"要大幅度提高建筑结构设计的安全度"中，都已基本表达完了，不过规范修订组希望我至少能在会上表一个态，书面发言也可以。

　　反正整天待在病房，没有正经事可干，所以就写了如下发言稿，手头没有资料，想到就写，信口开河，敬请批评指正。

　　说到去年寄给规范修订组李总的那封信，听说转到了建设部，部领导还作了批示，我得知后心中确实有点不安，就怕自己的错误观点流传，造成不良后果。那篇文章冠以"建筑结构"的标题也不妥，因为我本想说的是主要是混凝土结构设计规范和荷载规范，而钢结构和木结构的安全程度可能是另一回事。对于那篇文章中的其他表述，到现在还未能发觉自己有需要更正的地方。

一、哪些事引发我对规范低安全度水准的意见

　　我国的社会经济状况近十年来发生了从未有过的根本性变化，我们现在设计的建筑物又必须适应今后几十年乃至上百年内生产和生活水平的发展。规范和标准如何从短缺型计划经济影响的阴影下走出来，似应是本次规范修订不同于以往历次修订的主要区别，需作为本次修订首要考虑的基本原则。提高结构的安全性需要从结构选型、结构构造、结构布置，材料选择等多个方面做出努力。也许要花更大的精力研究加强结构的整体牢固性、延性和耐久性，因为这些对于增进结构的安全性能更为有效，而且从长远看，更符合节约的原则。如果花大力气去探讨结构构件的设计计算方法是用可靠度方法好还是用安全度方法好，也许是捡了芝麻、丢了西瓜。

　　对于规范编制组这次提出的设计可靠度的改进意见，对此我表示拥护，虽然幅度还不算大，但如果真的像编制组同志说的将结构的可靠度"增加一点"，使可靠指标 β 增加了 $0.3\sim0.6$，与之相应的失效概率估计能降 $5\sim8$ 倍，那也不错。也许我提出的"要大幅度提高结构设计的安全度"确实比较刺眼，据说有的同志对于安全度的讨论，曾提出过"要注意社会稳定"的善意关照并且写入了会议纪要的红头文件。如果规范修订大张旗鼓地提出大幅度提高，引起住在房子里的老百姓惶恐不安，万一到政府机构来询问，甚至要求政府部门加固房子，那可怎么办？

　　我愿如实说明对结构设计规范低安全度水准唱反调的思想形成过程，以便于大家帮助

指出错误所在。近几年，我承担高强混凝土结构的研究项目和推广任务，并负责中国土木工程学会高强高性能混凝土专业委员会的工作，主持编写了有关高强混凝土结构设计施工指南的技术标准，深刻体会到用现行的混凝土结构设计规范去设计 C50、C60 高强混凝土结构时所带来的安全度不足问题。用现行规范设计高强混凝土结构，其安全程度比普通混凝土结构还要低，如果作为国标的结构设计规范过于强制，可能会变成推广高强混凝土结构的阻力。一项新技术的应用，往往存在实践经验不足，有时更需有较高的安全储备。

如果横向与国际上通用的结构设计规范相比，我们规范所要求的结构安全度确实低得太多。再纵向比较我国规范所要求的结构安全度水准，从新中国成立前和新中国成立后初期与美英等国相当，在 1952 年以后就一降再降，到 1958 年的大跃进时降到谷底，仅及新中国成立初期时的一半左右，并一直维持至今，这是从专业角度对现行规范的意见。房子设计牢固一些，寿命长一些，符合节约资源、保护环境的大方向；今后真的出了大灾，可以少塌一些房子，政府可以少发一批救济款。这一层次的考虑不牵涉到专业知识，没有高深的可靠度分析，不需要花钱、花力气去统计随机变量，却似乎也道出了结构安全性和耐久性需要提高和有条件提高的简单道理。

中国建筑科学研究院的杜拱辰老总，现在 80 多岁了，他参与主持我国 20 世纪 50 年代最早的混凝土结构设计规范的编制工作，低安全度就是那个时候开始的，现在大家都认为低安全度是那时的历史条件确定，也可以说是当时的最优选择，可是他退休后总是反复说，一定要把那时的情况说清楚，不能将这种低安全度再继续沿袭下去，要对子孙后代负责。他对安全度的这一观点，当然可以讨论，更不能强求所有人同意，不过这句话出于当时主持规范编写人之口，确实是出于公心。现在有同志认为我的观点有悖于"节约"原则，对于这一批评我至今尚未想通，并愿意继续接受帮助。如果说为了有更安全耐久可靠的建筑物而多花一些小钱和少量材料是有悖节约原则，那么现在时行的花大钱搞那些花花绿绿的装修，有的甚至还散发出毒气和造成光污染，又该如何论处？过去人人都穿蓝、灰布中山装，确实足以保暖和蔽体，相比之下，那么现在穿西装毛料是否有悖节约？更不用说涂指甲、抹口红的消费了。现在认为时髦而且为了拉动消费以至于政府也提倡的高消费，要是发生在改革开放前，说不定会被上纲上线批斗的。

还有一件事对我触动也很大：20 世纪 80 年代初，我和江见鲸教授应邀到德国访问，见到柏林大学土木系主任，他提到在北京的德国大使馆，是德国人按德国规范设计的，德国没有地震，他们的建筑结构设计规范不考虑地震设防，建成后才知道北京是地震区，问我们怎么办才好？我们建议他先请中国的设计院按我国抗震规范要求校核，结果出乎意料，不需考虑抗震按照德国规范设计的德国建筑物，竟能满足国内抗震规范的安全度，而且绰绰有余。这件事虽是个例，但只要仔细对比一下我国和德国结构设计规范的安全设置水准，也能看出大概来。

有不少资深专家不赞成提高结构设计的安全度，他们认为我国是发展中国家，不能与发达国家相比。这话表面看不无道理，但前提应该是 100 年后的中国依然是现在那样的不发达国家。大家都知道普通建筑结构的设计寿命是 50 年，设计寿命安全系数大概是 2 左右，所以从总体看，50 年设计寿命的建筑结构不需大修的平均使用寿命应有 100 年左右。难道中国的将来就这样悲观，就长期不能发展起来吗？

二、关于可靠度设计方法

将可靠度设计方法用于混凝土结构设计规范，不论在学术或工程界一直有不同意见。我倾向于采用多安全系数的极限状态设计方法，因为这一方法易于理解，用起来又比较灵活，而且在确定各项安全系数时并不排斥利用可靠度理论手段进行分析对比，然后再综合考虑其他因素加以修正。现行的建筑结构设计规范已采用了可靠度设计方法，在规范中的计算表达形式又与多安全系数方法相似，所以实用上姑且将其中的各个分项系数当作多安全系数一样也并无不可，虽然这句话并不是我说的，而是可靠度设计方法编写组的同志提过的。看来可靠度方法有行政领导部门的支持，认为它比老的安全系数方法"先进"，所以在这次修订中只能保留具有"中国特色"的可靠度设计方法。我赞成暂时承认现实，尽管"先进"的东西是否一开始都能实用，纳入设计规范的是否应该是比较成熟的技术。混凝土结构设计规范采用可靠度设计方法是否适合，对于这个问题的学术讨论希望能深入开展下去。

影响结构安全度的因素太综合，尤其是规范中的安全度并不是仅指某一具体工程的安全度。可靠度方法对某些问题分析得太细、太明确了，反而难以自圆其说。规范的可靠度方法似乎特别强调三个正常，即正常设计、正常施工和正常使用，因为只有在这样严格的前提下，往下才可以做比较头头是道的分析，才能突出这一方法的所谓周密和高明之处。可是恰恰在这三个正常上，似乎很难界定什么叫正常，什么叫不正常。正常与否究竟谁说了算？"三个正常"的提法是我国规范中独有的创造，这个提法的实质，就是规范站在自己的立场，自认为正确，如果不按照规范的规定执行就是不正常。正常这个词，大概是从英文"normal"这个词翻译过来的，国外的规范中对于建筑物的使用，确实也有 normal 的定语，我觉得英语单词往往一词多义，normal 有"通常"、"一般"、"正常"等意思，如何翻译成中文词汇需要仔细琢磨，用在设计规范中似应译为"通常"比较适宜。反过来讲，规范条文中难道就没有不正常的内容？难道需要修改的地方一点也没有？

这三个正常带有很大模糊性，也很难界定。有些情况容易分辨，比如野蛮施工绝非正常，很容易辨别，施工管理腐败更非正常，但是对于现在施工中的 1600 万农民大军，你说正常不正常，如果说不正常，一点也不考虑其影响，肯定会使人为失误可能性大为增加。这种客观事实，短期又无法改变，规范总不能建立在脱离现实的基础上，似乎是不能不考虑的。那么，难道就算正常？好像也不理直气壮，而且这批大军的影响，如何作为随机变量，按照可靠度理论所要求的那样，以概率为基础，去进行不确定性统计分析。这个问题在安全系数方法中是可以模糊处理的，比如在确定安全系数的大小时，不必过于斤斤计较。

我国规范的可靠度设计方法强调统计，表面看起来高明，但如果不考虑统计的对象在将来又会怎样发展，用起来就会出问题。统计的对象只能限于过去和现在，将来的事情就无法统计。国外规范的楼板荷载取值中还考虑偶然撞击等影响，这些恐怕都是必要的和可能做到的，因为只需增加一丁点儿钱，可是也很难统计。我国荷载设计规范中的住房楼板活荷载标准值，确实是挨家挨户从抽样的住房中查得桌椅板凳和床、柜、书架等家具加上住户人口统计得出的。这些统计数值能代表将来会怎样变化吗？将它用于现在的可靠度设计方法中"可靠"吗？规范在设定结构的安全度水准时，如果完全不理睬、不考虑某种程度的人为失误可能及其对工程质量的影响，好像也不适宜。设计规范面对的是整个群体而不是某个具体的施工现场。一定程度的人为失误难以避免，我们不能因为不好统计、不好用理论分析处理，就将某些应该考虑的问题列入不正常。再举地板砖压裂预制混凝土楼板的事例，有的同志认为是使用不正常，因为设计时并没有考虑过地板瓷砖这项恒载，所以规范没有责任；这个问题其实出在规范荷载标准值的统计上，因为规范的荷载统计样本取自过去不搞装修的年代里。这次规范修订组提出了今后要加列装修荷载，对于这一规定，似乎还可商榷，因为随着生产、生活水平的发展，类似装修荷载那样的其他小型荷载在今后几十年内还有可能出现，我们现在很难加以充分想象和估计，这类小型荷载应该通过提高活载的标准值和相应的分项系数来解决。说到这里，还希望规范编制组能澄清一件事，我从报上看到，有的地方房管部门给用户发通知，强制规定住户的室内荷载不许超过规范规定的住宅楼板的活载标准值 1.5kPa。房管部门的这种做法可能有损规范的信誉，且不说老百姓怎么学会去度量这每平方米 150kg 的压力荷载，是按整个房子面积算单位面积压力，还是按一条床腿的面积去算单位面积压力？标准值是统计出来的，统计对象中本来就已有超出标准值的，否则就不需要荷载的安全分项系数了。房管部门这种近乎滑稽而又确实出于严肃考虑的干预，倒从另一侧面说明规范的荷载标准值可能需要提高。

所以说来说去，光靠统计来确定荷载还不够，还需要经验和判断去修正。拍脑袋看来不科学，但似乎又不可避免，理论上太严格了，太拘泥了，有时反而不合理。

三、规范如何能更好为社会主义市场经济体制服务

今天的市场经济体制，要求设计人员有更大的创造性，去适应日益丰富多彩和功能千奇百怪的工程建筑物以及迅速变化发展的生产和生活方式。我们的行政强制性规范及其管理操作模式，如何能更好地为既是社会主义又是市场经济的政治经济基础服务？似乎值得思考。当然这不是这次规范修订的内容，不过从长远考虑，这个问题必须解决，而且应该从现在起就得逐步去适应。

我在去年给规范编写组的那封信和那篇所谓大幅度的文章中，对比了国际上通用规范与我国规范在荷载取值、最小配筋率、安全系数等方面的差别，只是宏观说明我国规范所规定的安全储备低了，但并没有要与外国规范完全取齐的意思，因为严格说来，这种对比并不科学，其中的一条就是我国规范的强制性，不遵守规范往往被误解为违法，还误以为如果完全符合设计规范要求，即使塌了房子，设计人员也不需负责；而人家的规范是指导推荐性的，在规范的文字上虽然也写了"必须"、"应该"这样那样做，可是实际仍是可以遵守，也可以不遵守；出了问题，塌了房子压死人，设计施工人员休想将责任推到规范头上。说实在，编制我国规范的工作确实不容易，还得留心某些唯利是图的开发商，为了获取每一滴利润，逼着吃不饱饭的小设计院钻规范的空子，沿着规范允许最低值的边缘路线进行设计，出了事，将责任推到规范头上来。低安全度在国内已实行了几十年，取得了不少经验，如果将安全度设计标准提高到完全与国外取齐也没有必要。

要大家对规范修订提意见，比如我在这里胡说一气，提上几条意见很容易，提完后一走了事。这次规范修订的安全度讨论中，一些大设计院的老总，普遍不赞成提高安全度。

确实，如果我是老总，如果有他们丰富的工程经验和学识，或许也会不大赞成的。他们水平高，会针对具体工程对象和施工条件，能灵活应用规范，安全度该放大的就放大，不会去理会规范允许的最低设计标准。有人告诉我，大设计院设计的有些结构，安全储备大着呢，钢筋又密又粗，我想这些都是必需的；如果遇到有些不需要过大安全储备的场合，那么他们就会采用比规范更低的标准。他们有权威，如有开发商要他们将安全系数降到边缘值是不可能的。对他们来说，也许允许的安全度愈低，受到约束可能愈小，但确实又不至于引发工程事故。在当前这场沸沸扬扬的工程质量事故大讨伐中，施工单位成为众矢之的，而设计与施工规范被认为是清白的。

我曾经说过，规范最好逐步与国际接轨，前提是国内的规范要走指导、推荐性的路子，逐渐淡化规范的强制性质，这样才能解决规范编制中的许多为难事。强制性规范对不动脑筋的懒人有利，对钻空子的小人有利，而不利于鼓励人们创造性的发挥。不改变技术规范的强制性质，规范编制中的许多难题恐怕是无法得以完满解决的，当然这些都是题外话。

编后注：本文的原稿比较长，有些内容与本集文中的其他文章重复。这里发表的已将大部分重复之处删除。

结构安全性与可靠度设计方法

最近一段时期，工程结构的安全性成了土木工程界乃至社会上的热门话题。结构的安全性是结构设计最主要的追求目标，规范对设计安全度的设置水准，历来是结构工程领域内最有争议的问题之一。中国土木工程学会 1962 年的年会曾以结构安全度作为年会主题，并展开了不同意见的热烈讨论。经过了将近 40 年之后，我们现在再次将这一内容列为本届年会的主题更具有特殊的意义，这是因为我们国家正在进行前所未有的大规模基础设施建设，我们现在设计的建筑物能否适应今后几十乃至上百年内生产和生活水平的发展需要？这些都是很值得研讨的课题。

笔者对设计安全度的主要看法已经写在《要大幅度提高建筑结构设计安全度》一文中[1]，后来又作了些补充[2]。这篇文章公开发表后，想不到惹起许多是非，遭到许多设计界人士的反对。

该文中的内容本来是针对混凝土结构设计规范说的，或者最多引伸到混合结构，本文的内容也是如此，这是首先要交代清楚的。我国结构设计的安全设置水准该不该大幅度提高？最终的抉择是规范编写组和有关主管领导部门的权责，至于对此发表的各种看法应该说都已起到了供领导决策参考的作用。不同意见的讨论应该是有益的，还可以取长补短。看法不能统一，各自的观点仍可保留，将来自有实践检验。

一、从结构倒塌事故说起

结构的安全性是结构或结构构件在各种作用下保证人员财产不受损伤的能力，通俗说来就是防止发生破坏倒塌的能力。决定结构安全性的因素非常复杂，除了十分简单的结构对象如单一的预制构件之类外，结构承载力的安全性似乎很难用具体的数值做出精确度量，带有很大的模糊性；设计方法中通常采用的安全系数或可靠指标只能反映结构安全程度的一个侧面或部分。为了便于说明设计安全度和可靠度设计方法，笔者拟在这里重提二起曾参与调研过的结构倒塌事故。我国究竟有过多少起建筑结构倒塌，一直未见正式报导，在 20 世纪 80 年代以前，倒塌事故属于秘密，不许公开报道的。有人说严重的时期能够达到平均每天一起。除集中的地震灾害有较为系统的调查外，其他原因的众多倒塌事故往往被遮掩了，未能深刻剖析并从中获得教训，而事故教训本应是完善和发展各类设计施工规范最有价值的依据。

1. 原北京矿业学院教学大楼的倒塌事故[3][4]

发生在 40 年前的这起事故对象是一幢现浇混凝土楼盖、砖墙承重的单跨 5 层混合结构，层高 5m，主梁长 14.5m。这一工程在主体结构完工后的装修阶段，除楼梯间和有横隔墙小房间的局部区段外，其余总长 27m 的主体结构，突然发生整体倒塌。

事故的原因比较综合，最主要的问题在于：墙身内力分析计算图形与实际工作情况不符以及结构设计方案不当。我国设计规范规定的混合结构内力分析计算图形，是从苏联规范中引过来的，认为楼层梁与墙体相交的节点可视为铰接，对梁来说是简支，对砖墙来说则只需考虑梁的反力对墙体的偏心作用。但在苏联一些书籍上同时又提出梁端插入深度不得超过墙厚 1/3 的要求。我国房屋的墙体一般较薄，插入深度相对较大，所以当梁受力挠曲发生端部翘起时，由于墙体的嵌固作用有可能引起较大的节点弯矩（与规范计算图形中反力引起的偏心弯矩相比），具体大小取决于梁端节点的不同构造方法。这个工程由于主梁跨度大，插入 2m 长的窗间墙上，反力又非常大，所以设计时将梁垫的长度和宽度做成与窗间墙的宽度和厚度相等，并将梁垫作为梁的端部与梁整体浇筑在一起。于是除了顶层节点因上部墙体的自重产生的墙体轴力较小，当梁端翘起时尚不足以压住整个梁端起到完全嵌固作用外，其余各层所有节点都起到了完全刚性节点的作用，事后专门进行的 1∶2 模型试验完全证明了这一点。按刚性节点框架结构的计算图形，得出墙体受到的实际弯矩是按规范计算图形算出的偏心弯矩的 8～10 倍。这起事故的最大教训还在于选型与布置不当，没有构造柱和横隔墙的单跨砖混结构整体性是很差的，不管是某种原因损害了局部承重墙体，就有可能导致连续破坏。

2. 辽宁盘锦某部队办公兼宿舍楼的倒塌事故[5]

这也是一幢砖混结构建筑物，因燃气爆炸引起房屋结构连续倒塌，发生在 1990 年冬天。建筑物的东侧为单层单跨结构，西侧为总长 50m 的 5 层砖混结构楼和与之相连的局部 6 层结构。建筑物按 7 度抗震设防，在二、三层和顶层处均有圈梁。5 层结构楼房由横墙承重和混凝土预制楼板构成，有 4 道纵墙，其中 2 道外墙和 2 道内墙，2 道内墙的中间为楼内的过道。

在发生事故的前一天晚上，建筑物东侧厨房内的天然气塑料管开裂，泄漏大量燃气并扩散。早晨上班后有人进入建筑物东侧的会议室抽烟，瞬即引起燃气爆炸。爆炸压力严重损坏了东侧的单层结构，但破坏最为严重的是离爆心最远处的西侧长 43m 的 5 层砖混房屋，竟整个发生连续倒塌，其碎片堆积高度达 5～6m。局部 6 层结构因有钢筋混凝土构造柱和现浇板仍有部分残存。

进入 5 层楼砖混结构室内的爆炸压力波，经过门厅和局部 6 层结构扩散并衰减后，据现场调查估算，其峰值压力已较低，大概仅 10kPa 左右。砖墙抵抗爆炸压力侧压作用的能力，在很大程度上取决于墙体中所受的轴向压力，轴压愈大，抗侧压能力愈强。压力波进入 5 层楼的底层后，首先遇到了一道横墙，这道横墙恰巧没有直伸到上部各层，没有上部的横墙压住，轴力很小。当进入底层的爆炸压力向上作用于 2 层楼板时，只要有 3kPa 的压力就能抵消预制楼板的重力，于是这道横墙恰如没有轴力作用的竖向悬臂构件，只需很小的侧压就能推到。于是预制板的一端失去墙体支承坠落，另一端翘起滑落并严重削弱该端直通房顶的墙体截面，再加上还有爆炸压力波的侧压作用，于是另一端墙体也遭破坏并被推倒，依次发展，引发连续倒塌。

要完全消除燃气爆炸偶然作用对房屋结构的损伤比较困难，但是设计应该防止大面积连续倒塌的可能。圈梁对地震水平力比较有效，对于上下左右作用的均布爆炸压力起不了太大作用。为了防止多层砖混结构连续倒塌，应该设置必要的钢筋混凝土构造柱，预制板楼层应该设置必要的现浇带，支于墙体的预制板端部应该有拉筋与邻跨的预制板相互连接以防止坠落。这些都对结构安全性至关紧要，可是在一些工程设计施工中往往被忽略。

下面，我们再回顾两起世界闻名的事故[6][7]——纽约帝国大厦的飞机撞击事故和伦敦 Ronan Point 公寓的煤气爆炸事故，因为它们曾给结构设计思想带来深刻的影响。

1945 年 7 月 28 日上午，一架 B25 飞机由于云雾撞在当时世界最高（381m）的建筑物纽约帝国大厦上，撞击位置在 278m 高处的 79 层北侧，外墙撞出 5.5m×6m 的孔洞，机翼剪断，飞机的两个发动机撞脱，一个横穿楼层并通过南侧外墙飞落到另一街区的建筑物屋顶上，另一个发动机则击穿该楼层的电梯井壁，跌落在电梯井中。飞机的撞击中心几乎对中柱子的轴线，但上下位置正好在刚度很大的楼板上，支承楼板的梁向后挠曲了 45cm，而柱子几乎没有损坏。帝国大厦为钢结构，主体框架全部铆接，结构有很好的延性和冗余度，荷载有多种途径传递。10t 重的飞机撞在 8000t 重的建筑物上，而大厦抵抗风载的抗力矩是飞机撞击作用的 200 倍，所以结构只是局部受损，整体性能没有受到影响。楼内有人甚至没有感觉到有飞机撞击。

除了破坏后果特别严重的核反应堆安全壳外，一般的地面建筑物在结构设计计算中并不考虑飞机的撞击作用，因为发生的概率太低。这件事故的重要教导在于：良好的延性和冗余度应该作为结构设计的一个基本准则，它与结构的安全程度有着极其重要的联系，虽然并不能用安全系数和可靠度一样进行度量。

另一起的事故发生在伦敦 Ronan Point 地区的一个公寓。这是一个 22 层的装配式钢筋混凝土板式结构体系。1968 年 5 月 16 日，住在 18 层一个单元内的住户在清晨到厨房点火煮水时，因夜间煤气泄漏引起爆炸。爆炸压力破坏了该单元二侧的外墙板和局部楼板，上一层的墙板在失去支承后也同时坠落，坠落的构件依次撞击下层造成连续破坏，使得 22 层高楼的一个角区从上到下一直坍到底层的现浇结构为止。

二战期间伦敦地区的房屋遭受德军轰炸毁损严重，战后推广应用建造速度较快且较为经济的预制装配式房屋，承重墙板和楼板全部预制，板的大小尺寸与房间相同，Ronan Point 公寓也属于这类结构体系之一，各预制板之间的节点仅有齿槽灌浆相连而无钢筋连接。事后的试验表明，墙板在 20kPa 的侧压下就能克服端部摩擦力而被整体推出。公寓在一年后修复，整楼预制构件的节点处用角钢连接加固并重新使用。但到 1984 年即距其建造仅 18 年之后，发现墙体又出现裂缝。如按当时新规范加固，加固费将是拆除费的 6 倍，于是整楼被拆除，在拆除过程中又发现当初施工中的质量问题，结果在舆论促使下，英国国内数以百计的类似高层公寓都被认为不安全并均被拆除。

Ronan Point 公寓的连续倒塌事故引起了国际结构工程界的高度重视并开展了广泛讨论，由此确立了结构设计中的又一重要原则，即结构内发生一处破坏不应造成整体的连续倒塌。为吸取这一教训，各国的设计规范几乎都作了相应修改。但我国的设计规范至今仍无这一要求。

二、结构安全性

从结构的各种安全事故反过来找原因，不妨可归纳成下列 4 个方面：

1）人为错误或差错

人为差错不可避免，它的发生概率和程度与人员的素质、技术条件、工作条件、工作环境等众多因素有关。国外对人为差错早已开始研究，但进展缓慢。人为差错与一般所说的误差不存在本质上的界限[8]，一切与标准（规范、规程、技术要求或条例）不符的偏差即可理解为人为差错，而在规定的允许误差之内的则不属人为差错。在安全事故中，这方面的原因最为主要，所以要重点纠正。除了加强教育外，主要途径是通过质量控制和检查，也有必要反思各种标准所提出的要求有无脱离实际的地方。

2）耐久性不足

耐久性在结构设计中往往与安全性并列，并归属另一范畴。但因耐久性很差而造成安全事故的现象也比较普遍，在露天或恶劣环境中，也可能已成为安全事故的主要原因。设计施工和使用不当的人为差错可以是耐久性不足的原因之一，不过主要原因是规范、规程对于结构耐久性的要求过低，在于过去对混凝土结构耐久性问题的认识不足。在今后规范修订中，似应将耐久性作为最主要的问题来处理。

3）结构的整体牢固性不足

结构的安全性应该包括结构的整体牢固性和结构构件的安全性。结构的整体牢固性是结构发生局部失效时不致造成大范围破坏的能力。一个结构应能在各种不测事件作用下，如爆炸、撞击的偶然作用以及未曾预见的地基沉降、材料徐变、收缩乃至老化的作用下，将损害局限在较小程度。结构的这种能力主要依靠合理的结构方案与布置和合理的结构类型、结构构造等措施来解决，使结构具有足够的延性和冗余度。

4）结构构件的承载力不足

构件承载力不足或者丧失稳定，与其计算方法有关的一些量化数据有关，如荷载作用标准值、材料强度标准值、安全系数（可靠指标）的取值不当有关，也与作用效应（内力）分析和结构抗力（截面承载力）分析的方法有误等因素有关。

除腐败工程或人为恶意破坏外，结构的安全事故很少由单一因素造成，多是几种因素凑合在一起才能发生破坏，如设计不当，加上施工过程中出现或大或小的错误和缺陷，再由于设计安全度过低等。

1. 我国结构设计安全系数的演变

安全系数被看成是结构安全设置水准最主要的度量指标，虽然它反映的只是结构构件截面承载能力的安全度而不是结构安全性的全部。安全系数是与设计采用的荷载标准值和材料强度标准值联系在一起的，必须合在一起才能对不同设计方法的安全设置水准做出比较。

1949 年新中国成立以前，土建工程结构设计均参照国外规范，仅个别大城市如上海工务局有自己的地方性标准。当时，这些国内外标准采用的都是允许应力计算方法，这个方法在新中国成立后的头几年仍继续沿用。在允许应力设计方法中，根据经验确定的使用荷载，按弹性阶段工作算出结构构件的内力，进一步计算构件截面按弹性工作时的材料最大应力，设计时要求材料的最大应力不超出允许应力，所谓安全系数就是材料强度的弹性极限平均值与允许应力的比值。

到了 1952 年，在国内全面学习苏联的大形势下，东北人民政府工业部颁布了"建筑结构设计暂行规程"，采用破损阶段设计方法，其内容包括材料强度取值在内完全参照苏联 1949 年颁布的 НиТу-3-49 规范，但考虑到当时的国内设计施工水平，将苏联规范中的安全系数值提高了 0.2。这个暂行规程成为国内当时的设计依据。在破损阶段设计方法中，要求按荷载标准值得出的结构构件内力，用安全系数放大以后，不超过构件截面在破损阶段（考虑塑性工作）下按材料强度标准值算出的承载力，其中也以材料强度的平均值作为标准值。允许应力设计方法和破损阶段设计方法都是单一安全系数方法，前者用荷载下材料的弹性应力与材料实有强度平均值进行比较，后者用荷载下的构件内力与构件在塑性破损阶段的实有承载力进行比较。在苏联 НиТу-3-49 规范中，受弯构件的总安全系数为 1.8，受压构件为 2.0，但如活载所占比例较大，则分别提高到 2.0 和 2.2。

结构设计规范学习苏联的直接结果，是结构物安全设置水准的大幅度下降，但确实适应了我国解放后初期物质极端缺乏、经济十分困难的需要。

1955 年，当时的建筑工程部颁布了规结 6-55 钢筋混凝土结构设计暂行规范，采用破损阶段设计方法，也是参照苏联 1949 年规范且将东北人民政府暂行规程中提高了的安全系数降回到与苏联规范一致的水平，另外将 3 号钢的设计值（强度平均值）从苏联和东北人民政府规程中的 2500kg/cm² 提高到 2850kg/cm²，但同时也规定在某些情况下（如未能通过试验，证明出现频率最多的屈服强度不低于 2850kg/cm² 时）仍应采用 2500kg/cm²。在规结 6-55 以前，国内的设计也有直接按苏联 1949 年和 1955 年颁布的规范设计的。

1955 年苏联颁布了新规范 НиТу-123-55，采用以三系数（材料匀质系数、超载系数、工作条件系数）为特点的多安全系数极限状态设计方法。我国大约从 1956 年起就按照这一苏联规范设计，其中与荷载安全系数相当的超载系数对活载为 1.40，对恒载为 1.10。混凝土材料强度的标准值定为平均值减去 3 倍标准差，这是一种半概率、半经验的设计方法，如果将这一方法折合成破损阶段中的总安全系数并与之对比，则受弯构件的总安全系数从原来的 1.8 减少到约平均为 1.47，受压构件从原来的 2.0 略升到平均为 2.1，受弯构件的安全贮备有明显下降。

1958 年我国颁布了与三系数极限状态设计方法配套的荷载规范，其中所规定的设计荷载取值要低于苏联规范，但结构设计方法和材料强度取值仍与苏联规范相同。

直到 1966 年，建筑工程部才正式颁布了三系数极限状态设计方法的规范 BJG21-66，安全系数与苏联规范相同，其实这套方法在国内已应用了将近十年。荷载规范规定的荷载标准值自 1958 年后有明显下降。

1974 年，我国颁布了 TJ10-74 钢筋混凝土结构设计规范，这是用多安全系数分析、单一安全系数表达的极限状态设计方法，材料强度标准值取平均值减 1 倍标准差（保值率 84%），安全储备如折合成破损阶段方法中的总安全系数，则受弯构件平均约 1.46，受压构件约 2.1，与 BJG21-66 基本相同。

1989 年，现行规范 GBJ 10-89 发布，摒弃了半概率、半经验的多安全系数法，而改用近似概率可靠度极限状态设计方法，其中结构的安全度用可靠指标 β 表示，混凝土材料强度标准值改用 95% 保证率的分位值，同时，将混凝土标准立方试件的边长从 20cm 改为 15cm，使得混凝土强度的安全储备略有增加。荷载标准值按 1987 年施行的 GBJ 9-87 荷载规范，其中对常用的多数活载标准值仍与 58 年的规程一致，安全系数如折合成破损阶段的总安全系数，则受弯构件平均约 1.54，受压构件平均约 2.2，都比 TJ10-74 有所上升。

表 1 是历届规范安全系数的近似比较，其中的混凝土标号取用 200 号（1989 年前，均用 20cm 边长立方块抗压强度作为标准值），钢材为 3 号钢（Ⅰ级钢）；为了简化，表中所指的受弯构件强度不考虑混凝土强度的影响，受压构件不考虑钢材强度影响。从表 1 可见，受弯构件的总安全系数从建国初期降低约平均 15%，受压约降低 10%。对于恒载占总荷载大部的构件如屋面构件，安全系数降幅最大。

表 1

编号	设计标准	应用年限	混凝土受压计算强度（MPa）（200 号混凝土）	钢筋受拉计算强度（MPa）（3 号钢Ⅰ级钢）	总安全系数（折合值）		安全系数相对比值	
					弯	压	弯	压
1	允许应力设计（上海人民政府工务局 1950 年修订）	约 1952 年前	弯压允许应力 0.35f'（圆柱强度）折合 5MPa	允许应力 126				
2	破损阶段设计 东北人民政府暂行规程	1952-1955	14.5	250（230）[2]	2.0[1]	2.2[1]	111	110
3	破损阶段设计 НиТу 3-49（苏）	1953-1955	14.5	250（230）[2]	1.8[1]	2.0[1]	100	100
4	破损阶段设计 规结 6-55	1955-1957	14.5	285（250）	1.58	2.0	88	100
5	三系数极限状态设计 НиТу123-55（苏）	1957-1965	8～9（已乘匀质系数 0.55～0.60）	210（已乘匀质系数 0.90）	1.47	2.1	82	105
6	三系数极限状态设计 BJG21-66	1966-1974	同上	同上	同上	同上	82	105
7	单一安全系数极限状态设计 TJ10-74	1973-1991	11	240	1.46	2.1	82	105
8	概率极限状态设计 GBJ 10-89	1989-现在	10.5[3]	210	1.54	2.2	86	110

注：① 如活载引起内力与静载引起内力之比之大于 2，安全系数增加 0.2。
　　② 华东工业部设计规范草案取用 230MPa。
　　③ 1989 年以后混凝土强度测定的标准试件尺寸改为边长 15cm，为便于比较，已作了试件尺寸对强度影响的修正。

以上比较都没有与允许应力设计方法中的安全系数相比，因为后者过于保守。将苏联 1934 年的允许应力设计方法规范与 1955 年的极限状态方法设计规范相比，前者的钢筋允许应力为 125MPa，200 号混凝土允许弯压强度为 9MPa，所需的受弯构件拉筋量要多出近 40%。解放初上海人民政府公务局规定用允许应力方法设计，200 号混凝土允许应力只有 5MPa。我国 1975 年按容许应力设计的铁路规范中，200 号混凝土压弯强度允许应力为 7MPa，3 号钢允许应力 130MPa。

现在再看楼面活荷载标准值的演变。在 1958 年规结-1-58 荷载规范颁布以前，设计取用的标准荷载主要借鉴苏联规范，如住宅为 15kPa，公寓、办公室、教室为 20kPa，以上建筑的通道及饭厅、餐馆、礼堂 30kPa。大跃进年代颁布的规结-1-58，则取住宅、公寓、宿舍、办公室均为 15kPa，以上建筑走道及教室 20kPa，食堂、餐馆、会议室 25kPa。对于最常用的办公室、宿舍等楼面活载都降了 5kPa，降幅达 25％～17％。这大概又使结构构件的安全度降低了约 10％左右。现行荷载规范规定的标准值，与 1958 年规程基本相同，将会议室调低 5kPa，商店调高 5kPa。

现在的 GBJ 10—89 设计规范如与 20 世纪 50 年代中期相比，由于安全系数和荷载标准值一起下降，对于办公室等楼层构件的安全贮备，平均降低幅度达 30％。楼面活载标准值的降低也影响到柱的安全贮备，但幅度较小，对一般多层房屋而言，加上安全系数的变动，安全贮备比 50 年代中期平均降低约 15％。

有的同志认为，混凝土结构构件在新中国成立后的历次规范修订中有提高，但从上面的分析可见，这种估计完全不符合实际。事实上，办公室、宿舍之类的常用建筑结构，其安全贮备从横向比不但远低于国外[1]，而且从国内历次规范修订的纵向比，降低的幅度也是可观的。当然，与国外设计规范相比则差得更多。如果单纯比较活荷载的分项安全系数，英国和美国分别为 1.6 和 1.7，中国 1.4，相差似乎不算特别大，可是再考虑荷载的标准值后，例如办公楼的楼板活荷载标准值在法、德、俄国规范中为 2kPa，加、美、南非 2.4，英 2.5，日 2.9，澳 3.0，意 3.4，再加上较大的荷载系数，则办公室活荷载的设计计算值，我国只有英、美的 53％和 51％，其安全储备就大相径庭了，几乎差了 1 倍。最保守的国家中可能是日本，荷载的设计计算值更大。

除规范规定的安全系数、荷载标准值和材料强度标准值外，构件的安全贮备还与规范规定的承载力计算公式有关。比如我国规范将最常用的压弯构件的混凝土压弯强度取成轴心抗压强度的 1.1 倍，并且不考虑轴压构件的偶然偏心作用，而国外的规范则一般取压弯强度与轴心抗压强度相等，这样又额外降低此类构件的安全贮备。总之，我国规范的安全程度设置水准不是偏低"一些"或"一点"，而是低得很多很多。

2. 结构的整体牢固性和构造要求[10]

结构的整体牢固性（robustness）[10]或整体性（integrity）要求，是指结构不应发生与其原因不相称的严重破坏后果的能力，要求结构的局部破损不致引起大范围的连续倒塌，并应在各种不测事件发生时能将破坏尽可能局限在较小的范围。在以往的设计规范中，设计人员只要满足一般设计荷载作用下的承载力不小于荷载效应计算值，就认为结构安全性设计的目的已经达到。可是结构在使用期限内难免会受到一些不测事件的影响，也包括设计和施工的人为错误。从实际发生的工程倒塌安全事故分析，其原因往往并不是构件的安全系数或承载力不足，而在于结构缺乏整体牢固性，在于结构方案布置和构造方法上的缺陷。

在伦敦 Ronan Point 地区的连续倒塌事件发生之后，英国的规范为加强结构整体性提出了如下要求：（a）要求结构能够承受作用在每层楼板位置上的假想水平荷载，其大小等于该楼层与其上下楼层之间各一半高度上的所有竖向荷载的 1.5％；（b）所有结构都必须设置水平拉结筋，包括与柱、墙相连的房屋周边拉结筋和内部拉结筋；（c）对于 5 层以上的房屋，其中的关键构件应能承受从各个方向作用于其承载面积上的大小为 34kN/m² 的均布荷载；（d）对于 5 层以上房屋中的非关键竖向构件（所谓关键构件，是指移去后会引起连续倒塌的构件），如将其移去应不致造成超出局部范围的损害，因而通常情况下还需设置附加的竖向拉结筋。这些要求主要是针对装配式结构和砖混结构。对于抗震设防的现浇钢筋混凝土框架或剪力墙房屋，一般都有较好的整体性。34kPa 的假想荷载是参考燃气爆炸压力提出的，但并非专指燃气爆炸，为的是防止各种可能原因造成的连续倒塌，而燃爆压力还很有可能大于这一数值。这些苛刻的要求似乎并没有得到全面贯彻。以后，有关设计条例又提出如房屋内并无发生燃气爆炸的可能，或者安装的是瓶装天然气而不是管道煤气，则可将34kPa折减一半为17kPa。

欧洲规范Euro-code也有引入某种假想荷载作为增强结构整体性的措施。但是其他各国规范迄今都还只是提出一些原则性的规定，主要从构造上采取相应措施。

不同类型的结构在整体性上有重大差别。即使同样满足承载力安全度或可靠度的最低要求，砖混结构的安全性在总体上仍很难与钢筋混凝土结构和钢结构相提并论。唐山地震中砖房的大量倒塌就是很好的例子。为了加强整体性，一般需要多用些钢材。过去建造的房子之所以缺乏整体性，与当时缺乏钢材的实际情况和片面节约钢材不无关系。我国究竟有过多少连续倒塌事故，似乎始终未见谜底。拿Ronan Point事件的倒塌严重程度和伤亡后果，与国内有过的事故相比，未免有小巫见大巫之感。但是前者经过深刻总结，从中引出设计思想上的重大进展，而我们则往往捂住盖子不了了之。

笔者对国内安全事故了解不多。据说河南也出过一起砖混结构楼房的连续倒塌事故，起因是由于施工时的手推车载着重物在下班后搁置在主体结构业已完工的楼层单向预制楼板上，若干小时后，这一冷拔预应力钢丝预制板因超载断裂坠落，依次撞击下层，引起整个房屋的连续倒塌。一般来说，钢筋混凝土板有很强的超载能力，特别是变形挠曲后当支座处的横向伸长受到约束时，承载力提高幅度更是惊人。对小跨度的单向板来说，即使不配筋或者只配了构造构筋，由于推力作用也能承受相当可观的竖向荷载载，与计算值相比可成倍增加。但是这种条件并不是所有情况都能提供，比如在预制板的端部未能用水泥砂浆填满而仍能在水平方向上自由伸长。如果只按简支受力，则单向预制板承受局部超载的能力就远不能与现浇板相比拟，因为后者多少可以在两个方向上传递荷载而且在支座处与周边整体连接，也无坠落的危险。由于不了解这一砖混结构的原始设计和事故的详细资料，我们只能作些推测，并认为可以探讨的问题至少有：1) 我国规范规定的楼层活载标准值及相应的荷载分项系数，特别对单向预制板那样的构件是否过低？结构施工期和使用期内免不了遇到意料不倒的超载。如果有像国外一般规范的安全贮备，每块板大概可多承受300kg的跨中集中载，那么这起事故是否就不会出现？2) 楼板发生断裂下坠是否与预应力冷拔钢丝有关，冷拔钢丝延性差，质量又不像热轧钢筋那样较易控制，如果施工过程中没有可靠的质量控制，推广应用这种构件型式显然会严重影响结构的安全性，在钢材供应业已缓解的前提下，冷拔钢丝的应用理应受到严格限制；3) 如同盘锦那起天然气爆炸引起的连续倒塌一样，这项工程的楼板端部是否也缺乏为防止楼板从墙上脱落的连接构造措施和局部的现浇带。

			受弯构件最小配筋率		表2
混凝土标号	90~140 (≤150)	170~200 (200)	250~400	500~600
破损阶段方法设计规范	0.2%	0.3%	0.4%	0.5%
极限状态方法设计规范	0.1%	0.1%	0.15%	0.2%

适当的构造措施也是结构安全性的必要保证。规范构造措施中的一个重要内容是最小

配筋率，文献［1］中已对此作过一些探讨。这里想补充说明的是，我国规范中某些过低的最小配筋率并不是从一开始就有的。在 1957 年前按破损阶段方法设计的东北人民政府规范、苏联 НиТу-3-49 规范和我国规结 6-55 规范中，受弯构件的最小配筋率（钢筋屈服强度小于 300MPa 时）如表 2 所示。到了按极限状态方法设计时，最小配筋率竟降低一半以上。如果配筋率过低，截面拉筋屈服时的抗弯能力就有可能低于截面拉区混凝土的开裂弯矩，这样当构件受力后拉区混凝土开裂时，所有的变形就会集中在唯一的首先开裂的截面上，导致开裂截面上的钢筋颈缩并拉断。因此受弯构件的最小配筋率必须满足截面屈服抗弯能力大于开裂弯矩的要求，并据此确定最小配筋率。最小配筋率与混凝土抗拉强度对钢筋屈服强度的比值 f_t / f_y 成正比，而且试验表明，如果屈服弯矩超出开裂弯矩的数值有限，那么即使满足上述要求，构件的延性仍很差，原因是这种情况下只能出现个别的既宽又深的大裂缝。在破损阶段设计方法中，混凝土和钢筋材料的抗拉强度都以平均值为依据，而在极限状态方法中二者的强度则以低于平均值的某一分位值即标准强度为依据，这是造成最小配筋率差异的主要原因之一。以标准强度作为确定最小配筋率的依据显然是不对的，因为这里需要保证的是开裂弯矩不能小于屈服弯矩，所以与开裂有关的混凝土抗拉强度应该采用大于平均值某一分位值的强度才合适。有的同志认为，梁的配筋率根据所受荷载的需要很少会有配筋很低的情况，似乎提出最小配筋率是多此一举。可是规范应该照顾到工程中可能出现的各种情况，不能因为出现情况较少就可忽略。柱的最小配筋率也一样，不能因为抗震柱的配筋率都会高出最小配筋率，就可以取消一般柱的最小配筋率要求。规范必须照顾到全国所有地区，其中就有非抗震设防区。Kong 和 Evans[11] 在解释英国规范中柱的最小配筋率时，认为柱的最小配筋率，还要考虑混凝土徐变对钢筋的影响，以及在框架结构中由于地基沉降或荷载不利分布（如柱上层的四周楼板空载而下部的四周楼板受有重载的情况）可能引起柱的受拉破坏，所以将最小配筋率定为 1%。

　　我国规范对常规荷载（非抗震）下受弯构件梁的压筋最小配筋率没有提出要求。为了保证受弯构件在常规荷载下的延性，压区的最小配筋率是需要的。工程中应用的混凝土强度等级现在已提高很多，中国标准化协会最近公布的 C70～C80 混凝土轴压柱的最小配筋率为 1%。考虑高强混凝土的脆性，这一要求并不算高，以 C80 而言，这时的钢筋承载力不过占混凝土轴压柱实际承载力（平均值）的 5%。试验证明，很低配筋率的高强混凝土柱，延性非常差。

　　收缩、徐变、地基沉降等现象难以避免，但这些在设计中难以准确估算并往往被忽略，需要通过构造措施来弥补其对结构安全性和适用性可能带来的不利影响。这里可以举一个例子：最早修建的北京华侨大厦是一幢钢筋混凝土内框架，外墙为砖墙承重的多层房屋，楼层主梁为支于二个钢筋混凝土内柱和二侧外墙上的三跨连续梁。由于外墙条形基础的地基沉降，导致梁的内力调整，外墙受力减少，梁的内支座反力增加，使得每层内柱所受的轴力增大。从理论上讲，如果外墙不断下沉，则柱顶处的梁端负弯矩将逐渐增大到形成塑性铰，然后柱的轴力将不再增加。但这一工程在梁的支座负弯矩截面上配置了较多的钢筋，在未能出现塑性铰以前，柱的承载力已达到极限值。因为是多层结构，如果每个楼层都因墙体下沉给柱增加 5% 的轴力，积累到底层柱，所增加的轴力就非常可观，以致底层柱首先出现表层混凝土局部开裂剥落的压溃迹象。这是极其危险的征兆，幸亏及时发现并紧急用木柱支撑加固，并未造成严重的突然倒塌。设计时加大柱子的安全储备有可能避免发生这起事故，虽然并不是解决此类问题的最有效途径。更重要的一点是柱子要有适当的延性，在破坏前有预兆，能及时进行补救而不是很快发生脆性破坏。這一事例也说明，在结构的某处配置过多的富余钢筋，并不一定总是有益安全的。

3. 耐久性

对混凝土结构耐久性的认识需要有很长的年限。由于混凝土材料所用的水泥活性和用量随着混凝土强度等级的提高而增加，再加上追求早强效果和养护期不足，所以今天的混凝土与几十年前相比，强度是提高了，可是耐久性更差了。愈早强的混凝土，其后期性能通常愈差。

钢筋混凝土结构的设计，习惯上所考虑的主要是承载力安全性设计，而耐久性设计则被置于次要的地位。耐久性设计所考虑的是环境作用（如混凝土的碳化、钢筋的锈蚀、氯盐的腐蚀等），虽然环境作用会削弱混凝土和钢筋的性能与截面，最终也会影响到构件的承载力安全性。所以两者既有区别又有联系。应该指出，随着土建工程更多的向着露天和海洋等恶劣环境发展，结构的材料性能和构件尺寸已变成由环境作用确定，结构设计的步骤转变成首先进行耐久性设计，然后进行承载力的校核。

解决混凝土结构耐久性最简单有效的方法是增加钢筋的混凝土保护层厚度和采用低水胶比混凝土。现行混凝土结构设计规范中对于保护层厚度应该有更高的要求，一般应限制使用早强水泥并限制水泥的最高用量。与荷载单纯作用下的结构安全性相比，结构耐久性的不确定因素更为复杂和难以量化，施工养护与环境作用等与耐久性极为密切的影响因素更难用概率统计方法进行度量，这里更需要依靠经验的途径。看来，规范对耐久性的要求还是应从构造（如保护层厚度）和材料性能（如渗透性）等若干易于明确表达的指标上去下工夫。国内外现在都有研究者致力于基于各种理论模型的结构耐久性设计计算方法，这对帮助认识结构耐久性无疑有重要和长远的意义，尤其对个体工程的使用寿命评估更有重要价值。对结构耐久性及耐久性设计的研究，主要的精力恐怕还得集中在室内、室外试验和工程调研上。要在规范中纳入以概率为基础的耐久性设计方法，这种努力似乎过于超前，其实用性更成问题。

4. 如何合理确定结构的安全设置水准

合理的安全水准应是结构安全性不足可能产生的损失风险与社会（或业主）所能提供经济实力（或投入）之间寻求平衡的结果。也许从防护工程结构的设计中更能说明这一问题的本质，在国防和人防工程结构设计中，规范设定的武器作用（荷载）、材料强度标准值与相应的安全系数，是以一定的毁伤或死伤后果作为依据的，因为没有能力保证所有工事在战争中都不会破坏或能避免人员死伤。在这里，设计所追求的只是毁伤最小。过去，我国经济困难，国家又要免费向城镇人民提供居住建筑物，规范采用的低安全度说它是伟大成就也不为过。但这样做不是没有更大风险。在我国曾经有过的大量建筑物倒塌事故中，如果我们设计规范的安全设置水准能够加大一些，特别是规范如能提出结构的整体牢固性要求，那么倒塌事故肯定可以减少。现在有的红头文件认为："至今尚未发现一例因设计规范安全设定不当而发生承载能力失效的实例"，不知这种说法有何根据？做过多少例事故调查？我们说过去规范确定的安全水准并没有不当，并不表示不会出现事故，如果不承认结构有失效可能，那就不是规范所采用的可靠度设计方法。

我们已反复强调过，低水准是短缺经济年代的产物，即使为此付出少量代价，总体看依然是合理的。低安全度与过去的一些政治运动也不无关系，如1958年大跃进年代的大张旗鼓对"肥梁、胖柱、重屋盖、深基础"的群众性革命批判运动。现在再不是像当初那样，整天准备打仗，可以勉强凑合过日子的情况了。

建筑物带有商品的属性。建筑物的安全性要求与安全设置水准应该考虑业主或所有者的利益。在过去，我们许多产品的设计和生产主要向国家计划负责；到了市场经济时代的今天，这种观念必须转变。有关部门现在是增加透明度，让大家有所认识，还是面对要提高安全度的不同意见，提出要"注意社会稳定"的劝告。规范编制及主管部门不妨广泛征求一些民意，听听业主的选择与反映，他们投了资，最有资格在风险与付出之间权衡得失。否则弄得不好，难免有假政府手段推销低标准产品之嫌。

有的同志指出，我国规范中与安全设置水准有关的参数并不是什么都高，比如超高层建筑的风压系数和钢结构。事实确实如此。超高层建筑在国内是近期发展起来的，风压系数未经很好研究。文献［1］所讨论的主要指 GBJ 10-89 规范和一般的混凝土建筑结构物，即使是 GBJ 10-89 规范，也有极个别地方是偏于保守的[1]如对冲切抗力的计算，后者在现行的人防工程设计规范中已经作了修改。至于我国钢结构规范的安全水准确实是另一回事。

有的同志以一些工程的用钢量已经超出国外同类工程为例，来说明我国规范安全度并不低，其实这完全是两回事。由于设计人员对内力的计算图形取用不当或设计过于保守，使内力计算值偏大导致用钢量增加，并不是规范安全设置水准造成的，而只能说明应该提高设计人员的业务水平，推广应用合理的新方法、新技术。这些事例恰恰反过来提醒我们，如果设计人员的技术水平不如别人，那么我国规范的安全度还应取得再大些才好。

我们说规范安全设置水准过低是指规范所要求的最低水准。与国外的规范比较也只能以各自的最低要求进行对比。仅举个别已建的工程实例来比较国内外规范的安全水准说明不了问题，规范编制部门不妨用几个国家的规范同时设计一种量大面广的典型结构，比如砖混结构和混凝土多层框架办公楼，就可以看出各自安全贮备之间的差距。然后再按同样的地震加速度，看看抗震安全贮备的差别。

三、关于我国规范的可靠度设计方法

混凝土结构设计规范所规定的安全设置水准的高低，本来似乎还是清楚的，现在之所以搞得轮廓不清、稀里糊涂的一个原因，在于我国现行规范中废弃了过去采用的多安全系数极限状态设计方法，改用现在那样的可靠度设计方法。可靠性理论有很多假定，还有一些专门术语和数学处理方法，不一定为一般从事工程设计的人所了解并感兴趣。有文件提出："我国建筑结构可靠度理论至今仍然是先进的，跻身于国际先进行列"，"我国现行设计规范结构可靠度设计方法是可行的，设计规范设定的可靠度水准是可以接受的"。因此，为了讨论安全设置水准，再不能回避对规范采用可靠度设计方法的评价。

可靠性理论是在20世纪40年代开始提出的[12]，最早用于军事需要提高电子系统的可靠度。将可靠性理论引入结构工程并加以发展无疑是结构工程学科的一大进步，并已在许

多方面得到成功应用，特别是用于某一重要的个体工程对象如反应堆结构、军事首脑工程、海洋结构的可靠性分析等。如果与结构可靠性有关的主要不确定因素过于复杂又相互关联时，用现有的可靠性理论分析得出的可靠度就会遇到较大困难，分析结果的"可靠性"也就受到怀疑。结构可靠性分析方法还要继续发展和改进，我们现在讨论的问题仅限于：在我国的混凝土结构设计规范中，采用现在这样的可靠度设计方法是否适宜。

1. 安全系数和可靠指标

早期的结构设计规范都采用单一安全系数方法。单一安全系数在名义上考虑了结构的各种不确定性，实际上对不同因素的精确影响都说不清，但它比较简洁，有工程实践经验作依据，虽然含义比较模糊，还是容易从整体轮廓上得到承载力安全程度的概念。同样的结构，安全系数提高一倍，承载力的安全贮备大体也有相应的增加。钢材看上去不论在质量保证和性能上就是比砖块强，所以砌体结构的安全系数理所当然地应该比钢结构高，即使不懂专业的普通人都能这样思考。为了宣传规范可靠度理论的优点，国内有些宣讲材料和专业书上以砌体结构安全系数高、并不表示比低安全系数的钢结构更"安全"的论点，作为安全系数不能说明安全程度高低的理由，这种说法实在失之偏颇。按照同样的"逻辑"我们可以反问，在可靠度设计方法中，脆性构件的可靠指标3.7要大于延性构件3.2，难道就能认为脆性构件要比延性构件更为"可靠"吗？

从国际上设计方法的发展历史看，对于常规荷载下的结构安全性设计，先是有单一安全系数方法，安全系数的取值开始时很高，而后有成倍的降低，然后呈缓慢下降趋势并趋于稳定，反映了工程实践经验的积累和工程科学技术发展的结果，使得结构设计对承载力安全性的估计逐渐靠拢真实。早期的单一安全系数方法中，材料强度往往以平均强度作为标准值，为能反映材料变异性对安全性能的影响，后来引入了概率统计方法，取规定保证率下的某一强度分位值作为材料强度的标准值。在多安全系数极限状态设计方法和以多安全系数分析为基础并用单一安全系数表达的极限状态设计方法中都是这样做的，也是用了概率方法的。多安全系数方法能仔细的分别考虑与材料、荷载以及与工作条件有关的多种主要因素，比如荷载安全系数主要反映荷载和构件内力分析的不确定性，材料安全系数主要反映材料性能和构件抗力计算结果的不确定性。一些施工因素或人为差错因素也可笼统的纳入安全系数中加以照顾。多数国家规范中的荷载标准值，主要是根据经验确定而不是主要依靠统计，这是因为完全依靠统计得出的数据难以直接应用，使用过程中难免遇到的有些荷载如撞击荷载也只能判断而不好统计。更重要的是统计资料反映的只能是过去的情况，而眼前设计的结构，在今后长达百年上下的使用过程中，不论是人们的生活方式或结构本身会遭遇的荷载作用和环境作用都有可能发生变化。这些都需要在设计的安全系数取值中适当留有余地，如果完全局限于过去的统计资料显然会有问题。国外的安全系数取值比我国大得多，其中也有这种考虑，因为安全系数本来就是为了出现比较意外的情况做准备的。所以，经验的设计方法对于面对复杂群体的设计规范是比较合适的。半概率、半可靠度设计方法用可靠指标β作为结构安全性的度量，一定的可靠指标有对应的失效概率。如果说安全系数的大小尚能从轮廓上感觉到安全贮备程度的高低，那么规范可靠度设计方法中与可靠指标相应的失效概率值与实际情况就差之万里了。这些失效概率最多只能作为一个相互比较的参考值。

通过可靠度设计方法的分析，有可能对各类结构的安全性在横向进行比较，但即使这样，由于影响结构安全性的许多因素在规范可靠度设计方法中无法考虑，虽然计算结果认为钢结构、钢筋混凝土结构和砌体结构已经有了等同的可靠指标，但有经验的工程技术人员不可能相信，按现行规范设计的砖石结构构件能够从总体上达到与钢筋混凝土结构或钢结构构件同样的安全水平。

规范采用可靠度设计方法基本上没有对结构的安全性发生影响，因为可靠度设计方法中的可靠指标最终只能依靠校准法确定，即以过去安全系数设计方法作为基准。但是，经过这样一种转变，我国规范原本在安全系数上与国际标准相比的巨大差距似乎一下子缩小了许多，可靠指标与国外相比变成了文件上宣称的只是"偏低一些"。

上面已经提到，安全系数或可靠指标的合理与否，主要看风险损失与投入之间的权衡。同在我国，为什么铁路工程结构很少有过倒塌事故，而建筑结构事故却长时期屡禁不绝？除了铁路部门施工管理较为严格外，显然与铁路工程规范的安全系数比建筑结构大许多有关。铁路工程的风险损失要比建筑结构大，安全系数理应取得较高。我国建筑结构设计规范的安全系数远没有达到国际通用标准那样，已经几乎可以消除因承载力安全系数不足造成的倒塌，以至于实际发生的倒塌事故已几乎全为意外的偶然作用或意想不到的人为错误所致。

2. 规范可靠度设计方法中的几个问题

结构可靠性理论的重大意义和成就是明显的，于是有将这一理论引入一般结构设计规范的努力。为此而进行的大量工作也很有价值。大家知道，国际标准化组织编写了可靠性理论为基础的 ISO 标准，不过各国积极响应者寥寥。其中原因很值得大家思考。可靠度理论最早是美国学者提出的，但美国的 ACI 混凝土结构设计规范并没有使用。ISO 国际标准组织主要是欧洲学者主持的，他们比较推崇可靠度理论，但在具体应用的设计规范中，也没有用显式突出可靠指标。笔者姑且妄加揣测可靠度用于混凝土结构设计规范的问题如下：

1) 规范的可靠度理论中，结构安全性的失效概率，是根据结构抗力和荷载效应的概率密度分布曲线得出的，所以与两者分布曲线分布形状的真实性，特别是两者曲线的实际尾部形状有很大关系[11]。失效一般发生在 S 特大和 R 特小的场合，这时的两者都处于尾部。能通过试验和调查获得的抗力与荷载数据大多数靠近平均值，而特大和特小数据的出现概率非常低。设计规范采用的可靠度经典理论只能通过假定的分布曲线形状（比如常用的高斯曲线）确定尾部的数据，并算出 R 小于 S 的失效概率。这样的失效概率完全不能反映真实而变成一个虚假的数值，现在规范中给出的失效概率（$\beta=3.7$ 与 3.2）大约是 10^{-4} 的量级，即 1 万个构件中，就会失效几个，要是果真如此，未免过于危险。在当初宣传可靠度设计理论时，还憧憬过规范的结构设计方法越过了以往的半概率、到现在的近似概率，最终还要迈向全概率。这一最终目标在设计规范中肯定更难实现。

2) 可靠度设计方法必须求出荷载效应（内力）与抗力的变异性，这对需要面向各种结构类型的规范来说，也是很难实现的。于是不得不做出许多假定，比如假定结构内力的变异性与引起内力的荷载变异性相等。但是结构内力的变异程度远非荷载的变异所能比拟，前面举出的砖混结构所表现出的内力不确定性就是很好的证明。在不确定性因素上，丢掉大的，抓住小的，这是规范可靠度设计方法在处理不确定性中的主要问题之一。规范的抗力变异性中考虑了材料强度、截面尺寸、抗力计算公式精度等变异性，看来似乎比较全面；但稍作分析，也能看出其中的问题，即以材料强度的变异性而论，只是标准试件在标准养护条件下得出的强度变异性，而实际结构中的混凝土强度随浇筑温度、养护条件和环境条件不同而明显变化。又如水灰比较高时，柱上端的混凝土强度要比底部低很多。虽然规范笼统的用0.88的系数来考虑小试块与实际结构混凝土强度平均值的差别，可是二者在变异性上的巨大差异却被不好考虑而被遗弃了。可靠度理论的精髓所在是能反映抗力与荷载效应之间的不确定性，如果在具体应用中还一时把握不住不确定性的主要方面，那就根本失去了其应用的价值。

3）许多工程结构的构件抗力与荷载效应（内力）之间是高度耦合的，最典型的如土与结构相互作用下的地下工程结构[13]。结构在地震、爆炸、撞击等作用下也具有这些特点。瞬时动载下的结构设计还往往以极限状态下的位移作为失效标准，而现在的可靠度设计方法中只能考虑R和S而没有位移。规范中的可靠度分析方法只能处理互不相关的抗力和内力，在实际结构中两者却往往相互关联。此外，实际结构会遇到许多类型的荷载，又有不同的组合，这里如何计算失效概率也是很困难的事。对规范可靠度设计方法提出上述问题似乎过于挑剔，因为安全系数方法在不确定性面前似乎更为无能。可是安全系数也许更能把握住整体，不像规范的可靠度分析方法那样，轻重不分、大小难辨。

规范的可靠度设计方法中，似乎还有三个问题值得商榷：

1）人为差错的不确定性要否在安全设置水准中加以考虑

现行规范中的可靠度分析方法是不考虑人为差错的，但是人为差错又总是难以避免。人为差错可以通过加强检查控制在某种可以接受的程度内。检查愈严，人为差错愈少，但工程成本随之提高。在我国，实际操作人员和检查人员的水平和经验都较低，人为差错对安全性影响更为突出。如果仅由于在可靠度计算公式中不好考虑而在设计的安全设置水准中予以排斥，似无异削足就履。人为差错在国外的可靠度设计标准中也往往不加考虑，但有相应的技术要求规程提出具体质量控制方法和要求与之配套，这些在技术先进的国家中容易做到。我国的实际情况则是质量控制标准尚欠完整，一些要求除大的企业和工地能做到外，没有证据说明在一般情况下能普遍达到。山东建工学院与清华大学土木系（徐茂波、刘西拉）的一个协作研究项目[8]（人为差错影响）曾对某省工程施工中的混凝土强度作过调查，结合我国设计规范和有关规程的安全设置水准与质量控制要求，得出结论认为，人为差错影响应该考虑，否则保证不了原定的安全水准。

2）荷载标准值应该主要依靠统计，还是依靠经验与统计的结合

按照统计得出的荷载变异性甚小，特别是恒载，如过去苏联多系数方法中的恒载超载系数只有1.1，后来变成1.2。要是考虑到荷载分项系数，还要照顾到荷载效应的不确定性，1.2的荷载分项系数或安全系数对于钢筋混凝土那样的结构看来难以接受[9]，这话是长期主持美国ACI设计规范的美国学者siess教授说的。规范可靠度计算公式中的参数基本上都是统计出来的，上面已经说到，单纯依靠统计是有问题的。曾有专家举过火车荷载谱的例子，费了许多人力物力统计出我国火车荷载谱，随着火车运行状况的发展，这些荷载谱的用处甚为有限。为了对安全水准作出判断，当然需要对荷载和材料变异性进行统

计。有文件指出：我国建筑结构的统计数据急待更新，这是完全正确的。但是在更新之前，是否就不能对规范安全度作大的变动，以至于这些变动会变成如官方正式文件所说的"盲人骑瞎马呢"？统计数据只是分析安全性的一个方面，安全系数方法中其实也是应用了概率统计的。当前讨论结构的安全性，首先要注意的是"瞎子摸象"的问题。

3）规范可靠度设计方法中的"三个正常"提法。

可靠度理论承认失效概率的存在，不能说正常设计、正常施工和正常使用的条件下都绝对可靠而毫无失效可能。三个"正常"的问题在于不好界定何为正常，何为不正常。比如 C60 商品混凝土的强度标准值是 60MPa，按照标准差未知的统计方法评定验收时，验收规范允许有个别来料低到 51MPa 仍可能认为合格，这算是有章可循，尽管这种"允许"并不"可靠"。施工中的尺寸允差也有明确规定，但更多的是说不清楚。就荷载而言，可靠度设计是承认超载的，就如承认材料强度可以低于标准值一样，那么实际荷载超过标准值到多大程度才算不正常，对此并没有说明。至于前面已提到的施工主力军——农民工，是不是正常？如果说它不正常，在设定我国现在的结构安全系数时不予考虑，那么都叫他们回农村老家成吗？谁来替代他们。安全性在 ISO 标准"结构可靠性一般原则"中，也没有什么三个正常的提法。我国规范提出模模糊糊的三个正常，似乎有在工程事故面前，为自身推卸责任之疑，这样可以在工程质量问题面前，就可以将规范的问题统统装在三个不正常的大筐里。

可靠度设计方法作为一种新事物，在许多方面尚需改进，这可能也是各国混凝土结构设计规范未能积极响应的原因之一。国外在可靠度设计方法的研究上比我们领先，我们是从国外引进的。应用可靠度方法需要有比较齐全的统计数据和系统的质量控制与检验方法相配合，在这方面我们相当欠缺。也就是说，我们最缺少在规范中应用可靠度方法的客观条件。在设计规范中应用可靠度方法，我国并不是"跻身于国际先进行列"，因为我国是实际上最为"领先"，而且还要把各行各业的设计规范都用可靠度统一起来。用现在这样的可靠度设计方法替代多安全系数设计方法，并没有在结构安全性上带来明显实效，似乎没有太大必要去抢天下先。要是可靠度设计方法用于规范还不够成熟，许多方面尚需改进，企图以行政方法用可靠度统一各行各业的设计规范更不恰当。比如桥梁的失效后果当然要比普通的住房更严重，将它们用同样的可靠指标度"统一"起来合适吗？多安全系数方法不排斥任何一种分析手段，操之过急的在规范中采用可靠度设计方法，反而会引起一些概念上的混乱，大的如对安全性的全面理解、对失效概率真实性的理解，小的如出现材料强度标准值低于设计值（在地基设计规范中）等难以理解的现象。

不仅是各行各业规范难以用可靠度统一，就如不同建筑结构规范中的荷载分项系数是否必须统一也可研究。钢结构的内力不确定性要低于混凝土结构，荷载分项系数自然可以较低。勉强统一后各方面都照顾不好。

我国规范要在先进性上赶上发达国家，似应更多地在先进技术和材料上下工夫，比如推广高强材料和耐久材料，这样才真正能见到明显实效。为了从根本上增强混凝土的耐久性，有的发达国家规范规定桥梁等露天结构的混凝土必须掺加粉煤灰等火山灰材料，水胶比必须不大于 0.4 或 0.42，而我国公路部门的标准在目前仍不准使用粉煤灰，北京、广州等在建的一些重大路桥工程因而都不能采用高耐久性的高性能混凝土。一些发达国家已很少在承重结构中使用低强混凝土，而我国规范仍为其大开绿灯，甚至在一些非常关键的基础设施工程中也用低强混凝土。地铁、隧道等重要设施，现在仍在按普通混凝土结构设计规范的低标准要求进行设计，而这些设施的结构使用寿命是应该超过百年以上的。

从某种意义上讲，将结构做得更牢固些才是先进的表现。宁波招宝山大桥重大事故，如从根子上找原因，与我国规范的低标准要求以及长期习惯于低标准的传统不无关系。经过几十年的熏陶包括各种政治运动的冲击，结构安全性的低标准要求在我国结构工程界已习以为常。如果不是首先从思想上讨论清楚我们正处于经济建设的转型期，以及规范作为上层建筑应如何做出相应的变化，仅对一些技术上的不足作些修补是远远不够的。

3. 从方法论根源看规范可靠度设计方法的不足

在技术科学研究中，因习用还原论的方法所带来的问题已愈来愈受到人们的注意。近代科学在西方的发展从采用还原论（分解论）方法开始，为了解决或洞察一个复杂的问题与系统，这个方法将其分解为各个部分，相互割裂起来进行研究。美国著名的混凝土学者Mehta[14]在他近期发表的论文中，不止一次地呼吁必须在混凝土技术的研究和教育中采用整体论方法，因为还原论哲学已经对今天的混凝土技术造成不良影响。他特别指出整体论方法对解决混凝土劣化问题的重要性，因为耐久性是一种整体性能指标，取决于环境、结构设计、生产工艺过程等种种因素。我国混凝土材料科学的先驱者之一吴中伟先生，也撰文谈到这个问题[15]，他引用钱学森先生的主张，要从"定性到定量的综合集成，将整体和还原两种不同思想方法结合起来，要从宏观上把握事物的整体"。笔者不过是受他们的启发，觉得我国规范可靠设计方法的主要不足，如果从哲学根源上找原因是否也在这里。

结构安全性是非常复杂的一个系统，特别规范需要解决的是群体结构的安全性。规范的可靠度设计方法，只能挑出这个系统中能够为现有的可靠性分析方法处理的几个部分，姑意或无意地遗弃了现有方法难以处理而本应考虑的部分。将材料强度、荷载等分解出来进行概率分析是完全必要的，但不应漏掉其他主要的不确定因素。规范的设计方法更应注意整体的综合，从这个意义上说，多安全系数方法要远比可靠度设计方法更适合设计规范。

正如文献 [14] 指出的大学教学中应该加强整体论方法教育的重要性，这对我们也很有启发。现在大学混凝土结构教材有成为规范注释材料的倾向（当然这一责任不在规范）。关于结构的安全性，学生们很少对它有整体全面的了解，他们往往觉得安全性的全部就是那个可用数学公式表达的可靠指标，决定安全性的也就是可靠度公式中那几个参数，将规范可靠度方法算出来的假的失效概率 6.8×10^{-4}（相应于 $\beta = 3.2$）当以为真。类似的问题还有混凝土裂缝，开裂是当今混凝土工程中最为头痛的问题，而在大学混凝土课本中花了许多时间注释规范中那个复杂的荷载裂缝计算公式，但实际工程中开裂的关键在那里，学生们极少了解。

在规范的可靠度设计方法中，将结构的可靠性定义为安全性、适用性和耐久性的总和，尽管现在的可靠指标只代表安全性的度量。为了能在规范中采用概率可靠度方法进行耐久性设计，现在有不少研究者正企图通过建立结构材料蜕化的数学模型，并通过概率可靠度分析将结构承载力因材料蜕化引起的失效与规范的现有可靠度设计方法建立联系。应该说，这些探索都是有意义的，能为规范的耐久性要求提供很有价值的参考依据。但是耐久性的问题更为复杂，以钢筋锈蚀引起的结构失效为例，锈蚀是从施工质量（取决于养护、捣固等许多难以分析的不确定因素）最差处的保护层开始，但保护层混凝土的渗透系数难以从样本总体来描述。保护层的厚度在钢筋锈蚀中已成为关键因素，其变异性更不易确定。如果是特定的环境条件和特定的结构对象还可以近似分析，要是硬将概率可靠度的耐久性设计方法放在规范里，定将带来更多问题。

设计规范随着结构工程学科发展而变得愈来愈厚和复杂，分析方法变得愈来愈细和高深。如何删繁就简，突出重点，似乎也值得思考。过多的分项系数也有可能带来许多不便。以地下结构为例，顶板为受弯构件，侧墙是大偏压构件，如果加大荷载安全系数，对顶板偏于安全，对侧墙则由于轴力增加反而起相反的效果。据说上海地铁仍沿用 TJ 10-74 规范的单安全系数设计方法，看来不无道理。不同的荷载及分项系数，加上不同的荷载组合以及在结构中各种可能的布置方式，计算起来是相当困难的。如何抓大放小从整体上把握，割爱舍去那些虽然从可靠度分析上可以头头是道，但对最终对结果影响不大的东西。

四、小结

1. 我国结构设计规范的安全设置水准是低的，它是短缺型计划经济年代的产物，适应那个时代的需要，并在过去的几十年内为我国的建设做出了巨大的贡献。

2. 我国已进入新的大规模基础设施建设时期，这些设施要奠定我国现代化的基础，要满足今后几十年乃至上百年内人们对生产生活不断发展和提高的需要。现在和今后，因结构破坏所带来的风险损失已远非过去所能比拟，而为减少结构风险在设计中增加设计安全度的付出已降低到很小的程度。所以结构设计规范的安全设置水准要大幅度提高，提高到与国际通用标准相接近的地步。当然，也可以在不长时间内分步到位。

3. 增加结构的设计安全性需要从构件承载力的安全度，结构整体牢固性，耐久性等多个方面努力。这三者都要提高。似以提高耐久性和整体性最为重要，其次才是构件承载力的安全度。

4. 结构的实有安全性能还在很大程度上取决于设计和施工中的人为错误或差错。恶意的、主观的错误应该通过加强执法和教育来解决，一般的人为错误或差错，应主要通过质量控制措施来解决。根据我国特殊国情，规范的设计安全设置水准中应适当考虑人为差错的不利影响。这是因为我国尚缺乏完善的质量控制标准与制度；也没有证据表明，已有的质量控制要求能够落实到一般工程现场。

5. 结构可靠性理论是一种先进的理论，已在不少领域取得成功应用，但也有它的局限性。我国设计规范中采用的那种可靠度分析方法，可用来帮助评估安全系数的一种参考，但将它作为一种统一的设计方法标准是不成熟的，也是不够慎重的。对这一问题应展开更多的学术探讨，而不应采取行政手段强制推行。

6. 前一阶段在宣传推广规范可靠度设计方法中，有过多强调其优点而未能清楚交代其不足之处的倾向。如果说承载力安全系数还能从轮廓上给工程人员一个安全程度大小的概念，那么用可靠指标就不能。规范中提出的正常设计、正常施工、正常使用难以准确界定，不符合规范用语的准确性要求。三个正常的提法有可能成为规范自身固步自封的阻力，有碍规范自身的不断完善。

7. 为了保证结构设计安全性，设计人员应遵循规范的指导。但规范不能替代工程师的能力、创造性和良知。规范再详尽也不可能照顾到结构安全性的各个方面的细节，工程结构设计不应是向规范负责，而是要面向业主（业主或使用人），满足他们的需要，对他们负责。我们从计划经济年代培养出来的结构工程人员，可能都需适应这一转变。

在结束本文之前，笔者愿说点书写本文过程中的一些感想：在颇为无奈的情况下写了文献［1］［2］二文之后，笔者本已无意再就规范的设计安全度提出不同看法。只是在这届学术讨论年会组织者的督促下，才勉强写就这个材料，已经并无新意。笔者欠缺设计和施工经验，也没有对结构安全性有过长期研究，加上时间非常仓促，一些数据和事例仅凭手头的笔记与记忆，未能仔细核对。水平有限，精力不济，错误之处，恳请大家指正。

十多年前，为能将所谓"先进"的可靠度设计方法引入防护工程设计规范，笔者曾带着美好的想法接收了有关课题，也总算完成了在国防和人防工程这两本规范中采用可靠度设计方法的任务，但却未曾感到成功的喜悦；相反，使我从憧憬可靠度转变成怀疑可靠度用于混凝土结构设计规范的可能性和必要性。在规范的结构设计方法中，面向的对象太复杂，利用当前的可靠度设计方法还只能从中挑几件能够分析的进行处理，难免捡了芝麻，丢掉西瓜，最后不得不求助于过去的设计方法凑出一个可靠指标来，在绕了一大圈之后，实际又跑回原地。

在规范安全度的问题上，笔者曾与中国建筑科学研究院的杜拱辰先生有过几次交谈，深受启发，获益匪浅。他在20世纪50年代就主持编制我国最早的混凝土结构设计规范，可以说在经验和阅历上很难与之伦比，至今已届耄耋之年，仍关心要改变规范低安全度的现状。

两年多前，我曾约当时的清华大学结构工程试验室主任沈聚敏教授一起书写材料，向有关部门表达对规范设计安全设置水准和可靠度设计方法的意见。他对可靠度方法存在的问题有许多精辟的见解，如果他还在，这份材料应能表达得更全面和清晰些。

参考文献

［1］ 陈肇元. 要大幅度提高建筑结构设计的安全度. 建筑结构，1999年第1期
［2］ 陈肇元. 对混凝土结构设计和规范修订的几点看法. 建筑科学，1999年第5期
［3］ 陈肇元，阚永魁. 关于某混合结构房屋计算图形的试验研究. 载《工程结构科学研究报告文集，混合结构房屋性能的实际测定》（内部资料），清华大学土木建筑系，1964年7月
［4］ 陈肇元，阚永魁. 多层混合结构中梁板的箍固作用. 建筑结构学报，1988年2月（为上文的删节稿）
［5］ 陈肇元等. 室内燃气爆炸与砖混房屋设计对策. 防护工程，1983年第2期
［6］ M. Levy and M. Salvadori, Why Buildings Fell Down, NORTON & Company, 1992
［7］ Tall Building Criteria and Loading, Editors. E. H. Ganylord and R. J. Mainstone, ASCE, 1980
［8］ 徐茂波，刘西拉. 建筑结构工程中人因差错的影响与控制对策. 研究报告. 1999年
［9］ N. L. Galvin, Writing the Code-More Than 40Years on Committee 318, A Talk with Past President C. P. Siess, Concrets International，Nov 1998，译文见《预应力通讯》，总140期，1999.
［10］ A. W. Beeby, Safety of Structures and a New Approach to Robustness, The Structural Engineer, Vol. 77，No. 4 Feb. 1999

［11］ F. K. Kong and R. H. Evans，Reinforced Concrete，2nd edition，1980

［12］ P. Thoft-Christensen，M. J. BaKer，Structural Reliability Theory and its Applications，1982

［13］ 陈肇元. 概率极限状态设计方法在人防工程设计规范中的应用. 人防工程（科技版），1988 年第 1 期

［14］ P. K. Mehta Concrete Technology for Sustainable Development-An Overview of Essential Principles，Int. Symp. on Sustainable Development of Cement and Concrete Industry，Oct. 1998，Ottawa，Canada

［15］ 吴中伟. 绿色高性能混凝土与科技创新. 建筑材料科学报，1998 年 3 月

编后注：本文为提交中国土木工程学会第九届年会学术讨论会（2000 年 5 月 30 日—6 月 1 日，杭州）的发言稿。当时应作者本人的要求，没有收入公开发表的年会论文集。文章回顾新中国成立初期结构的安全设置水准大幅度降低以及后来又进一步不断下降的情况。指出结构安全性在整体牢固性和构件安全性上的不足，特别是耐久性不足。文中提到的北京矿业学院、盘锦办公宿舍楼和衡阳衡洲大楼的连续倒塌事故，在本文集的第三部分中有专门介绍。

关于宁波招宝山大桥工程事故

建设部

姚兵　总工：

　　谢谢您寄给我招宝山大桥工程事故的有关资料，这是很难得的一次学习机会，并遵嘱作了认真阅读。今将这些资料送上璧还，并汇报一些看法和感想如下：

　　1. 我很赞成您在 1999 年 3 月 2 日的那个讲话中要"严肃对待、协作攻关"的基调。这起事故看来不能按渎职罪论处，事故发生距今已二年过去了，可以更心平气和地对这起重大的技术质量事故进行总结。当然，这里仍有过失的责任问题。要说过失责任，施工、设计、监理、监测控制等各个方面都逃不掉，一定要深刻吸取教训。此外，工程的业主也有过失责任。我还想指出的一点是，规范（标准）的管理领导部门恐怕也要从中吸取教训，大家都有份，都推不掉。以往一出工程事故，习惯于从设计、施工部门找责任，认为规范（标准）及其主管部门总是正确的，这并不公平，也不利于规范及管理部门本身的提高。从吸取教训这一角度看，规范编制及主管部门的参与更为重要。

　　2. 经过这么长时间的调研和这么多专家的参与，导致大桥事故的原因及事实似乎已摆得比较清楚。

　　这起事故是多方面原因造成的综合结果。在设计方面，箱梁底板的构造方案不当或有误；施工单位的混凝土工程施工质量低下以及施工荷载超重且偏心布置；监控单位在所得信息已出现严重警戒信号时，未能及时提出警告并对监测数据的明显超载疑点作出及时的评估和检查；监理单位对施工质量监督和要求不严；业主急于快速竣工，当设计单位发现问题要求暂停施工以便复核时未获业主同意。从更深的层次看，我国的设计规范存在安全设置水准过低、跟不上工程建设的快速发展以及在规范管理和操作中也有一系列的问题，还牵涉到计划经济年代遗留下来的对人才培养要求和认识中许多值得探讨的东西。

　　3. 读了您提供的这么多资料，一些问题都已经详细阐明，资料中有的内容我过去未曾涉及，不敢妄言乱语。下面仅补充一些看法，供主管领导部门参考。

　　a）设计的主要过失是箱梁底板的设计有误。招宝山大桥是斜拉桥，箱梁的底板作为施工中的主要受压构件，在底板的上下二层钢筋之间应该有箍筋和吊筋等横向钢筋，这是钢筋混凝土结构的起码常识，不能因为公路桥梁规范中未作明确规定而推卸责任。底板过薄是明显缺陷，设计单位也曾意识到这一不足并曾同意加厚，但由于种种原因（不完全是设计单位本身）而未能实现。设计上的缺陷和错误，加上施工质量的重大缺陷比如底板施工缝部位的混凝土工质量低下，预应力筋接头的波纹管直径取用 φ80 大于设计确定的 φ70 从而进一步削弱厚度仅 18cm 的箱梁底板的受力断面，底板的砂浆封口不严，底板中的普通钢筋局部外露，混凝土保护层的厚度不足使得无箍筋情况下的钢筋不能发挥受压作用，等等。这些缺陷进一步削弱了箱梁底板的强度。

b) 施工单位的明显错误和过失，除了上面已提及的以外，主要是混凝土施工质量太差，有关照片无可争辩地说明了这一点。接头处混凝土疏松，存在表面凹凸不平、蜂窝、严重漏浆，甚至有草屑、烟头等夹渣。在这种情况下，即使在箱梁的其他部位上取芯或用回弹仪做强度检测，给出混凝土质量合格的结论是没有意义的。美国林同炎公司的桥梁专家杨裕球先生对于工程施工质量所提的看法，或有不够全面之处，但他尖锐地指出的混凝土质量问题是不能否定的，我想他决不会故意耸人听闻。我也接触过从国外回来探亲、已在国外从事土建工作多年的一些清华土木系学生，对我提起国内工地上的混凝土施工质量时都不胜惊讶，表示极端不可理解。问题或许在于我们已经见怪不怪、麻木不仁，以致我们的大桥局领导，会对国务院专门从国外请来一起分析招宝山大桥事故的杨裕球先生动这么大的肝火而有失体态。

即使从中国建筑科学研究院的质量检查报告看，混凝土强度也有缺陷。C50 混凝土的合格水平，一般来说必须有平均强度大于 $55\sim58$MPa，不能说平均强度到了设计标号就算合格，这是最基本的常识。建研院测出的取芯强度如果考虑到龄期影响（一年多龄期至少有 10% 以上的增长是合理的，除非是掺了硅粉）的折减，其平均强度值是完全不能令人满意的。

c) 检测单位提出的带孔混凝土试件的强度折减值缺乏足够说服力。混凝土抗压强度试验看似简易但要测准非常困难。我不相信他们的试验结果会有这么大的折减值。这一试验报告并没有提及每种试件的数量以及同一组试件中各个试件的量测值与变异性。要是只有 $1\sim2$ 个试件，其结果就没有足够的置信度，至少应有 $4\sim5$ 个以上才成。试件的设计更有值得探讨的地方，比如他们为了模拟厚度 18cm、中心处有直径 8cm（等于波纹管的直径）圆孔的箱梁底板强度，不是采用中心处有圆孔的混凝土矩形试件，而是取二个带有外露半圆孔的试件合在一起进行抗压试验。半圆孔试件的外露薄缘没有横向约束，显然会降低强度而与实际底板混凝土的工作状态不符；试件的对中精度更会严重影响这种半圆孔试件的强度测量值。

监控单位对所测信号（混凝土压应力非常大）的反常无动于衷，不能不说是一种过失。高得反常的底板压应力量测信号，显然说明可能存在严重问题而又不做进一步检查，反而以为是量测仪器出了问题。

d) 监理单位面对如此众多的问题也是无动于衷。国内的监理单位派到现场的人员数量通常偏少，而且工资由施工方发送，变成受雇于施工单位而非业主，这样一来，要监理尽力尽责就很难了。但我不知道招宝山大桥施工时是怎么安排的。

4. 设计规范的问题

规范设置的安全度过低同这起事故有紧密关联。施工阶段的安全事故频率最高，在工民建设计规范中，施工阶段的安全系数为正常使用阶段的 0.9 倍，在这次的规范修改中已初步确定提高到与正常使用时相同，但桥梁规范中的施工阶段安全系数（混凝土受压）只有使用阶段的 2/3。

我国规范的强制性质已为工程设计带来许多不良后果，将技术设计规范看成"法律"，是对规范地位的错位认识与歪曲。加上我国规范要十多年才修订一次，像斜拉桥这些新型桥梁，过去在制订桥梁规范时是很难完全反映其特点的。这么低的施工阶段安全系数也许适用于几十年，十几年前那样的小桥、梁桥，但对复杂的、高难度施工的、而且施工事故后果严重的大型桥梁就显得不适宜。设计单位天津设计院的事故分析报告是比较全面的，但那种处处以规范为自己辩护实在不能苟同。技术在发展，将十几年前的规范奉若神明何来进步。长此下去，设计人员怎能养成努力进取、解决新问题的习惯。为什么我国施工中的混凝土早期开裂这么严重？原因很是综合，但设计人员照套规范中 0.2% 的构造配筋率也是原因之一，以为反正符合规范，裂了也没有责任。其实今天的混凝土强度高了，水泥更细、更早强了，工程更庞大因而断面也更厚了，再加上要抢工献礼，继续统一使用几十年的 0.2% 哪能不裂。规范再详细，也不可能提供设计中的所有的细节，重要的是设计人员自己动脑筋根据工程特点去解决问题。

昨天我给林选才司长写了一封信。您要我代表中国土木工程学会参加注册工程师管理委员会的工作，我就以注册工程师的考试大纲这个重要的导向指挥棒提了意见。这个大纲不是鼓励设计人员从提高基本概念和能力入手，而是进一步导向对规范的盲从。类似上面说的一些想法也给林司长汇报了。我早就向您提过，上千万的农民施工队伍是客观事实，我们的规范标准能无视这一事实吗？而用人单位又往往不肯花财力、精力去培养提高他们的专业文化水平。我们的规范必须要有更多的灵活性让设计人员从具体工程客观条件出发去解决问题，否则不是造成很费，就是脱离实际并助长质量事故。桥梁是这样，房建也不例外。这么多的屡禁不绝的塌房事故，其根子难道就与规范没有关系？

说实在，结构设计人员一般都兢兢业业，担子沉重，设计费又低；施工单位带着这批民工干活同样累得不好过，虽说应该先培训、后上岗，可付诸实施又谈何容易。担子轻松的倒是像我这样的人，不参与设计施工第一线的繁重工作，站在一旁说闲话；所以本不该说三道四的。

这起事故的处理，似宜考虑方方面面的现状，还是团结起来向前看为好。

以上看法，想到就写，未曾仔细斟酌，不当之处，请予批评指正。

原来您说的 10 月下旬在宁波开会要我也去，我还得仔细考虑一下。我本人远远够不上是桥梁专家，我也知道有的桥梁专家不愿参与这起重大事故的调查。别人发言可能会得罪一方或两方，而我若不知深浅，则有可能会得罪所有各方甚至将本来高高在上的规范和主管规范的政府部门也拉了进来。看到您提供材料中与事故有关的两个单位为推卸责任所写的严正声明，已够叫人心惊肉跳的了。这可与我到外面就结构安全度问题做个学术报告大不一样。

陈肇元   2000 年 10 月 5 日

编后注：1998 年，宁波招宝山大桥在临近竣工的施工过程中，这座斜拉桥的箱梁底板在接缝处突然发生断裂错开。底板为厚度 18cm 的圆孔空芯板。桥梁属市政工程，所以上级的政府主管部门为建设部，由建设部总工主持事故调查，听取各方专家意见。

结构设计规范要更好地为市场经济服务

规范是为经济基础服务的上层建筑。就我国现行的结构设计规范而言,由于历史的原因,在规范编制的指导思想、管理体制与规范的地位和作用上,不免受到以往短缺型计划经济时期的长期影响,并体现了那个时代的需求和特点。我们现在正经历着从计划经济到市场经济的历史性转变,如何使设计规范能够更好地为社会主义的市场经济服务,继承有益的内容,摆脱有害于发展社会主义市场经济的传统思维与做法,是当前规范修订和规范管理改革中值得首先考虑的一个问题。

设计规范本是一种技术文件,在业主与设计和施工企业共同认可下作为规范设计和施工的一种依据。规范不能违反国家和公共利益,所以必须有政府部门的批准、认可或干预。在过去的计划经济年代里,国家是所有城镇建筑物的投资者和拥有者,国家是抽象的业主,规范作为国家指定的设计施工标准,于是设计人对业主负责可以通过向规范负责来体现,于是长期以来就在一些设计人员中养成了唯规范是从、甚至将规范的每句话都作为一般意义上的法律条文来看待。从而在工程设计界出现了这样的认识:只要符合或不违反规范条文,即使出了问题,设计人自认为可不负法律责任,至于政府部门也可能是这样看待的。

在市场经济条件下,设计人首先要向建筑物的具体业主负责,尽量满足业主和用户的需求,与业主共同商定设计和施工中的技术要求及其水准。所以规范的法律地位应建立在业主与设计施工企业之间的契约基础上。政府需要过问的可以限于极个别仅与公共利益有关的原则规定上,比如必须在环保、安全上满足最低限度的要求。政府可以按照国家与社会的整体利益制定一些非技术性的法规,批准个别重要的技术规范或其中的个别重要内容作为强制要求,但设计技术规范就其总体而言应该是指导性的。业主和设计人在不违反大的原则规定的前提下,可以提出不同于规范的要求和做法。技术规范中的条文多就一般情况而言,解决某一技术问题可以有不同的途径,规范的说法是否真正适用于特定的工程对象还需设计人自行判断。这就要求淡化技术规范的强制性,不能将技术规范提高为一般意义上的法律。不论是否遵守规范,出了设计问题,设计人都要承担法律责任。由于过分强调技术规范的法律地位,在我们的规范条文中极少提及某一规定的不足或容许在某一技术问题上另辟途径,这也不利于正确发挥技术规范本身的作用。指导性的技术规范看来要比强制性的技术规范更适合市场经济的需要,更有利于技术的发展。

规范条文提出的要求本来就是一般情况下的最低要求。如何为最低要求定出一个恰当的水准,是规范指导思想的重要体现。由于长期处于短缺经济以及一切由国家包建的结果,使得我国过去的建筑结构规范在安全设置水准上不得不采取低标准。设计规范所追求的是千方百计节约钢材和降低一次投资,无力强调耐久性和长期效益[1]。1989年,政府机构还在发文（建抗字 586 号文）规定"各部门、团体和个人不得随意提高建筑结构的抗震设防标准"，这个规定至今仍然有效，似有用政府手段强制老百姓只能住在最低抗震标准住房之嫌。这样的做法是否有利于社会主义市场经济值得作为一个案例进行探讨。采用政府手段不准业主或用户提高建筑物作为商品的安全质量水准，不仅会损害群众利益，而且在今天对国家和社会只有坏处。在过去的规范修订过程中，主管部门似乎习惯于以建造时的一次投资额或钢材用量不得超过某一份额作为修订后的规范是否合格的标准，较少考虑经济的长远发展和用户的需要。这些做法似乎也不符合中央当前倡导的要提高质量、发展生产、启动消费的要求。

计划经济体制下的特点之一是过分强调共性，较少考虑个性，缺乏实事求是的灵活性，这在现行规范中多少也有体现。我国幅员广大，各地经济发展极不平衡，技术力量非常悬殊，客观上要求规范能给设计人员更大的灵活性，鼓励设计人员能够根据工程的特点和材料、施工质量水平的实际状况来创造性地运用规范的条文，提倡不同地区在国家规范的基础上制订适用于本地区的标准。我们不能要求上海、北京、广州这样的国际大城市和西部的某些经济不发达地区统一采用相同的水准来进行建筑物的设计，前者应该在某些方面规定更高的最低要求。我国现行规范中凡属要求偏低的条文多是关于安全性和耐久性方面的规定，直接有损建筑物的高质量。但是规范中也有要求过高的条文，多属于对原材料或施工质量的规定，这些要求如果高到脱离国情，一般情况下很难做到，其后果也是损害建筑物的质量。现行规范中有关质量控制和质量保证的某些要求，实际上可能只适合一些大的施工企业，没有充分的调查统计数显示一般工地能够普遍实现。我们不能脱离诸如广大农民施工队伍和落后管理体制等的现实，用愿望代替实际进而提出高要求，这也是过去计划经济年代的一种后遗症。另一个可以讨论的问题是被称为各种设计规范的规范，即结构的统一设计标准，提出在工程界本有争议和并不成熟的概率可靠度结构设计方法来统一各种结构规范，结果并没有对结构的设计安全性带来任何实效，却造成了设计安全概念上的众多混乱[2]。

规范在地位和认识上的错位，其直接后果是抑制设计人员的创造性，阻碍新技术的进步，并为一些存心不良的人钻规范的空子进行偷工减料提供了法律保护，最终受到损害的是建筑物的质量与业主（或用户）的利益。工程技术的特点是不断地发展、变革和创新。作为技术规范，如果将它与一般意义上的法律等同看待，就有可能视变革和创新为违法。相反，规范不可能提供设计中的所有细节，即使遵守规范全部条文，仍有可能导致结构失效。工程对象千变万化，即使遵守规范的最低要求也不一定能够保证所有工程的应有质量。

国外规范中的一些提法或许有些参考价值，比如在英国的规范和标准中，都有全文中唯一用黑体字印刷的一句话，并统一放在规范前言的最后一行以突出其重要性，叫做"遵守英国标准本身，并不给予豁免法律责任"，这就逼着设计人员非得动脑筋，调动他们的创造力，要高质量地去解决问题。美国 ACI 混凝土结构设计规范第一章中的第一句话，就是"本规范提供设计与施工……的最低要求"，言外之意就是设计人员可以并需要从具体出发采用不同于规范的要求。美国公路部门的 ASSHTO 桥梁设计规程写的更清楚，在其第一章第一节中写道："本规程无意取代设计人所具有的专门教育和工程判断的训练，仅在规程中规定为保证公共安全的最低要求。业主或设计人可能需要在设计中采用新的先进技术，或需对材料及施工质量提出更高的要求"。

与此相反，我国的现行规范过分强调其法律权威性与强制性，各种设计规范在其首页中也多有类似上述英、美规范中的那些"套话"，那就是摆在第一章总则里的第一句话，核心是被称作为 16 字方针的"技术先进、经济合理、安全适用、确保质量"。这 16 个字从表面上看无可厚非，但进一步探讨就可发现，我国结构设计中的一些重大问题，如在经济上只考虑一次投资建造费用而非全寿命支出，安全设置水准上主要照顾当前而不大考虑将来，较少考虑耐久使用的需要等等，恰好反映了规范本身在"经济合理"和"安全适用"要求上的不足；规范所说的"确保质量"，只是保证低标准而在客观上又限制采用高标准，与努力提高产品质量及尽快改善人们生活水平的要求不相称；至于"技术先进"，由于规范一般只能列入成熟技术，不大可能包含很先进的内容；随着近年来技术的快速发展，国外一些著名规范已经提出要每隔 3 到 5 年将规范进行一次大的修改并翻新出版，而正是由于我国现行规范在管理体制上的不完善，平时没有一个很落实的班子来不断地收集意见和修订补充条文，我们每修改一次规范要十年以上，想要保持先进恐怕也是空话而已。实践证明，在个别方面，有的规范条文已成为落后技术的保护伞，并为新技术的应用设置了"违法"的陷阱。追求经济和节约原材料当然是结构设计的重要准则，但途径应主要依靠设计的创新和采用新工艺、新材料，而不是降低安全和适用水准，而我国规范从管理方式到条文内容在鼓励和促进技术创新上存在的不足也是相当明显的。混凝土结构设计规范在新中国成立后从规结 6—55、BJG21—66、TJ10—74 到 GBJ10—89，这 16 字首先出现于 1974 年颁布的 TJ10—74 规范中，是"以基本路线为纲，坚持独立自主、自力更生的方针，实行工人、干部和技术人员三结合"的指导方针下写成的，当时在篇头写上这虚而不实的 16 字也许只是摆个样子配合文革时代突出政治挂帅的大形势而已。但既然保留到如今，也许真要认真考虑这一方针在当时备战、备荒、为人民的革命时代与今天的不同内涵。

还有，规范条文能否少而精，简而明，将众多的细节放到与规范配套的指南、建议和手册里。规范是人订的，由于认识不足等原因，规范的最低要求也不免会有缺陷甚至差错。分析我国发生过的众多工程安全质量事故，在一些个例中可以找出规范的某些漏洞，有些事故的根子可能部分就在规范条文里。据说国外在处理技术性安全事故时所强调的主要是追究事故的深层原因，并进而修改和补充规范与规章制度。为能改变事故频发的困境，重要的是提高设计、施工人员的技术水平和业务能力，鼓励他们的创造性特别是责任心，要使设计施工企业有自我发展能力并使其受到整个社会的全方位约束，还要改进管理体制和方式，从行政口令式的管理转变到依照法规为主的模式。企图不断加强设计技术规范的强制性，甚至将设计技术规范的条文等同于一般意义上的法律条文并提高到"守法"或"违法"的高度进行挟制，其结果会否事与愿违、适得其反？

我们现在正从事前所未有的大规模基础设施建设，有人估计这个建设高潮大概还会持续 20 年左右的时间，之后不大可能再有这样的高潮迭起。时不可待，机不再来。我们的结构设计规范应努力为结构安全性、适用性和耐久性质量的高标准追求提供方便条件。结构设计中的耐久性一向不被充分重视，尽快制定比较系统的有关结构耐久性设计标准显得最为迫切。近来，规范管理部门推出了越来越多的推荐性标准，确实是解决上述问题的重要一步。但是，我们还应保留多少强制性规范条文？设计中如果采用了有异于这些条文的技术手段算不算"犯法"？设计符合规范条文后是否可以不再承担结构事故的法律责任？要否在规范中强调指出规范的一些规定只是最低要求并鼓励采用适当的更高质量水准？对这些问题的不同处理方法可能各有利弊。笔者以为，当前我国正处于经济的变革、过渡和快速发展时期，对结构设计规范的地位、作用与指导思想进行一定的反思与讨论似乎不无裨益。因而抛砖引玉，希望得到大家的帮助和指教。

参考文献

[1] 陈肇元. 要大幅度提高建筑结构设计的安全度. 建筑结构 1999 年第 1 期

[2] 陈肇元. 结构安全性与可靠度设计方法. 中国土木工程学会第 9 届年会学术讨论会报告，2000 年
    5 月

编后注：本文后来发表于《建筑结构》杂志 2001 年 5 月 Vol. 1 No. 5，题名由杂志社改为《结构设计规范与市场经济》，并有少许删节。

混凝土结构的耐久性与使用寿命

一、概述

土建结构的耐久性是结构及其部件在给定的期限内并在其所处的环境作用下维持应有功能的能力。结构及其部件的使用寿命则是在其建造完工或生产制成以后，仅在一般的维护条件下，其所有性能均能满足原定要求的期限。

我国长期来在各种建筑物和桥梁隧道等土木基础设施工程的设计中，对工程的耐久性和使用寿命未能给予重视。其中有客观的原因，但认识不足也是原因之一。结构物的耐久性非常复杂，对其认识必然要有一个过程。以混凝土结构而言，直到现在，我们依然提不出一种方法能对实际结构物（不是试验室条件下的小试件）在给定荷载和各种环境因素作用下的使用寿命做出准确的预测。有关建筑物耐久性的英国标准[1]指出："耐久性预测不可能是一门精确的科学，建筑物的预测寿命只能是个估计"，这一判断是符合实际的。不过即使是一种近似的估计，它对设计者、业主或用户来说仍然有其必要。以往在设计规范中一贯强调的只是结构构件在荷载作用下的承载力设计，给出了承载力计算的各种算法和公式，它们基本不考虑结构材料性能在长期使用过程中的劣化（除疲劳荷载作用外），不考虑因耐久性不足带来承载力失效的可能。

相对于承载力设计而言，耐久性设计缺乏充分的数据和经验。可是如果仔细审视结构承载力安全性的设计计算方法，我们也会发现它们所能比较准确估计的对象，也只是局限于结构构件的截面承载力而已，至于整体结构物的实际承载力依然有极大的不确定性和模糊性。例如按照现行规范的设计方法，相同配筋、相同厚度的钢筋混凝土预制板和现浇板，其单位宽度尺寸上的承载力是相同的，但由于端部受约束程度和荷载向各向传递的途径不同，极限承载力可有很大的差异；当板的厚跨比增大时对于低配筋情况甚至可有成倍的区别。耐久性与使用寿命的准确估算尽管十分困难，但设计所要求的可以是某种偏于保守的近似判断和相对比较，要做到这一点还是有可能的。

事实上，因耐久性不足所带来的严重经济损失、资源浪费和种种社会问题已迫使我们再不能在土建结构的设计和日常管理中忽视对使用寿命的要求。建筑物作为商品的属性更需要给业主和使用者对其使用寿命有个明确的交代。

在世界范围内，对混凝土工程耐久性的重视始于20世纪70年代末。许多发达国家的大规模基础设施建议是从战后的恢复年代开始的，不少混凝土工程仅在服役了约三四十年左右的时期后就纷纷进入老化期，为此而进行的大修或更换不仅耗资巨大，并由于桥梁等生命线工程的临时中断而引发更多问题。人们始料不及的是，混凝土材料在一些环境条件下并不像当初设想的那么耐久。许多发达国家每年花在建筑维修上的费用加起来早就超过

43

了新建费用，如英国 1978 年的建筑维修费上升到 1965 年的 3.76 倍，1980 年的建筑维修费占建设总费用的 2/3。美国联邦公路署 1989 年提交给美国国会的一份报告《国家公路和桥梁现状》指出，积压着有待维修的桥梁需花费 1550 亿美元。美国每年用于混凝土工程的维修费用则高达 300 亿美元，因除冰盐引起钢筋锈蚀而限载通车的公路桥梁已占全部桥梁的 1/4。

混凝土耐久性问题还因以下一些情况的发展而加剧，这些趋向在我国尤为突出：

1) 由于混凝土的质量往往单一的以强度指标作为标准，导致了水泥工业对水泥强度的追求。水泥的细度增加，水泥熟料中对早期强度贡献较大的矿物成分含量增大。这些措施均有利于混凝土强度而不利于耐久性，所以用当今水泥配制的普通混凝土，远远不及几十年前那样耐久；

2) 对工程施工进度的不适当追求。本来应在特殊情况下使用的早强水泥成为常规应用，混凝土养护期间经常被压缩，这些都会严重损害混凝土的耐久性；

3) 环境的不断恶化。酸雨就是其中的一个典型实例，其他如除冰盐的大量喷洒使用，都会对混凝土造成严重腐蚀。

近年来，对结构物耐久性和使用寿命的研究已成为结构工程学科的主要发展前沿。与此同时，一些国家也相继编制了有关标准和技术文件，如英国标准（BS）《建筑物及其构件、产品与组件的耐久性》（1992），欧洲混凝土学会（CEB）的设计指南《耐久的混凝土结构》（1992），国际材料与结构试验室协会（RILEM）的《混凝土结构使用寿命设计的计算方法》，美国混凝土学会（ACI）的发展现状报告《使用寿命预测》[2]等；国际上一些通用的混凝土结构设计规范或规程都纷纷修改了与耐久性有关的规定，如有的在规范中明确了不同结构的设计使用寿命（工作寿命），有的则提高了对混凝土强度等级、水灰比、配比以及对钢筋的混凝土保护层厚度等要求。英国规范 BS8110 规定，配有钢筋的混凝土，其强度等级应不低于 C30；美国 ACI 规范对于冻融环境或有除冰盐环境下的混凝土水胶比，规定不得高于 0.45（ACI 318-89）而过去则为 0.52（ACI318-63），美国公路桥梁规范（AASHTO，1994）也规定有盐分环境下的混凝土水胶比不高于 0.45；北欧规范则规定桥梁混凝土的水胶比不高于 0.4，而且必需掺加粉煤灰或硅灰等矿物掺合料。表 1 是加拿大安大略省在不足 30 年的时间里对公路混凝土桥面耐久性要求所作规定的不断变化，反映了对耐久性问题的日益重视，也是现实教训所迫使的结果。从表中可见，为防止除冰盐侵蚀和冻融破坏，混凝土保护层厚度从最初的 2.5cm 增加到了 7cm，并铺设了防水层和采用环氧涂膜钢筋，混凝土容许的最低强度等级也从 C25 加大到 C40。

加拿大安大略省 60 年来对公路混凝土桥面耐久性要求的不断变化[3]   表 1

年 份	混凝土最低强度等级 （换算到我国标准）	板的最小厚度 （cm）	保护层的最小厚度 （cm）	其他要求
1958 前	C25	18	2.5	不要求引气和防水处理
1958～1961	C25	18	2.5	增加：引气，路面下的硅脂防水处理
1961～1965	C25	18	2.5	增加：防水层
1965～1972	C35	20	3.8	增加：二层亚蔴子油和煤油沥青防水层
1972～1975	C35	20	3.8	增加：橡胶防水层

年　份	混凝土最低强度等级 （换算到我国标准）	板的最小厚度 （cm）	保护层的最小厚度 （cm）	其他要求
1975～1978	C35	20	6.3±1.2	增加：顶层钢筋网环氧涂膜
1978～1981	C35	20	6.3±1.2	
1981～1986	C40	22.5	7±2	
1986～	C40	22.5	7±2	增加：扩大环氧涂膜钢筋的设置部位

（统计到 1991 年止）

　　目前在结构设计标准中一般还只能是通过对混凝土配比（原材料选择，水胶比等）和保护层厚度以及其他一些构造保护措施来间接反映结构设计中对耐久性和使用寿命的要求。对于不同设计使用寿命的结构，一般还没有明确给出不同的要求。在国外，对于某些重要工程如大型隧道和桥梁等，针对其具体的侵蚀环境，在方案设计中已有了耐久性和使用寿命的分析预测这一内容，并给出量化的结果。

　　与发达国家相比，我国开始进行大规模土建工程建设的时期还非常短，但工程的耐久性问题已暴露得非常突出。由于过去设计施工规范的低标准要求、施工质量控制不严和一个时期内的"左倾"政治运动影响，大批混凝土结构构件由于断面过小和钢筋保护层厚度过薄，在潮湿环境下因钢筋过早锈蚀而损坏。在北方冰冻地区的混凝土桥梁构件，主要由于除冰盐的作用提前损坏，如我国第一座城市大型立交桥——北京西直门立交桥只使用了19 年就到了非拆不可的地步，天津中环路上的桥梁仅仅使用了约 15～16 年后，已有一些需要大修或更换。山东潍坊辛沙公路上的白浪河大桥地处盐碱地区，建成使用不到十年，现已发生主筋保护层大片剥落，主筋截面锈蚀缺损，必须报废重建。黑龙江省有一高等级公路，仅经过一个冬季就因盐冻而遭受大面积损坏。广东虎门大桥的部分引桥的桥墩，由于施工质量问题，钢筋笼偏置，造成一侧的混凝土保护层不足，建成仅 5 年就因钢筋锈蚀引起表层混凝土胀裂。20 世纪 80 年代建造的贵州遵义红军纪念塔上的大型混凝土雕塑群，在酸雨作用下，已出现混凝土表面坑蚀、骨料外露和混凝土沿钢筋纵向开裂使得钢筋的混凝土保护层剥落等现象。即使像北京人大会堂、北京展览馆这样显赫的建筑物，也因当初冬季施工时掺入氯盐防冻剂而不能逃脱钢筋严重锈蚀后的翻修加固厄运。

　　但是更为严重的问题是，我们有些管理和设计施工部门至今尚未对工程的耐久性予以应有的重视。我们正在建设中的重要基础设施工程还是在按照老一套的做法而未能从国际、国内的大量耐久性事故中吸取教训。十多年前编制的某些现行规范或规程中有碍混凝土耐久性的一些规定至今还在起着反作用，客观上仍在鼓励高水灰比、低强度的混凝土和对钢筋采用很薄的混凝土保护层在侵蚀环境中使用，甚至阻止粉煤灰、矿碴等矿物掺合料的应用，而后者则是配制耐久混凝土的一个主要技术途径[4,5]。很多重大基础设施工程如城市地铁，过去在工程立项报告和整个设计文件中，甚至没有提出设计使用寿命的要求。许多在建的车库也没有考虑汽车尾气和盐类侵蚀，而据说美国每年花在城市多层停车库的维修费用就达约 1 亿美元。我国的设计技术人员普遍对耐久性要求不熟悉，大家比较关心的是结构设计的安全性要求，也比较注意施工质量对安全度的影响。其实，不良的施工质量对耐久性的危害要远大于对结构安全度的损害。由于耐久性不足最终造成结构安全事故的比重，要比设计安全度不足造成的事故大得多。

尽快就结构耐久性和使用寿命提出具体对策，编制相应的技术文件和标准推荐给工程人员使用，这应是我国工程建设管理部门的紧迫任务。在这一方面，我国的水利和港工建设部门已较早采取了一些措施，虽然还很不够。我们现在正以前所未有的巨大投资进行着历史上规模最大的基础设施建设高潮，如在当今建设中再不重视和突出工程的耐久性及其寿命，就会犯下无法弥补的过错。

混凝土是世界上用量最大的人造材料，也是最主要的结构材料。本文主要介绍混凝土耐久性以及混凝土结构设计寿命的研究和工程实施情况。

二、混凝土结构的耐久性

混凝土结构的耐久性是其抵抗大气作用、化学侵蚀、磨损或其他劣化过程而维持其原有形状、质量和使用性能的能力。混凝土结构性能的劣化过程可以是物理作用或化学作用，但在实际工程中更多的是多种因素共同作用的结果[6-18]。

1. 钢筋锈蚀[7]、[9]、[10]、[11]、[25]

混凝土通常与钢筋配合使用并保护钢筋不至于锈蚀。但钢筋一旦发生大面积的锈蚀，就会反过来导致混凝土崩裂和剥落。如果单纯从混凝土材料的耐久性考虑，不配钢筋的素混凝土结构应比钢筋混凝土结构更为耐久。有些在强度上并不需要配筋的块体结构和拱形内衬结构应该在侵蚀环境下有更高的使用寿命。

（1）钢筋的锈蚀过程

在正常情况下，埋于混凝土中的钢筋不会锈蚀。这是由于混凝土呈高度碱性，pH 值大于 13，在钢筋表面会形成钝化的保护膜。钝化膜可能部分为金属的氧化物和氢氧化物，部分为来自水泥的矿物。这是一个很密实而又很薄的氧化层，是防止钢筋锈蚀最理想的保护膜。只要碱性环境存在，钝化膜就能自行修复。主要有两种因素可以导致钝化膜失效：一是混凝土的碳化，也就是空气中的 CO_2 与混凝土水化硬化过程产生的氢氧化钙等碱性物质发生化学作用，生成碳酸钙并使混凝土趋于中性。如果 pH 值降至 11 以下，钝化膜就会破坏。碳化过程从混凝土表面开始，逐渐向里发展。碳化到达钢筋位置并使钢筋脱钝的时间，显然与混凝土的密实程度和混凝土表面与钢筋之间的距离（即保护层厚度）有关。另一个可使钢筋脱钝的因素是氯盐渗入。当混凝土结构处于含有氯盐的海水、岩土或空气环境中时，氯离子也会从混凝土表面逐渐扩散到钢筋表面并使钢筋脱钝。混凝土中的氯离子也可能来自配制混凝土的原材料，如带有氯盐的骨料、水以及掺合料。过去在冬季施工的混凝土工程中，常在混凝土拌合物内掺入氯化钠作为防冻剂，给钢筋混凝土结构带来隐患。混凝土内的氯离子积累到能使钢筋脱钝的浓度称为临界浓度。氯离子的临界浓度与众多因素有关而不是一个常数，尤其与混凝土孔隙水溶液中的氯离子和氢氧离子的比值大小有关，后者又随不同的水泥品种和用量、不同的矿物掺合料和不同的氯盐种类而异。在已经碳化的混凝土中，氯离子的临界浓度降低。对于潮湿环境和干湿交替环境下的非碳化混凝土，氯离子的临界浓度约为 0.4%～0.8%（水泥重的百分比），如为干燥环境或极为湿润的环境，则临界浓度可大于 1%。对于碳化的混凝土，干湿交替或潮湿环境下的氯离子浓度在质量较低的混凝土中可接近于零。也有资料认为，混凝土中氯化物浓度达到 0.6～0.9kg/m³，或孔隙水溶液中为 300～1200g/L 时，就足以破坏钢筋钝化膜。

钢筋发生锈蚀是一种电化学过程，需要有氧气和水分的参与，而且混凝土还必须能够导电。混凝土即使充分碳化，但如果没有氧和水的供给，或者如果混凝土干燥，这是的混凝土电阻仍保持在 $50\sim70\times10^3\Omega\text{-cm}$ 以上，也不会发生明显的锈蚀。由于钢筋锈蚀产物的体积膨胀，最终还有可能引起混凝土顺筋开裂并使保护层剥落。

钢材锈蚀的电化学反应过程为：在阳极处，铁原子释放电子成为 Fe^{2+}，释放的电子在钢材表面的另一处（阴极）与水和氧结合释放出氢氧离子 OH^-。Fe^{2+} 能溶于孔隙水中，如果只是溶解并不会引起混凝土破坏，但以后的过程则是 Fe^{2+} 与来自阴极的 OH^- 结合形成 $Fe(OH)_2$，进一步与氧和水化合生成 $Fe(OH)_3$，其体积为所置代钢材的一倍，再进一步水化后形成 $Fe(OH)_3\cdot H_2O$，后者的最终体积可扩大 $2\sim10$ 倍，在周围混凝土中形成很大的膨胀力。钢筋锈蚀通常从局部点蚀开始，数量逐步增多并扩展，最终连接成通常所见的大片锈蚀。

混凝土的碳化是一个长期的过程，碳化速度主要取决于混凝土的抗渗性、混凝土的含水量、大气中的 CO_2 浓度以及环境相对湿度。空气中的二氧化碳浓度一般为 0.04%。碳化的深度与时间的平方根成正比，因此钢筋的保护层厚度若增加 1 倍，则混凝土碳化到钢筋表面的时间将延长到原有的 4 倍。碳化深度与混凝土质量的关系最为密切。据调查，英国有不少桥梁 20 年后的碳化深度不超过 $2\sim3$mm，可推算 120 年后的碳化深度不过 $5\sim7.5$mm，可是也有不少桥梁的 1 年碳化深度就达 7.5mm，4 年可达 15mm。

碳化锈蚀的最不利环境并不是许多规范中所认为的处于潮湿状态。如果钢筋因周围混凝土碳化后脱钝并开始锈蚀，潮湿或水分确实是锈蚀发展的必要条件。但是在锈蚀前的初始碳化阶段，混凝土愈潮湿，碳化速度就愈慢。所以最不利情况应是相对湿度在 60% 到 90% 之间交替干湿（受雨淋或表面结露），能够干缩到加快碳化速度，又能潮湿到使锈蚀很快发展。所以南方地区房屋在靠近通风口（如天窗、楼梯间顶部）附近的构件最易遭锈蚀。

混凝土微裂缝与宏观裂缝显然会加剧钢筋锈蚀，但其影响程度尚难定量表达。微裂缝的影响在混凝土的渗透系数中已有所反映，困难在于后者常用非受力状态下的试件量测，这时的微裂缝与荷载同时作用下的可能不一样。与钢筋横向交叉的可见裂缝能使裂缝截面处的钢筋发生局部锈蚀，但通常不会向周边和深部发展。只当保护层被碳化，保护层下的钢筋表面脱钝，并在混凝土内由于湿度、氧气浓度和电解质浓度的不均匀而形成电位差时，就会沿着钢筋形成宏电池，电池二极的距离可以从约 10mm 到 6m 以上，原先发生锈蚀的裂缝截面处成为阳极。所以横向裂缝宽度除影响外观和防水外，只要表面裂宽不是太大（如大于 0.5mm），对碳化引起钢筋锈蚀的影响不大。钢筋主要受混凝土保护层的厚度和质量所控制，这已为试验室和野外试验所证实。在横向裂缝宽度和锈蚀程度之间并没有简单的联系，裂缝宽度只是影响开始锈蚀时间的早晚，但与锈蚀的速率似乎没有关系。可是沿着钢筋表面发生的纵向裂缝则不一样，它能使水、氧气等参与锈蚀反应的物质长驱直入，会极大地加剧钢筋锈蚀速度。

如果阳极和阴极相隔甚远（几百毫米）而且阳极处缺氧（如处于水中），则 Fe^{2+} 离子处于溶液中不会形成膨胀力且检查不能发现。这种锈蚀称为黑锈，可使钢筋截面受损甚至形成缺口，因不易觉察有较大的潜在危险性。

钢筋锈蚀后的发展速度取决于混凝土的电导率，pH值、温度、特别是水、氧的补充速度。锈蚀使钢筋断面受到削弱并破坏钢筋与混凝土之间的粘着力。对普通钢筋来说，顺筋开裂时的钢筋断面受损程度尚不足以影响其受拉承载力，但对直径较细的钢筋特别是预应力钢筋（索），局部坑蚀或大面积锈蚀造成断面损失，可在混凝土保护层出现胀裂之前就造成严重后果。对高强度的预应力钢筋来说，伴随着锈蚀还可能发生氢脆（接触硫化氢后或由于采用阴极保护不当使氢原子进入金属，导致金属脆化）或应力腐蚀（在特殊锈蚀环境和应力下，金属发生脆裂），所以预应力钢筋要有更高的防锈要求。

干燥环境下的混凝土构件即使碳化，钢筋也不至于发生锈蚀，但如环境的相对湿度较高或混凝土表面有水汽、结露等现象，就会给碳化锈蚀发生提供条件。据我国钢筋混凝土结构设计规范管理组1978年对房屋建筑混凝土构件的一项调查，在通常室内干燥环境下，绝大多数横向裂缝处的钢筋表面无锈蚀，少数有的也是锈斑；在比较潮湿或干湿交替环境，有水分或氯化物的参与，则有90%构件的钢筋已经锈蚀，凡裂宽大于0.45mm的均发生锈蚀。冶金部于1983年对重点钢铁企业及部分地方企业进行调查，发现钢筋已锈蚀到的危险程度的厂房占冶金厂房总数的10%。另据南京水科院资料，海水中处于水面上的构件，裂宽小于0.12mm的基本不锈，但大于0.2mm的锈蚀增加。

钢筋锈蚀到何种程度作为耐久性失效的标志，需视结构构件的不同功能要求而定。普通钢筋混凝土构件常以锈蚀发生到出现顺筋开裂作为使用寿命的终结。但也有一些研究者以锈蚀造成的截面损失达到承载力失效作为使用寿命的终结。在实际工程中，不同受力钢筋所处的位置、保护层的厚度和锈蚀程度均不一定相同，受力状态也不一致，似乎很难笼统规定一个具体的标准，而且这里还必须考虑耐久性同样需有一定的安全储备。锈蚀引起的混凝土开裂、分层和保护层剥落通常都会影响使用性能，钢筋与混凝土之间的粘着力丧失并进一步引起混凝土剥落后的碎块下坠，还会造成撞击人身和物体的次生灾害。锈蚀引起钢筋截面损失的后果随不同构件而异，有的与承载力极限状态直接有关。钢筋的坑蚀可严重损害构件的延性。

盐类造成混凝土中钢筋的锈蚀，[19][20][21]要比上面所说的碳化锈蚀严重得多。氯离子在引起钢筋锈蚀的电化学反应中并不被消耗。在氯盐环境下，横向宏观裂缝处的钢筋截面受氯盐侵蚀可形成很深的坑蚀，会严重削弱钢筋的承载力和延性。因此对裂缝最大裂宽的允许值也应更为严格。根据美国几年前的一项调查，由于除冰盐及海洋环境中盐分渗入引起钢筋锈蚀，已造成美国州际高速公路损失达1500亿美元。在英国，估计盐类引起锈蚀损失，仅公路桥梁为60亿英镑。1972年英国在一个21km长的高速公路上修建了11座高架桥，耗资2800万英镑，由于除冰盐作用，两年后就发现钢筋锈蚀，到1989的15年间，为翻修已耗资4500万英镑，为原工程造价的1.6倍。可是迄今尚找不出有比除冰盐更为简便且代价更小的化冰方法，所以它的使用还将继续。近年来，在交通要道上喷洒除冰盐的做法在我国北方地区也日益普遍，其后果已十分严重。码头、船坞、护岸等港口混凝土受海水盐分渗入引起的钢筋锈蚀情况也相当普遍，南京水科院等单位在80年代后曾对我国南方使用仅3~25年的几十座海工建筑物进行深入调查，发现因钢筋锈蚀造成耐久性问题的竟占80%，有的仅使用3~7年即出现顺筋开裂。在港工结构中，处于浪溅区及潮差区的混凝土因同时有水分和氧气的充分补给，其中的钢筋锈蚀最为严重；相反，处于水下混凝土中钢筋因缺乏氧气而很少腐蚀。淡水环境中的钢筋锈蚀速度要比海水环境中轻得多。

氯离子引起锈蚀一般可使钢筋截面每年损失达 1mm，而局部坑蚀则甚至可达 2～3mm。在英国，当地海湾地区的环境温度如从 0～20℃增加到 25～35℃，能使氯离子引起的锈蚀速度增大 2～3 倍。相对湿度对锈蚀速率也起重要作用，干湿交替能同时加速氯离子侵入的速度和锈蚀速度。海水中的氯离子浓度，与所处地区有关，一般约为 19000ppm，但海水浪溅区混凝土构件的氯离子浓度因盐溶液干燥后的浓度积累可超过 200000ppm。除冰盐的氯化物溶液浓度可为海水的 10～15 倍。除混凝土路桥设计要考虑除冰盐侵蚀外，沿公路两侧的建筑物也会受到车辆行驶溅起的除冰盐溶液。桥梁二侧的挡壁在溅上除冰盐后还很难为雨水冲走并不断积累。在设计公共车库时也要考虑到除冰盐。

一些规范允许硅酸盐水泥的氯离子含量为 Cl^- 小于水泥重的 0.4％，但 0.4％已正是能够引起钢筋锈蚀的水平。不锈钢制成的钢筋能抵抗高浓度氯离子的侵蚀，对此已有了 22 年的观察。采用不锈钢的早期投资较大，国外的不锈钢价格为普碳钢的 5～8 倍，但后期维修费用最小，在某些条件下应用依然合算。

除混凝土内部自行产生腐蚀电池造成钢筋锈蚀外，来自外部的弥散直流电流，通过混凝土和钢筋时也会引起钢筋的严重锈蚀。这种情况发生在附近有直流电设备（如地铁的电气化铁路）或阴极保护管线，特别是混凝土与氯化钠、氯化钙之类的电解质相接触。

此外，土中的生物菌也能将硫或硫化物转化为硫酸引起钢筋锈蚀。

（2）防止钢筋锈蚀的措施

1）提高混凝土的抗渗性

防止钢筋锈蚀的最主要途径是提高混凝土的抗渗性能，阻止或延缓外界环境中有害介质的侵入。这需要从混凝土的配比、施工质量和施工养护等三个方面做出努力。

在混凝土的配比上，要有较低的水胶比和良好的级配来保证混凝土的密实性。图 1 表示不同水灰比硬化砂浆和渗透系数的关系。美国 ACI 的 201 委员会提出：暴露于海水或盐渍水的混凝土水灰（胶）比不应超过 0.4，混凝土接触到氯化钙浓度较高的水、土体、涨落水面及浪花、水雾时，也不应超出 0.4。如果达不到这一要求，则水胶比至少不超过 0.45 同时将保护层再增厚 1.3cm。据美国的一项试验报道，暴露于海水中的钢筋混凝土桩，如有 0.45 的水灰比和 38mm 厚的混凝土保护层，则防锈能力良好；即使在相同的水泥用量下，水灰比 0.4 的混凝土防锈性能要比 0.5 和 0.6 好得多。在海面以上 8m 高的水雾区以及离海边水平距离 30m 以内，水灰比不应高于 0.5。除水灰比外，砂石乃至细粉材料的级配对于抗掺性也非常重要。试验还表明，加入引气剂不

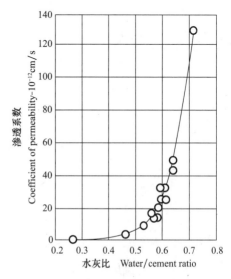

图 1　不同水灰比砂浆的渗透性[3]

仅改善工作度，而且能延缓锈蚀引起的胀裂时间。

传统的混凝土由于水灰比甚高，只能靠一味加大水泥用量来改善混凝土的抗渗性。国内外的大量研究证明：低水胶比混凝土抵抗水分、气体（氧气或二氧化碳）及氯离子扩散的能力要比传统混凝土高1~2个数量级。加入粉煤灰、硅灰或矿渣粉能在不同程度上提高抗氯离子扩散的能力。一般来说，采用0.4以下的水胶比，加上合适的保护层厚度以及施工时的良好养护条件，已能很好解决轻度氯盐侵蚀混凝土中的钢筋锈蚀问题。天津港湾工程研究所的研究结果表明：滨海强盐渍地区的混凝土工程采用高水灰比的传统混凝土时，一般历时7~8年即需大修甚至破坏，而采用水灰比0.35的京山铁路立交桥25个混凝土桥墩，迄今已使用9年，仍完好如初。南京水科院所做的大量室内试验也证明：降低水灰比和掺加矿物掺合料，特别是复合矿物掺合料，是防止混凝土中钢筋锈蚀的有效途径，但现场试验的效果尚不够理想，估计与所用混凝土的水胶比不够低（0.45以上）有关。国外近年来在海洋环境中建成的一些工程，如北海中的大型混凝土海洋采油平台，英法之间的海峡隧道，法国Re'Bland跨海大桥等，混凝土的水胶比都不超过0.40。

普通混凝土的抗渗性也随强度变化，所以一些国家的设计规范规定了不同环境下混凝土的最低强度等级。英国规范规定配筋混凝土的强度等级应不低于C30，表2是各种环境下不同混凝土强度等级钢筋混凝土的保护层最小厚度，表中的最低水泥用量与最大粒径为20mm的粗骨料相应；如最大粒径为40mm和10mm，最低水泥用量分别减少30kg和增加40kg。如果同时满足表中的水灰比与水泥量要求，则所需强度等级可降低5MPa。我国的混凝土结构设计规范，对于混凝土强度等级、水灰比、和保护层厚度的要求要比英国、美国低得多，而且我国规范中的最小保护层厚度指的是主筋，而英美等国指的是所有的钢筋包括箍筋和构造筋。

英国规范对混凝土耐久性的要求　　　　　　　　　　　　　　　　　　表2

混凝土强度等级	C30	C35	C40	C45	C50
最低水泥用量（kg） 最大水灰比	275 0.65	300 0.6	325 0.55	350 0.5	400 0.4
良好环境下　　保护层厚度（mm）	25	20	20	20	20
中度环境下　　保护层厚度（mm） 遮雨，无冰冻，有凝结水，长期处于水下，不接触侵蚀性土体	/	35	30	25	20
严酷环境下　　保护层厚度（mm） 暴露于雨水，有交替干湿，偶有冰冻 严重结露	/	/	40	30	25
很严酷环境下　　保护层厚度（mm） 受海水溅射，除冰盐作用，严重冰冻	/	/	50*	40*	30
极端环境下　　保护层厚度（mm） 磨蚀作用，海水冲击，pH≤4.5的流动水中	/	/	/	60*	50*

注：表中的保护层厚度注有*号的有冰冻时应加引气剂。此外如构件表面受磨蚀，应另加磨损厚度。

2）适当的保护层厚度

图2和图3表示了普通混凝土的保护层厚度和强度等级与碳化到钢筋发生锈蚀时间的

关系，图 3 表示普通混凝土的水灰比和保护层厚度与钢筋开始发生锈蚀年限的关系。对处于水位线及其附近的海工结构以及其他处于恶劣环境下的结构，应该增加保护层厚度，一般不小于 75mm，而美国公路部门 AASHTO 则建议除预制桩外不小于 100mm。桥梁受除冰盐侵蚀部位的混凝土保护层厚度当水胶比不大于 0.4 时一般应不小于 50mm，由于施工时的钢筋位置可有误差，所以设计要求的保护层名义厚度应不小于 65mm，这样才有 90%～95% 的保证率能使保护层的实际厚度在 50mm 以上。提高混凝土抗渗性能可相应减少保护层厚度。

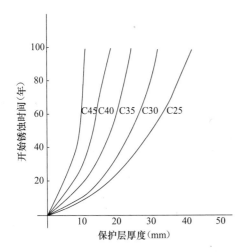
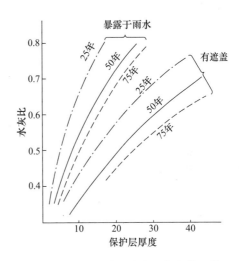

图 2　混凝土强度等级和保护层厚度与
钢筋开始发生锈蚀时间的关系[3]

图 3　保护层厚度和水灰比与钢筋开始
发生锈蚀时间的关系[3]

3）裂缝宽度控制

所有设计规范都给出了混凝土表面处的裂缝宽度限值，作为荷载作用下混凝土受拉开裂的一个控制指标。裂宽限值（或允许的最大裂宽）与构件所处的环境条件有关，如室内、室外，周围湿度高、低，水上、水下或干湿交替，有无氯盐侵蚀物质等。

保护层愈厚，受弯构件开裂时的表面裂缝愈宽。所以如果按表面裂缝宽度作为定值来控制标准，则增加保护层厚度反而不利。在钢筋锈蚀的宏电池化学反应中，裂缝处的钢筋首先脱钝，锈蚀的发展必须要有外界氧气和水分通过保护层向里渗透或扩散到未开裂部位的钢筋表面，所以加大保护层厚度对钢筋防锈有非常重大作用。另外，开裂截面处的钢筋局部锈蚀程度与混凝土表面裂宽的关系并不大，而是决定于裂缝处钢筋表面因混凝土开裂而形成的粘结脱离区的长度，后者的数值非常小，而且保护层愈厚，脱离区长度愈短。所以按表面裂宽作为控制标准并不合理，除非将允许裂缝宽度表示为与保护层厚度有关的参数而不是定值。当保护层很厚时，构件表面处的裂缝延伸到构件表面时往往是断续的而很少连续。

按照我国《混凝土结构设计规范》GBJ 10-89 的裂缝宽度计算公式，得出的裂缝宽度计算值过高估计了保护层厚度的影响，用这一方法验算地下结构或其他需要有较厚保护层的构筑物时就不能用，即使对于比较薄的保护层，算出的裂缝宽度也要比实际情况大得多。我国的公路桥梁结构和港工混凝土结构规范改进了这一缺陷，即在计算混凝土表面裂宽的公式中并不考虑保护层厚度的影响，但算出的裂缝宽度值并不一定能准确反映实际大小。在日本土木学会规范中[17]，取表面裂缝的允许宽度为保护层厚度的 5‰（一般环境）、4‰（锈蚀环境）和 3.5‰（严重锈蚀环境），对预应力钢筋则分别为 4‰、3.5‰ 和 3‰。欧洲混凝土学会规范将允许裂宽乘以修正系数 C/Cmin 但后者应不大于 1.5，其中 Cmin 为规范规定的最小保护层厚度，C 为实际采用的最小保护层厚度。英国规范则对暴露在特殊侵蚀环境条件下的允许裂缝宽度取为保护层厚度的 4‰，而在一般情况下取允许裂宽为定值 0.3mm。

4）其他措施

防止钢筋锈蚀还可以采用钢筋表面涂膜（如环氧涂膜）、钢筋阴极保护、混凝土中掺入阻锈剂、混凝土表面涂敷防水层等办法，但成本都较高且其有效程度受多种因素影响。所以最为简便和有效的防锈途径应是提高混凝土的抗渗性和增加钢筋的保护层厚度。

国外在个别工程中已有采用不锈钢筋的。早在 20 世纪 30 年代，英国在 St. Paul 教堂的大修工程中就用过不锈钢。以后澳大利亚的悉尼歌剧院也用过不锈钢筋。20 世纪 90 年代英国在房屋建筑、公路桥梁和地下结构中都用过不锈钢筋，近年来加拿大和美国也有应用。

2. 混凝土冻融破坏

混凝土中的孔隙水或裂隙水受冻后膨胀，反复冻融会使混凝土崩裂并发展到表层剥落、钢筋外露甚至整体崩坏。只有饱水和接近饱水状态的混凝土有可能发生冻融破坏，冻融破坏属于物理作用，影响混凝土抗冻融能力的因素有混凝土引气量（气泡大小和间距）、渗透性、强度、水的饱和程度和骨料的耐久性与抗冻性。引气可使水泥浆体免遭冻融损害；此外，容易吸水的骨料也易受冻害，骨料的抗冻性往往与其吸水能力有关。采用较低的水灰比，施工阶段有良好的养护以及使用阶段尽量避免混凝土表面与水长期接触，可避免骨料吸水饱和而有助于防冻。降低混凝土的水胶比能够改善混凝土的孔结构，孔径越小，冰点越低，对于提高抗冻能力有重要作用。当混凝土的水灰（胶）比非常低，骨料性能又好，如 C80 级以上的超高强混凝土，即使不用引气剂也能达到非常高的抗冻等级，这与其内部组织致密、很少存留可冻的孔隙水有关[4,23]。

冬天喷洒除冰剂可对混凝土表面造成损害，这种损害主要也是物理作用，除冰剂能使混凝土高度饱和，因为盐溶液在一定温度下的蒸发压力要比水低。除冰剂能使水泥浆体受冻时产生很高的渗透压力和水压力，使混凝土表面层起皮剥落或出现坑蚀。这种破坏与除冰盐的浓度有很大关系，中等浓度（3%～4%）所引起的损害最大。氯化钙、氯化钠、尿素和乙醇等几种除冰剂都有相似的表现。引气混凝土对除冰剂也有良好的抵抗能力。

防止冻融破坏的主要途径可归纳如下：

（1）尽量避免混凝土受湿。将结构形状做成有利于排水，如将顶面做成坡面，消除一切可能积水的部位，要特别注意连接缝部位积水；不让排水从混凝土表面直接流过，室外构件要防止雨水沿侧面流向底面，为此可在混凝土构件的外侧底面设置滴水沟；还要尽量减小结构的裂缝宽度，因为裂缝能集水并传输水。

（2）采用低水灰比和适宜的原材料。防冻混凝土应有最大水灰比的限制。美国 ACI 201 委员会提出的要求为：

a. 对于截面较薄的构件（桥面板、栏杆、马路道牙、窗台板、门槛、其他装饰件）和保护层厚度小于 25mm 的构件，以及任何受除冰盐作用的混凝土，水灰（胶）比不超过 0.45。

b. 所有其他构件，水灰（胶）比不超过 0.5。但有些国家和不少资料对除冰盐作用下的钢筋混凝土，则要求水灰（胶）比不超过 0.40。不同的水泥和矿物掺合料，对混凝土的抗冻性影响不大。

（3）采用引气混凝土。引气量过小不足以保护水泥浆体抗冻，引气量过大则会过度降低混凝土的强度。ACI 201 委员会推荐防冻混凝土的引气量如表 3。表中的严重暴露作用指室外寒冷气候下，混凝土受冻前有可能与水分连续接触，或者有除冰盐作用，如路面、桥面、人行道、水池等；中等暴露作用指室外寒冷气候下，混凝土受冻前仅偶然接触水分，如某些外墙，梁以及与土体隔绝的板等。表中数据大概相当于砂浆中的含气量为 9%（严重暴露作用）和 7%（中等暴露作用）。引气剂在混凝土中所产生的空气量与许多因素有关，如水泥、掺合料、配比、坍落度、骨料、搅拌方式、搅拌时间及温度等。

防冻混凝土的引气量 表 3

骨料最大粒径（名义值）（mm）	平均空气含量（%）（允差±1.5%）	
	严重暴露作用	一般（中等）暴露作用
9.5	7.5	6
12.5	7	5.5
19	6	5
38	5.5	4.5
75	4.5	3.5
150	4	3

（4）施工质量。混凝土必须充分捣固，特别对可能受除冰盐作用的路面板来说，施工最后一道的平整工序非常重要，但也应避免对表面的过度操作、过度平整以及在抹面平整过程中加水，会在面层内带来过多的浆体或水分。在混凝土路面竣工后，应有一段干燥时间，而后才能接触除冰盐。

混凝土的抗冻性常用抗冻等级表示，根据混凝土抗冻试件在快速或慢速反复冻融下动弹性模量降低和试件重量损失到某一程度时的冻融次数作为确定等级的依据。但从结构设计的角度看，比较关心的是反复冻融对混凝土表层强度损失（包括剥离）以及在混凝土内部形成微裂缝后抗渗性能降低的影响。在抗冻等级与混凝土的使用寿命之间，尚难建立起联系。

有关混凝土抗冻性的详细介绍可见文献 [24] 和 [25]。

3. 混凝土化学侵蚀[24]

一些化学介质对混凝土有化学侵蚀作用（表 4），这些化学介质几乎均以溶液的形式且在超过一定的浓度时才对混凝土造成损害[2]。能增强混凝土抗化学侵蚀作用的因素有：低水灰（胶）比，采用某些种类的水泥，低渗透性，低吸水性。能促进对混凝土侵蚀作用的因素有：温度升高，含有化学侵蚀介质的流体速度加快，混凝土捣固不良，混凝土养护不良，交替干湿，钢筋锈蚀等。

混凝土受到的化学侵蚀通常是盐类侵蚀和酸侵蚀。

（1）硫酸盐侵蚀

侵蚀混凝土的硫酸盐（硫酸钠、硫酸钾、硫酸钙或硫酸镁）主要来自工程所处环境中与混凝土相接触的含有这种盐类的地面水、地下水或岩土，也可能来自原本受过硫酸盐侵蚀的骨料。如能通过蒸发则盐类会积聚而增加浓度使危害加剧。侵蚀的严重程度取决于硫酸盐的类型（依次为硫酸镁、硫酸钠、硫酸钙）与含量。当硫酸盐能不断得到补充，例如暴露于流动的含盐地下水时，混凝土遭受腐蚀的速率显著加快。被侵蚀的混凝土表面泛白，随后开裂和剥落，最后导致毁坏。混凝土冷却塔有可能遭硫酸盐侵蚀，因为水的蒸发可使硫酸盐逐渐积累。在含有矿渣或灰渣回填土的地下水中也可能有硫酸盐。

混凝土的化学侵蚀　　　　　　　　　　　　　　　　　　　　　　表 4

气温下的侵蚀速率	无机酸	有机酸	碱溶液	盐溶液	其　他
快	盐酸，氢氟酸，硝酸，硫酸	醋酸，甲酸，乳酸		氯化铝	
中等	磷酸	鞣酸	氢氧化钠＞20％*	硝酸铵 硫酸铵 硫酸钠 硫酸镁 硫酸钙	溴（气体） 亚硫酸盐液体
缓慢	碳酸		氢氧化钠 10％～20％* 次氯酸钠	氯化铵 氯化镁 氰化钠	氯（气体） 海水 软水
极小		草酸 酒石酸	氢氧化钠＜10％* 次氯酸钠 氢氧化铵	氯化钙 氯化钠 硝酸锌 铬酸钠	氨（液体）

注：＊应避免硅质骨料受氢氧化钠强溶液侵蚀。

硫酸盐对混凝土有两种化学作用，一是硫酸盐与水泥在水化过程中生成的氢氧化钙结合，形成硫酸钙（石膏），另一种是硫酸盐包括石膏与硬化水泥浆体中的水化铝酸钙在水的参与下形成硫铝酸钙即钙矾石。这两种反应均造成固体体积膨胀，而后者尤为主要，导致混凝土破碎。在实际工程中，这个过程通常要进行好多年。土中可溶硫酸盐的浓度如大于 0.1％（水中 SO_4^{-2} 150mg/L）就能危及混凝土，如大于 0.5％（水中 SO_4^{-2} 200mg/L）将有严重损害。

硫酸盐在混凝土孔隙中结晶也会造成破坏，但这是纯粹的物理作用。超过饱和浓度的硫酸盐溶液在孔隙中结晶会产生很大的压力，导致混凝土开裂。海水中的硫酸盐含量很高，但海水对混凝土的侵蚀作用却不严重，可能是由于海水中的氯化物能够减轻硫酸盐的作用。可是在混凝土中加入氯化钙则会降低混凝土抗硫酸盐的能力。为了防止硫酸盐侵蚀，建议采用低水灰（胶）比混凝土及具有一定抗硫酸能力的水泥。应限制水泥中的 C_3A 含量，另外 C_4AF 的含量也不能过高。表 5 为 ACI 201 委员会提出的水灰比和水泥品种要求，这些数据也适用于浪溅区或浪雾区。

美国 ACI 201 委员会提出的防硫酸盐要求 表 5

暴露状况	土中水溶性硫酸盐 （SO_4）%	水中硫酸盐 （SO_4）ppm	水　泥	水灰比*
轻度	0.00～0.10	0～150	/	/
中等	0.10～0.20	150～1500	ASTM II 型	0.50
严重	0.20～2.00	1500～10000	ASTM V 型	0.45
很严重	>2.00	>10000	ASTM V 型加火山灰	0.45

注：* 如为防止钢筋锈蚀，表中水灰比值可能需要更低；ASTM II 型水泥的 C_3A 含量<8%，而 ASTM V 型 C_3A 含量<5%。

研究表明，某些火山灰材料不论是通过混合水泥或矿物掺合料方式引入水泥中（水泥量的 15%～25%），都能够提高混凝土抗硫酸盐的能力。火山灰能与水泥水化产物中的氢氧化钙结合，因而能减少石膏的形成数量。低钙粉煤灰在火山灰材料中的抗硫酸盐效果最好。我国铁道科学研究院的试验证明，用粉煤灰取代 30% 的水泥配制混凝土，抗硫酸盐的侵蚀能力有很大提高。

英国规范对抗硫酸盐混凝土的要求如表 6，这些表中的要求偏于保守，主要用于较长寿命的结构物。

英国规范提出的防硫酸盐要求 表 6

等　级	用 SO_3 表示的硫酸盐浓度		水泥种类	最小水泥量 （胶凝材料）	最大水灰 （胶）比
	土中总 SO_3	地下水 g/L			
1	<0.2%	<0.3	不限	/	/
2	0.2%～0.5%	0.3～1.2	不限 加矿物掺合料（25%～4% 粉煤灰，或 0～90%矿渣） 抗硫酸盐水泥	330 310 280	0.5 0.55 0.55
3	0.5%～1%	1.2～2.5	加矿物掺合料 抗硫酸盐水泥	380 330	0.45 0.50
4	1%～2%	2.5～5	抗硫酸盐水泥	370	0.45
5	>2%	>5	抗硫酸盐水泥，再 另加专门保护措施	370	0.45

（2）酸侵蚀

一般来说，硅酸盐水泥混凝土的抗酸能力较差，但如水的 pH 值不小于 6，对于抗渗性能良好的混凝土尚不至于有明显危害。水中若溶有 CO_2、SO_4^{2-} 或 Cl^- 等酸离子，混凝土碱度就会大幅下降。酸的来源多种多样，许多燃料产生含硫气体与水结合后形成硫酸，有些矿山排水及工业污水也含酸。泥炭土中可含有硫化物，能氧化产生硫酸，进一步的反应可能产生硫酸盐，造成硫酸盐侵蚀。山水溪流有时因溶有二氧化碳带有弱酸性，对于质量良好的混凝土，通常仅侵蚀其表面，但矿泉水中溶入的二氧化碳或硫化氢的量甚大，可对混凝土造成严重损害。酿造、奶品等工业排放的有机酸也对混凝土结构（特别是地面）有害。酸对混凝土的蜕化作用主要是与硅酸盐水泥水化产物中的氢氧化钙起反应。如果混凝土骨料是石灰石或白云石，也会与这些骨料起化学反应，反应的产物是水溶性的钙化学物，可以被水溶液浸出（但草酸和磷酸除外，其形成的钙盐不溶于水）。如果酸或盐溶液能通过裂缝或孔隙到达钢筋表面，则引起钢筋锈蚀，反过来造成混凝土开裂和剥落。低水灰比的密实混凝土能够抵抗弱酸的侵蚀，但是硅酸盐水泥混凝土不能承受高浓度酸的长期作用，这时必须在混凝土表面采取涂层覆盖等措施。

4. 骨料化学侵蚀

混凝土骨料所起的化学反应能够影响混凝土的性能，有些反应可能有利，而另一些则能引起不正常的膨胀、开裂与强度损害，给混凝土造成严重危害。

最早发现的有害化学反应是来自水泥成分或周围环境中的碱（Na_2O 和 K_2O）与砂、石骨料中的某些含硅活性成分起反应，即所谓的碱骨料反应，近年来则往往改称为碱硅反应。碱-骨料反应导致混凝土体积膨胀开裂，这是一个很长的渐进过程，一般需要几十年以后才能显现。碱-骨料反应被视为混凝土的癌症，在国内外都发生过不少工程损坏事例。北京地区所产的粗骨料有一定碱活性，当地生产的水泥含碱量又偏高，所以周围地区桥梁和机场路面混凝土由于钢筋的保护层较薄和受冻在不长时间内出现的开裂，常被误解为碱骨料反应所致。发生碱-骨料反应的前提是：混凝土中有足够高的碱含量、骨料具有较高的活性以及有足够的水分参与。如果没有足够水分，就是用了高碱水泥和高活性的骨料也不会发生碱骨料反应。密实的低水胶比混凝土能够有效阻止水分进入内部。如果必须使用活性骨料，则应采用低碱水泥，其 Na_2O 当量不超过 0.6%。另外有许多研究证明：加入足够数量的粉煤灰或矿渣、沸石等掺合料，能够抑制碱骨料反应，尤其在大掺量的条件下效果更为明显。矿物掺合料与水泥的比例可通过试验确定，作为比较，以能使膨胀反应减少 75% 作为一个标准。

某些碳酸盐类岩石骨料同样能与碱起反应并产生有害的膨胀开裂，称为碱碳酸盐反应。此外，骨料中如含有不稳定的氧化物、硫化物、硫酸盐等矿物成分在混凝土内氧化或与水化合，也可造成危害。

5. 其他劣化作用

造成混凝土劣化的化学作用尚有：

（1）软水的浸出作用

软水能使水泥浆体内的碱金属类氧化物和含钙的水化产物发生水解或使之溶解，使混凝土渗透性增加并削弱混凝土的强度。酸性地下水也有类似作用，这在前面已经提及。一切有利于增加混凝土密实性的措施均有助于减轻软水浸出作用。

（2）钙矾石延迟生成（DEF）

钙矾石是硫酸盐离子、铝酸钙与水反应的产物，如在混凝土硬化后延迟生成钙矾石，能导致体积膨胀并使混凝土开裂。混凝土中的钙矾石在正常情况下应该在水泥的水化初期形成，早期蒸养过度能阻止钙矾石生成或使其重新分解。采用高含量硫酸盐水泥且硫酸盐可溶性很低时也能延迟生成钙矾石。水泥熟料中形成的硫酸盐为硬水（无水）石膏形式，在水中溶解很慢。防止延迟生成钙矾石破坏作用的主要途径是降低养护温度，限制水泥熟料中的硫酸盐含量，混凝土在使用阶段避免与水分接触，并在配制混凝土时加入引气剂。

（3）碱侵蚀

混凝土是碱性材料，如骨料的化学性能稳定，混凝土就有较好的抗碱能力，但高浓度（＞2%）的氢氧化钠和氢氧化钾能使混凝土分解。

造成混凝土劣化的物理作用除冻融外，尚有：

1）盐结晶。溶有大量盐分（$CaSO_4$，$NaCl$，Na_2SO_4）的水与混凝土接触后，盐类渗入混凝土孔隙反复蒸发结晶，产生的压力可使混凝土开裂。

2）磨损、冲蚀与气蚀。

图 4 是据 Dhirh Hewlett 等人提出的混凝土的抗磨能力与水灰比和养护条件的关系，图中养护条件都是第 1 天用湿度粗麻布包 24h，然后曲线 E1 是 27 天置于水中，E2 是 6 天置于水中再置于空气中 21 天，E3 是 3 天水中再置于 24 天，E4 是 27 天置于空气中；水与空气的温度都是 24 度，空气的校对湿度为 55%。混凝土的渗透性与水灰比和养护的关系也有相似的规律。

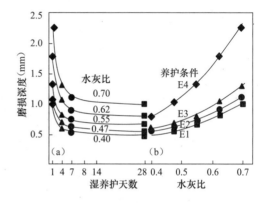

图 4　混凝土的抗磨能力与
水灰比和养护条件[5]

6. 混凝土耐久性的度量指标

现行规范或规程对于混凝土的强度性能用标准立方试件的 28 天抗压强度值作为度量指标。但对混凝土的耐久性却没有一个明确的度量标准。规范或规程通常只是根据以往的经验，间接的通过对混凝土的配比、原材料、抗压强度以及施工方法等提出具体要求，来控制混凝土的耐久性。要对混凝土和混凝土结构物的耐久性做出定量的估计，必须明确不同环境侵蚀下混凝土材料在使用过程中的劣化机理，并找出与这一劣化进程关系最为紧密的一个性能特征作为耐久性的度量指标，才能预测混凝土结构的使用寿命，就像结构在荷载作用下的强度设计一样，真正做到混凝土结构的耐久性设计。

混凝土材料的劣化，除少数情况如磨蚀、疲劳等外，无不与有害介质从表面进入到内部的传输机理及其特征有关。所以表层混凝土的渗透性控制着混凝土的耐久性。可以说，混凝土的渗透性就是耐久性的综合体现。混凝土的渗透性主要取决于材料的孔隙率、孔径分布等孔结构特征，可是后者难以用常规方法测定和表达。因此，比较合适的方法是用能够反映侵蚀介质传输进程的某些参数作为耐久性的标准。侵蚀介质可以是液体、气体或溶于液体和气体中，其进入并在混凝土内传输的机理也不尽相同，可以是扩散，渗透，或吸收等等，相应就有扩散系数，渗透系数，或吸收率等不同的传输参数。

扩散是自由分子或离子通过无序运动从高浓度区域到低浓度区域的净流动，其驱动力是传输介质的浓度差。扩散的规律通常用 Fick 定律描述，即通过单位面积传输介质质量

的速度 $F=\dfrac{\mathrm{d}m}{\mathrm{d}t}\cdot\dfrac{1}{A}$，与介质浓度的梯度 $\dfrac{\mathrm{d}c}{\mathrm{d}x}$ 及扩散系数 D 成正比，有：

$$F=-D\frac{\mathrm{d}c}{\mathrm{d}x}$$

扩散系数 D 表示材料传输某一给定介质的能力。D 的大小实际上还与介质浓度 C 和环境温度 T 有关。在扩散过程中，部分介质还可由于化学作用或物理吸附作用而受阻。而 Fick 定律所描述的则是理想的情况。扩散系数 D 的单位为 $\mathrm{m^2/s}$。

渗透是在压力差的驱动下而产生的液体或气体在材料内的流动。混凝土毛细孔隙内的流动可以是层流或湍流，取决于孔隙结构及流体粘度。渗透系数用来表示多孔材料内由于压力差引起的渗透，通常假定为层流。气体的渗透必须考虑到可压缩性，其渗透系数的表达式与液体不同。对于水的流动，则常用经验的达西定律，其相应的渗透系数用下式表达：

$$K=\frac{Q}{t}\frac{l}{A}\cdot\frac{1}{\Delta h}$$

其中 $\dfrac{Q}{tA}$ 为单位时间、单位面积上传输的水量，Δh 为 l 距离间的压力水头差，达西定律中水的渗透系数 K 单位为 $\mathrm{m/s}$。

吸收是多孔材料毛细孔隙表面张力引起的液体传输，受孔结构和液体粘度、密度等多种因素影响。

除了扩散、渗透和吸收等不同传输机理外，还有一些机理可造成有害介质的输送或迁移，如分子力的吸附以及电解质溶液内由于电场驱动的离子迁移等。

如上所述，有害介质通过混凝土孔隙和微裂缝进入混凝土内部的主要机理有：

(1) CO_2、O_2 或水蒸气等气相介质通过扩散机理传输；

(2) 溶于混凝土孔溶液中的有害离子如氯离子和硫酸盐离子以及溶解于孔溶液中的气体，通过扩散传送；

(3) 水或水溶液在压力水头下渗透，形成饱和或非饱和的毛细管流进行传输；

(4) 水或水溶液与中空或饱和的毛细孔接触，因毛细管吸力而迁移。

实际上，一种有害介质的传输可以有多种机理同时发生作用。混凝土的碳化由 CO_2 气体通过业已碳化的混凝土中的扩散过程所控制；但是气相介质的扩散进程与混凝土内部湿度的关系极大，如果孔隙已为水饱和，气体的扩散过程就难以进行，而孔隙水的迁移又与毛细管吸力有关。当混凝土长期与含有硫酸盐的地下水接触时，水中的硫酸盐离子通过扩散向混凝土内部迁移；但如混凝土处于干湿交替区，则硫酸盐溶液通过混凝土干燥表面的毛细管吸力进入混凝土内部可能更为主要，吸入的溶液进入湿度较大的混凝土内部后，则通过扩散继续向里传输。氯离子的侵入途径也与此相似。

为了分析或探讨某种传输机理，通常需要从某种假定的数学模型出发，并通过试验确定其传输参数如扩散系数或渗透系数。不同的气体、液体或水溶液，显然具有不同的传输参数。将本来可能是多种机理起作用的传输过程用单一的机理模型表达，会在具体应用时造成一些问题。但对同一种材料而言，在扩散系数、渗透系数、吸收率等传输参数之间也存在一定程度上的相关性。所以对某种特定的侵蚀作用，近似用单一的传输模型及其传输参数加以描述，仍然不失为耐久性度量的一种有效手段。

扩散系数、渗透系数等参数一方面决定于混凝土内部结构的组成，另外也与测试所用的试件特点、试验环境条件以及材料的应力状态有关。就混凝土本身而言，影响混凝土内部结构组成的因素，如降低水灰比、增加湿养护时间、降低早期混凝土温度和养护温度、适当加大粗骨料最大粒径等都能降低混凝土的扩散系数和渗透系数以及混凝土的吸水率。环境相对湿度能明显影响气体在混凝土内的扩散；干燥环境使混凝土孔隙失水而降低气体散系数，并增加混凝土吸收水溶液的能力。因此对混凝土做气体扩散试验和水的吸收试验时，应对混凝土的湿度标准做出严格的规定。温度对气体扩散的影响较小而对水溶液的吸收则较为明显。碳化使混凝土的渗透性降低；但在高水灰比的混凝土中，如果同时用大量矿物掺合料替代硅酸盐水泥，则碳化的结果会出现渗透性增加的相反效果。

混凝土的抗压强度与混凝土渗透性之间的相关性只有二者在测试时具有相同的孔结构和含水量时才能成立。由于抗压强度一般是用标准试件测定的，它代表的是混凝土试件的整体强度性能，而在实际结构中对结构耐久性起决定作用的往往只是混凝土的表层。后者当潮湿养护终结时，其内部孔结构有可能因水泥等胶凝材料缺水停止水化而不再出现大的变化，但标准试件或实际结构混凝土的内部即使在中止潮湿养护以后仍有可能继续水化。所以有人认为，应该用养护终结时的混凝土强度与混凝土的渗透性建立联系，而不是取用标准抗压强度或强度等级去和渗透性挂钩。

将渗透系数、扩散系数、吸水率等传输参数作为混凝土耐久性的性能标准，就可以依据一定的模型来进行结构耐久性或使用寿命的设计计算。在建立这些参数的标准测试方法之后，可以用它来相对比较不同混凝土之间的耐久性能，或在设计标准中规定这些参数的最低要求。但是，与耐久性有关的混凝土性能特征不仅是这些传输参数，还应该针对不同的侵蚀作用提出其他方面的要求。比如混凝土受硫酸盐腐蚀，还与水泥中的 C_3A 含量有很大关系；而混凝土的冻融破坏在引气的前提下则与混凝土渗透系数的关系并不大。抗冻融性能与引气混凝土的抗压强度也不存在相关性，引气能提高抗冻能力，但使抗压强度有所降低。

传统的依靠高压水进行渗透试验测定的渗透系数有其局限性，它只能估计高水灰比混凝土的渗透性而不能对耐久性优良的混凝土做出评价。气体或离子的扩散系数试验需要有复杂的装置并耗费很长时间，作为常规测试方法也不合适。鉴于不同传输参数之间存在某种相关性，文献［16］提出可用气体在压力差驱动下的渗透试验和混凝土的吸水试验，因为这两种测试方法都比较简单，尽管气体的压力渗透传输在混凝土的实际劣化过程中很少出现。

三、结构使用寿命及其预测

寿命可以从不同的角度予以定义和分类。在英国的建筑物耐久性标准中，提出了：要求使用寿命（被规定以满足用户要求的使用寿命），预期使用寿命（根据经验、试验、或制造商提供资料所估计的寿命），设计寿命（设计人预定的据以进行设计的寿命）的不同概念。对混凝土结构而言，有种种原因可造成使用寿命的终结，例如：因材料劣化导致承载力降低而不能满足安全需要；因氯离子渗透到钢筋表面且其浓度超过一定阈值使锈蚀的危险性达到难以接受的程度；因继续进行维修的费用过大达到难以承受的程度；因外观陈旧达到不能接受的程度；因建筑物的用途改变需加固改造或拆除等。英国学者 Somerville 从使用寿命终结的角度出发，将使用寿命分成三类：1）技术使用寿命，是结构使用到某种技术指标（如结构整体性、承载力等）进入不合格状态时的期限，这种状态可因混凝土剥落、钢筋锈蚀引起；2）功能使用寿命，与使用功能有关，是结构使用到不再满足功能实用要求的期限，如桥梁的行车能力已不能适应新的需要，或结构的用途发生改变等；3）经济使用寿命，是结构物使用到继续维修保留已不如拆换更为经济时的期限。我们以下要讨论的主要是技术使用寿命。

在各国现行的结构设计和施工规范中，专门针对使用寿命的内容很少。许多国家的规范都没有明确规定设计使用寿命，包括美国 ACI 规范的现行版在内。但是美国 ACI 制定了不少有关耐久性和使用寿命方面的指南、建议等标准，可供设计人员参考应用。美国的 AASHTO（公路部门使用）规范虽然在 1991 年起规定了公路桥梁的设计寿命为 75 年，但主要是从钢筋的疲劳角度考虑到桥梁的通车次数。相对来说，欧洲各国设计规范对设计寿命的要求比较明确，对多数建筑结构的要求为 50 年，桥梁等基础设施为 100 年。尽管如此，设计规范所要求的计算校核仍然局限于强度设计，而没有使用寿命的计算和校核。设计规范中对寿命的要求（除疲劳外）只是隐形的体现在对材料（强度等级、配比特别是最大灰比和最小水泥用量、原材料选择和掺合料与引气剂等外加剂的使用）的要求和限制，以及对混凝土保护层厚度和其他一些构造要求上。这些要求有些与不同的环境条件挂钩，有些则不作明确解释，而且一般都没有和使用寿命的长短相联系。现行施工规范的要求很少关心耐久性，养护不良、钢筋位置变动的允差（保护层变化）以及表层混凝土的泌水、掺水和捣固、压光不良、施工阶段的不适当抢工如采用早强材料、提前结束养护过程、过早拆模或拆除支架造成开裂等等，均会对使用寿命造成极其严重的伤害。从使用寿命的角度看，还应要求设计能提出使用过程中的维修管理等内容，这是因为结构的寿命应该与正常的维修有关。

1. 新建混凝土结构构件使用寿命预测

使用寿命因与材料性能、细部构造、暴露状态、劣化机理、维修质量等许多因素及其相互作用有关。混凝土的劣化往往是多种因素的综合作用结果，至少是某一种侵蚀过程和荷载的共同作用。由于综合作用的影响及机理相当复杂且不明了，所以对混凝土结构使用寿命的预测还只能考虑其中一个主要的蜕化因素，如氯离子，或碳化，或腐蚀性化学物质中的酸或硫酸盐。现在有各类预测方法，通常组合起来应用，其中最有价值的是利用数学模型并应用随机概念的加速试验方法。单纯随机方法由于缺乏统计数据，在应用上受到限制。

（1）基于经验的预测方法

这是根据试验室和现场大量试验结果与以往经验的积累，对使用寿命作半定量的预测，其中包含了经验、知识与推理。目前的一些混凝土标准中实际也是这样来估计寿命的，认为如果能够按照标准提出的原则和工法，混凝土就将具有所需的寿命。要是设计寿命比较长，使用环境条件恶劣，或者遇到一种新的情况而缺少经验，这种预测方法就不可靠。

（2）基于比较的预测方法

这种方法被采用的较少，其中假定如果混凝土在某一期限内是耐久的，则相似环境下的相似混凝土也将有同样的寿命。可是由于材料、构件形状、施工质量、荷载和环境的变异性，每一种混凝土结构往往是独一无二的。混凝土材料也在变化，比如现在的混凝土渗透性增大了，矿物掺合料和化学外加剂的应用也多。又如不同的小气候条件也能对混凝土使用寿命带来影响。所以即使有相似的使用条件，将过去的经验直接用来比较有时也会有问题。

（3）加速试验预测方法

混凝土的耐久性试验多采用加速试验，即采取更为严酷的环境条件，如采用较高的侵蚀物质浓度、较高的温度或湿度来加速劣化过程。加速试验的劣化机理应该与使用条件下相同。应用加速试验结果的主要困难在于缺乏使用状态下的长期数据，但至少能用来解决预测使用寿命的数学模型。美国垦务局曾将硫酸盐侵蚀的加速试验与长期试验作过比较，其中将试件长期连续置于 2.1% 的硫酸钠（Na_2SO_4）溶液中，直至达到 0.5% 的膨胀率并定义为破坏，得到这一期限为 18～24 年；另外将试件置于同样浓度的溶液中 16 小时然后取出在 54℃ 温度下强使干燥后再继续循环浸泡干燥，直至达到同样的 0.5% 膨胀率，结果发现后者加速试验 1 年相当于前者的 8 年，于是得加速试验的膨胀率等于长期连续情况下的 8 倍。如果硫酸盐浓度并没有上面所采用的那样高，将会有更长的寿命。

（4）数学模型预测方法

数学模型方法预测的可靠程度与模型的合理性以及材料与环境参数选取的准确性有关。现在已发展了不同劣化过程的数学模型用于寿命预测，这些模型主要考虑不同的侵蚀介质如水、盐类或气体从混凝土表面向里侵入的过程，包括渗透、扩散和吸附等。

材料劣化随时间发展的模型如图 5 所示。如用简单的数学式表示，有：

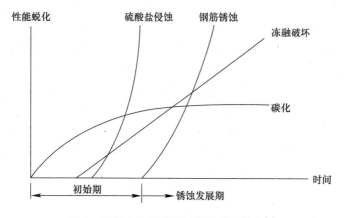

图 5　混凝土性能随着时间进程的蜕化[3]

对于混凝土的碳化　$d = kt^{1/2}$

对于混凝土的硫酸盐侵蚀，碱骨料反应和冻融　$d = k(t - t_0)^a$

式中：d 表示劣化程度；k、a 均为常数；t_0 为劣化前的初始期，在初始期内 $d = 0$，即尚未劣化；t 为时间。但对于冻融，上式表示的只代表室内标准冻融试验时的情况，并不反映野外的实际冻坏。

对于钢筋锈蚀而言，当混凝土保护层碳化到钢筋表面并其 pH 值降低到能使钢筋脱钝，钢筋就开始发生锈蚀，这段时间即为 t_0。如混凝土构件接触氯盐，则当钢筋表面的混凝土氯离子浓度达到某一数值时，也会使钢筋脱钝。氯离子镉入混凝土的深度一般也与 $t^{1/2}$ 成正比。当氯离子开始引起钢筋锈蚀后，锈蚀速度会很快发展并使混凝土保护层胀裂剥落，这段时间称为发展期。所以比较重要的受海水中氯盐侵蚀的一些工程，其预期使用寿命常以初始期 t_0 为准。

文献〔2〕介绍了基于 Fick 扩散定律的氯离子一维扩散模型，得出钢筋表面的氯离子浓度 C 与混凝土表面处的浓度 C_0、保护层厚度 x，氯离子在混凝土中的扩散系数 D、时间 t 以及构件厚度等因素有关。如混凝土表面的氯离子浓度为常数 $C_0 = 0.7\%$（按水泥重计），并以钢筋表面积累的氯离子浓度 C_t 达到 0.4% 时作为允许的阈值，则对扩散系数 D 为 $5 \times 10^{-2} \mathrm{m^2/s}$、厚度为 30cm 的构件，在不同厚度的保护层下达到这一阈值浓度的时间如表 7 所示。钢筋表面达到同样阈值浓度的时间与扩散系数值成正比。文献〔6〕讨论了混凝土表面的氯离子浓度随时间变化条件下的寿命预测，文献〔2〕还引述了地下水硫酸盐与混凝土中铝酸盐反应膨胀造成开裂与分层剥落，以及混凝土中石膏与水化产物的浸出模型并给出了计算式。国内也有一些学者提出钢筋碳化锈蚀的不同计算模型。用这些模型预测使用寿命时，有的并没有考虑必需的安全储备或保证率，仅按参数的平均值进行估计，这是应用时应该注意的。

不同厚度保护层达到氯离子浓度阈值的时间　　　　　　　　　　　表 7

保护层厚度（mm）	25	50	75	100
时间（年）	5.6	23	50	90

2. 既有混凝土结构剩余使用寿命预测

预测剩余使用寿命的方法与新建混凝土的寿命预测基本相同，但后者可以通过混凝土现有状态的实际调查，获得更多和更明确的资料信息。预测既有混凝土结构物的使用寿命需要了解混凝土的现状、劣化速率以及过去和将来的载荷和使用情况，整个流程包括规划、检查、评估以确定继续使用的可靠性与必要的维修加固方法。

评估所需的资料数据通过以下途径获得：

（1）检查结构符合原设计的程度——分析研究原有技术文件，查访现场（将目测结果与施工文件进行对比，用测厚仪检查钢筋位置及直径）进行初步分析；

（2）检查劣化现状——目测，裂缝测量，混凝土崩落或分层脱离的测量，氯离子测量，碳化测量，现场取样；

（3）试验室试验——岩相分析（混凝土含气量，气泡分布，骨料的化学稳定性，开裂类型，水胶比估计）；化学分析（胶凝材料化学组成，pH 值，化学外加剂成分，浆体和骨料特征）；混凝土与钢筋性能（强度，弹性模量等）；

（4）劣化程度评估——材料的现有实际性能与规定性能对比，混凝土吸水性与渗透性，混凝土保护层厚度，混凝土裂宽、剥落或分层脱离，氯离子侵入深度，碳化深度，钢筋锈蚀活动（电位量测等），环境侵蚀性（水分、氯、硫酸盐）；

（5）当前状态下的结构再分析——各种荷载作用下的分析。

混凝土损坏的主要表现包括开裂、层裂（与表面平行的开裂）、过度挠曲以及强度损失。混凝土生产和施工时的配料、配比、输送、捣固和养护的正确与否，应在全面评估时作为工作的一个部分加以度量。结构的某些部位对劣化作用比较敏感，可作混凝土的原位渗透性试验。混凝土的试验内容有非破坏性试验（确定结构内硬化混凝土的性能及其状态）和破坏性试验即取芯试验，后者除能确定力学性能外，根据芯样还可以确定混凝土的组成，如用显微镜观察抛光剖面可获得气泡数量和分布的数据以及粗、细骨料和浆体、水泥数量，也可估计水化的程度。但当龄期增长，特别是曾有浸出、化学侵蚀或碳化作用后，确定混凝土的组分就变得困难。

近年来，评估已有结构剩余使用寿命的检查方法已有很大改善。脉冲雷达、红外温度成像等非接触快速检测方法能提供很大帮助。这两种方法可探测到钢筋锈蚀后有否分层，但不能直接测出锈蚀活动；对能够形成深部坑蚀和低阶铁氧化物和氢氧化物为特点的黑锈来说，由于这种锈蚀不会破坏周围混凝土，所以也不能测出。

钢筋锈蚀后的剩余寿命预测主要有两种方法，即模型方法与锈蚀电测方法。

用模型方法估计氯离子渗透下的剩余寿命，可应用 Fick 模型算式

$$C(x,t) = C_o[1 - \mathrm{erf}\, x/2(D_{cl}t)^{1/2}]$$

式中 $C(x,t)$ 为混凝土内深度 x 处经过时间 t 后的氯离子浓度，C_o 为混凝土表面向里扩散的氯离子浓度，D_{cl} 为氯离子扩散系数，erf 为误差函数。从混凝土不同深度取样测得该处的浓度，即可从上式得到 C_o 和 D_{cl} 值。以钢筋埋深处的 C 值积累到 0.4% 浓度时作为阈值，可从上式求得相应的寿命 t。

混凝土的扩散系数 D 与水灰比等许多因素有关。对于原先没有氯盐侵入的混凝土，当温度为 $25\,℃$ 时，扩散系数 D 可从 $0.5 \times 10^{-2}\,\mathrm{m^2/s}$ 到超过 $500\,\mathrm{m^2/s}$。渗透系数 k 可从 $0.025 \times 10^{-12}\,\mathrm{m/s}$ 到超过 $250 \times 10^{-12}\,\mathrm{m/s}$。若温度为 $25\,℃$，$D = 0.5 \times 10^{-2}\,\mathrm{m^2/s}$，则氯化物侵入混凝土且浓度超过 0.4% 为 10 年，深度 6mm；如 $D = 5 \times 10^{-2}\,\mathrm{m^2/s}$ 则为 10 年，深度 22mm。

D 的测定有两个途径，一是从实际使用情况反过来计算，另一则为试验室内的短期加速试验（2～12 月）。试验室内对新混凝土进行的几小时或几天的快速试验常会造成误导，并严重低估掺粉煤灰和矿渣混凝土的抗氯盐侵入能力，因为粉煤灰和矿渣能够在后期不断水化并封闭毛细孔隙。在不少场合下，混凝土表面的氯离子浓度往往有一个积累过程，如果从一开始就假定为常值，会过高估计渗入混凝土内的氯盐量。另外，环境温度对混凝土抗氯离子渗透性的影响甚大，计算时应加考虑。文献 [26] 对此有具体介绍。

一些电测方法根据电阻极化（线性极化）、交流电感、瞬变电流、和电化学噪声等信息可以估出混凝土中的钢筋锈蚀速度。电阻极化方法通过施加微小的电位测出电流，并根据电流大小判断发生锈蚀的可能性或出现锈蚀损害的预期时间来预测剩余寿命，还可以根据这些数据判断锈蚀带来的截面损失速度。目前比较常用的锈蚀电测方法是半电池电位法。

有不少文献[2,8,9]报导过具体工程对象使用寿命或剩余使用寿命估计的分析计算实例，可以作为参考和借鉴。其中有热力厂排水结构，矿物码头，共同沟隧道，桥面板，污水

管，挡墙，海底隧道等等。

四、混凝土结构的设计使用寿命与结构耐久性的设计考虑

1. 混凝土结构的设计使用寿命[13]

一个结构物的设计寿命是针对其主体结构的寿命而言的，并不表示各种部件都能达到这一要求。即使是结构的主要受力构件，有时也不能都达到所要求的结构寿命而需要在使用过程中加以更换。

最近修订中的我国建筑结构设计统一标准提出将建筑结构的设计工作寿命分成 4 类，即临时性结构（1～5 年），易于替换的结构构件（25 年），普通房屋和构筑物（50 年），纪念性或特殊重要建筑物（100 年及以上）。这与欧洲共同体委员会规范 Eurocode 的规定完全相同，但后者还规定桥梁等各种土木工程结构物的设计工作寿命均为 100 年。英国建筑物的设计寿命标准则分为临时（10 年以下），短寿命（不小于 20 年），中寿命（不小于 30 年），正常寿命（不小于 60 年）长寿命（不小于 120 年）等 5 类，并可以按用户要求确定专门的期限如 40 年或其他年限，并不如我国所建议的那么固定。国际上对一般房屋建筑物的设计寿命多在 50～75 年之间，虽然有的并没有在规程中明确提出而是隐含在标准内的技术要求条文中。英国对一些典型建筑物设计寿命的要求一般为桥梁 120 年，机场地面为 15～20 年，某些工业建筑 30 年，海洋工程 40 年，一般房屋 60 年，法院监狱 100 年，国家机构与纪念性建筑 200 年。英国的国家图书馆从大英博物馆迁出新建，新馆的设计寿命为 250 年，其中混凝土配比按抗碳化锈蚀和硫酸盐侵蚀的耐久性要求设计，对于结构中的厚度较薄的构件，因保护层厚度不足而采用不锈钢钢筋。

重要的工程都有各自的使用寿命要求，如荷兰的 Delta 防浪堤为 200 年，英法海峡隧道 120 年。1997 年完工的丹麦跨海交通要道 Great Belt Link，长 18km，包括二座海底铁路隧道，一座公路铁路二用桥和一座高等级公路桥，使用寿命 100 年；其中掘进施工的圆形隧道结构由宽 1.65m、厚 0.4m 的预制混凝土块组成，隧道处于高浓度的氯离子和硫酸盐环境中，采取了防锈的四重措施：1）在衬砌与土体之间沿环向灌浆；2）混凝土水胶比 0.35 以下，并掺粉煤灰和硅灰；3）环氧涂膜钢筋；4）为在将来一旦发生锈蚀时采用阴极保护方法，预先采取了措施如将涂膜钢筋在涂膜前先焊接联通；对海水中的桥墩则采用 1）抗渗混凝土表面保证光滑不开裂；2）桥墩做成圆形外角；3）尽量减少外露表面上的施工缝；4）将水平表面做成坡面防止积水或另做涂层；5）采用 100mm 厚的保护层，置有面层钢筋，以其锈蚀为代价来保护主筋，不考虑其参与受力；6）保护层为 75mm 时用环氧涂膜钢筋；7）浪溅区用不锈钢钢筋或在混凝土表面设覆盖层；8）为将来可能实行阴极保护做好准备措施；对于桥梁上部结构，采用圆形外角（直径 50mm），混凝土保护层厚 50mm（允差＋5mm）；桥面板设防水薄膜；下部结构的混凝土表面用硅烷材料防水处理。

设计寿命的年限应该是具有一定保证率的年限，在统计概念上它并不是预期的平均值，后者能达到这一寿命的概率只有 50%，失效概率也是 50%。按照可靠度设计方法，结构破坏或承载力极限状态的失效概率在 10^{-4} 的量级，正常使用极限状态的失效概率在 10^{-2} 的量级。由于规范可靠度设计方法本身的不完善，它给出的失效概率或保证率只具相

对比较的意义，因为 10^{-4} 量级的失效概率仍然过高，一般认为应为 10^{-6} 的量级。

　　用概率可靠度方法来分析使用寿命的困难在于缺乏有关参数的统计特性。文献［8］在耐久性设计所作的分析中，类比于荷兰混凝土结构设计规范中的可靠度指标，即承载力极限状态的可靠指标 β 为 3.6，使用极限状态 β 为 1.5；这样如设计寿命为 50 年，从耐久性承载力安全角度要求，β 也应达到 3.6，则相应的平均寿命应为 150 年；若从耐久性使用性能要求，当 β 为 1.5，与 50 年设计寿命相应的平均寿命应为 88.5 年。如果设计寿命为 100 年，则平均寿命应分别增为 300 年（耐久性导致的承载力极限状态）和 177 年（耐久性导致的使用极限状态），分析时假定使用寿命按对数正态曲线分布，并假定其变异系数为 0.3（图 6）。

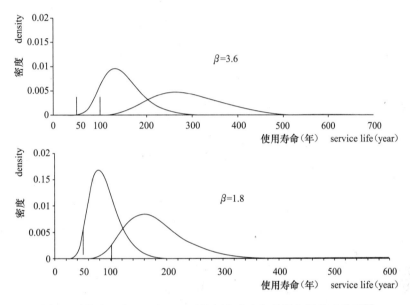

图 6　可靠度 β 为 3.6 和 1.8 时的概率密度与使用年限关系曲线[8]

2. 混凝土建筑部件的设计寿命

　　设计人应对结构或建筑物不同部件在使用寿命上进行分类，在结构物的整个设计寿命期限内，有些部件需要更换，有些需要定期维护，有些则为全寿命。所以设计人需向业主提出各个部件的寿命明细表，对可维护或可替换的部件，提出维护或替换的期限和方法。以房屋建筑为例，英国的标准提出房屋建筑部件在一般正常条件下的设计寿命为：外墙挂板、饰面、幕墙 40 年，窗 40 年，内隔断 40 年，屋面防水层 20 年，一般装修 20 年，空调机房及管道 20 年，给水装置 40 年，卫生间设施 20 年，电气设施 40 年，照明灯 5 年，窗内装饰 10 年，室内装饰 5 年，铺砌地面 40 年，道路面层 10 年。以上是指不需大修或更换的年限。表 8 为英国设计寿命为 120 年的桥梁不同部件的寿命规划明细表。不同构件或部件的目标使用寿命是不一样的，工程建成后，以为一切都一劳永逸的想法是不切实际的。一些临时性工程，尽管设计寿命短，但如完全按现行混凝土结构设计规范的要求设计主体结构，则后者的使用寿命至少也应在 50 年以上。

设计寿命 120 年桥梁各部件的检修、更换年限及预计费用　　　　　　表 8

桥梁构件 \ 年	5	10	15	20	25	30	35	40	45	50	55	60	65	70	75	80	85	90	95	100	105	110	115
1.正常检测　每3年 　全面检测　每6年	•	•	•	•	•	•	•	•	•	•	•	•	•	•	•	•	•	•	•	•	•	•	•
2.混凝土基础																							
3.混凝土桥墩、桥台				Ⓐ				Ⓐ				Ⓐ				Ⓐ				Ⓐ			
4.桥台的砖面层					Ⓑ				Ⓑ					Ⓑ									
5.钢支座																							
6.密封件																							
7.钢构件	ⒸⒹ		ⒸⒹ	ⒸⒹ	ⒸⒹ	ⒸⒹ		ⒸⒹ		ⒸⒹ		ⒸⒹ		ⒸⒹ		ⒸⒹ		ⒸⒹ		ⒸⒹ		ⒸⒹ	
8.混凝土桥面结构																							
9.防水层																							
10.路面层																							
11.膨胀缝																							
12.钢栏杆	ⒸⒹ	ⒸⒹ	ⒸⒹ	ⒸⒹ	ⒸⒹ	ⒸⒹ		ⒸⒹ		ⒸⒹ		ⒸⒹ		ⒸⒹ		ⒸⒹ		ⒸⒹ		ⒸⒹ		ⒸⒹ	
13.排水																							
14.电气					Ⓔ				Ⓔ					Ⓔ					Ⓔ				

费用
隔3年正常检测，500英镑
隔3年全面检测，2000英镑
Ⓐ 混凝土小修，20000英镑
Ⓑ 砌体小修，5000英镑

Ⓒ 钢材一般油漆,11000英镑
Ⓓ 钢材全面油漆,45000英镑
Ⓔ 重新布线及某些更换,2000英镑

• 检测
➤ 更换或大修

3. 混凝土结构耐久性的设计考虑

要达到设计寿命的预定目标，必须有：a）正确的设计；b）正确的选料；c）正确的施工；d）正常的维修；e）整个过程中的质量控制和保证。这些都要求设计人提出要求或去完成。为此，需要有设计人、施工承包商、业主和用户的共同参与。

设计人应该在设计中充分反映用户的要求，不能只按照规范。设计人在接受设计任务时所面对的也可能是投资开发商，他们所关心的可能只是尽早售出房产而对耐久性和寿命不感兴趣，甚至为了获取最大利润而提出尽量低的要求，这需要设计人加以补充。

（1）考虑全寿命成本

设计人员应该对设计工程对象的全寿命成本进行估计，提供工程建造的一次投资费用以及在预期使用寿命内的维修费用和更换部件的费用。有时只需稍微增加一点初期造价，就可以大为改善结构使用寿命，例如适当提高混凝土材料的强度等级，能够大量节约以后使用期内的维修费用。

图 7 引自英国的资料，对于施工时做到良好潮湿养护的 C40 混凝土，2 年和 60 年后

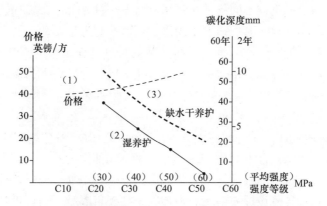

图 7　混凝土强度与养护及价格关系

的碳化深度约为 3mm 和 18mm，（如养护时缺水干燥，则分别约为 6mm 和 32mm），而 C20 混凝土即使在良好养护条件下，2 年和 60 年后的碳化深度为 7.5mm 和 42mm。可是 C40 混凝土的单方价格仅比 C20 稍高。优质密实的混凝土，50 年的碳化深度也不过 5～10mm，而低强混凝土不到 10 年的碳化深度就可达 25mm。另有资料指出，如将保护层从 40mm 缩减到 20mm，碳化到钢筋表面的时间可能从 100 年降到 15 年。

取用高于规范最低要求的强度安全储备或构造措施，也往往（并不必然）有利于耐久性（如富余的钢筋截面可延缓截面锈蚀带来的危害，较厚的保护层可延长钢筋锈蚀时间）。设计者需要在现行规范的最低强度（或构造）要求与耐久性要求之间寻求恰当的平衡。

设计荷载值与耐久性及使用寿命也有关系。从理论上说，使用寿命愈长，活荷载的变异性愈大，应选取偏大的荷载计算值。即使是恒载，考虑到长期的维修可能增加材料用量，也会使荷载值增大。在现行规范的极限状态设计方法中，确定荷载和抗力的设计值时按理需反映设计寿命的影响，地震（风）的重复周期、疲劳荷载的作用次数等也需要根据假定的设计寿命来确定。由于对使用期的荷载变化估计不足，已给我国的土建设计带来许多问题。例如过低的楼面活载设计值限制了用户在提高生活水准后进行地面和室内装修。尤其是交通运输用的路面和桥梁，过去确定的车辆设计荷载过低，根本不能适应高速发展的装载运输需要（如集装箱吨位和单车装载量迅猛扩大），造成桥梁路面开裂，严重降低其使用寿命。在国际范围内，设计规范基本上都是根据经验来选定结构的活荷载设计值，其中考虑了长远的需要，而我国规范却存在不管具体场合过分依赖统计的倾向，单纯按以往生产、生活条件下的统计数据作为确定活载设计值的依据，用来设计今后使用的房屋和桥梁。遗憾的是这种指导思想至今未有根本的转变。当然，使用寿命也不是愈大愈好。有的工业车间并不需要有按我国修改后规范规定的 50 年设计寿命，因为工艺变革的速度越来越快。

（2）考虑使用期的维修

建筑物的使用寿命需要有正常的维护加以保证并可以通过修理延长。与其他工业相比，建筑工业似乎很少注意和关心其建筑物产品在使用过程中的检查、维修和部件的定期更换。上面已经指出，设计人应该对建筑物的业主或用户提出使用维修要求。近年来，我国居民在房屋装修中拆毁结构主要构件的事例常有发生，这也说明对于建筑物的使用管理要有一个具体的条例和方法。物业管理人或用户应该有来自设计人关于建筑物具体部件的详细使用要求。对于不易维修、更换且其失效能够导致人身伤害的构件，更应在设计中采取妥善的办法。例如高层建筑的外墙挂贴部件，维修十分困难，在英国的设计标准（CP297）中，就规定了这些部件必须用不锈钢来做吊钩和固定件。

设计人员还应在设计中为今后使用过程中的检查、维修和部件的替换创造方便和条件。一些隐蔽而又易遭腐蚀的关键受力部位，要预留必要的检查孔；又如桥梁中的膨胀缝构造及某些类型的支座等很难满足结构使用寿命的要求，必须在设计中明确哪些部件必须定期更换，哪些需要定期维修；为定期更换桥梁支座，需要考虑设置千斤顶的部位和着力点。

（3）考虑施工过程中的质量控制和质量保证方法

应该专门从耐久性的角度增加施工过程中的质量控制和质量保证的内容。混凝土质量控制的现行标准主要考虑的是强度而不是耐久性，不回答诸如"遭雨淋的 C30 混凝土在 50 年后能碳化多深"的问题，它或许只有 5mm，也可能达到 50mm。

对施工中要重点保证的内容有：要求重复检查或多次检查，浇注混凝土前要加强对钢筋位置的检查；拆模后可用测厚仪抽查关键部位钢筋保护层的实际厚度；对混凝土来料进行抽样的抗掺性试验；严格控制混凝土中初始氯化物的含量（一般应小于 0.06％水泥重）。为了确保混凝土养护质量，国外曾有建议[1]要求混凝土在拆模以后必须至少继续湿养护 7 天，只有做到这一点，施工承包商才能获得原先被扣留的 20％混凝土工程费。掺有粉煤灰的混凝土，需要的养护时间更长。如果预见到施工质量控制和保证有可能达不到原定的要求，则不妨采取较为保险的做法，如将保护层厚度加大 10～15mm。此举不会给成本带来明显影响。

对耐久性有严格要求的重要工程，在竣工后应检测钢筋保护层的厚度，并对表层混凝土的质量进行现场测试。在混凝土生产或浇筑过程中留取标准试件的现行质量检验和控制方法往往难以准确反映表层混凝土的性能，因为后者在更大程度上取决于养护等施工工艺。现场测试表层混凝土性能除取芯测定强度和抗渗性外，还可推广应用标准埋件的拔出试验和混凝土表面密闭孔、室内气体的渗透试验。我国铁道科学研究院早已开发出拔出试验的整套试验装置，用来评估混凝土的强度，在强度和抗渗性之间有一定相关性，而抗拔试验提供的正好是表层混凝土的强度。密闭孔、室内的气体渗透试验方法也比较简便（图 8），国外已有商品测试装置，国内也宜尽快研究开发这类产品。尽管不同侵蚀介质进入混凝土内部的机理与气体渗透有别，但在扩散、吸附、渗透之间也存在一定相关性，可以通过表层混凝土密闭钻孔内的气体压力变化来间接判断混凝土的抗渗性能。

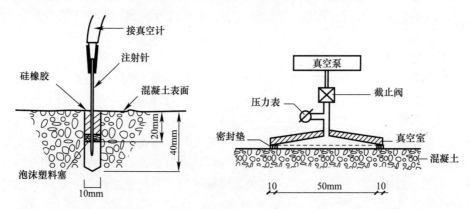

图 8 间接测定表层混凝土渗透性的仪器

（4）对使用期内的耐久性评估、检查提出建议

有人认为，根据结构物头 15 年使用期的表现，就可对其耐久性做出关键性的估计，耐久性问题中的 60％，可在头 3 年就有所显示。设计人应特别提出使用过程中必须检查的结构关键部位和检查年限。对处于不利环境（如除冰盐）下的新建桥梁等建筑物，宜在使用 3～4 年后就进行耐久性评估。可以根据实际的使用条件和初始劣化情况（碳化深度、氯离子渗入深度和浓度等），预测钢筋今后将开始锈蚀的时间。要特别注意高应力部位的裂缝。结构的各种连接缝往往是侵蚀物质积聚的地方，连接缝、排水系统和防水构造等部

位应作为现状检查的重点内容。

（5）推广应用低水灰比混凝土[6]

在混凝土材料上，应该追求低水胶比，低的硅酸盐水泥用量，将矿物掺合料作为混凝土的必须组分，并尽可能加入高效减水剂和高质量的引气剂；高质量引气剂不仅有利于抗冻，而且对混凝土的耐候性和抗其他侵蚀也很有好处。当然，过低的水泥量也不适宜。

提高混凝土材料本身的耐久性是保证混凝土结构使用寿命最为主要和最为经济的手段。在混凝土表面上外加防水涂层或覆盖层可以起到保护作用，但是这些保护材料的寿命一般都不能与混凝土相比，其维护、翻修相当困难甚至不可能（如地下室外墙面的防水层）。桥面混凝土构件为抗除冰盐侵蚀常铺设防水层，如果防水层破裂，盐类就会积聚在防水层下，或沿防水层底面通过膨胀缝下滴而造成侵蚀。美国有经验表明，若降雨充足、排水通畅，无防水层但有良好混凝土保护层的桥面也能很好工作，因为雨水可冲走桥面上的盐分。

高性能混凝土[4][23]是以耐久性和混凝土材料的可持续发展为基本要求，且满足工业化生产和施工的新一代混凝土，其配比的基本特征是低水泥用量、低水胶比（不大于0.42，最多不超过0.45）且以矿物掺合料和化学外加剂作为混凝土材料的必须组分。但是高性能混凝土的低水胶比和较大的胶凝材料总量却不利于施工阶段的裂缝控制，容易出现硬化前的塑性开裂和硬化后的干缩、自身收缩裂缝，需要有非同一般的养护措施加以保证。现行的混凝土施工和质量检验标准主要针对高水灰比的普通混凝土，其中有些规定并不适用于以低水胶比为特点的高性能混凝土。高性能混凝土需要有高素质的操作人员、稳定的原材料质量、比较完善的生产施工设备和高水平的管理体制，它不可能依靠手工搅拌和运送而仅适合预拌生产和机械化施工。因此要在我国普及高性能混凝土尚需一段时日。但在多数城市和重点工地，现已具备推广应用这种混凝土的基本条件。我国现阶段需要重点发展的应该是强度在C40左右的高性能混凝土，用这种中等强度的混凝土来替代当前大量使用的低强度普通混凝土，能够有效地减少混凝土的用量并可根本改善结构物的耐久性和使用性能；还因为强度适中，水胶比不需要很低，有可能大量利用一般品质的粉煤灰，在混凝土的裂缝控制上也较为容易。与同等强度等级的普通混凝土相比，这种高性能混凝土的水泥用量较少（200～300kg/m³），从胶凝材料上所节约的费用可以抵消因使用高效减水剂所增加的支出，混凝土的单方成本不一定增加，而从工程所需的混凝土材料总量计算，更有降低工程造价的可能。如再考虑后期维护费用降低与使用寿命延长等因素，高性能混凝土的全寿命成本将远低于相同使用环境中的普通混凝土。清华大学为深圳地铁工程研制的高性能混凝土，设计强度等级C30，胶凝材料总量440kg/m³，硅酸盐水泥用量仅180～200kg/m³，水胶比0.4左右。其28天强度达50MPa，抗渗等级大于P12，抗硫酸盐侵蚀性、抗氯离子渗透性、抗钢筋锈蚀性均比深圳本地常用的C30普通混凝土有较大幅度提高。

五、混凝土结构的耐久性设计[15、16、18]

混凝土结构的耐久性设计方法尚处于发展阶段，目前在设计中大体有三种处理方法：

宏观控制方法，基于材料劣化过程分析的设计方法，指数评定法。

1. 宏观控制方法

这是现行结构设计规范和规程所广泛采用的方法，即根据结构及其构件所处的不同侵蚀环境，对混凝土的原材料和组成（主要是水灰比、水泥用量等）、结构构造（保护层厚度、防水排水措施等）、施工方法（养护条件等）规定具体要求，主要以过去的经验作为依据。这里以欧洲共同体委员会拟订的规范 Eurocode 为例，其中对混凝土的耐久性要求作了宏观的控制，但也建议可采用基于材料劣化过程分析的设计方法。在宏观控制的规定中，将混凝土结构所处的环境分成 6 级（表 9、表 10），但对同一结构，需要考虑不同的小环境，比如构件的某一表面可能受雨淋、阳光照射或与土体及地下水接触等。在表 11 和表 12 中，给出了不同环境等级下对混凝土强度等级、水灰比、水泥用量以及保护层的要求，其中混凝土所用的水泥类型应符合欧洲共同体委员会标准 ENV1997—1 的要求。一般来说，如果实际采用的混凝土强度等级高于表中的最低值，则此时的混凝土保护层厚度允许比表 12 规定的数值有所折减。

结构的暴露环境分级　　　　　　　　　　　　　　　　　　　　　　　　表 9

退化机理	级别标志	环境情况	举 例
无锈蚀或侵蚀危险	XO	很干燥	室内混凝土且相对湿度 RH<45%
碳化引起钢筋锈蚀	XC1	干燥	室内混凝土，相对湿度，45%<RH<65%
	XC2	湿，极少干燥	挡水结构部件，多数基础
	XC3	中等湿度 RH<80%，	室内混凝土，中、高相对湿度；遮雨的室外混凝土
	XC4	干湿交替	表面与水接触，但不属 XC2
氯化物引起钢筋锈蚀	XD1	中等湿度	混凝土表面受到氯化物的直接溅射
	XD2	湿，极少干燥	游泳池；与含有氯化物的工业水接触
	XD3	干湿交替	桥梁部件；桥面板；停车场地板。
海水氯化物引起钢筋锈蚀	XS1	接触空气中盐分，不与海水直接接触	靠近海岸的建筑物
	XS2	浸没于海水	海洋结构部件
	XS3	潮汐区，溅射区。	海洋结构部件
冻融侵蚀	XF1	中度水饱和，无除冰盐	受雨水和冰冻作用的混凝土竖向表面
	XF2	中度水饱和，有除冰盐	路桥结构的竖向混凝土表面，受冰冻与飞溅的除冰盐
	XF3	高度水饱和，无除冰盐	受雨水和冰冻作用的混凝土水平表面
	XF4	高度水饱和，有除冰盐	受除冰盐作用的路和桥面板，受除冰盐直接溅射的混凝土受冻竖向表面
化学侵蚀	XA1	化学腐蚀环境	见下表
	XA2	化学腐蚀环境	见下表
	XA3	化学腐蚀环境	见下表

受化学侵蚀的 XA 级分类　　表 10

化学侵蚀特征	XA1	XA2	XA3	试验方法
水中 SO_4^{2-} mg/l	≥200 且≤600	>600 且≤3000	>3000 且≤6000	EN196-2
土中 SO_4^{2-} 总量 mg/kg	≥2000 且≤3000	>3000 且≤12000	>12000 且≤24000	EN196-2
水的 PH 值	≤6.5≥5.5	<5.5 且≥4.5	<4.5 且≥4.0	DIN 4030-2
土的酸度	>200			DIN 4030-2
水中 CO_2 mg/l	≥15 且≤40	>40 且≥100	>100	DIN 4030-2
水中 NH_4^+ mg/l	≥15 且≤30	>30 且≤60	>60 且≤100	ISO7150-1 ISO7150-2
水中 Mg^{2+} mg/l	≥300 且≤1000	>1000 且≤3000	<3000	ISO7980

注：（1）粘土的渗透性如低于 10^{-5} m/s，则土中 SO_4^{2-} 总量可按低一级考虑。

（2）如混凝土中硫酸盐离子的积累是由于干湿交替或毛细管吸收引起时，表中的 SO_4^{2-} 3000mg/kg 值应降为 2000mg/kg。

　　　　表 11

环境等级	最大水灰比 w/c	最低强度等级	最低水泥用量 kg/m³	含气量％
XO		C15		
XC1	0.65	C25	260	
XC2	0.60	C30	280	
XC3	0.55	C37	280	
XC4	0.50	C37	300	
XS1	0.50	C37	300	
XS2	0.45	C45	320	
XS3	0.45	C45	340	
XD1	0.55	C37	300	
XD2	0.55	C37	300	
XD3	0.45	C45	320	
XF1	0.55	C37	300	
XF2	0.55	C30	300	4.0
XF3	0.50	C37	320	4.0
XF4	0.45	C37	340	4.0
XA1	0.55	C37	300	
XA2	0.50	C37	320（抗硫酸盐水泥）	
XA3	0.45	C45	360（抗硫酸盐水泥）	

最小保护层厚度 c　mm　　表 12

钢筋类型	XC1	XC2	XC3	XC4	XS1	XS2	XS3	XD1	XD2	XD3
钢筋	10	20	20	25	40	40	40	40	40	40
预应力钢筋	20	35	35	35	50	50	50	50	50	50

注：设计采用的最小保护层名义厚度，应为表中的 c 值加上允差 Δ，现浇混凝土结构的允差可取 5～10mm。

鉴于养护条件对决定结构耐久性的表层混凝土质量有重要作用,所以施工时必须根据混凝土的强度发展特性、环境温度以及养护结束后表层混凝土是否尚能继续水化的条件(取决于湿度),规定适当的最低养护期限,以确保表层混凝土在养护结束时已能达到必需的抗压强度值。

我国海港工程混凝土结构防腐蚀技术规范(送审稿)[19]也采用这种控制方法,从结构形式及构造、混凝土质量、配合比、施工要求以及提出特殊防腐蚀措施来保证耐久性。

国内外的混凝土规范对混凝土耐久性作宏观控制的具体要求在文献[25]中有较详细的介绍。

2. 基于材料劣化过程分析的设计方法

如同结构强度设计那样,根据结构材料在侵蚀环境下性能劣化的数学物理模型进行计算分析,要求在规定的设计使用期限内,能够满足结构使用功能和承载能力的要求。如对碳化可能引起的钢筋锈蚀,算出侵蚀环境下的碳化深度,在规定的保证率下满足碳化深度小于保护层厚度的要求。这种分析可以是确定性分析或是基于概率的分析,但都要有必需的安全储备或保证率。基于概率的分析对于耐久性设计来说更为困难,不仅缺乏统计数据,而且有些因素也不可能用统计来描述。对于耐久性失效的极限状态有时也很难准确定义,比如钢筋锈蚀到何种程度才算失效,是开始脱钝或开始顺筋开裂,还是截面锈蚀到承载力失效,这对不同的结构构件可以有不同的要求。

在国际材料与结构试验研究室联合会(RIREM)130—CSL技术委员会提出的报告《混凝土结构的耐久性设计》[18]中,对基于材料劣化过程分析的混凝土结构耐久性设计作了比较系统和全面的论述。这种耐久性设计方法原则上是以通常的强度安全性设计理论(或结构可靠性理论)[12]作为基础。对耐久性设计来说,耐久安全性是指在规定期限内,结构对受到的各种可能危害具有某种足够置信度的抵抗能力。这里引入了时间因素,考虑材料的退化或劣化过程。在结构设计中,要求的使用寿命(设计工作期限)称为目标使用寿命,其安全储备也可用最大的允许失效概率表示。

(1)耐久性设计的表达式

耐久性设计有两种表达式,即耐久性表达式和使用寿命表达式,前者用耐久性能 R 和对应的劣化作用 S 表达,后者用使用寿命表达。二者均分别可用确定性方法,随机方法和寿命安全系数方法表示。

1)当用确定性方法时,这两种表达式分别为:

a. $R(t_g) > S(t_g)$

b. $t_L > t_g$

其中 t_L 为一定保证率下的工作期限,t_g 为目标使用寿命或设计工作期限。

2)当用随机方法时,两种表达式分别为:

a. $P\{(R-S)<0\}t_g < P_{f\max}$

式中 $P_{f\max}$ 为最大允许失效概率,和

b. $P(t_L - t_g) < P_{f\max}$

3)当用寿命安全系数方法时,两种表达式分别为:

a. $P(t_d) - S(t_d) > 0$

式中 $t_d = r_t t_g$，r_t 为寿命安全系数。

　　b. $t_L - t_d > 0$

用随机方法分析耐久性时，与耐久性有关的作用和抗力均假定为正态分布，而使用寿命则取对数正态分布假定。所用的数学模型不能太复杂，必须能对其中每一参数进行微分取导，而且各参数之间不能相互关联，必须假定相互独立。寿命安全系数 r_t 可用随机方法确定，定义为

$$r_t = \frac{\mu(t_L)}{t_g}$$

式中 $\mu(t_L)$ 为平均使用寿命，t_g 为目标使用寿命或设计工作年限。设退化函数为 $\mu(D(t)) = at^n$，式中 a 为常数，$\mu(D(t))$ 为退化平均数，则可求得退化变异系数为 0.5 和 1.0 时的寿命安全系数 r_t 见表 13。当用对数正态分布的使用寿命函数时，可求得使用寿命变异系数 v_L 为 0.5 和 1.0 时的寿命安全系数如表 14 所示。

r_t 值　　　　　　　　　　　　　　　　　　　　　　　表 13

失效概率 P_f	可靠指标 β	$n=1$（线性退化）		$n=0.5$（加速退化）		$n=2$（减速退化）	
		$v_D=0.5$	1.0	0.5	1.0	0.5	1.0
1%	2.33	2.16	3.33	4.64	11.06	1.47	1.82
5%	1.64	1.82	2.64	3.32	7.00	1.35	1.63
10%	1.28	1.64	2.28	2.69	5.21	1.28	1.51
50%	0	1.00	1.00	1.00	1.00	1.00	1.00

表 14

失效概率 P_f	r_t	
	$v_L=0.5$	$v_L=1.0$
1%	3.36	9.81
5%	2.43	5.56
10%	2.05	4.11
50%	1.12	1.41

　　（2）耐久性模型

现在已经提出了不同侵蚀因素作用下混凝土性能退化的各种数学模型。由于问题的复杂性以及真正的耐久性设计方法尚处于探索或起步阶段，所以至今尚无一种为工程应用所普遍认可。耐久性模型可以是确定性表达或随机表达，虽然随机表达从理论上讲比较优越，但应用上由于缺乏统计数据等原因而较难实现，所以耐久性模型数学表达式中的各个参数一般都用确定值表达，反映的是其均值。至于这些参数的离散性对使用寿命的影响，则在结构耐久性的最大允许失效概率或在使用寿命安全系数中加以考虑。

在资料［18］引述的耐久性模型中，一般采用混凝土抗压强度作为基本参数来间接反映混凝土的密实性或抗渗性的大小，认为抗压强度既然已经在一般的强度设计中作为最主要的混凝土性能指标，所以在耐久性设计中也应作为主要参数采用，并认为水灰比或水化

程度等指标不便作为模型参数，而养护时间对耐久性有重要作用，所以在模型中应该加以反映。

1）冻害模型

混凝土孔隙饱和水冰冻引起体积膨胀，冰结晶同时产生压力，反复冻融可导致表层混凝土强度降低并使之解体，如同时有除冰盐等盐类存在，其危害尤为严重。

反复冻融造成混凝土表面体积损失（或因强度降低造成的相当体积损失）可用下式表示：

$$r = C_{env} C_{cur} C_{age} a^{-0.7} f_{cu}^{-1.4}$$

式中 r 为表层厚度损失率，单位 mm/year；a 为含气量%；f_{cu} 为混凝土立方强度均值，单位 MPa，对 C30 以上混凝土，近似有 $f_{cu} = f_{ck} + 8$，f_{ck} 为标准抗压强度或强度等级；C_{cur} 为养护系数，有

$$C_{cur} = (0.85 + 0.17 \lg d)$$

其中 d 为养护天数；C_{age} 为龄期系数，反映不同掺合料对强度发展影响，有

$$C_{age} = (1 - 0.045 P_{sf} - 0.008 P_{sl} - 0.001 P_{fl})^{-1}$$

其中 P_{sf}、P_{sl} 和 P_{fl} 分别为胶凝材料总量中硅灰、矿渣和粉煤灰的比例（%）；C_{env} 为环境系数，根据下列 4 种环境状况分别取用：

a. 很严峻——大量冻融循环，盐水或除冰盐环境，温湿度变化，纬度 $60° \pm 5°$，取 C_{env} 为 80～160。

b. 严峻——大量冻融循环，长期接触水（无氯盐），温湿度变化，纬度 $60° \pm 10°$，取 C_{env} 为 40～80。

c. 中等——正常室外环境，有冻融影响，纬度 $60° \pm 10°$，取 C_{env} 为 20～40。

d. 良好——无冻融，取 $C_{env} < 20$。

2）表面劣化模型

指冰冻作用以外的各种环境气候老化作用，如温湿度变化、混凝土中矿物在水的作用下浸出和盐类在混凝土孔隙中结晶的物理作用等，此时的混凝土表面受损，损失率为：

$$r = C_{env} C_{cur} C_{age} f_{ck}^{-3.3} \text{mm/year}$$

式中的 C_{cur} 取算式同前，而 C_{env} 根据环境的恶劣程度取值，为：

a. 很严峻——海湾环境，纬度 $20° \pm 10°$，海洋结构或处于由土体毛细管吸力使带盐地下水升高的地区，温湿度变化，取 C_{env} 为 $10^5 \sim 5 \times 10^5$。

b. 严峻——海湾结构，或结构处于由土体毛细管吸力使带盐地下水升高的地区，纬度 $40° \pm 10°$，温湿度变化，取 C_{env} 为 $10^4 \sim 5 \times 10^4$。

c. 一般——一般室外环境，气候变化小，纬度 $40° \pm 10°$，取 C_{env} 为 $10^3 \sim 5 \times 10^3$。

d. 良好——空气连续干燥，无阳光直射，取 $C_{env} < 1000$。

3）钢筋锈蚀模型

a. 碳化引起的钢筋锈蚀

碳化引起成锈蚀的过程包括混凝土保护层逐渐碳化导致钢筋表面脱钝的初始期 t_0 以及脱钝后钢筋开始锈蚀并发展的期限 t_1。一般以锈蚀发展到混凝土保护层开裂剥落作为耐久性极限状态和 t_1 的终结，整个过程为 $(t_0 + t_1)$。

碳化深度采用下式计算：

$$d = K_c t^{1/2}$$

代入保护层厚度 c，即可解得 t_0 值。式中的 K_c 与环境条件、混凝土组成等众多因素有关，许多研究者提出过 K_c 的不同计算方法。如果混凝土含水量高处于饱和状态，CO_2 气体不能进入，碳化无法进行；如干燥后水分蒸发，碳化就能继续。所以碳化速度与混凝土的湿度有很大关系。文献［18］中介绍了几种计算方法，并采用了 Hakkinen 与 Parrot 提出的模型，取：

$$K_e = C_{env} C_{air} a f_{cu}^b$$

式中 f_{cu} 为抗压强度均值；C_{env} 为环境系数，当混凝土遮雨时取 1，混凝土受雨淋时取 0.5；C_{air} 对非引气混凝土取 1，引气混凝土取 0.7。系数 a、b 为与掺合料有关的系数，对于一般硅酸盐水泥混凝土、掺粉煤灰（掺量 28%）混凝土、掺硅粉（掺量 9%）混凝土和掺矿渣（掺量 70%）混凝土，a 值分别取 1800、360、400 和 360，b 值分别取 -1.7、-1.2、-1.2 和 -1.2。

钢筋从开始锈蚀发展到混凝土开裂的时间用下式计算：

$$t_1 = 80 \frac{c}{Dr}$$

式中 D 为钢筋直径 mm；c 为保护层厚度 mm，r 为阳极部位锈蚀率 μm/year，与相对湿度、气温、水灰比、水泥品种有关：

$$r = C_T r_0$$

r_0 为温度 20℃时的锈蚀率，据 Tuuti 的试验，r_0 如表 15 所示。钢筋周围混凝土的含水量受空气相对湿度、表面凝结水或雨水以及混凝土本身密实性等许多因素影响，很难进行准确估计。对于受雨淋和遮雨的结构混凝土建议可分别按 RH＝95% 和 90% 计算，即 r_0 值分别取 50 和 12μm/year。C_t 值据当地平均温度得出，对欧洲赫尔辛基、阿姆斯特丹和马德里分别取 0.32，0.47 和 0.73。

表 15

RH　%	碳化混凝土 μm/year	氯离子作用混凝土 μm/year
99	2	33
95	50	122
90	12	98
85	3	78
80	1	61
75	0.1	47
70	0	36
65	0	27
60	0	19
55	0	14
50	0	9

如果以锈蚀后钢筋面积损失使半径的损失量达到最大允许值 ΔR_{max} 作为极限状态，则此时有：

$$t_1 = \frac{\Delta R_{max}}{r}$$

混凝土可以因物理原因（如荷载）引起横向裂缝，如果混凝土一开始就开裂，则裂缝处钢筋的锈蚀就没有锈蚀前的初始期，即 t_0 很小或取为零。此时若取最大允许锈蚀深度为 S_{max}，就有

$$t_1 = \frac{S_{max}}{r}$$

由于裂缝截面处的钢筋锈蚀率并不清楚，所以文献［18］认为只能按照与未开裂的相同情况来考虑。

b. 氯离子引起的钢筋锈蚀

氯离子引起筋锈蚀要比碳化严重得多，不确定性更高，所以常将氯离子引起钢筋脱钝时间 t_0 作为使用寿命的终结。氯离子扩散到钢筋表面并达到临界浓度 C_c 使钢筋锐钝的时间可用前面已经列出过的 Fick 定律公式算出，这一公式还可简化为：

$$C_c = C_s \left[1 - \frac{c}{2(3Dt_0)^{1/2}} \right]^2$$

得

$$t_0 = \frac{1}{12D} \left[\frac{c}{1 - \left(\frac{C_c}{C_s} \right)^{1/2}} \right]^2$$

式中 c 为保护层厚度；C_s 为混凝土表面处氯离子浓度，假定为定值；D 为氯离子扩散系数。

在不少标准中，规定氯离子临界浓度 C_c 对钢筋混凝土为 0.4％水泥重或 0.05％～00.7％混凝土重，对预应力混凝土则减半取 0.2％水泥重。混凝土表面的氯离子浓度与现场具体情况及时间过程有关，为便于计算，常取为定值，通常取 0.3％～0.4％混凝土重。混凝土的 D 值一般在 10^{-7}～10^{-8} cm^2/s。

（3）结构耐久性设计

文献［18］对结构耐久性设计提出两种方法，即分离计算方法和组合计算方法，前者将强度安全性和耐久安全性各自独立设计计算；后者则将耐久安全性作为强度安全性设计中考虑的一个因素。

按照 Eurocode 进行强度安全性设计时，取承载力极限状态下的可靠指标为 $\beta = 3.8$，使用极限状态下的 $\beta = 1.5$。承载力极限状态验算时取荷载分项系数为 1.35（静载）和 1.5（活载），材料分项系数为 1.5（混凝土）和 1.15（钢筋）。按分离计算方法设计时，耐久性设计所取的可靠指标 β_t 根据失效后果的严重与否取值。若假定退化过程为线性（$n=1$），则在不同的退化变异系数 v_D 下，有相应的寿命安全系数 r_t 如表 16 所示。

表 16

	β_t	$v_D = 0.4$	$v_D = 0.6$	$v_D = 0.8$
承载力极限状态				
失效后果严重	3.8	$r_t = 2.52$	$r_{tt} = 3.28$	$R_{tt} = 4.04$
失效后果不严重	3.1	$r_t = 2.24$	$r_t = 2.86$	$R_t = 3.48$
使用极限状态				
失效后果严重	2.5	$r_t = 2.0$	$r_t = 2.5$	$R_t = 3.0$
失效后果不严重	1.5	$r_t = 1.6$	$r_t = 1.9$	$R_t = 2.2$

不论采用组合或分离计算方法，都假定作用荷载与材料强度不随时间变化。

按分离计算方法的耐久性设计步骤如下：

1）根据目标使用寿命 t_g（设计工作期限），定出设计寿命的均值 t_d。若 $t_g=50$ 年，且认为失效后果不严重取 $\beta_t=3.1$，则 $t_d=2.9$，得 $t_g=145$ 年（一般取变异系数 $v_D=0.6$）。

2）分析环境影响，明确影响耐久性的主要因素及相应的退化模型。

3）计算耐久性能参数，如冻害与碳化下，到 t_g 时间的混凝土截面损失和钢筋截面损失值。

4）按一般强度安全性设计方法进行验算。

可以看出，这一耐久性设计方法采取了许多简化和假定，有些是明显不够合理的，其中推荐的几种退化过程的数学模型值得参考，但也存在不少问题，有的尚难实际使用。此外，常规的混凝土结构设计方法虽然在其强度计算中没有显示材料性能随时间的退化，但在安全系数或可靠指标的安全度设置水准中也不能说一点没有考虑到耐久性或一定使用寿命的需要；要求寿命终结时的可靠指标达到常规强度设计中规定的数值也不见得合理。

3. 指数评定法

指数评定法主要也是以经验为基础，在岩土工程如土中锚杆的耐久性设计中早有应用。1990 年日本土木工程师学会提出的混凝土结构耐久性设计建议[17] 采用了这种方法。评定时按照环境（荷载、冻融、盐害等）的不同类别，结合不同使用年限给出分数，针对结构的具体条件，将有关分数相加，其和称为环境指数，表示环境对结构的作用大小程度；另外对混凝土材料的质量、（强度、水泥种类、骨料特征等）、外加剂、裂缝状态以及构件的构造方式（形状，保护层厚度等）、施工条件（质量控制水平，浇筑、振捣、养护质量，施工缝）等各种与耐久性有关的构件自身因素加以详尽分解，分别给出分数，针对结构的具体条件，将有关分数相加，其和称为耐久性指数，表示结构抵抗环境作用的能力大小程度。耐久性设计应满足的条件，就是环境指数应小于耐久性指数。

主要参考文献

[1] Guide to durability of buildings and building elements，Products and components，BS 7543：1992

[2] Service-life prediction，State-of-the-art report，ACI 365. R-00，Reported by ACI Committee 365，April 2000

[3] The design life of structures，edited. by G. Somerville，Blackie and Son Ltd.，1992

[4] 陈肇元. 高强混凝土与高性能混凝土. 中国建筑技术政策，国家建设部编中国城市出社，1998 年 4 月

[5] Guide to curing concrete，ACI 308R-01 Reported by ACI Committee 308

[6] Guide to durable concrete，ACI 201. 2R-77，Reported by ACI Committee 201

[7] 洪定海. 混凝土中钢筋的腐蚀与保护. 中国铁道出版社，1998 年

[8] T. Siemes，R. Polder，Design of concrete structures for durability，Heron V. 43，no，4，1998

[9] 赵国藩等. 钢筋混凝土结构的裂缝控制，海洋出版社，1991 年

[10] J. P. Broomfield，Corrosion of steel in concretes，E & FN SPON，1997

[11] Challenges for concrete in the next millennium，Edi. by D. Stoethorst and G. P. L.，den Boer Proc，of 8th FIP Congress，Amsterdam，1998

[12] Structures safety and Reliability，V. 1，V. 2，Edi. by N. Shireishi，et. al.，Proc. of the 7th Int. Conf. on Structures Safety and Reliability，Kyoto，1997

[13] Protection of Concrete，Proc of the Int. Conf.·held at the Univ. of Dundee，E&FN SPON，1990

[14] P. K. Mehta，Concrete in Marine Environment，Elsevier Applied Science，1991

[15] H.-U. Litener and A. Becker，Design of Concrete Structures for Durability and Strength to Eurocode2，Materials and Structures，Vol. 32，June 1999

[16] Performance Criteria for Concrete Durability，Edi. J Kropp and H. K Hilsdorf，RILEM Report 12，E&FN SPON，1995

[17] Proposed Recommendation on Durability Design for Concrete Structures，JSCE，Concrete Library of JSCE，No. 14，March 1990

[18] Durability Design of Concrete Structures，Rilem Report 14，Edi. by A. Sarja and E. Vesikari，1996

[19] 海港工程混凝土结构防腐蚀技术规范（送审稿），中华人民共和国行业标准，2000 年

[20] 第五届混凝土耐久性学术交流会论文集. 2000 年

[21] 重大土木与水利工程安全性与耐久性的基础研究. 总结报告. 国家基础性研究重大项目（攀登计划 B），2000 年 1 月，清华大学土木系

[22] 高性能混凝土的综合研究与应用. 重点工程混凝土安全性的研究，"九五"国家重点科技攻关项目，中国建筑材料科学研究院，清华大学，2000 年 4 月

[23] 高强混凝土与高性能混凝土. 国家自然科学基金重点的项目，清华大学土木系，文集（一）1997 年 3 月，文集（二）1998 年 3 月

[24] 王媛俐，姚燕主编. 重点工程混凝土耐久性的研究与工程应用，中国建材工业出版社，2001 年 1 月

[25] 林宝玉等. 混凝土耐久性. 实用混凝土大全第二篇第四章. 冯乃谦主编. 科学出版社，2001 年 2 月

[26] S. L. Amey，et al，Predicting the Service Life of Concrete Marine Structures：An Environmental Methodology，ACI Structural Journal，March-April 1998

编后注：本文为提交国家建设部建筑业司、科技司的科研项目：《建筑物的耐久性、使用年限与安全评估》以及中国工程院咨询研究项目：《工程结构的安全性与耐久性》编写的综述报告，完成于 2001 年初，曾收录当时的会议文集，未公开发表。

结构设计规范的可靠度设计方法质疑[*]

  自 1984 年国家计委颁发《建筑结构设计统一标准》GBJ 168—84[1]开始，我国的建筑结构设计规范已从 20 世纪 80 年代末期起摒弃了传统的安全系数设计方法，从而统一采用了以概率理论为基础的可靠度设计方法。其他工程部门如公路、铁路的结构设计规范也正在作这样的转变。建筑结构设计规范在采用了可靠度设计方法之后，它究竟给工程结构设计带来了哪些好处？我们又从中获得了哪些教益？现提出一些问题希望得到结构工程界同行的指教。下面的讨论限于混凝土结构的设计，所指的可靠度设计方法也只是我国建筑结构设计统一标准中所采用的，而不是一般的可靠度理论在其他领域的应用。

一、结构可靠度的一般概念

1. 可靠性与可靠度[2]~[5]

  根据可靠性理论先驱者 S. H. Ang（洪华生）教授提出的定义，"可靠性（reliability）是保证功能的概率度量"。"可靠"既是专业词，与生活用语中的可靠指"可信赖"、"真实可信"的内涵基本上也是一致的。可靠性这个词往往泛指可靠的性能及其概率度量，即可靠度（degree of reliability）。可靠度的定义是在规定条件下完成预定功能的概率，常用 P_S 表示，相反就叫失效概率 P_F，所以有 $P_F+P_S=1$。

  在结构安全性的概率设计中，失效概率 P_F 通常都用它对应的可靠指标 β 来表示，如果随机变量呈正态分布，则 P_F 与 β 在数值上有表 1 的对应关系：

P_F 与 β 的对应关系   表 1

P_F	10^{-1}	10^{-2}	10^{-3}	10^{-4}	10^{-5}
β	1.3	2.3	3.1	3.7	4.2

  β 大，失效概率 P_F 就低，即更安全；反之即更不安全。$\beta=4.2$ 时，预期失效事件为十万分之一；$\beta=3.1$ 时，预期失效事件将为千分之一。就结构安全性而言，我国结构设计规范确定的对延性构件的 β 值一般为 3.2，对脆性构件为 3.7，相应的失效概率约为 10^{-3} 到 10^{-4} 的量级。可靠性理论是在第二次世界大战期间提出来的。在结构中的应用，从飞机结构的设计开始；战后，一些学者开始研究在土建结构中的应用。现以结构为例，简单介绍经典可靠性理论中的可靠指标及其计算式。

  设有一类结构构件，其抗力 R 及荷载效应 S 都是可统计的并符合正态分布（或可换算

---

  * 本文作者为陈肇元、杜拱辰。

79

为当量正态分布）的独立随机变量，两者的平均值分别为 μ_R 和 μ_S，其标准差分别为 σ_R 和 σ_S。则 R 和 S 的概率密度分布曲线可以共同绘于同一图上（图 1），两曲线相交于 A 点。如果代表一个结构构件的荷载效应 S 点落在 A 点左面的 S 曲线上，同时代表其抗力 R 的点落在 A 点右面的 R 曲线上，则该结构构件是安全的，因为有 $R \geqslant S$；反之，如果一个构件的任一荷载效应的 S 点落在 A 点右面的 S 曲线上，同时其抗力 R 点落在 A 点左面的 R 曲线上，则这一构件将失效，因为 $R < S$。如将图 1 曲线用图 2 那样的 $(R-S)$ 的概率密度分布曲线表示，则图中的阴影面积就是结构的失效概率 P_F。从图 1 可以直观地看到：如 R 与 S 两条曲线的位置相距较大即 $(\mu_R - \mu_S)$ 值增大，则 P_F 将减小；另外如两条曲线的变异系数 δ_R 和 δ_S 较小，则分布曲线变陡，P_F 也将降低。通过概率运算[3]，可以建立 β 的计算公式如下：

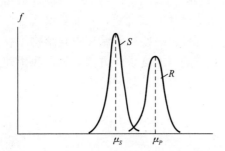

图 1 R、S 的概率密度分布曲线

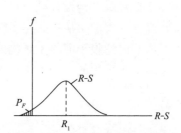

图 2 $(R\text{-}S)$ 的概率密度分布曲线

$$\beta = \frac{\mu_R - \mu_S}{\sqrt{\sigma_R^2 + \sigma_S^2}} \tag{1}$$

式中 $(\mu_R - \mu_S)$ 称为结构安全裕量（safety margin），β 称为安全指标（safety index）或可靠指标（reliability index）。

式（1）是可靠指标的基本公式，R 和 S 可以表示为承载力极限状态下、使用极限状态下、或耐久性极限状态下的不同抗力与效应。现行规范中的 β 值只是承载力极限状态下的可靠指标，因此应称之为安全性可靠指标。

2. 可靠指标 β 与总安全系数 K 的关系

我国早期（20 世纪 50 年代初）规范的破损阶段设计方法中，结构的安全性是用总安全系数 K 表达的。若一个构件的抗力为 R，在荷载等各种作用下产生的荷载效应为 S，则设计的基本表达式就是：

$$KS \leqslant R \tag{2}$$

K 称为总安全系数，根据经验确定。对受弯构件来说，S 和 R 分别就是构件所受到的作用弯矩和的截面抗弯能力。在总安全系数方法中，确定 R 所用的材料强度计算值是平均强度值，确定 S 所用的荷载计算值往往是某一基于经验的给定值。

回顾历史，最早的结构安全性设计计算方法，是结构按弹性阶段工作的许可应力（或容许应力所以）设计方法。1840 年左右，英国开始应用熟铁结构，计算时取熟铁材料强度的许可应力为 5t/in² （70MPa），约为这种材料所具有强度的 1/4，即安全系数为 4。后来，结构的安全性设计从着眼于结构材料在使用荷载下受到的应力大小，发展到以结构构件的承载能力达到极限状态（破损阶段）作为考虑安全性的出发点，即从许可应力方法发展到极限强度方法。20 世纪 50 年代中期后的多安全系数设计方法以及现行规范的概率可靠度设计方法所所赋予的结构安全度，经过一定的换算，都可以近似地折算成总安全系数表示。一百多年来，经过不断总结成功和失败的经验，结构的总安全系数一再修正，已取得比较可靠的数据。到 20 世纪中叶，混凝土受弯构件对极限强度的总安全系数 K 值在发达国家内一般多取 2 左右，受压构件要大些约 2.2 左右。大量工程实践表明，按此值设计的结构，失效频率极低，是可以接收的。

总安全系数 K 值尽管是个来自经验的笼统数据，但它确实概括了过去长时期内能对结构造成不利影响的所有因素及其组合，既包括荷载的可能超载和材料强度的不均匀性，也包括一般设计、施工和使用中可能出现的一般性人为差错。所以 K 值实质上包括了过去能统计和不能统计的可以影响结构安全性的各种因素。由于总安全系数的概念简单、清楚，它看得见、摸得着，容易为人们所掌握，这也是为什么总要用 K 值作为标准来检验或校准以后出现的各种结构安全性设计方法包括可靠度方法的道理。

如 R 与 S 为正态分布变量，则可求得抗力与荷载效应平均值的比值 K_0 与 β 的关系：

$$\beta = \frac{\mu_Z}{\sigma_Z} = \frac{\mu_R - \mu_S}{\sqrt{\sigma_R^2}} = \frac{k_0 - 1}{\sqrt{k_0^2 \delta_R^2 + \delta_S^2}} \tag{3}$$

$$k_0 = \frac{1 + \beta \sqrt{\delta_R^2 + \delta_S^2 - \beta^2 \delta_R^2 \delta_S^2}}{1 - \beta^2 \delta_R^2} \tag{4}$$

式中的 k_0 与称为中心安全系数，k_0 和 β 两者都是结构安全度的指标，δ_R 和 δ_S 分别为荷载 R 与抗力 S 的变异系数。k_0 与过去的总安全系数 K 在名称上有所区别但实质上并无区别。变异系数 δ_R 和 δ_S 的数值大小与设计施工水平有密切关系，对于混凝土受弯构件，估计国内目前多在 0.15 或 0.20 之间。代入 k_0 等于 2，就能发现 β 与 3.2 或 3.7 相差不少，说明规范的 β 只是个虚拟的数值，并不符合实际。

3. 分项系数与多安全系数

直接将式（1）用于设计并不方便，为了可靠度设计方法能为工程人员接受，符合他们的思维习惯，现行规范的可靠度方法不得不经过换算，采用与多安全系数设计相似的形式，即：

$$r_s S \leqslant R(f_{yk}/r_y, f_{ck}/r_c) \tag{5}$$

式中 r_s 是荷载分项系数，f_{yk} 是钢筋的标准强度，f_{ck} 是混凝土标准强度，r_y 和 r_c 分别是钢筋和混凝土材料的分项系数；这里的分项系数在形式上完全与多安全系数方法设计中的各个多安全系数 k_s、k_y、k_c 相同，但在多安全系数中，每一个安全系数都是各自独立的；而分项系数中每一个分项系数都从 β 导出，所以同时又与荷载变异系数 δ_S、抗力变异系数 δ_R 及 β 有关。于是所谓的荷载分项系数也取决于抗力中的材料强度变异性，而对于材料强度的分项系数来说也取决于荷载的变异性，可以说分项系数已完全失去了原来分项安全系数的概念。设计人如果觉得所设计工程对象的混凝土材料质量，在特定的施工条件下可能会有较大的变异，在多安全系数设计方法中可以加大 k_c，但在可靠度设计方法中，就不能单独变动了，因为材料强度分项系数 r_c 的计算式中还与 β 和 δ_S 有关，即使将 β 变动 0.1，失效概率可能会有十几倍甚至更大的变化，至于这样一来，构件的安全储备到底会变化多少？恐怕广大设计人员中很少会有人能够说清楚。我们在学校教书的人，不免书生气过重，比较迂腐，总认为应将 k_c 与 r_c 在概念上的不同说清楚，而干实际工作的设计人员可能就不一样，觉得这两者不是一样的吗？也不去仔细理会这一变动的所谓"先进性"何在。

二、结构设计规范应用可靠度方法的问题与评价

首先应该肯定，结构可靠性理论的出现是结构工程学科的一个重大进展，这一理论本身无疑有其先进性和科学性，将其应用到结构设计中的尝试不论从学术上或从工程应用上看都很有意义。这个方法在在数学上是比较严密的，理论上也是比较完整的，将结构的抗力与荷载效应值看成为随机变量，根据其概率密度分布曲线求出可靠指标和相应的失效概率，整个演绎过程比起说不出数学推导过程的安全系数来要科学得多。可是问题恰恰在于能否获得准确可靠的概率分布曲线，这是可靠度方法得以可靠应用的关键。由于结构设计规范所面对的对象是各种各样类型的结构群体，与之有关的不确定性又非常错综复杂，不像批量生产的机械零件或预制构件那样千篇一律，这就给可靠度用于结构设计规范带来许多难以解决的困难，勉强应用的结果必然造成众多难以解决的问题。考虑到我国结构设计规范的可靠度方法是以 ISO2394《基于可靠性设计原则》1986 年版为主要依据，所以以下将结合 ISO2394-86 的论述进行讨论。

1. 规范可靠度设计方法的问题

规范可靠度设计方法的主要问题，我们在以往发表的几篇文章中已经详细说了，这里仅简要回顾如下：

（1）可靠指标与失效概率的虚拟性或虚假性

英国 20 世纪 80 年代初出版的混凝土结构教科书上[6]，在介绍经典可靠度理论时就举过为什么不能简单地将它用于结构设计的理由，其中之一是结构的失效概率必须非常低（如 10^{-6}），而这样低的概率就与抗力和荷载效应的概率分布曲线尾部的形状有很大关系。我们也许永远得不到 R 和 S 曲线尾部所需的统计数据来确定其形状，因为能够得到的数据差不多都靠近平均值。规范的 β 值最终只能依靠过去的安全系数进行"校准"得出。结构的安全可靠指标 β 在 ISO2394 的 1998 年版中也已明确指出："有关强调 β 值和它对应的失效概率都是形式上（formal）的或概念上（notional 的）数值，其意图主要是作为编制协调一致设计规则的一个工具，而不是为了给出对结构失效概率的描述。"

（2）规范可靠度方法缺乏对设计人员的友好性

每一个工程结构有其强烈个性，结构设计应该是一种创造。对安全性的设计方法应该简洁明了，易于为设计人员所掌握，有利于他们能够根据工程的具体情况并结合自己的经验和专业知识去创造性地解决实际问题。规范的可靠度方法尽管听起来严密但用起来在许多方面又是那么脱离实际而使人难以理解，不便于工程师结合具体情况作灵活判断和修正。

（3）规范的可靠度方法在理论和实际上的脱节

对规范所面向的形式各异的结构来说，这些因素的变异性并无完整资料，有些根本无法统计。如果我们真的能将更多实际存在的不确定性考虑进去，这样变异系数大了，与校准出来的 β 就满足不了（1）式的关系。在这个问题上，规范的可靠度方法陷入了两难境地并出现不少矛盾，例如预加应力的张拉过程就是对预应力筋钢材强度的检验，每根都经

过检验，规范规定张拉应力可高达 $0.8f_{ptk}$（式中 f_{ptk} 为钢材的极限强度），说明强度是有保证的，但其设计强度（即设计的极限强度）则要降低到 $0.67f_{ptk}$，统计理论无法解释？应用可靠度方法需要有翔实的统计数据，先进的设计、施工管理方法以及系统的质量控制与保证制度加以支撑，这方面我国最为欠缺。

（4）过分强调统计的作用

全靠统计有时不一定能解决问题。与结构安全性有关因素并不是都有统计规律或能够进行统计的，有些统计出来的东西也不能直接加以应用，有些甚至是不可知的。ISO2394—1998 年版指出：参数的基本数据可以从不同的途径取得，a. 观察或量测，b. 分析，c. 决策，d. 判断，或几种来源相结合。并没有说只能用量测统计。

（5）三个正常的提法与安全性和可靠度概念的矛盾

结构的安全性是结构在各种作用下防止破坏倒塌的能力，这里并没有加上任何"正常"与否的条件。规范强调正常，又没有明确给出正常和不正常的定义和两者之间的界限，国外的资料中有 normal design 这样的说法，指的是通常的设计，似乎不是指正常或者不正常的意思，这样就变成正确与否了。

为了强调规范可靠度方法的可靠性，现在甚至出现了只要三个正常就不会有安全事故的说法，这种语言明显违反概率可靠度理论的基本观点。如果真的要使用符合现行规范可靠度方法的理论语言，其实正确的说法应该是：在三个正常下，大概每一万个结构构件中，出现几个破坏事故（10^{-3}～10^{-4} 量级的失效概率）应该是"正常"的。

2. 对规范可靠度方法的评价

规范可靠度方法在我国的实践已逾 15 年。客观的事实表明，它并没有对结构的安全性设计带来明显实效，更没有在设计人员中间产生多大吸引力。这并不是说可靠度方法不好或无用。事实上，结构设计的可靠度方法在一些重要个体工程中已经获得了比较成功地运用，只要对象单一明确，不确定性易于估计，即使缺乏完整统计数据，不难用工程判断加以填充，例如对于核电站安全壳、深海石油开采平台的设计等。可靠度方法用于规范的努力也必须肯定。如果有可以总结的地方，就是我们对于困难和条件估计不足，在这一方法远未达到成熟前提下就全面推广于规范，而设计规范理应采用比较成熟的方法和技术。

从事实践的工程师们与理论工作者从一开始就对可靠度应用于设计规范持相反的态度。理论工作者于 1986 年编制出版了"ISO 2394 结构可靠性总原则"[5]（General Principles on reliability for Structures）第一版。12 年后改出 1998 年第二版，虽有所前进，但仍是原则多，如何应用并不成熟。可靠度方法是否就是今后结构规范设计方法的发展方向，从现在看还不好说，因为多安全系数方法更迎合一般设计人员的思维习惯。近年来又出现了用性能指数表达的性能化设计方法，就要比我国规范的可靠度方法好。但是不管怎样，可靠度设计方法至少可以为其他方法提供参考，比如对安全系数方法而言，为了确定安全系数的取值，可靠度分析的结果也值得作为借鉴将其综合考虑在决策判断之中。

ISO2394 第二版的引言中强调："应该认识到结构的可靠性是一个整体概念，这一点很重要。它包括了描绘作用（action）的模型、设计规则、可靠性要素、结构反应与抗力、施工水平、质量控制程序和国家的各种要求，所有这些都是互相关联的。孤立的变动其中一个因素，可能将干扰整体概念中内在的可靠性平衡。所以，对任何一个因素的变动度应该同时研究其对整体可靠性概念的影响"。

这说明结构可靠性包括从理论、设计、施工到应用的整套内容，要对整个结构领域来个天翻地覆的彻底改造。看来要采用 ISO 2394 真不简单，必须具备充分的条件。

2001 年 3 月，国际桥梁结构协会（IABSE）在马耳他岛召开了"安全性、危险性与可靠性——工程趋势"（Safety，Risk and Reliability—Trends in Engineering）的国际会议[7]，规模较大，有 49 个国家、442 人参加，共有论文 171 篇，内中很多是从事实践工作的工程师所撰写。会议总结简报中对危险性与可靠性分析有一段评语，比较全面确切，大意是：

"危险性与可靠性分析在实际应用中，遇到相当多预料到的和没有想到的问题。在理论与实践之中存在着三条鸿沟（gap）：理论太复杂，实践起来太复杂，资料缺乏或不精确。因此要研究更加简单的理论，更好的计算软件、更容易理解的文件、更好的宣传和教育。资料缺乏或不精确是个问题，尤其是在低概率事件方面。这些问题的解决要较长的时间。"

联系到可靠性理论在我国规范中应用的经验和遇到的问题，引用国际桥协马耳他会议总结中的这一段话作为对它的评价，也许是非常恰当的。

三、对结构设计规范的建议

1. 结构设计的首要任务是做好方案设计

结构设计包含方案设计（概念设计、结构创作、构思、选型）和结构分析或核算两个内容。我国结构设计的传统是重分析、轻方案。所谓"结构设计就是规范加计算"，甚少顾及到结构方案，更少强调结构创作。真正能明显降低造价的是结构方案的改进和结构创新，这样的实例很多，如首都机场新建的 5000 辆泊位停车楼，初步设计用 9m×9m 小柱网方案，改用 9m×18m 大柱网方案后，既提高了使用功能、又增加泊位 524 辆，而造价基本持平。所以一定要跳出结构的安全度很低又因方案落后使材料消耗指标最高的设计误区。

2. 我国设计规范要逐步与国际靠近

我国即将加入世贸组织（WTO），为了强化我国竞争力量，在结构材料标准、结构理论、设计规范等方面迫切需要与国际接轨。就混凝土结构设计规范来说，美国 ACI 规范是当前国际公认在技术上比较领先和实用的。我们的规范在安全度设置水准方面和管理上宜大体上能与 ACI-318 规范接近，但没有必要与他们等同，因为我们在长期的工程实践中，确实也有自己有益的经验。结构的安全性与耐久性需大幅度提高，提高安全储备，不但能减少长期使用期限内的维修费用，而且土建工程的保险制度今后迟早总会在国内实施，提高安全性也是为将来的工程保险创造条件，因为保险公司不可能接受勉强可用的低安全度工程，实现工程保险同时也是为了减轻国家和社会的负担。

3. 混凝土结构设计规范采用多安全系数极限状态设计方法远胜于可靠度方法

这两种设计方法已在作者的其他文章中做过比较，这里就不再重复。

参考文献

[1] 建筑结构设计统一标准（GBJ 168—84）（试行）. 中国建筑工业出版社，1984

［2］ Ang A H S，Tang W H.，Probability concepts in engineering planning and design，John Wiley & Sons Pub.，1984

［3］ Viest I M. Load and resistance factor design，ACI Publication SP-72

［4］ 赵国藩. 工程结构可靠性理论与应用. 大理理工大学出版社 1996

［5］ ISO 2394 General principles on reliability for structures (Second Edition)，1998

［6］ Kong F K，Evans R H. Reinforced and prestressed concrete. Nelson Ltd.，1980

［7］ T. Vrouwenvelder. Safety，risk，and reliability—Trends in engineering. Structural Engineering International，May 2001

编后注：本文原稿写于 2001 年，较长，经某些删改后曾发表于《建筑结构》杂志 2002 年 4 月。今按原稿发表，但原稿中的第 3 节，"规范采用多安全系数极限状态设计方法远胜于可靠度方法"与本选集中的其他文章多有重复，故略去。

混凝土结构的耐久性设计方法

为了解决混凝土结构的耐久性问题，从 20 世纪 80 年代中期起，发达国家掀起了以耐久性为基本要求的高性能混凝土的发展研究[1]。法国、美国、挪威、日本、瑞典均由政府机构出面组织课题，值得一提的是 1989 年加拿大政府提出了协作网研究计划，专门资助被认为对国家今后发展最有影响的科研项目，并邀请国内外专家对涉及工程、医学、人文、社会等各领域的申报项目进行评选，最终评出 15 项，其中高性能混凝土就占了一席，足见其被重视的程度。

除耐久混凝土材料的研究外，混凝土结构的耐久性设计方法也是各国研究的重点。1990 年日本土木工程学会提出了累积评分方法（指数法）来估算混凝土结构使用寿命的耐久性设计技术文件[2]；2000 年出版的国际标准 ISO15686—1（建筑物及建筑资产—使用寿命规划)[24]中提出了用因子法估计建筑构件的使用寿命。针对不同环境类别的侵蚀作用，提出材料性能劣化的理论或经验计算模型，并据此预测结构的使用年限更成为发展和研究耐久性设计方法的主流。欧共体国家在这方面的研究最为活跃，设在欧洲的 RILEM、CIB、CEB、FIP（后两个单位现已合并为 fib）等学术团体的几个专业委员会都参与这方面活动。1996 年，国际材料与结构试验研究室联合会（RIREM）的一个技术委员会提出了《混凝土结构的耐久性设计》[3]的报告，对基于材料性能劣化计算模型的混凝土结构耐久性设计方法作了全面和系统的论述。1995 年欧共体资助了一项名为 DuraCrete 的研究项目，旨在发展以性能和可靠度分析为基础的混凝土结构耐久性设计方法，欧洲各国有 12 个单位参加，出版了许多研究报告，这一项目于 1999 年结束并在 2000 年出版了一份名为《混凝土结构耐久性设计指南》[4]的技术文件。1998 年欧共体又资助成立了为期三年的 DuraNet 工作网，全名为"支持、发展与应用以性能为基础的混凝土结构耐久性设计与评估的工作网"，有欧洲国家的 19 个单位参与，旨在改善欧洲混凝土结构的耐久性设计、评估与维修水平。对于混凝土结构设计规范中的传统设计方法，在拟订的欧共体混凝土结构设计规范初稿中，也作了重大的变化。

混凝土结构的耐久性及耐久性设计现已成为结构工程学科发展研究的前沿，而我国不论在耐久性研究或结构耐久性设计要求的水准上，与国外相比存在非常大的差距。我国当前正进行大规模的基础设施工程建设，如果在耐久性问题上再不采取对策，那么我们每年花在土建工程上的巨大投资定将蒙受重大损失，资源将会极大浪费，并将给今后的生活、生产带来长期困扰。

一、现行混凝土结构规范中的耐久性设计

现行混凝土结构的设计和施工规范主要考虑的是荷载作用下结构安全性与适用性的需

要，对于结构长期使用过程中由于环境作用引起材料性能劣化的影响，则被置于比较次要和从属的地位。规范主要通过宏观控制混凝土材料和结构构造的办法，认为这样就能自动满足环境作用下的耐久性需要，因而也回避了结构的具体使用年限或寿命长短。这种传统的耐久性设计方法，从一开始就低估了冻融、干湿交替和盐类环境对钢筋与混凝土的腐蚀作用。此外，自从混凝土得到大量应用的几十年来，因水泥强度不断提高，工程施工建设速度不断加快、环境条件不断恶化，又都对混凝土耐久性带来伤害。所以国际上一些混凝土结构设计规范均不断修改混凝土最低强度等级、最高水胶比和最小保护层厚度的限制并增添新的要求，而我国仍没有明显的变动。国内20世纪80年代颁布的规范绝大部分仍有效使用至今，在耐久性要求上的总体水准与我国20世纪50年代时相差无几，远远低于国际水准。规范对不同使用环境类别和作用程度的划分也规定得不够明确。公路钢筋混凝土桥涵结构设计规范（JJTO025-85）中，混凝土最低强度等级为C15（用Ⅱ级以上钢筋时C20），又无水胶比的明确限制，板与梁的保护层最小厚度分别仅为2和3cm，这对长期处于露天环境下的桥梁来说，建成后钢筋很快就会锈蚀，混凝土结构设计规范（GBJ10-89）的混凝土强度最低等级也是C15，梁和板的最小保护层厚度分别为2.5和1.5cm（室内一般环境），但如考虑到钢筋位置的施工允差，实际允许的保护层厚度可以低到1.5和1.2cm。除水工结构规范外，我国以往的混凝土结构设计规范对于寒冷地区混凝土，均无必须外加引气剂以提高抗防冻性的明确要求，混凝土往往过不了一个寒冷的冬季即遭冻害。即使大型和特大型也有类似问题，如有的地铁工程的混凝土强度仅C20，跨海大桥的混凝土强度也是C30且与之配套的钢筋保护层厚度只有3～4cm，沿海的城市未能充分考虑地下水和土中盐类以及大气中盐雾的侵蚀。

十多年才能修订一次的我国混凝土结构设计、施工规范在最近一轮的修订中已对对耐久性要求做出一些改进。公路桥涵施工技术规范（JTJ041-2000）在混凝土耐久性上也新增加了一些比较重要的补充。修订中的公路桥涵设计通用规范与公路钢筋混凝土桥涵设计规范的征求意见稿，在耐久性设计上也有许多变动，提高了原先的过低标准，但依然很不够。新颁布的混凝土结构设计规范（GB 50010-2002）则迈出了耐久性设计与不同使用年限相联系的重要一步，尽管相应的条文还很不完善，要求还不够高，所涉及的环境作用也只有室内正常环境与潮湿和冻融环境，且有一些重要遗漏：比如没有强调冻融环境下的饱和混凝土应该引气；没有考虑钢筋位置的施工允差对钢筋锈蚀的重大影响；新规范对于炎热、潮湿环境，新规范规定的最低要求很难防止墙、板构件钢筋锈蚀造成的混凝土胀裂和保护层剥落；对于配筋混凝土的最低强度等级仍然不肯放弃C15这样早已落伍且难以保证耐久性质量的低性能混凝土；另外，未能明确界定保护层厚度的耐久性需要与其他需要（如保证粘着力、耐火，以及与粗骨料最大粒径匹配等）的差别，笼统规定正常环境下100年使用年限的保护层厚度为50年的1.4倍，于是梁、柱、基础的保护层最小厚度对于强度较高的混凝土来说可能在个别情况下会显得偏大。

我国混凝土结构设计规范还有一个重要不足，就是未能像许多国外规范一样列入有关混凝土材料性能要求的独立章节，如混凝土原材料、配比、强度及耐久性能等。结构设计人员应该需要了解混凝土材料的全面性能，仅仅关心强度指标是不够的。欧洲的fib主席J. Walraven著文[8]提到新世纪到来后混凝土结构需要集中力量发展的领域时，依次提到的首先就是耐久性设计方法，并强调要跨越结构设计与材料学科之间的间隙，为此在 20 世纪 90 年代的欧洲混凝土模式规范中，专门引入了一章材料，详细给出混凝土材料在不同条件和环境下的性能。

在传统的耐久性设计方法中，对环境作用类别及其腐蚀作用等级的区分应该向更精细的方向发展。拟订中的欧共体混凝土结构设计规范中[9]，将环境作用引起的材料劣化分成 6 类，除很干燥的环境（RH＜45％）没有锈蚀和腐蚀危险外，钢筋锈蚀分为碳化引起、氯化物引起和海水环境三类，混凝土腐蚀分为冻融和化学腐蚀两类，每类又将环境的侵蚀作用程度分成 3～4 个等级，如碳化引起锈蚀的环境作用按其严重程度依次为干燥、极少干燥（很湿）、中等湿度、干湿交替等 4 级，海水环境下依次分为盐雾大气区、水下区、潮汐与浪溅区等 3 级，共按 18 个不同的环境等级分别规定了混凝土的最低水胶比、最低强度等级和最低水泥用量，按 10 个不同环境等级规定了保护层最小厚度。

我国现行规范中有关耐久性设计的传统方法需要作重大改进，至少应能明确区别出不同使用年限下对混凝土材料和结构构造的详细要求。

二、混凝土结构设计需要考虑的外加作用与结构的极限状态

按照我国结构设计规范"可靠度设计统一标准"[10]的概念，可靠度是结构在规定时间内，规定条件下，完成预定功能的概率，而功能则归纳为安全性，适用性和耐久性，即所谓可靠性是安全性、适用性和耐久性的总和。从逻辑上看，由于结构的安全性和适用性已经定义为规定时间内的性能，这里的耐久性似乎有些重复。实际上，规范的所谓可靠度设计，只是一般荷载（包括强制变形）作用下为保证结构构件承载力安全性与适用性的设计，其中包括了荷载长期或疲劳作用下的耐久性设计。结构的安全性除了构件的承载力安全性外，还有结构的整体牢固性，后者在规范的安全性可靠度分析中并没有涉及。

结构设计需要考虑的外加作用主要有三种，除了一般荷载如恒载、活载、风载等以外，还有偶然作用（地震、爆炸等）和环境作用。这三大主要作用下的结构功能要求在侧重点上显然有别，所对应的极限状态和相关的安全系数或可靠指标当然也不等同。

对于一般荷载作用下结构的构件设计，承载力极限状态（安全性）最为主要，对构件的尺寸和配筋通常起到控制作用。对于偶然作用下的结构设计，由于作用的出现频率甚低或作用值过于强大，通常只能考虑承载力极限状态需要，或者只能顾及结构安全性中整体牢固性的需要以防止发生人员的大量死伤。其实偶然作用下的承载力极限状态也不同于一般荷载下的极限状态，后者相当于构件截面的钢筋屈服并发展到混凝土压碎或混凝土在钢筋屈服前就达到极限应变时的状态，而地震、爆炸等偶然作用下通常以构件破损后结构构件的变形继续发展到某一不至于倒塌时的限值作为承载力极限状态。现行规范中的可靠度只是单个构件承载能力的可靠度，只与承载力极限状态下以弯矩、轴力、剪力等为代表的截面内力和抗力相联系。所以规范的可靠度方法很难适用于偶然作用，只是在"结构设计统一标准"[10]的"统一"下，现行的抗震或抗爆结构设计方法才在形式上套上了可靠度的外衣。

对于环境作用下的结构设计或结构耐久性设计，应该是适用性极限状态最为主要，这时除了长期干燥环境外，结构安全性设计的承载力极限状态在多数情况下处于从属地位，比如设计取用的混凝土强度等级和钢筋的混凝土保护层厚度，均由环境作用控制而非承载力。材料性能劣化是长期发展的结果，在钢筋不断锈蚀或混凝土不断腐蚀最终导致截面承载力失效以前，一般要经历裂缝扩展、保护层胀裂、表层混凝土剥落等现象，进入了适用性失效的正常使用极限状态。适用性失效出现在先，安全性失效在后。既然不能正常使用，就应修复或废弃。

环境作用下的结构适用性还应该包括结构的可修复性要求。在亚洲混凝土结构模式规范[11]中，则将安全性、适用性、可修复性三者并列，作为结构设计需要考虑的三大性能。可修复性在结构的耐久性设计中显然不可或缺，如果修复的费用较低且不复杂，则在结构的耐久性设计中不妨取用较低的耐久性安全系数或可靠指标，如果修复的费用较高或缺乏可行性，则在设计中就要对耐久性要求设置较高的水准。如果结构的寿命要求非常长，环境作用又相当复杂，目前的技术水平实在不能解决时，在设计中也可以仅在满足可修复性的前提下留待后人去处理，相信在科技更快发展的明天定能有适当的方法加以解决。

所以，环境作用下的混凝土结构耐久性设计，应该主要从适用性和可修复性的要求来确定结构的极限状态。结构的腐蚀程度越深，修复的费用和难度越大，因此可修复性的极限状态应该设定在材料性能尚未明显劣化的状态。

三、结构使用年限与耐久性极限状态

因耐久性不足带来的经济损失、资源浪费和社会问题，促使工程的投资方、用户和整个社会都迫切要求工程结构设计能从一开始就有一个明确的设计使用年限或工作寿命。作为政府部门，也需从公众的根本利益出发，为不同类型工程结构的设计使用年限规定出最低限度的要求。

当环境作用导致结构性能劣化到不再满足原定的适用性、可修复性要求时，这就是耐久性设计的极限状态和寿命的终结。但结构的使用年限可以通过修复延长，所以结构使用年限的定义，应该是结构建成以后，在设计预定的使用、保养维修、修理和更换部件的条件下，所有性能均可满足原定要求的年限，而不应是仅在一般保养维护条件下的年限。为此，我们应该对结构的耐久性设计按其使用年限内需要修理或更换部件的不同程度划分等级。设计使用年限内仅需一般保养维修（maintenance，包括小修）的为一级；一般环境下的结构性能不易劣化，通常应定为一级，但是这样的结构在设计中也要考虑到可修复性，因为通过修复继续延长结构的寿命一般总能符合社会和业主的利益并有利节约资源。仅当技术条件不能保证耐久性的需要或在经济上不再有利时，才可将结构的设计耐久性定为二级和三级，即在使用年限内需对结构进行程度不同的修理（repair，包括大修）或部件更换（replacement）。

适用性与可修复性水准可以有很大的变化幅度，以钢筋锈蚀导致结构的极限状态为例，图1表示设计可以选择的不同极限状态，其中有：t_1—混凝土碳化到钢筋表面或钢筋表面的氯离子浓度达到临界值，即钢筋开始锈蚀；t_2—钢筋不断锈蚀，导

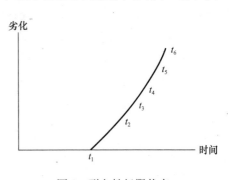

图1 耐久性极限状态

致保护层开始胀裂；t_3—保护层顺筋开裂的宽度达到规范设定的正常使用极限状态下的最大允许裂宽，一般为 0.3mm 或 0.1～0.15mm（海洋环境）；t_4—裂缝扩展至某一设定的限值如 1mm，并认为在这一裂宽下钢筋与混凝土之间的粘着力丧失或混凝土不再受力；进一步的状态还可以有保护层下坠时的 t_5，或构件截面的强度不断削弱，并低于外加的荷载效应而最终破坏时的 t_6 等。t_1 到 t_3 都可以选为适用性或可修复性极限状态，而 t_4 以后的不同状态已进入安全性极限状态。这里应该指出，我国现行设计规范所规定的荷载作用下的允许裂缝宽度过小，欧洲规范规定的允许裂宽即使在海洋环境下可以到 0.3mm，其他环境下为 0.4mm。关于荷载裂缝的问题，我们将另文详细讨论。

一般来说，按照规范的强度设计方法在荷载作用下所确定的截面尺寸，是不容许钢筋和混凝土截面有任何腐蚀损失的，因为这样就满足不了规范原先为强度设计所设定的可靠指标。因此对耐久性设计来说，除非在结构设计时额外加上被腐蚀的尺寸，或者认定结构到了后期的安全水准可以降低，否则象 t_5、t_6 这样的极限状态就不可能成立。

在正常环境下，混凝土的后期强度会增长，长期的测试研究还表明，混凝土在正常受力下的后期强度要比不受力的增加更多，钢筋的后期强度除非有严重锈蚀，也未见有衰减的报道。所以混凝土构件的承载力在材料未遭腐蚀的情况下不见得会在几十或上百年期限内出现衰退。但是我国规范的安全度设置水准本来偏低，如果再允许结构的安全度可以随时间下降到原有的安全水准之下并不适宜。Rilem 的报告[3]在分析结构使用年限终结时的结构截面承载力极限状态时，提出两种标准：1）如失效后果严重，后期的可靠指标应仍与开始时的最低要求相同；2）如失效后果不严重，则可靠指标可适当降低（表1）。这里也可看出常规强度设计的安全设置水准与耐久性的关系。因此，t_5、t_6 这样的极限状态，看来只适用于已有工程的剩余寿命分析，因为其中的构件实际尺寸有可能比规范所要求的更大，尚有被腐蚀的余地。至于钢筋表面的初期锈蚀则对承载能力的影响不大。相应于 t_1、t_2、t_3 等不同极限状态，其失效后果与修复的费用和难度递增。如何确定结构的使用年限及相应的极限状态，牵涉到工程的全寿命费用支出与工程的使用效益，需要听取业主或用户的意愿。

就如结构的强度设计需有一定的安全储备或可靠指标一样，规范或法规中规定的设计使用年限 t_g，是在一定安全储备或保证率下所能达到的最低年限，又称目标年限。这一安全储备或保证率可以用寿命安全系数或失效概率表示。在定值法设计中，寿命安全系数 k_t 的取值可凭工程经验和必要的分析综合给定，需考虑工程的重要性、耐久性失效后果的严重性、修理的可行性与修理费用、环境作用与结构耐久性抗力和计算方法本身的不确定性与不确知性等多种因素。当用概率可靠度分析方法时，可接受的失效概率也要给定。从失效概率也可求出用随机分析方法设计时的寿命安全系数，这时的寿命安全系数则定义为均值使用年限与设计使用年限的比值。所谓均值使用年限是从群体概念出发的寿命平均值，其保证率为 50%（假定寿命按正态分布时）。由于缺乏环境作用与材料耐久性能等各种统计分布资料，以及现有可靠度理论的本身局限，可靠度分析中的失效概率，只能是具有相对比较价值的虚拟值，当然也可作为参考依据之一用来综合判定定值法设计中的寿命安全系数。

欧洲 RILEM130-CSL 委员会在其《混凝土结构耐久性设计》报告[3]中，根据耐久性失效后果的严重程度，分别提出耐久性设计中承载力极限状态与正常使用极限状态下的可靠指标 β_t 与相应的寿命安全系数 k_t 如表 1 所示。其中假定结构性能劣化过程随时间线性增长，劣化的参数为正态分布，而使用年限按对数正态分布，并认为一般情况下可假定使用年限的变异系数 ν 为 0.6，得出承载力极限状态下的寿命安全系数为 3.3（后果严重）和 2.9（后果不严重）以及适用性极限状态下的寿命安全系数为 2.5（后果影响大、修理费用高）和 1.9（后果影响不大）。A Lindvall[13] 用可靠度方法根据材料的劣化模型举例分析海洋工程中钢筋表面的氯离子浓度达到开始锈蚀临界值时的年限，其中考虑了氯离子扩散系数随不同环境条件和时间的变化，以及氯离子表面浓度、临界浓度、保护层厚度、扩散系数等各个参数的概率分布特征与变异系数，在历经 40 年后，得出按 10% 失效概率所需保护层厚度与按定值计算（50% 失效概率）所需的保护层厚度之比约为 1.5；如近似认为保护层厚度与年限的平方根成正比，则与 10% 失效概率相应的寿命安全系数约为 1.5^2 即大体为 2.2。E. Vesikari[14] 按照 ISO/DIS15686 用因子法分析混凝土外墙板的使用年限时（见附录一），假定其服从对数正态分布且变异系数为 0.6，并按设计工作年限 50 年的保证率为 95%（失效概率 5%）进行设计，与其相对应的平均工作年限为 145 年，有寿命安全系数为 2.9；对数正态分布曲线并不对称于平均值，若按 50% 失效概率作为均值，所对应的年限为 124 年，有寿命安全系数约为 2.5。

耐久性设计的极限状态及相应可靠指标与寿命安全系数 k_t 表 1

极限状态	耐久性失效后果	到达设计年限时的可靠指标 β_t	到达失效年限时的失效概率 p_f	寿命安全系数 k_t		
				$\nu=0.4$	$\nu=0.6$	$\nu=0.8$
承载力极限状态	严重	3.8	0.72×10^{-4}	2.5	3.3	
	不严重	3.1	9.7×10^{-4}	2.2	2.9	
适用性极限状态	影响大	2.5	0.62×10^{-2}	2.0	2.5	
	影响不大	1.5	6.2×10^{-2}	1.6	1.9	2.2

综合现有的一些资料，耐久性设计时对应于承载力极限状态的寿命安全系数一般在 3 左右，而对应于适用性极限状态则为 2 左右。

一般来说，按定值法分析时各种参数应该取其均值。但由于耐久性分析的复杂性和高度不确定性，在实际应用过程中，这些参数的选用多偏于保守取值。

在 Duracete 提出的混凝土耐久性设计指南[4] 中，用的是可靠度设计方法，并用分项系数和安全裕量来反映可靠指标，计算模型用性能表达式而不是寿命安全系数表达式。分项系数和安全裕量的取值，根据修理费用与设计时为减少风险需付出的费用比较而定，如修理费用相对较低，设计取用的可靠度水准就可小些；如修理费用相对较高，设计可靠度水准就要定对高些，并分为高、一般、低共三档来确定分项系数和安全裕量（附录二）。

四、基于材料性能劣化计算模型的使用年限分析

1. 氯离子引起钢筋锈蚀

氯离子从外部侵入到钢筋表面并引起钢筋锈蚀的过程通常用 Fick 第二定律描述：

$$\frac{\partial c}{\partial t} = D \frac{\partial^2 c}{\partial x^2} \tag{1}$$

式中 c 为氯离子浓度，D 为扩散系数。若 D 为常数，且边界条件 $c(x=0,t)=c_s$ 为定值和 $c(x,t=0)=0$，则可获得下面的解析解：

$$c(x,t) = c_s \left[1 - \mathrm{erf}\left(\frac{x}{2\sqrt{Dt}}\right) \right] \tag{2}$$

上式描述的是氯离子接触混凝土表面后向里扩散的一维运动，其适用条件是表面氯离子浓度 c_s 始终为定值。式中的时间 t 从混凝土表面接触氯离子环境开始，$c(x, t)$ 是经过时间 t 后混凝土体内离开表面深度为 x 处的氯离子浓度，在混凝土剖面上的分布如图 2。

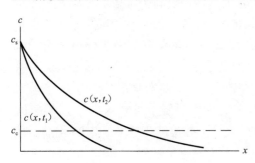

图 2 混凝土剖面上的氯离子浓度
分布（被习用的理想情况）

式（2）的计算模型用于氯离子扩散始于 20 世纪 70 年代初，其中视为常值的扩散系数 D 可以经过一定时间 t_1 通过现场实测得到 c_s 及 $c(x, t_1)$ 后，通过曲线拟合得出。由此可预测今后钢筋表面 $x=a$ 处（a 为保护层厚度）的氯离子浓度 $c(x, t)$ 达到临界浓度 c_c（氯离子积累到能使钢筋脱钝并锈蚀的阈值）的时间。一直到 20 世纪 90 年代初，人们才逐渐认识到扩散系数 D 随时间、距离等多种因素变化，原先按 D 为常值所预测的结果则过于保守。对此，国外的一份研究报告称 Fick 第二定律被误用了 25 年[15]。

氯离子在其扩散过程中，一部分与混凝土内部的水化产物结合（物理的或化学的结合），只是存在于孔隙水中的自由氯离子才向里继续扩散并使钢筋引起锈蚀，而我们通常所说的氯离子浓度则为自由氯离子与结合氯离子的总和。总氯离子浓度愈低，被结合的氯离子相对比例就愈大，所以扩散系数与浓度有关。随着往里扩散，浓度不断降低，于是扩散系数又随深度变化。扩散系数还与混凝土含水程度、温度、pH 等因素有关，因为这些都能影响氯离子的结合能力[15]。在高浓度氯盐溶液中浸泡的室内试验结果，并不能直接应用于工程设计，它给出的扩散系数过高，低估了混凝土在一般氯盐环境中的抗侵入能力。

1）扩散系数

氯离子扩散系数随时间减少的规律尚未完全明了。除了氯离子在传输过程中被结合的原因外，早期混凝土的密实性随着水化程度的不断完善而提高，也会使扩散系数降低，不过后者的影响过程不至于过长。根据有限时间过程内的测试结果，一般认为扩散系数随时间变化规律可用指数函数表示：

$$D = D(t) = D_0 \left(\frac{t_0}{t}\right)^{\alpha} \tag{3}$$

式中 D_0 为 $t=t_0$（开始暴露于氯盐环境）时测得的扩散系数值。Poulsen[15] 建议，高性能混凝土（等效水灰比在 0.25 到 0.45 之间）的 α 值与等效水灰比 W/C 有关，可取：

$$\alpha = 3 \times (0.55 - W/C) \tag{4}$$

但进一步的研究发现，α 值主要与胶凝材料的种类有关，当胶凝材料中掺有粉煤灰等矿物掺和料时，可能由于增加了对氯离子的结合能力，而且由于粉煤灰的后期增强作用，使 α 值提高，即扩散系数以更快的速度降低。Bamforth[16] 通过研究指出，各种早期性能相近的混凝土中，用矿物掺合料的混凝土有着最好的长期性能，6 年后其扩散系数能降低一个数量级。图 3[16] 表示单纯硅酸盐水泥混凝土、掺粉煤灰混凝土和掺矿渣混凝土的扩散系数随时间减少的大体规律。图中反映了用现代硅酸盐水泥配制的混凝土，后期的扩散系数降低很少，远不如用过去硅酸盐水泥配制的混凝土。

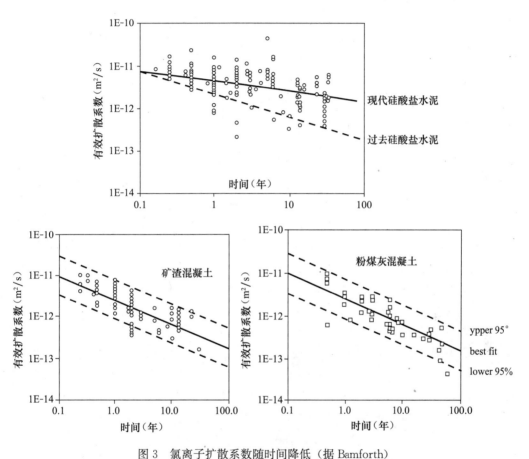

图 3　氯离子扩散系数随时间降低（据 Bamforth）

不久前，由欧共体资助完成的 DuraCrete 科研项目，在调查统计和研究的基础上，提出了用下式估算氯离子扩散系数：

$$D(t) = D_0 \left(\frac{t}{t} \right)^{\alpha} \cdot k_c \cdot k_e \qquad (5)$$

式中的 α 值与胶凝材料种类和环境条件有关（表 2），但与水胶比无关；对某一配比混凝土，似应按不同胶凝材料比例算出 α 值；k_c 和 k_e 分别为养护系数和环境系数，前者考虑养护时间长短影响，后者考虑海洋不同环境（水下区、大气区、浪溅区等）与不同胶凝材料的影响（见附录二）。

表征扩散系数变化的指数 α 值（据 DuraCrete）　　　　表 2

海洋环境＼胶凝材料	硅酸盐水泥	粉煤灰	矿 渣	硅 粉
水下区	0.30	0.69	0.71	0.62
潮汐、浪溅区	0.37	0.93	0.60	0.39
大气区	0.65	0.66	0.85	0.79

α 值的大小对混凝土抗氯离子侵入能力有着十分巨大的影响。如取 D_0 为 $t_0＝28$ 天（0.076 年）时的扩散系数值，则当 $\alpha＝0.3$ 时，扩散系数 $D(t)$ 在 1 年后降为 D_0 的1/2.2，10 年后 1/4.3，50 年后 1/7，100 年后 1/8.6；而当 $\alpha＝0.6$ 时，扩散系数 $D(t)$ 在 1 年后降为 D_0 的约 1/5，10 年后 1/20，50 年后 1/50，100 年后 1/75。这些变化规律只是根据短期的测试数据得出，因此具体应用时对 α 的取值必须十分小心。

氯离子扩散系数还与温度有关，根据 Nernst-Einstein 方程估算[17]，如温度从 20℃增加到 30℃，扩散系数可增加一倍，温度从 20℃减少到 10℃，扩散系数则减少一半。所以设计时用于北欧和中东地区的扩散系数可以差一倍。我国南北地区气温差别很大，氯盐引起的腐蚀程度也有很大差别。

2）氯离子临界浓度

引起钢筋锈蚀的氯离子临界浓度 c_c 与胶凝材料用量有关，一些规范中通常取临界浓度为胶凝材料重的 0.2%～0.4%。研究表明，临界浓度可在胶凝材料重的 0.2% 到超过 2% 的很大范围内变化，取决于混凝土材料的质量（水胶比）和内部湿度等多种因素（图 4）[13]，而碳化的影响尤为重要。碳化不但使临界浓度下降，并且使混凝土内已被结合的部分氯离子得到释放，从而增加孔隙水中氯离子的浓度。Bamforth[16]认为，0.4% 胶凝材料重的临界浓度对于处于干湿交替情况下的高水胶比（0.6%）混凝土较为合适，对于处于饱和状态下的低水胶比矿物掺合料混凝土，临界浓度可提高到 1.5%。DuraCrete[4]提供的数据可能更接近实际（表 3），表中数据代表的是统计得出的均值，它随混凝土的水胶比而变，比起一般规范中偏于保守取用的 0.2%～0.4% 要高得多。海洋环境中水下混凝土处于饱和状态，其临界浓度要甚高于干湿交替的潮汐区与浪溅区混凝土，表中未给出大气区的 c_c 值，估计应稍高于潮汐与浪溅区。

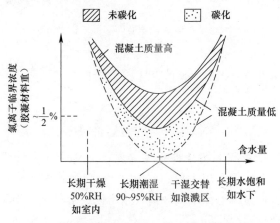

图 4　氯离子临界浓度的变化（据 CEB 报告）

氯离子临界浓度（据 DuraCrete）			表 3
W/B	0.3	0.4	0.5
水下区	2.3	2.1	1.6
潮汐与浪溅区	0.9	0.8	0.5

3）氯离子表面浓度

混凝土表面的氯离子浓度 c_s 随环境条件而变，处于海水中的混凝土，其表面浓度一般与海水中的氯盐浓度接近。S. Amey 等人[17]在预测海洋工程使用年限的分析中，取 c_s 为每方混凝土中的氯离子量为 19kg，约为胶凝材料重的 5％或混凝土重的 0.8％。Bamforth[16]调查英国海洋浪溅区的混凝土表面浓度通常在 0.3％～0.7％的混凝土重量之间，并有高到 0.8％的；当混凝土中有矿物掺和料时，c_s 增加。浪溅区混凝土表面的 c_s 值还与其迎风或背风方向有关，而大气区的 c_s 值则更与其离开海面的标高和风的朝向有关。Bamforth 并建议用于设计的表面浓度 c_s（按混凝土重计算）可按表 4 取值。如近似取每方混凝土的胶凝材料为 400kg，则按胶凝材料重表示的 c_s 值见表中括号内的数值。

氯离子表面浓度的设计建议值（据 Bamforth）			表 4
环境 混凝土	海洋浪溅区	海洋浪雾区	海洋大气区
硅酸盐水泥混凝土	0.75％ (4.5％)	0.5％ (3％)	0.25％ (1.5％)
掺合物水泥混凝土	0.9％ (5.4％)	0.6％ (3.6％)	0.3％ (1.8％)

DuraCrete 提出的耐久性设计指南中，提出混凝土表面的氯离子浓度 c_s 与混凝土的水胶比和胶凝材料种类有关，c_s 的平均值按下式计算：

$$c_s = A_c \cdot \frac{w}{b} \qquad (6)$$

A_c 为拟合系数，如表 5 所示，上式算出的表面浓度用胶凝材料重的百分比表示。对于多种胶凝材料组成的混凝土，似应按其所占比例计算出 c_s 值。以水胶比 0.4，30％粉煤灰和 70％硅酸盐水泥配比的混凝土为例，其在水下区、潮汐区和大气区的表面浓度分别约为胶凝材料重的 4.2％，3.1％和 1.3％，比表 4 的数据略低。但表 4 是推荐用于一般设计的偏于保守值，而表 5 据则为平均值。DuraCrete 设计指南采用了分项系数的可靠度设计方法，在具体设计时，表面浓度 c_s 或临界浓度 c_c 等参数的设计值都要在平均值的基础上乘以或除以大于 1 的分项系数。

计算氯离子表面浓度的拟合系数（据 DuraCrete）				表 5
胶凝材料 海洋混凝土	硅酸盐水泥	粉煤灰	磨细矿渣	硅灰
水下区	10.3	10.8	5.06	12.5
潮汐、浪溅区	7.76	7.45	6.77	8.96
大气区	2.57	4.42	3.05	3.23

不同地区海水的含盐量会有明显差别，如大西洋接近 20g/l，而波罗的海仅约 4g/l。我国沿海地区的海水含盐量还受到江河淡水排放的影响，可使入海口附近的海水盐量降到相当低的程度，这些都值得在设计中加以考虑。海洋或近海大气区的混凝土表面浓度有着更大的离散性；海洋大气区处于浪溅区的上方，海浪在靠近海岸处产生尺寸为 $0.1\sim20\mu m$ 大小的细小水滴或雾滴，大的雾滴积聚于附近，而小的雾滴可随风飘移到更大的区域[13]。据 Gustafsson 和 Franzen 的统计研究[13]，离开海岸一定距离处的空气盐量为：

$$C/C_s = 2.29D^{-0.46} \tag{7}$$

但靠海的陆地混凝土的表面浓度 C_s 还与当地的地形、地物和风向有关。

海上桥梁、码头等位于大气区的混凝土构件，如其表面距离浪溅区很近，不仅构件表面的氯离子浓度会很高，而且同样处于干湿交替的不利状态。浪溅区与大气区的氯离子表面浓度之间显然不会有表 4、5、6 中那样明确的界限，所以在设计中应该根据具体情况偏于安全选用。Fluge 曾调查挪威的一座海上箱形截面桥梁，在离海平面 11.9m 高（与桥面间距离）的桥梁段，桥梁底面和两个侧面上的混凝土氯离子浓度分布最不均匀，最高的浓度发生在背风侧面，达到胶凝材料重的 4%，为迎风侧最低浓度的 11 倍；离海平面 17.6m 处的桥梁段，最高浓度为 2.5%，而 33.4m 高度处的桥梁段的最高浓度则仅有 0.9%（图 5）[15]。由此可见，靠近海面的大气区混凝土氯离子表面浓度，已与上面所说的浪溅区浓度相当。

2. 碳化、冻融、盐蚀及其他

碳化引起钢筋锈蚀的计算模型更是繁多。以下是 Duracrete 耐久性设计方法中[4] 提出的用于计算碳化深度到达钢筋表面并引起钢筋锈蚀的模型：

$$x = \sqrt{\frac{2c_s \cdot k_e \cdot k_c \left(\frac{t_o}{\tau}\right)^{2n} t}{R_o}} \tag{8}$$

式中 x 为碳化深度；c_s 为混凝土表面处的大气浓度，一般为 $5\times10^{-4}kg/m^3$；R_o 为标准试验测定的混凝土抗碳化能力，测试的时间为 t_o；$\left(\frac{t_o}{t}\right)^{2n}$ 反映抗碳化能力（或 CO_2 扩散系数）随时间发展的经验规律，其中 n 为指数；k_e 为环境系数；k_c 为养护系数。在室外 65%RH 下，k_e 和 n 分别为 1.0 和 0；在室外遮雨且 81%RH 下，k_e 和 n 分别约为 0.86 和 0.1；在室外淋雨且 81%RH 下，k_e 和 n 分别约为 0.48 和 0.4。

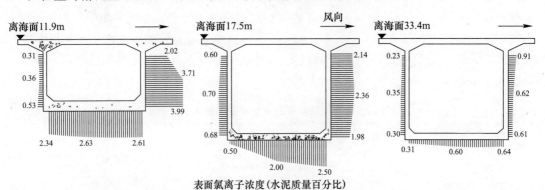

图 5 离海面不同度处桥梁混凝土表面氯离子浓度分布（据 Fluge）

RILEM130－CSL 早先出版的混凝土耐久性设计报告中[3]也有碳化引起钢筋锈蚀的模型，并给出了锈蚀发展后的腐蚀率。类似的报道还可见美国 ACI 的综述报告[17]。

各种碳化模型的一个普遍缺点是不能考虑使用过程中相对湿度的周期变化以及干湿交替的影响而只能固定一种湿度进行分析。不同模型给出的结果也会有非常大差别。有的甚至给出相反的结论。

反复冻融能使混凝土表面损伤、开裂并解体，引起强度降低、崩裂并剥落。冻融作用下混凝土性能劣化的计算模型比较少见。Vesikari 于 1994 年提出将冻融的影响体现为表面混凝土有效厚度的损失；根据室外试验结果，提出了年损失率 r 的计算公式。但这一计算模型在考虑混凝土强度的作用上非常保守，对于引气的作用也不显著，当含气量从 1.5％（一般混凝土）提高到 5％时，年损失率仅只相差约一倍。而同是 Veskari 于 2000 年著文介绍芬兰用因子法对混凝土外墙板使用寿命分析中[14]，引气的作用就非常突出（见附录一），在满足一定的气泡间距系数后，甚至可从根本上消除冻害对外墙板使用寿命的影响。

文献［3］还提出了盐类对混凝土腐蚀的计算模型。此外，文献［18］对混凝土受硫酸盐腐蚀及浸出作用的计算模型也有简要报导。

以上计算模型中的一些参数取值都是针对欧洲环境提出的，应用时需要考虑到不同地区的可能差别。

3. 用材料劣化计算模型进行耐久性分析的不确定性

由于材料性能劣化的影响因素过于复杂，各种物理的或经验的计算模型都有非常巨大的不确定性。耐久性的计算模型还有一个特点，就是很难进行验证。构件承载力的强度计算模型很容易通过承载力试验获得其精度和不确定性，而耐久性验证需很长时间，我们只能通过短期的试验结果外推。

以氯离子侵入海洋工程混凝土为例，多少年来都基本以 Fick 定律为计算模型进行预测。开始时视扩散系数 D 和表面浓度 c_s 为常值，这样才能获得用误差函数表达的解析解。后来又对扩散系数引入了随时间变化的指数表达式。由于表面浓度 c_s 也随时间增加，为能考虑氯离子结合过程以及表面浓度变化等多种因素影响，只能对式（1）采用数值方法求解，近年来在国际上已发展了多种分析计算程序[13,15]。

描述氯离子扩散过程的 Fick 定律对于水中的饱和混凝土比较合适，对于大气环境或干湿交替环境下的不饱和混凝土，其孔隙水的状态多变，与扩散的前提假定就有偏差之处。即使是水下混凝土，在表面的一层混凝土内，氯离子还可以通过对流、渗透的机理传输。对于表面处于干湿交替状态下的潮汐区和浪溅区混凝土，氯离子依靠表面混凝土毛细吸力的传输机理可能更为主要，而这些都非 Fick 定律所能概括。此外，水中混凝土表层水化产物会受到浸出作用，大气中的混凝土则会碳化，都会减少表层混凝土中的氯离子含量。所以实测得到的混凝土截面上氯离子浓度分布图，其最大浓度并不在 Fick 定律所认定的表面位置上，而是靠近表面的某一深度处（图6）[14]。

瑞典的 Nilson 曾针对一种水胶比为 0.4、掺有硅灰的混凝土，对其处于海洋浪溅区和水下区的耐久性用 20 世纪 70 年代以来以 Fick 定律为基础的各种计算模型进行分析，并用试验室和现场的定期检测数据对照[14]。20 世纪 90 年代以前，取 D、c_s 为定值，c_s 按现场

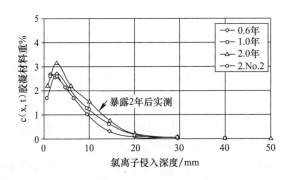

图 6 混凝土剖面上氯离子浓度分布的实际情况（据 Nilson）

暴露二年后的实测值 3.63％胶凝材料重，并取临界浓度对浪溅区和水下区分别为胶凝材料重的 0.5％和 1.5％，算出 100 年寿命构件的保护层厚度需有 8cm（水下区）和 15.5cm（浪溅区）。90 年代按式（3）的经验模型，并取 $\alpha=0.64$，在同样的 c_s 和 c_c 下得 100 年寿命的保护层厚度仅需 2cm（水下区）和 3.5cm（浪溅区），相差竟超过 4 倍。后来按照能够考虑氯离子结合的物理模型，用专门开发的 ClinConc 程序作数值分析，给出的结果与现场暴露二年后实测的氯离子浓度分布图很好符合，据此预测，在同样的 c_s 与 c_c 下，算

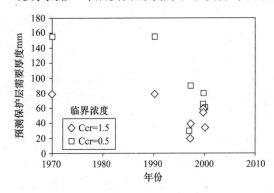

图 7 30 年间基于 Fick 定律预测保护层所需厚度的不确定性（据 Nilson）

得 100 年寿命保护层厚度为水下区 4cm 和浪溅值 9cm。再按暴露 5 年后的现场实测氯离子分布图，确认了氯离子表面浓度 c_s 不论在水下区或浪溅区均随时间增长而不能视为常数，按此规律推断，100 年后的 c_s 值将达 6.27％胶凝材料重，同时根据实测数据进一步修改经验模型中的 $\alpha=0.42\sim0.52$，并修正物理模型，又进一步算出 100 年寿命所需的保护层厚度。历年预测的厚度如图 7 所示。

计算模型为耐久性设计提供了量化的手段，但其可靠性也常受到质疑。除模型与实际情况存在距离外，模型的参数也不容易选定，而这些参数取值的稍许变化又往往导致分析结果的巨大差异。比如图 8 是 Poulson 按 Fick 定律计算得出并供设计参考的诺模图[15]，计算模型中的 α 值取为水胶比的函数，即前面介绍过的式（4）。当参数 $c_s=0.7$％（混凝土重）、$c_c=0.10$％（混凝土重）及 $W/C=0.39$ 和保护层厚度为 60mm 时，查得工作寿命为 90 年。Henriksen 曾就此指出[19]，如果将 c_c 稍作变化，从 0.10％改为 0.09％，则寿命一下缩短成 70 年。我们还可进一步看出，若将 W/C 从 0.39 改变为 0.4 或 0.41，则寿命竟能从 90 年变为 53 年或 34 年，如此细小的差异对预测结果的巨大影响令人诧异，而不论 W/C、c_s 或 c_c 实际上都有高度的随机离散性。还有 Bamforth[15] 于 1994 年以及更早的 Browne[20] 于 1982 年也提出过基于 Fick 算式的类似诺模图，都有类似的问题。这就无怪乎众多文献资料利用各种计算模型分析预测出来的结果往往迥异，以至于令人无所适从。

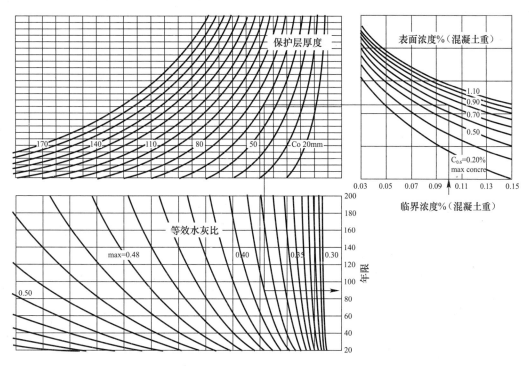

上图应用举例：有混凝土桥墩处于浪溅区混凝土氯离子临界浓度为0.1%混凝土质量，桥墩的表面氯离子浓度为0.7%
混凝土质量保护层厚度60mm，水灰比0.39，从中查得寿命为90年

图 8　氯盐侵蚀下预测钢筋发生锈蚀时间的诺模图（Poulson 提出，1995 年）

　　如果承认这些计算模型所反映的规律是大体正确的，就不难发现施工质量在保证结构耐久性要求中的头等重要性。对于荷载作用下的常规强度设计来说，施工质量固然重要，但对结构截面抗力的影响比较有限，如果混凝土养护不良，构件内部的混凝土强度一般不至于受到伤害，钢筋位置的误差对构件承载力的影响更少，所以以强度计算公式给出的抗力容易得到保证，也能比较准确地反映实际。而基于材料劣化计算模型的耐久性抗力计算则不同，养护不良的最直接后果就是降低表层混凝土质量。DuraCrete 的设计指南中，取 7天养护的养护系数为 1 天的 2 倍（氯离子作用下）和 4 倍（碳化作用下），这样可使工作寿命从 50 年分别降到约 25 年和 12.5 年，而养护条件对混凝土抗侵入性的影响实际上也决非养护天数的多少所能概括。钢筋位置的施工误差同样不能忽视，按照我国现行设计规范规定墙、板保护层的最小厚度，仅仅是 5mm 的施工允差，可使引起钢筋锈蚀年限缩短一半。

五、混凝土结构性能劣化及耐久性设计对策

　　有多种途径可防止或延缓混凝土结构的性能劣化：1）隔绝环境对结构材料的作用，如在材料表面设置涂膜、覆盖层、防水层，防止水、气等有害物质侵入；设置滴水沟、排水管道等措施阻止降水直接与混凝土表面接触；2）抑制环境作用与材料之间的反应，如在混凝土中加入阻锈剂抑制钢筋锈蚀，加入引气剂抵制混凝土冻害，而采取阴极保护则可完全防止钢筋发生锈蚀；3）选择不锈钢钢筋、纤维增强塑料钢筋等惰性材料；4）提高混

凝土材料本身的抗侵入性，主要手段是采用较低水胶比的矿物掺和料混凝土与混凝土的裂缝控制；5）增加钢筋的保护层厚度。后两种途径是最常规的做法，除引气剂在世界范围内已普及应用外，其他如环氧涂膜钢筋、混凝土表面浸涂、钢筋阻锈剂、阻极保护等则被列入特殊防腐措施之列。在工程实践中，类似防、排水等简单有效的构造措施在耐久性设计中常被忽视。

不同环境类别的腐蚀作用及其后果有很大差异，设计中需采取相应的对策。

1. 碳化引起的钢筋锈蚀

对付碳化锈蚀似乎不应成为一个问题。通过控制水胶比和适当增加混凝土的保护层厚度，就能比较容易得到解决，在技术上没有困难，费用也不会有明显变化。关键在于规范要放弃以往的过低标准，比如应该放弃 C15 那样的混凝土去建造配筋结构，尤其要提高干湿交替和炎热环境下的要求。

与钢筋横向交叉的可见裂缝能使裂缝截面处的普通钢筋提前发生局部锈蚀，这种局部的锈蚀通常不会向周边和深部发展，只当保护层被碳化，保护层下的钢筋表面脱钝，才能在钢筋表面引起稳定的锈蚀发展。所以横向裂缝宽度除影响外观外，只要表面裂宽不是太大（如不大于 0.4mm），对碳化引起的钢筋锈蚀没有大的影响，这已为试验室和野外试验所证实。在横向裂缝宽度和锈蚀程度之间并没有简单的联系，裂缝宽度只是影响开始锈蚀时间的早晚，但与锈蚀的发展速率似乎没有太大关系，但是沿着钢筋表面发生的顺筋纵向裂缝则完全相反。

预应力钢筋（索）和高强钢筋在应力腐蚀下的锈蚀速度较快，还会形成坑蚀和发生氢蚀，有很高的防锈要求，需增加保护层厚度并严格限制裂缝宽度。

2. 氯盐引起钢筋锈蚀

氯盐引起的钢筋锈蚀最为严重。氯离子在引起钢筋锈蚀的电化学反应中并不被消耗。在氯盐环境下，横向宏观裂缝处的钢筋截面受氯盐侵蚀可形成很深的坑蚀，会严重削弱钢筋的承载力和延性，因而对裂缝宽度的限制应更为严格，预应力构件应按不允许开裂进行设计。不过也有研究资料认为，一旦开裂后，氯盐侵蚀环境下的裂缝宽度大小对钢筋锈蚀速度的影响也没有显著差异。

氯盐引起钢筋锈蚀主要发生在海洋和近海环境以及冬季喷洒除冰盐的环境。海洋工程中的水位变动区、浪溅区以及靠近海面与高浓度盐雾接触的大气区，都处于干湿交替状态，受腐蚀最为严重。水下区的混凝土虽然表面接触的氯盐浓度较大，内部孔隙水处于饱和状态又有较高的氯离子扩散系数，但因饱水环境下引起钢筋锈蚀的氯离子临界浓度值提高（图4），又因缺氧使得锈蚀后的腐蚀速度变得相当缓慢，因而较易对付。

从现有的资料看，对于氯盐轻度腐蚀下的混凝土结构，采用水胶比不高于 0.4（或最多不超过 0.45）的矿物掺和料混凝土与适当的保护层厚度，一般已能解决钢筋的腐蚀问题。但对海洋环境中处于干湿交替如浪溅区那样的混凝土部位，如果设计使用年限较长，就需要配合采用特殊防腐蚀措施，或者采取使用期内定期修理的对策。使用年限很长又缺乏可修理条件（如地下工程）的重要结构物，则采用多道防腐措施应对。工程的使用寿命也可以考虑使用期内不断修理的方法延长其寿命，如荷兰的 Delta 防浪堤设计使用年限为 200 年，其众多闸门的配筋混凝土支承构件在浪溅区和潮汐区的预期使用年限（按钢筋锈蚀的钢筋截面损失 0.2mm 估计）据计算预测为 80～90 年，则采用到时修理或置换的办法。氯盐严重腐蚀环境下的结构物必须有定期的检测，为及时修理提供必需信息。

除冰盐溶液的氯离子浓度可为海水的 10～15 倍。混凝土表面可直接受到除冰盐溶液的污染，而车辆行驶中的溅射则可污染二旁的混凝土构件。除冰盐仅在冬季间断使用，混凝土受污染的程度与除冰盐的使用频度和用量有关，雨水又会部分冲走积累在混凝土表面的盐分，因而有更大的不确定性[13、15]。

虽然在试验室条件下早已证实混凝土抗氯离子侵入的能力随水胶比降低而提高，可是非常低的水胶比在施工过程中的质量控制比较复杂，施工阶段的开裂倾向显著，而混凝土的耐久性更需要施工质量的切实保证，这就要综合权衡。

3. 混凝土的冻蚀和盐、酸的化学腐蚀

防止混凝土冻蚀的主要对策是：1）在可能的条件下，采取构造措施避免混凝土受湿；2）引气；3）采用低水胶比的混凝土，如不大于 0.5，而在氯盐加冻融的环境下不大于 0.4。

地下工程混凝土常受地下水和土中硫酸盐的化学和物理腐蚀，应限制水泥中 C_3A 量，采用抗硫酸盐水泥。将火山灰材料以矿物掺和料方式引入水泥中能够提高混凝土抗硫酸盐能力。低钙粉煤灰在火山灰材料中的抗硫酸盐效果最好。国内外都有试验证明，用 30% 以上的粉煤灰等量取代水泥配制混凝土，抗硫酸盐腐蚀能力有很大提高。

硅酸盐水泥混凝土的抗酸能力较差，但如地下水的 PH 值不小于 6，对于抗渗性能良好的混凝土尚不至于有明显危害。水中若溶有 CO_2、SO_4^{2-}、Cl^- 等酸离子，混凝土碱度会大幅下降。酸对混凝土的劣化作用主要是与硅酸盐水泥水化产物中的氢氧化钙起反应。如果混凝土骨料是石灰石或白云石，也会与这些骨料起化学反应，反应的产物是水溶性的钙化合物，可被水溶出。对于硫酸来说，还会进一步形成硫酸盐，产生硫酸盐腐蚀并加速混凝土破坏。如果酸或盐溶液能通过裂缝或孔隙到达钢筋表面，则引起钢筋锈蚀。低水灰比的密实混凝土能够抵抗弱酸的侵蚀，但是硅酸盐水泥混凝土不能承受酸的作用。

前面已经提到，如混凝土在长期使用过程中有被严重冻蚀或化学腐蚀的可能，需在构件设计中加大厚度，尤其是薄壁构件。

六、混凝土结构耐久性设计的主要内容与方面

1. 设计使用年限[19][24][28]

结构物的设计使用年限是对主体结构寿命而言的，并不一定表示各个部件都能达到这一要求。即使是结构的主要受力部件，有时也需要在使用过程中加以更换。为此要对结构的设计耐久性划分等级，并应在设计文件中提出每一结构部件的使用年限明细表。

我国的结构设计规范过去都没有明确提出具体的设计使用年限。最近颁布的建筑结构设计统一标准才提出将建筑结构的设计使用年限分成 4 类，这与欧洲 Eurocode 的规定完全相同，但后者还规定桥梁等各种土木工程结构的设计使用寿命为 100 年。最近，我国的城市地铁和轻轨交通的规范修订稿已明确将设计年限定为 100 年，而公路和铁路结构物则至今尚无明确规定。结构的设计使用年限在满足国家法规要求的基础上应该提倡灵活设定。

设计人员应该对工程设计对象的全寿命费用支出进行估计，比较工程建造的一次投资费用与今后预期需要进行维修的费用。在多数情况下，只需稍微增加一点初期的结构造价，比如适当提高混凝土材料的强度等级和保护层厚度，可以大量节约以后的修理费用，改善结构使用效益，并延长结构使用寿命。国外有调查资料指出，正常养护的 C40 混凝土，2 年和 60 年后的碳化深度约为 3mm 和 18mm，而 C20 混凝土即使在良好养护条件下，2 年 60 年后的碳化深度为 7.5mm 和 42mm。

2. 环境作用

结构使用环境及其腐蚀性作用应在设计文件中详细说明。结构通常会受到多种环境作用，需要在设计中选定一种最主要的起到控制作用的环境类别进行设计。实际结构在使用过程中总有荷载作用，结构的应力状态会否加剧环境作用下的材料劣化程度，目前尚缺乏充分的数据。但是根据试验室内小型试件的研究结果表明：在压应力状态下，如果混凝土的压应力不超过一般结构使用状态下的应力水平（低于抗压强度的 0.4 倍），则在氯盐环境下，并不会加重腐蚀作用，而且当压应力较小时反而有利，这与使用状态下的混凝土应力尚不至于引起混凝土内部固有微裂缝扩展的认识一致；对于拉应力状态，清华大学曾作过素混凝土和配筋混凝土受弯构件浸泡于氯盐溶液中的弯曲持久加载试验[21]，当混凝土中的钢筋应力较低，不超过一般结构使用状态下的钢筋应力水平（低于 120MPa）时，相应的拉区混凝土抗氯离子扩散的电量指标没有明显变化，国外的研究结果也大体相同。因此，在耐久性设计中，一般都不考虑荷载作用下的应力状态对环境作用的影响。但在高应力下，不论受拉或受压，都会加剧环境的腐蚀作用。试验室条件下进行单一和多种作用的快速腐蚀试验时，所采用的腐蚀作用程度远比实际情况严酷得多，所以给出的损害后果很有可能被过分夸大。

对于规范等技术标准来说，应该对环境类别及其腐蚀性等级进行更加细致的划分以便于应用。

3. 混凝土材料选择

为能获得耐久的混凝土，设计时应对混凝土的原材料、组成与配比提出具体要求，使混凝土有良好的抗侵入性、体积稳定性和抗裂性。一般的途径是：1）选用低水化热和含碱量偏低的水泥，尽可能避免使用过于早强的水泥和高 C_3A 含量的水泥；2）选用坚固耐久的洁净骨料；3）使用优质粉煤灰、矿渣等矿物掺和料或复合矿物掺和料，除个别情况外，矿物掺和料应作为耐久混凝土的必需组分；4）尽可能使用优质引气剂，将适量引气作为配制耐久混凝土的常规手段；5）采用偏低的拌和水量，为此宜外加高效减水剂；6）限制单方混凝土中胶凝材料的最低和最高用量，为此应特别重视混凝土骨料的级配以及粗骨料的粒形要求；7）在满足单方混凝土中胶凝材料最低用量要求的前提下，降低其中的硅酸盐水泥用量。但高水胶（灰）比的混凝土仍应有硅酸盐水泥最低用量的要求。

对于规范等技术标准来说，应该为不同设计使用年限的结构，在不同环境类别和腐蚀性作用等级下，对混凝土材料组成、保护层厚度以及耐久性参数（如抗冻等级、氯离子扩散系数）等提出不同的具体要求。

耐久混凝土的核心要求是密实性。由于混凝土的质量长期以 28 天强度作为主要衡量指标，并在工程界逐渐形成单纯追求强度的倾向，愿意加大水泥用量而不愿使用粉煤灰等矿物掺和料和引气剂，这些都对混凝土结构的耐久性带来不利的影响。提高强度对于现代混凝土比较容易，而提高耐久性则要难得多。混凝土的强度等级与耐久性之间并不一定存在相关性，比如掺入粉煤灰后的早期强度往往有所降低（掺粉煤灰的现代技术也可以做到不降低），而抗氯盐侵入的耐久性却能成倍增加；混凝土引气后的强度也会受到影响，但抗冻融等多种耐久性能可有极大改善。通过传统的混凝土干燥收缩试验所获得的数据，不能全面评价混凝土的抗裂性能，因为后者还取决于混凝土的抗拉强度、弹性模量特别是徐变或约束状态下的应力松弛能力，所以混凝土抗裂性试验的试件应该在有约束的状态下进行。

4. 构造措施和裂缝宽度限制

构造措施是耐久性设计中不可缺少的重要环节，其主要目的是：1）隔绝或减轻环境对混凝土的作用（如防、排水措施），2）控制混凝土开裂，3）为钢筋提供充足的保护。有些构造做法可以与建筑装修结合，如室内混凝土的抹灰层（防碳化锈蚀）外墙面的涂层（防大气盐雾）。

这里需要着重提出的是混凝土表面裂宽限制与保护层厚度之间的矛盾。按照我国现行的混凝土结构设计规范，保护层愈厚愈不利。日本土木工程学会的标准规定混凝土表面允许裂宽为保护层厚度的某一比值，从耐久性要求看就比较合理。加大保护层厚度，在同样荷载作用下的表面裂宽会有所增加，但就防止裂缝截面上的钢筋发生锈蚀而言仍然有利。

5. 施工要求与施工质量验收

施工质量对耐久性的重要性也许怎样估计都不会过分，因此施工的质量保证必须作为耐久性设计中的一个特殊重要内容，重点是确保表面混凝土的质量与保护层的厚度。瑞典Lindavall 曾实测调查桥梁构件不同部位混凝土的耐久性，即使在同一桥墩上，各个部位的氯离子扩散系数就可有很大差异。

在每项工程开工前，应由监理（必要时还有甲方代表）和技术人员按照设计要求，针对不同工程的特点、环境、施工季节、施工条件和有关的混凝与结构施工验收规范，共同制定具体保证措施和实施计划。需要重点保证的内容可通过重复或多次检查来提高质量保证率。为了确保混凝土养护质量，国外在工程合同中多规定有具体的奖惩办法。

对耐久性有严格要求的重要工程，完工后除抽样检测钢筋保护层的厚度外，应对表层混凝土的质量进行现场测试，包括混凝土渗透性的现场实测和钻芯测试。

6. 使用期内的维修和定期检测

结构的实际使用年限与使用阶段的维修紧密联系。处于严重腐蚀性环境作用下的结构物则必须定期检测，所以设计人员应在设计文件中向工程的业主与运营管理单位或用户与物业管理单位提出使用过程中需要维修以及设计预定的需要定期修理或更换部件的具体内容，并在设计中要为今后的检查、维修和部件的更换创造方便和条件，如隐蔽而又易遭腐蚀的关键受力部位，要预留必要的检查孔，为更换部件需要考虑施工操作的可能。

定期的检测除目测外，包括碳化和氯离子浓度在不同深度上的分布以及钢筋的锈蚀倾向等。

7. 使用年限的定量预测[18]

用材料性能劣化的计算模型进行使用年限的预测，现在还主要处在研究阶段。这些计算结果固然有重要价值，但因前面已经提到过的种种问题，还不能作为一种普遍可用的设计方法。

七、小结

我们可否将混凝土结构的耐久性设计方法划分为三个不同的层次：

第1层次：通过控制混凝土材料的常规指标（如强度等级、水胶比、胶凝材用量）和组成（如原材料选择包括矿物掺和料、引气剂等外加剂的使用）以及保护层厚度等构造措施达到所需的耐久性；

第2层次：通过控制混凝土材料的耐久性指标，如抗冻等级，扩散系数、渗透系数等达到所需的耐久性要求。可是这些参数也需与混凝土保护层厚度一起配合才能解决配筋结构的钢筋锈蚀问题。因此混凝土材料的耐久性指标，似乎只能作为一种补充，使耐久性有更大程度的保证。实验室条件下按照标准试验方法确定的这些耐久性指标，一般都不能直接与结构使用年限的预测计算模型挂钩。抗冻等级不能回答结构设计所需要的混凝土在反复冻融后的强度损失程度或冻蚀深度的年损失率，结构计算还需要知道保护层受冻后对钢筋锈蚀的影响而不是动弹模降低了多少。在抗冻等级、扩散系数等耐久性指标上，迫切需要研究解决如何将这些试验室内标准试验的结果与实际工程耐久性计算模型中的参数建立起联系。

第3层次：通过理论或经验的计算模型进行使用年限预测。困难在于模型的精度以及计算参数的选取。

作为一种普遍可用的设计方法，今天的耐久性设计看来还得主要依靠第1层次。它简单易行，便于工程技术人员掌握和使用。但对采用这种方法的设计标准来说，应该在编制的过程中，充分利用近年来的研究成果包括各种计算模型的预测技术，结合工程经验，综合分析后提出不同使用年限、不同环境类别及其腐蚀性等级下的不同要求。

对于比较重要的结构，则可同时提出混凝土材料的耐久性指标，即第2层次，作为双层控制。

对于严重腐蚀性环境下的重要结构，建议再按第3层次验算，这需要委托专门研究机构去完成。

不论是那种层次，施工质量的控制与保证、构造措施与裂缝控制、定期维修与检测都应作为耐久性设计的必需内容。

和一般荷载下的强度设计一样，结构的耐久性设计和设计考虑中必须要有适当的安全贮备或可靠度。结构的耐久性设计还要突出考虑结构的可修复性，并将它作为和适用性、安全性一样的结构基本性能要求。

"耐久性预测不可能是一门精确的科学，建筑物预测只能是个估计"[22]。作为工程设计，可以是基于某种偏于保守的近似估计。万一估计不足，如果这一结构的耐久性设计是考虑了可修复性并有定期检测的要求，总还有办法补救。

参考文献

[1]　陈肇元. 高强混凝土与高性能混凝土.《中国建筑技术政策》，中国城市出版社，1998

［2］ Proposed Recommendation on Durability Design for Concrete Structures，JSCE，Concrete Library of JSCE，No. 14，March 1990

［3］ Durability Design of Concrete Structures，Rilem Report 14，Edi. by A. Sarja and E. Vesikari，1996

［4］ General Guidelines for Durability Design and Redesign，The European Union-Brite Euram Ⅲ，Document BE95-1347/R15，Feb，2000

［5］ The design life of structures，edited. by G. Somerville，Blackie and Son Ltd.，1992

［6］ 土建结构工程结构的安全性与耐久性. 中国工程院士水建学部工程科技论坛论文集. 2001 年 11 月

［7］ 陈肇元. 结构设计规范要为市场经济服务. 建筑结构，2001 年第 5 期

［8］ J. Walraven，Message from the President，Structural Concrete，2000，1，N04

［9］ H. -U. Litener and A. Becker，Design of Concrete Structures for Durability and Strength to Eurocode2，Materials and Structures，Vol 32，June 1999

［10］ 建筑结构可靠度设计统一标准，GB 50068—2001；建筑结构设计统一标准，GBJ 68—84

［11］ Concrete Model Code for Asia，IABSE Colloquium，Phudet，1989

［12］ T. Siemes，R. Polder，Design of concrete structures for durability，Heron V. 4S，no，4，1988

［13］ A. Lindvall，Reinforced Concrete Structures Exposed in Road and Marine Environments，Environmental Actions and Response，Chalmers University of Technology，2001

［14］ International RILEM Workshop on Life Prediction and Aging Management of Concrete Structures，Edi. D. Naus，2000，RILEM Publications

［15］ Chloride Penetration into Concrete，State of the Art Report HETEK，Report No. 53，1996

［16］ P. Bamforth，Predicting the Risk of Reinforcement Corrosion in Marine Structures，Corrosion Prevention & Control，Aug，1996

［17］ S. L. Amey，et al，Predicting the Service Life of Concrete Marine Structures：An Environmental Methodology，ACI Structural Journal，March-April 1998

［18］ Service-life Prediction，State-of-the-art report，ACI 365. R-00，Reported by ACI Committee 365，April 2000

［19］ C. Henriksen，Testing of New Concrete to Obtain Durable Structures，Proc of the 13th FIP Congress

［20］ Performance Criteria for Concrete Durability，Edi. J Kropp and H. K Hilsdorf，RILEM Report 12，E&FN SPON，1995

［21］ 冷发光. 荷载作用下混凝土氯离子渗透性及其测试方法研究. 清华大学博士论文，2002

［22］ Guide to Durability of Buildings and Building Elements，Products and Components，BS 7543：1992

［23］ Guide to Durable Concrete，ACI 201. 2R-77，Reported by ACI Committee 201

［24］ ISO15686-1 Buildings and Constructed Assets-Service Life Planning，Part 1：General Principles，2000

［25］ A. E. Long，etc.，Why Assess the Properties of Near-Surface Concrete? Construction and Building Materials，15 2001

［26］ P. K. Mehta，R. W. Burrows，Building Durable Structures in the 21st Century，Concrete International，March 2001

［27］ Ch. Gehlen，P. Schiessl，Probability-Based Durability Design for the Western Scheldt Tunnel，Structural Concrete，June 1999 Pt 1，No 2

［28］ 陈肇元编. 混凝土结构的耐久性与使用寿命（综述报告）. 中国工程院咨询研究项目—工程结构，2001 年

附录一　耐久性设计的因子法

E. Vesikari 在文献［14］中介绍了芬兰按照 ISO/DIS15656 用因子法进行混凝土外墙板使用年限的设计方法。

ISO/DIS15686《建筑物的使用年限计划》的一般原则中，定义某一构件的设计使用年限 t_g 为业主或业主与设计人共同决定的年限，而构件的估算使用年限 t_e 用因子法确定，设计式为：

$$t_e = t_r \cdot A \cdot B \cdot C \cdot D \cdot E \cdot F \cdot G$$

式中 t_r 为基准使用年限，与设计保证率有关，并假定使用年限服从对数正态分布，变异系数 0.6。则当保证率 95％时，t_r 为 50 年，相对应的平均设计年限是 145 年（附表 1-1）。因子 A 到 G 分别代表：A 构件质量，B 设计水平（结构构造），C 施工质量，D 室内环境，E 室外环境，F 使用状态，G 维修保养水平。这些因子用计算机模拟确定。

附表 1-1

安全水准　保证率	95％	90％	80％	50％	平均
基准年限　（年）	50	61	78	124	145

1. 混凝土冻害

与使用年限相关的冻害为混凝土内部冻裂引起的混凝土动弹模降低到原有的 2/3。若不考虑施工质量（$C=1$）等因子，主要考虑混凝土内的空气间距系数（Powers spacing factor）L（A_1）、水胶比（A_2）及构件方位（E_1）和地理位置（E_2）的影响，则计算式为：

$$t_e = t_r \cdot A_1 \cdot A_2 \cdot E_1 \cdot E_2$$

为满足设计要求的使用年限 50 年，上式各因子的乘积应大于 1。因子 A_1、A_2、E_1 见附表 1-2、1-3、1-4；E_2 为建筑物地理位置，在芬兰的南海岸区为 1，北部则为 1.22。

附表 1-2

L（μm）	＜240	250	260	270	280	300	340
最低含气量（％）	4.4	4.0	3.7	3.4	3.1	2.7	2.0
A_1	∞	435	41	11	4.1	1.2	0.36

附表 1-3

W_c	0.34	0.38	0.42	0.46	0.50	0.54
A_2	12.4	5.3	2.7	1.58	1.00	0.67

附表 1-4

方　位	北	东　北	东	东　南	南	西　南	西	西　北
E_1	4.0	2.8	1.6	1.2	1.0	1.2	1.5	2.7

若构件的水灰比取最大的允许值 0.6，得 $A_2=0.4$，并设 $E_1 \cdot E_2=1$，则 A_1 至少应大于 $1/0.4$，即至少 2.5 才能达到要求，相应的含气量 3.1％。考虑到参数的变化对结果相当敏感，可适当加大取 3.7％。从附表 1-4 可见，地理位置靠南及朝南的构件表面，在冻

融情况下最不利。

2. 钢筋的碳化锈蚀

若不考虑施工质量等因素，并定义与使用期限有关的碳化为碳化深度达到保护层厚度，计算式为：

$$t_e = t_r \cdot A_1 \cdot A_2 \cdot A_3 \cdot B \cdot E_1 \cdot E_2$$

式中因子 A_1、A_2、A_3 分别考虑混凝土立方强度、矿物掺合料掺量及含气量；B 考虑保护层厚度；E_1 和 E_2 考虑室外降水和冻融。A_1、A_2 见附表 1-5 和附表 1-6。因子 A_2 当混凝土掺矿渣时，掺 5% 为 0.93，20% 为 0.77，50% 为 0.55，80% 为 0.41。

$$B = 1.6 \times 10^{-3} x^2$$

式中 x 为保护层厚度（mm）。

E_1 当遮雨时为 1，淋雨时为 5；E_2 为小于 1 的系数，考虑受湿后的冻害作用，当遮雨时 E_2 为 1。E_1 与 E_2 的乘积在绝大多数情况下均为遮雨时小，淋雨时大，故基本上为遮雨情况控制。

附表 1-5

混凝土强度等级（MPa）	30	35	40	45	50
A_1	0.88	1.23	1.75	2.51	3.69

附表 1-6

含气量	1	2	3	4	5	>5.5
A_3	0.9	1	1.12	1.27	1.44	1.54

设混凝土强度等级为 C35，含气 3.5%，不加掺合料，则 $A_1 = 1.23$，$A_2 = 1$，$A_3 = 1.19$，所以 $A = A_1 \cdot A_2 \cdot A_3 = 1.46$。如构件遮雨，$E = E_1 \cdot E_2 = 1$。为使各因子的乘积大于 1，则 B 应大于 $1/A \cdot E = 0.68$，得所需保护层厚为 $x = \sqrt{\dfrac{B}{1.6 \times 10^{-3}}} = 21 \text{mm}$，外加施工允差 5mm，实需 26mm。

附录二　DuraCrete 混凝土耐久性设计指南提出的方法

Duracete 的混凝土耐久性设计指南所采用的是可靠度设计方法，与现行的承载力强度的可靠度方法设计一样，用多个分项系数来反映可靠指标，用的是性能表达式而不是寿命安全系数表达式，故称为以性能和可靠度为基础的耐久性设计方法。

指南涉及的环境作用仅有氯离子引起的钢筋锈蚀和碳化引起的钢筋锈蚀，以锈蚀一直发展到混凝土保护层开裂宽度达到 1mm 作为承载力极限状态为止。所以整个计算包括两个阶段：第一阶段为氯离子或碳化使钢筋开始发生锈蚀，；第二阶段为锈蚀发展直至裂宽达 1mm，认为这种状态下混凝土已不再参与承载。在氯离子侵蚀下，第二阶段的过程较矩，也可仅考虑第一阶段，将钢筋表面的氯离子浓度达到临界值时作为极限状态。

这里仅简要引述海洋环境中氯离子引起钢筋锈蚀的设计计算过程，其他情况及锈蚀发展阶段的计算模型见文献［4］。钢筋表面的氯离子浓度达到临界浓度的时间可根据下式计算，用的是 Fick 模型：

$$g = c_c^d - c^d(x,t) = c_c^d - c_s^d\left[1 - \mathrm{erf}\,\frac{x^d}{2\sqrt{\dfrac{t}{R^d(t)}}}\right]$$

式中　c_c^d——临界浓度设计值；

　　　x^d——保护层厚度设计值；

　　　c_s^d——表面浓度设计值；

　$R^d(t)$——混凝土对氯离子抗力的设计值，是混凝土扩散系数 $D(t)$ 的倒数，均随时间变化。

这里的 c_s^d 相当于作用效应，而 $R^d(t)$、x^d 及 c_s^d 则与耐久性抗力有关。这些设计值与其平均值 c_s、$R(t)$、x、c_c 的关系如下：

$$c_s^d = c_s\gamma_s, \quad c_s^d = c_c\frac{1}{\gamma_c}, \quad R^d(t) = R(t)\frac{1}{\gamma_R},$$

式中，γ 为分项系数。但对保护层厚度 x^d 则不用分项系数，而是用安全裕量 Δx 来考虑，即：

$$x^d = x - \Delta x$$

氯离子表面浓度平均值 $c_s = A_c \cdot (W/B)$，A_c 为拟合系数，反映不同掺合料混凝土的表面浓度与水胶比 W/B 的关系。$R^d(t)$ 为：

$$R^d(t) = \frac{R_0}{k_e \cdot k_c\left(\dfrac{t_0}{t}\right)^n}$$

式中　R_0——标准试验给出的扩散系数的倒数，测试龄期为 t_0（一般为 28 天，0.00767 年）；

　k_e、k_c——分别为环境系数和养护系数，见附表 2-1 和附表 2-2。

附表 2-1

胶凝材料和环境	硅酸盐水泥				矿渣			
	水中	潮汐区	浪溅区	大气区	水中	潮汐区	浪溅区	大气区
k_e	1.32	0.92	0.27	0.68	3.88	2.70	0.78	1.98

附表 2-2

养护时间	1	3	7	28
k_c	2.08	1.50	1	0.79

分项系数与 Δx 的取值，与设计时为减轻锈蚀风险所付出的费用和今后修理费用的相对比值有关。如果修理的费用不高，设计时的可靠指标或保证率就可取得低些，设计时分三个等级选用（附表 2-3）。

附表 2-3

减少风险的费用与修理费用的相对比较	高	一般	低
Δx（mm）	20	14	8
γ_c	1.20	1.06	1.03
γ_s	1.70	1.40	1.20
γ_R	3.25	2.35	1.50

对于除冻盐作用，指南建议可取海洋环境下的浪溅区参数，但此时的各个分项系数 γ 及 Δx 取值则要偏低些。

编后注：本文为 2002 年 11 月参加中国工程院土水建学部、国家建设部科技委、国家自然科学基金委等单位联合组织的《混凝土结构耐久性及耐久性设计》学术会议提交的一个发言稿，未曾公开发表。从 2002 年 4 月起，国标混凝土结构设计规范 GB50010—2001 开始实施，在阅读本文集第一部分的文章时，请注意它们的写作年份以及当时有效的规范版本。

提交国家建设部的建议
——关于建筑结构的安全性与耐久性

由于历史原因，我国建筑物及桥梁等基础设施工程，在结构设计中所采用的安全性和耐久性的设置标准一直较低，与发达国家相比存在着很大差距。随着我国经济实力增强以及社会财富积累，土建结构在安全性和耐久性上的失效所带来的风险和损失，已远非过去所能比拟；而为了提高安全性和耐久性所需要增加的费用，在建造整个工程的投资费用中所占比例已逐渐减少，尤其在大城市的大型工程中，几乎已到了无足轻重的程度。

土建工程建设是百年大计。我们当前为实现现代化而建造的工程一定要满足将来现代化社会的需求。由梁、板、柱、墙等结构构件组成的土建结构，作为支撑整个土建工程的承重骨架，在工程的长期使用年限内是无法更换的；不像土建工程中的建筑装修或建筑设备可以在使用过程中随着生产、生活水平的提高而不断更新。所以，土建过程中的结构必须从一开始就要按照高标准的安全性与耐久性进行设计。而现在的情况则正好相反，我国在建的许多建筑物，将大量资金花在豪华的建筑装修和建筑设备上（尤其是国外设计的工程），而建筑结构的安全性和耐久性却是低标准的，包括国外承包设计的大型建筑工程，因为其中的结构设计都是以低价分包给国内的设计院，按照我国的规范设计。

长期来按照我国规范设计的一般建筑物所能承受的使用荷载（楼面活荷载），在计入了安全储备以后，总体上大概只有美、英等发达国家中的 50％～60％（2002 年实施了新的结构设计规范，差距有所缩小）；对高等级公路上的桥梁结构来说，所能承受的使用荷载（桥面车荷载）大概只有国外规范的 60％～70％。至于耐久性的现状要比安全性更为严峻，按照我国规范设计的桥梁结构和露天的建筑结构，混凝土中的钢筋从建成使用到开始发生锈蚀的年限，总体上大概只有按发达国家规范设计的三分之一。国内的桥梁、隧道、道路、港口等基础设施工程中，混凝土结构受环境作用侵蚀而过早老化的现象极其严重，而近年来新建的许多工程在设计中仍然未能吸取国内、外的教训，还在继续沿着过去的设计低标准在重蹈覆辙。所以，提高我国土建结构工程的耐久性和安全性不能再拖延；否则，不少在建工程在使用年限内的正常使用功能和安全性将会得不到有效保证，现代化建设和国民经济就会蒙受巨大损失，而由此引发的无休止的修理、拆除和重建，还将给今后的生产和公众生活带来长期困扰。

为了解决这些问题，建议：

1. 在土建结构的安全性设计上，除了要提高工程的使用荷载及相应的安全储备外，更为重要的是必须加强工程的抗灾、减灾能力。要提高大城市建筑物的抗震设防水准和耐火极限（如将商品房的结构抗震能力提高一倍，每平方米房屋需增加的造价大概不超过

100 元，只有房价的几十分之一），重要建筑物和人员密集的交通枢纽与公共建筑物要考虑爆炸作用下的减灾要求。设计规范中要重点增加结构的整体牢固性要求，防止因局部破坏而引发的大范围结构倒塌（如 1976 年的唐山地震、1992 年的盘锦燃气爆炸、2001 年的石家庄爆炸案件和最近发生的衡阳火灾等灾难性后果）。要大幅度地提高桥梁等交通结构和建筑物公用廊道结构的设计使用荷载。

2. 建议有关部门能对各类土建工程的耐久性设计标准作一次全面审查，明确规定各类土建工程的设计使用年限（设计寿命），并规定在重要工程和可能遭受冻融以及接触海水、除冰盐和腐蚀性气体、水体或土体的工程设计文件中，必须有耐久性设计的独立章节与论证。对于桥梁等基础设施工程，应该在设计中进行工程投资的全寿命投资成本分析，包括初始的建造投资和后期的维修投资之间的合理性评估。

要提高城市的多、高层房屋特别是大型建筑物和高层建筑的设计使用年限和桥梁等基础设施工程的设计使用年限，这能取得重大的经济效益和环境效益，符合节约资源、保护环境和可持续发展的基本国策，建议有关部门能尽早确定土建结构要有高寿命的技术政策。

3. 土建工程的安全性与耐久性，应有使用过程中的定期检测和正常的维护修理加以保证。对于城镇中的学校、体育场馆、商场、剧院等人员集中的建筑物，要建立相应的法规，实施强制性的定期安全检测。我国的已建工程由于过去的设计标准低、施工管理不善以及性能老化等原因往往存有不少隐患，有必要建立使用过程中的安全检测制度并制定相应的检测技术标准。

对于土建结构工程的定期检测与评估，建议有关部门能够通过试点，建立从业人员的注册工程师制度和从业机构的资质认证与监管体制。这对杜绝重大安全事故和维护工程的长期功能将起到重要保障作用，同时又能提供众多就业岗位。

4. 完善土建工程建设的技术标准体系及其管理体制。我国现行的技术规范及其管理模式沿袭了计划经济年代服务于短缺型经济和用行政命令方式管理技术的特色，已愈来愈不适应社会主义市场经济的需求。要淡化现行技术规范条文的强制性，鼓励工程设计、施工人员能在规范的指导下联系工程实际并实事求是地处理工程问题。

要像国际上土建结构领域的许多著名规范那样，明确指出技术规范中所提出的要求只是一般情况下的最低限度要求。所以，设计或施工人员必须根据工程的具体特点，需要时应该采取高于规范的最低要求。规范是以往工程实践的总结，其适用对象主要应是一般条件下的一般工程。我国近年来修建了许多前所未有的大型、新型和复杂的结构工程，其中有不少出现了安全性与耐久性上的缺陷甚至事故，就与设计、施工时盲目套用规范最低限度要求的习俗有关。对于这种情况，就不能以不违反规范为借口而加以宽容并逃避责任。

5. 我国地区辽阔，经济发展很不平衡。一些地区正在进行着现代化都市的建设，而另一些地方还尚未脱贫。所以在一个较长的时期内，如果要各个地方在土建工程（特别是房屋建筑工程）的结构设计中都采用划一的安全性与耐久性设置标准，显然会引起不可克服的矛盾。为此，首先要鼓励经济相对发达地区的省市，编制适合于当地的建设法规和地方性技术标准，适应当地的经济发展水平、技术水平和地理环境上的差异。在建筑结构的技术标准上宜实行中央和地方二级管理并以地方为主的做法。地方技术标准中的最低要求除特殊情况外，应高于国家标准中的最低要求。技术标准的编制和管理工作要逐步移交给学会和行业协会负责，而政府的职责则可限于审批。

6. 在基础设施和公共工程的建设投资上，要改变重新建、轻维修的倾向，并加大工程维修费的投资比例。新建工程在正式立项前要有前期预研工作的经费安排，要适当控制施工进度，防止盲目抢工影响工程质量。建议有关部门能对土建工程的投资拨款方式作必要调整。

7. 鉴于混凝土结构的耐久性对于我国今后经济发展和生产、生活的重大影响，应集中力量加强这方面的开发与研究。建议有关部门能组织专门的论证，确定若干重大研究项目，开展系统而长期研究。要联合国内的设计、施工、材料生产企业和科研、高校部门，重点结合大型工程进行室内外结合的长期测试研究，在经费上给予重点扶持。

8. 提高结构材料的耐久性是保证结构使用年限的主要途径。在我国的工程建设中除了要继续大力推广高性能混凝土外，建议有关部门还能从技术政策上对以下方面采取措施，为提高混凝土和钢筋的耐久性创造有利条件：1）从混凝土的耐久性出发，修改水泥的质量标准；2）重点推广使用引气混凝土，扶植优质引气剂的生产企业，引气混凝土不仅在冻融环境下需要，而且也有利于一般环境下的混凝土；3）强制淘汰颚式破碎机生产混凝土用碎石的工艺；4）研究开发耐锈的钢筋新品种；5）制止滥用海砂并积极研究海砂的合理利用。滥用海砂能导致钢筋的严重锈蚀和房屋的毁损，在台湾曾因此引发过严重的社会风暴。国内沿海地区近年已大范围使用海砂，但质量检验制度尚欠齐全、潜在风险巨大，应引起有关部门的严重关注，为此应研究建立海砂供应的特许经营政策。

编后注：本文写于 2004 年。

宁波要慎用海砂混凝土

——提交宁波市委的建议

　　到宁波以前，我不知道宁波市在 6 年前已颁发了应用海砂的文件，允许在采取一定技术措施（清洗脱盐，或在混凝土中加入阻锈剂）的条件下，放开了海砂的应用。我一到宁波，就有宁波日报的记者就宁波华光城 23 户居民因住房楼板的钢筋严重锈蚀、混凝土保护层顺筋开裂剥离并投诉房产商的事找了我。由于不了解具体情况，我不敢表态，但内心为之震惊，因为听起来很像是海砂惹起的事故，在这么短的时期内造成如此严重破坏，一般多为氯盐危害。

　　1. 用海砂配制混凝土，在世界范围内有过许多惨痛教训。海砂中的氯盐能引起钢筋严重锈蚀，导致的后果很难收拾。上个月，台湾有一个高层次的土木工程专家团访问中国工程院，与我们一起座谈，他们主动提到希望大陆要十分重视避免发生"海砂屋"事件，这在台湾曾导致相当大的社会风暴。国内现在已有不少地方出现了海砂建房导致损毁的事件，但多是由于私下违禁使用海砂所致，而当地政府都不允许使用海砂。深圳有的房子出问题也有由于所用河砂受到过海水盐分侵入的缘故。山东威海市有一个叫皇冠小区的 13 幢 6 层住宅，由于施工时堆积在场地上的河砂受风暴卷起的海水浸泡，住宅建成后三年就发生钢筋锈蚀，在居民投诉下，最后不得不全部拆除，重新修建。海砂混凝土中的钢筋可以几年就出问题，也可以十几年或几十后出问题，一出问题后受害者往往投诉无门、冤屈难伸而引发社会问题，政府部门也判罚难明，无从入手。海砂屋就像不知何时爆炸的定时炸弹，后患无穷。

　　2. 从理论上讲，采取一定技术措施后，如用淡水冲洗海砂降低氯盐含量或者在混凝土中拌入化学阻锈剂，可以防止或延迟钢筋发生锈蚀。由于河砂资源枯竭，日本在混凝土中应用海砂的比例已接近全国混凝土用砂量的 40%，在近海地区甚至达 90%。应用海砂的前提首先是要有严格的质量检验与保证制度。如何控制和保证冲洗处理后的海砂中氯盐含量不超过允许值，这在我国当前的建筑施工管理水平和施工操作人员（大多数是农民）素质的条件下，如果没有一整套非常完整的监督机制与检验措施，是很难有保证的。所以我觉得宁波市全面放开使用海砂的做法有重大的潜在危险，市政府为此而承担的风险也过于巨大。我所了解的其他沿海城市似乎都还不敢这样做。另外，即使是技术问题本身，如氯盐的允许含量应该多大？这与钢筋外面的混凝土保护层厚度、混凝土原材料及配制拌和时加入的水量、使用环境的温度和湿度等多种因素有关，尤其与施工质量有关。在学术界、工程界以及不同的国家规程里，对混凝土用砂中的氯盐含量允许值，在认识上很不一致，仍是一个可以研讨的问题。钢筋锈蚀必须有水分参与，所以一般认为干燥环境下不会锈蚀，不过也有人提出即使在相对湿度仅有 20％的干燥环境里，由于氯盐有吸水能力，仍有可能发生锈蚀。至于阻锈剂，它的作用到底能延续多少年，很少有人能说得清楚。因此，海砂应用必须万分慎重。有学者曾发表论文介绍了他对宁波地区 8 个施工现场的混凝土用砂进行抽样检验的结果，全部都不合格，都超出了宁波市文件的规定，有的超标一倍，而日本对海砂中氯盐含量允许值的规定还要比我们低得多。当然，超标了最后也不一定必然发生安全质量事故，这还要看超过的程度和其他条件而定；符合标准的也不一定完全保险，因为宁波市对海砂氯盐含量允许值的规定在某些比较不利的环境和条件下显得过大。无论如何，重要的工程包括重要公共建筑物（按国家规定应至少安全使用 100 年，考虑了保证率后，平均概念上的使用寿命大概要有 200 年以上才成）以及高层建筑、学校、剧院、大商场等人员密集的建筑物应严禁使用海砂。宁波市既然在海砂应用上放开了口子，就一定要落实管理，趋利避害，取得经验，并及时总结和修订各项规章制度。即使是一般建筑物，按国家规定应至少安全使用 50 年，考虑了保证率后，平均概念上的寿命大概要到 100 年。

3. 宁波华光城房屋的安全质量事件是否为氯盐侵蚀所致仍有待检测认定。在宁波这样全面放开海砂应用的前提下，联系到我国当前建筑市场混乱和管理不善的普遍状况，出现海砂屋并需推倒重建的事件迟早总会发生。由于海砂混凝土的应用事关广大市民切身利益，弄得不好，关系社会稳定。这样的事不仅政府要管，市委也宜关注，所以冒昧地向您汇报，并提出如下建议，供宁波市领导参考或审议，不当之处请予批评和帮助：

1）尽快发文规定，凡用海砂混凝土修建的建筑物，不论是否已具有原材料的合格证明，在竣工验收时，必须列入现场混凝土钻芯取样检测氯盐含量的内容。凡氯盐含量超出规定的商品房不许出售，必须采取补救措施后低价处理；凡超出规定过多则要就地拆除重建。只有这样才能将工程质量变成开发商和施工单位自己关心的头等大事，而不是单靠政府有关部门去干预。为此，要制定具体的实施方案与细则。这样的检验工作又必须客观公正，应有二家以上的单位分头参与，使检测结果得以相互对比。检测单位和检测人必须与开发商和施工单位没有任何利益关系，其中必须有一家检测单位不属于政府主管建设管理部门的下属检测机构，避免将政府卷入事故责任中。这种检测在技术上很容易，也不贵，应该不难实行。

2）在我国当前的客观条件下，全面放开海砂应用的风险实在太大，不宜作为一种正常现象。在各种土建工程中，重要的工程应禁止使用海砂。一般工程在确保技术措施落实的前提下可以容许使用海砂，但鉴于应用海砂可能发生的严重风险后果，作为商品房的消费者在购房时对此应有知情权。开发商应在销售时明示该房屋用了海砂并出具竣工后根据现场混凝土结构取芯检验的合格证明。这样以后万一出现问题，政府部门也可有说法。由于混凝土用砂的资源接近枯竭，合理利于海砂是早晚的事，但这种利用必须公开示众。只有公开并示众才能有各方的监督特别是购房者用户的监督，才能杜绝滥用海砂。否则，单靠政府有关部门疲于奔命地去查是根本管不住的。如果有关部门了解问题的潜在严重性而又不想让老百姓知道，那就是责任问题了。

3）邀请国内专家，参与补充、修改和完善宁波市关于应用海砂的技术规定。在此基础上，研究制定海砂特许经营和特许开采的办法，就像食盐一样管起来。这项工作如做得好，应该可以作为宁波市对全国沿海地区建设的一个贡献，为大家做榜样。另外，可在宁波举行海砂混凝土应用的学术讨论会，对大家肯定会有所裨益。

4）设立专项研究，对宁波已建房屋（自放开使用海砂以来）进行混凝土氯盐含量的抽样检测，及早发现问题补救，要比混凝土中的钢筋锈蚀到危及安全后再处理为好。这项工作应该在市里的统一领导下进行，注意不要在群众中引起不必要的负面影响，抽样检测的地点尽可能不要进入住户室内，比如选在公共楼道的墙面和楼板上。

我的这些想法可能是危言耸听或杞人忧天，不过回京后见到几位对氯盐侵蚀素有丰富工程实践和研究经验的国内专家，他们对宁波大范围放开海砂应用的做法也感到担心，这就增强了我写这个汇报的决心。是否准确，请予明察。（2002 年 5 月 5 日）

编后注：海砂混凝土在国内沿海地区多有应用，尤以广东、浙江、福建、山东、辽宁等地为甚。由于河砂日渐枯竭，山砂质量较差，磨细石砂不但质差而且成本又高，所以如何安全合理的利用海砂值得很好研究。首先要在源头上进行控制，要有地方政府批准个别企业特许经营，不许乱采滥挖破坏海底环境，即使出了问题也容易追究处罚。

工程结构的安全性与耐久性

在房屋、桥梁、隧道等各类土建工程设施中，用来承受荷载等作用并支撑整个工程设施的是工程结构，它由梁、板、墙、柱等不同的结构构件组成，类似人体中的骨架，构成了工程设施的主体。结构的首要功能是承重，结构的安全性就是结构及其构件在荷载等各种可能出现的外加作用下防止破坏倒塌、保护人员设备不受损伤的能力。结构在长期使用过程中还会受到周围环境温度、湿度、降水、冰冻等来自大气的作用以及所接触土体、水体和空气中的有害化学物质的作用，这些环境作用能导致结构材料的性能随着时间衰退（劣化），所谓结构的耐久性就是结构及其构件在环境作用下能够长期维持其所需功能的能力。

结构安全性是土建工程最重要的质量要求之一。我国土建工程的安全质量事故频繁发生，尤其是抵抗地震、爆炸等灾害性荷载的能力相当薄弱，一有灾害，往往造成极其惨重的人员伤亡与财产损失。结构的耐久性则关系到工程的长期使用效益和工程寿命；建造土建工程所耗费的材料数量极其巨大，生产这些材料不但破坏生态、污染环境，而且有的资源已近枯竭，所以随着可持续发展观念的日益觉醒，工程的耐久性越来越受到重视。与安全性相比，我国土建工程在耐久性上存在的不足更为突出，需要给予更大的关注。

不同材料建造的结构在安全性与耐久性上有着不同的特点，我们在这里要讨论的主要是房屋建筑中的混凝土结构，因为它在我国土建工程中占绝对主导地位。

一、工程结构的安全性[1]

工程结构的安全性主要取决于设计、施工水准，也需要有正确使用与正常维修检测相配合。设计、施工水准的高低，既与政府部门颁布的工程法规和技术规范中所规定的安全设置水准有关，又与设计施工人员的技术水平与素质相联系。

1. 结构的外加作用与结构设计方法

结构安全性首先取决于结构设计时的安全设置水准，而结构设计需要考虑的各种外加作用主要有三类[2]：

1）一般作用。包括工程的自重、使用荷载（如人群、设备、车辆）、风载、雪载等一般性的永久荷载和可变荷载的直接作用以及施加于结构上的强制变形等间接作用。

2）偶然作用。主要指地震、爆炸、火灾等灾害作用，其特点是作用的强度大，后果严重，但发生的概率较低。严重人为错误的后果也可列入这一范畴。

3）导致结构材料性能劣化（如钢材锈蚀、混凝土腐蚀）的环境作用或环境影响。

当今的结构设计多采用极限状态设计方法，所谓极限状态就是结构不再满足设计功能要求的失效状态。结构及其构件在其设计使用年限内，必须具有适当的安全储备（安全系

116

数方法中）或适当的可靠度（可靠度方法中），满足下列三个方面的基本功能需求：

1）在一般作用和环境作用下能满足正常使用的适用性要求，与之相应的极限状态即为适用性极限状态（serviceability limit state）；在我国的结构设计规范中，被不适当的称为正常使用极限状态。

2）在可能出现的一般作用和规定的偶然作用下，有足够的承载力（最大极限承载力或最大抗力，有时也可为不能继续承载时的最大极限变形）能够抵抗倒塌或类似倒塌那样的严重破坏，与之相应的极限状态称为承载力极限状态（ultimate limit state）。

3）结构不应发生与其初始损坏原因不相称的严重破坏后果，即结构应有整体牢固性（structural integrity 或 structural robustness）；或者说，结构中发生的局部破坏，不应该引发成大范围的连续倒塌。

20 世纪 50 年代以后，苏联、我国、欧洲等国家的结构设计规范相继推出了极限状态设计方法。对于混凝土结构的设计，主要考虑的极限状态有承载力极限状态（与构件的安全性相应）和正常使用时的变形极限状态和裂缝极限状态，后两者常合并称为适用性极限状态或正常使用极限状态。极限状态的分类在不同国家的设计规范中并不一致，例如在挪威的混凝土结构设计规范中规定了 4 类极限状态，其中将疲劳荷载作用和偶然作用从承载力极限状态中分出来，变成：1）承载力极限状态；2）疲劳极限状态；3）偶然极限状态；4）适用性极限状态，后者包括环境作用下的耐久性、位移变形、裂缝、渗漏、振动、预应力结构的最大应力限制等。我国现行结构设计规范中的极限状态与欧洲规范中相似，规定两类极限状态，即承载力极限状态与正常使用（适用性）极限状态。

环境作用下与材料性能劣化相联系的耐久性主要影响结构的适用性，虽然有时也会造成安全事故。在极限状态设计方法中，通常将环境作用下的耐久性极限状态纳入正常使用下的适用性极限状态中的一个方面。在一般荷载作用下，也有个别情况需要考虑耐久性，如疲劳荷载的作用会引起材料强度降低，但这些在设计时主要与力学计算和强度分析相联系。而环境作用下的结构耐久性设计，则主要与材料的腐蚀过程有关，通常不需进行力学分析或强度计算。

对于结构设计来说，要保证结构的安全性，就必须做到：

1）在可能发生的一般作用和规定的偶然作用下，结构中的每一构件（如梁、板、柱及其连接）都要有足够的强度和稳定性，即构件在承载力上的安全性；

2）结构必须具有整体牢固性，无论天灾人祸，结构都不应发生与其初始原因不相称的严重破坏后果；

3）在环境作用下，结构材料性能的劣化应控制在可接受的程度内，因为材料性能劣化到一定程度，也会影响安全。

2. 构件承载力的安全设置水准

在结构设计规范中，按承载力极限状态设计的一般计算式为：

$$S(\gamma_g G, \gamma_q Q, \cdots\cdots) \leqslant R\left(\frac{f_{yk}}{\gamma_y}, \frac{f_{ck}}{\gamma_c}, \cdots\cdots\right)$$

从式中可以看出，与构件安全设置水准有关的因素有：荷载标准值（永久荷载 G，可变荷载 Q 等），材料强度标准值（混凝土强度 f_{ck}，钢材强度 f_{yk} 等），荷载和材料强度的分项系数或安全系数（γ_g，γ_q 及 γ_y，γ_c 等），确定构件抗力 R 与荷载作用效应 S（构件内力）的分析计算方法的保守程度。其中，与安全水准关系最大的是规范设定的荷载标准值与分项系数或安全系数。在我国现行的结构设计规范所采用的以概率理论为基础的极限状态设计方法中，上式中的 γ 称为分项系数，与规范设定的结构可靠指标 β 有关；但当今国际上绝大多数结构设计规范所采用的则是以半概率、半经验为基础的多安全系数（荷载系数与材料抗力系数）极限状态设计方法，其中的安全系数 γ（在美国的混凝土结构设计规范中，材料强度的安全系数用抗力安全系数代替）主要由经验确定。至于材料强度的标准值 f_k，不论在可靠度或多安全系数的极限状态设计方法中，目前多普遍采用以 95% 保证率的材料强度作为标准值。可靠度设计方法中的荷载分项系数和材料强度分项系数虽然在表面上看来与多安全系数设计方法中的荷载安全系数和材料强度安全系数相似，但两者所代表的概念却不完全不同。

以量大面广的办公楼房屋的结构设计为例，我国规范自 1959 年以来均规定办公室楼层需要承受使用荷载（除楼板自重以外的人群及室内设备等活荷载）的标准值按 1.5kPa 的均布荷载考虑，相当于美国规范规定值的 63%，英国的 60%，法德俄的 75%，日本的 52%，是国际上最低的[3]。我国规范规定的其他建筑物的楼层使用荷载，与国外相比也有很大差距，尤其是建筑物中的过道、走廊、阳台等人员拥挤或在危急情况下需要抢险救援和疏散的场所，相差更为悬殊（表 1）。2003 年起实施的我国新规范已将办公室和公寓房间的楼层活荷载从 1.5kPa 提高到 2kPa，但公共场所的使用荷载标准值仍基本没有变化，如体育场馆楼层的活荷载标准值为美国规范中的 73% 和英、德、新加坡等规范中的 70%。设计时楼层需要承受的荷载规定的小了，传到下部梁、柱、基础等构件的荷载也就减少，结构的整体承载力一起随之下降。

不同建筑物楼层承受活荷载的标准值　kPa　　　　　　　　　　　　　表 1

		体育馆看台	办公楼	办公楼门厅	公寓住宅房间	公寓住宅走廊	学校教室	学校走廊	剧院门厅	餐厅
中国	2003 年前	3.5	1.5	2.0	1.5	1.5	2.0	2.5	3.0	2.5
	2003 年后	3.5	2.0	2.5	2.0	2.0	2.0	2.5	3.5	2.5
美国		4.8	2.4	4.8	1.94	4.8	2.0	3.9	4.8	4.8

由于结构需要承受的荷载以及结构的材料性能、设计计算方法、施工质量等均存在着许多不确定性与不确知性，所以结构构件的承载力设计必须有足够的安全保证率或安全储备。为此，规范规定荷载的设计值应该是上述标准值乘以大于 1 的荷载分项系数（或荷载安全系数），同时在确定结构构件的承载力（最大抗力）时，应该将材料强度的标准值除以大于 1 的材料强度分项系数（或材料强度安全系数，在美国规范中，是将抗力乘以小于 1 的系数）。

日本与德国的设计规范在一些方面比英美还要保守。我们也不要以为发展中国家或经济落后国家的设计规范在安全设置水准上就要低些，因为多数发展中国家作为发达国家的前殖民地，一般都参照发达国家的规范行事，就如我国解放前和建国初期的结构设计多参照美国等规范设计一样。我国的香港和台湾地区，至今仍分别以英国规范和大体参考美国规范为依据。所以，我国结构设计规范在构件承载力安全设置水准上的低要求，在世界上是非常突出的。当然，安全设置水准的高低要看需要和可能而定，高的也并不一定总比低的合理。

再看公路桥梁结构设计的安全设置水准。为了便于比较，以各国桥梁结构设计规范规定的最常用的车辆使用荷载（我国为汽超 20 系列）作用于 30 米跨度的简支梁桥为例[4]，在考虑了使用荷载和材料强度的各自分项系数或安全系数（我国桥梁规范的车辆荷载系数为 1.40，低于美国的 1.75 和英国的 1.73，同时材料强度的系数也定的较低）之后，这就使得同一桥梁按照我国规范设计给出的对于车辆使用荷载的实际承载力，仅为美、英规范设计的 69％和 56％。这里还没有考虑其他因素对安全水准的影响，例如美国桥梁规范考虑到简支梁桥没有冗余度，尚需额外提高安全系数 10％；在预应力混凝土梁的抗剪能力计算上，我国规范给出的公式也偏于不安全。

值得注意的是，由于我国规范对于一般荷载作用下的安全水准定得过低，同样也会影响到结构的抗灾能力与偶然作用下的安全性。由于楼层的使用荷载标准值定的较低，则在同样的抗震设防烈度或地震加速度下，结构据以设计的作用于楼层的地震力也就小了。在火灾作用下，即使在同样的耐火极限（小时）标准下，如果楼层的使用荷载值规定得高，其抗火能力也就提高，因为构件的耐火极限或能够经受火灾高温作用的时间，是在承受规定使用荷载的条件下通过高温试验确定的。还需附带提出的是，尽管我国规范中对结构物有耐火要求，但是规范规定的混凝土保护层最小厚度，有些并不足以保护钢筋在火灾高温下的强度能够在规定的时间内免遭损失。在地震等偶然灾害作用下，也存在抗震设防标准即抗震设防烈度偏低的问题，地震的设防烈度每增加 1 度，结构抵抗地震作用的强度加大 1 倍，所以与 6 度设防相比，9 度和 11 度分别为的 6 度的 2^3 和 2^4 即 8 倍和 32 倍。我国的规范只要求地震区的建筑物按抗震设计，除个别特殊用途的建筑物外，也不考虑抗爆炸、撞击与严重人为错误的要求。

规范对于一般荷载作用下的安全设置水准定得过低，还使得结构材料在正常使用状态下的工作应力偏高，有时也会对结构长期使用的适用性带来负面影响。例如我国混凝土结构设计规范以往一直规定永久荷载的分项系数只有 1.2，比国际通用规范规定的约低 15％，而混凝土材料强度的分项系数又低 10％（按新修订的规范为 7％），这就使得自重产生的工作应力有可能相差 26％之多。对于永久荷载（自重）占全部荷载很大比例的大跨公路桥梁等结构来说，由于混凝土长期承受过高的工作应力，会出现过大的徐变变形，受弯构件的挠度持续上升并引发混凝土开裂。我国近年来建造了许多大跨公路桥梁，这种恶果也已在不少的桥梁中出现。尽管我国设计规范规定的结构构件承载力的安全水准较低，但是国内建成的有些工程，材料用量竟反而有高于国外同类工程的；这里的问题主要在于设计墨守成规，设计时只注意结构构件的承载力计算，而在结构方案、新材料选用、分析计算、结构构造上缺乏创新。

3. 结构的整体牢固性[6][7][10]

整体牢固性是结构安全性中最重要的一个方面。整体牢固性要求结构构件之间有可靠的连接，结构有必要的冗余度（当结构构件某处出现破坏后，原来承受的荷载能够转移到别的途径传递），结构及其构件要有足够的延性（在达到最大抗力后，能够继续发展较大的变形而延缓承载力失效的破坏过程）。对于构件承载力的安全性，设计规范中规定了构件承载力的具体计算公式以及可靠指标或安全系数等量值；但是对于结构的整体牢固性，我国的规范尚未能够提出具体的分析方法和标准，只能依靠设计人员通过合理的结构方案与结构布置以及可靠的构造措施加以保证。

我国传统房屋多采用砖砌体作为承重墙体，在上一世纪修建了大量的用砖墙与混凝土预制楼板组成的"砖混结构"。砌体的延性本来就差，在这些多层砖混结构中，又往往简单地将预制楼板的端部平搁在墙上，一旦遭遇地震、爆炸、撞击等偶然作用出现某处局部破坏，或因设计施工不当在结构内部留有局部隐患，就有可能造成连续倒塌，酿成整幢楼房或整个单元大范围塌毁的灾难性后果。北京、盘锦、石家庄、章丘、衡阳、鹤壁等地都发生过房屋连续倒塌。2001年，石家庄一罪犯在凌晨用土炸药置于石家庄棉纺二厂职工宿舍公寓一楼梯间的墙旁，引爆炸药，造成整楼连续倒塌。楼房的结构为砖墙、预制混凝土楼板，图1为一片瓦砾的救援现场；罪犯作案后又转到第二地点，用同样手段炸毁工厂另一职工宿舍公寓的一个单元，图2为第二现场，楼房的结构也是砖墙、预制混凝土楼板；罪犯转到第三地点，用同样手段炸毁工厂又一个职工宿舍公寓的一个单元，图3为第三现场，楼房的结构也是砖墙、预制混凝土楼板；2003年春节期间，山东章丘的装配式预制钢筋混凝土大板公寓楼房，因燃气爆炸造成一个单元从上到下的坍塌，如图4所示。

图1

图2

图3

图4

在我国，地震造成大量人员死伤的主要原因，也是由于房屋的整体牢固性太差。

从历史上看，人们正是从不断的灾害事故中吸取教训，将结构设计的关注点从早期的单一集中在构件的承载力上，逐渐兼顾结构的整体牢固性。图 5 是 20 世纪 60 年代末在英国伦敦 Ronan Point 地区的一幢 22 层公寓内发生煤气爆炸事故，引起公寓一角从上到下的连续倒塌[11]。鉴于连续倒塌的教训以及民众和舆论的压力，到了 20 世纪 80 年代，英国这类房屋均被拆除。

图 5　英国伦敦 Ronan Point 高层公寓一个角部的连续倒塌

一般作用下的承载力极限状态与偶然灾害作用下的极限状态并不一定等同。以两端固定的混凝土梁为例，当最大受弯截面的受拉钢筋屈服，接着压区混凝土应变逐渐增加到达极限值并开始破碎剥落，这就是一般作用下的承载力极限状态。而偶然极限状态还可以考虑更大的破损变形直到构件濒临倒塌；由于固端梁因支座的水平位移受限，当构件发生较大变形时，会在支座处产生水平推力，使梁的受弯截面受到纵向压力而提高承载力（称为拱作用），当截面压区混凝土不断破碎，梁的承载力逐渐下降并出现很大的挠度后，梁内的上、下纵向钢筋继而转变成拉索那样起作用（称为悬索作用），这样梁的承载力又会进一步上升到更高的数值，直至钢筋的应力达到极限强度被拉断为止。

近年来，由于国际恐怖活动剧增，土建工程的整体牢固性更是得到发达国家的重视。一些国家要求政府建筑物、驻外机构、交通枢纽等重要建筑物必须有防爆的特殊要求。我国今后也应采取类似的对策。

4. 环境作用与结构安全性

环境作用导致钢筋锈蚀、混凝土腐蚀等材料性能的劣化，所以耐久性问题，主要属于正常使用极限状态下的适用性范畴。可是，外表的开裂或损伤在某些隐蔽工程中不易察觉，尤其是预应力混凝土中的预应力筋和吊杆、拉索等高强钢材，一旦发生应力腐蚀后很容易坑蚀脆断，破坏前在构件的外表上常无可觉察的征象出现。预应力筋和拉索常是结构中最主要的受力部件，一旦断裂就有可能引起结构的倒塌[8]。近年来拉索锈蚀造成的工程事故已接连出现，如广东海印大桥（斜拉桥）的拉索锈断事故，四川宜宾小南门拱桥的吊杆腐蚀造成桥面坠落事故，这二座桥的使用年限均不到 10 年。即使是非预应力的普通钢筋，也有可能因锈蚀而引发安全事故，如国内曾发生过多起的混凝土悬挑雨篷因根部的钢筋锈蚀而坠落的事例。

虽然环境作用也会引起结构的安全事故，但是环境作用下的结构耐久性设计仍是正常使用下的适用性极限状态设计，而不是承载力的极限状态设计。除了上面已经提到的原因，即混凝土顺筋开裂等表象为正常使用的适用性所不容外，更主要的理由是：按照现行规范的承载力极限状态设计方法，对于构件承载力的可靠指标或安全储备程度在其整个使用期内是不容许低于规定值的。所以除非在设计时就留出额外的余地，使结构的实际承载力比规范要求的大，否则是不容许钢筋能够锈蚀到影响构件承载力（例如直径变细、或混凝土的粘结力丧失）或混凝土因腐蚀而损害到截面承载力及其对钢筋的保护能力。因此，环境作用下的材料劣化程度必须限制在某一可接受的程度内，作为正常使用的适用性要求。

二、工程结构的耐久性

1. 混凝土材料的劣化

与钢材和木材相比，混凝土或钢筋混凝土抵抗环境作用的能力较强，常被认为是耐久的材料，但实际情况并不总是这样。环境作用下影响混凝土结构耐久性的材料劣化现象主要是钢筋锈蚀和混凝土腐蚀。

氯盐引起钢筋锈蚀后的锈蚀发展速度很快，远比碳化锈蚀严重，这种情况常发生在近海或海洋环境以及冬季喷洒除冰盐溶化道路积雪的环境中。当配制混凝土时使用海砂或掺入盐类外加剂（如冬季施工时使用氯盐防冻剂），也会造成严重的氯盐锈蚀。与普通钢筋相比，预应力筋、拉索等高强钢材对锈蚀更加敏感，锈蚀速度更快。图 6 是氯盐腐蚀已引起钢筋沿长度的严重锈蚀并导致混凝土的顺筋开裂，这种情况很难修复，往往只能拆除。图 7 是冬天在路面上喷洒除冰盐能促使混凝土饱水，混凝土受冻后产生很高的渗透压力和水压力，使新修的混凝土面不到一年就使面层起皮剥落或形成坑蚀。

图 6　宁波北仑港码头混凝土梁
（建成后 11 年，因钢筋锈蚀胀裂混凝土状况）

混凝土的化学腐蚀主要来自周围水体和土体中含有硫酸盐、碳酸等盐类和酸类化学物质的侵蚀。硫酸盐能与混凝土中的水泥水化产物氢氧化钙起作用并形成硫酸钙，还能与水泥水化产物中的水化铝酸三钙起作用形成硫铝酸钙（钙矾石）；这两种反应均造成体积膨胀，使混凝土开裂破坏。当硫酸盐在混凝土孔隙水中的浓度不断增加并过度饱和而结晶时，也会产生非常大的压力使混凝土破坏开裂。这种情况常发生在盐碱地区，当地下水、土中的硫酸盐渗入混凝土内部并通过孔隙水的毛细作用上升到地表以上时，在相对干燥的环境下，孔隙水中的硫酸盐浓度不断累积并发生结晶。海洋环境下当混凝土接触海水并频繁干湿交替时，也会出现类似情况。硅酸盐水泥混凝土的抗酸能力较差，当接触的水呈酸性（pH 值小于 6.5）时就会出现问题。混凝土还会受到源于自身的化学腐蚀，其中较为

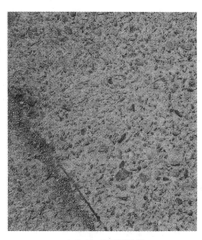

（*a*）路面剥蚀情况　　　　　　（*b*）路肩板因堆积有除冰盐的雪破坏情况

图 7　除冰盐作用下混凝土路面的冻融腐蚀

（黑龙江哈绥公路，引自黄士元的资料）

常见的一种是混凝土的碱-骨料反应。当配制混凝土时使用了含有活性矿物成分的砂石骨料，后者会与混凝土中的碱发生化学反应，形成某种胶凝体，遇水后体积膨胀可使混凝土发生胀裂破坏。

以上所说的种种劣化过程，都需要有水的参与或以水作为媒介。为了阻止水分、氧气、二氧化碳等气体和盐、酸等有害物质侵入混凝土内部，最根本的措施就是要增加混凝土材料自身的抗侵入性或抗渗性，并增加钢筋的混凝土保护层厚度，以延缓有害物质到达钢筋位置的时间。

混凝土的抗侵入性或抗渗性主要取决于毛细孔隙的孔径分布和孔隙率等孔结构特征。不同的侵蚀物质往往以扩散、渗透、吸收等不同传输机理通过混凝土中连通的毛细孔隙侵入到混凝土内部。扩散是流体中的自由分子或离子通过无序运动从高浓度区到低浓度区的净流动，其驱动力是浓度差；渗透是在压力差的驱动下而产生的流体运动；而吸收则是毛细孔隙表面张力引起的液体传输。此外，还有一些机理可引起侵蚀介质在混凝土毛细孔隙内的传输，如分子力的吸附和电场驱动下的离子迁移等。

二氧化碳、氧气和水蒸气等分子主要通过空气中的扩散机理传输，其在混凝土中的扩散过程与混凝土的含水量或湿度有很大关系。如果混凝土长期湿润或处于水下，混凝土毛细孔隙内饱水，气体分子就不容易扩散到混凝土内部，这种环境条件下的混凝土很难碳化；相反，如果环境湿度不高或比较干燥，毛细孔隙内的水分少而部分中空，二氧化碳扩散快，碳化速度也快。受雨淋的混凝土与有遮蔽的相比，前者的湿度相对较大，碳化速度较慢。但是混凝土碳化的化学反应需要有一定水分，如环境条件过于干燥，碳化也不会发生。另一方面，如果没有足够的水分和氧气供给，钢筋即使因混凝土碳化而脱钝，也不会发生持续的锈蚀。所以对钢筋来说，最易发生锈蚀的环境条件是干湿交替。

氯盐和硫酸盐是以其溶于水中的离子（氯离子、硫酸盐离子等）在混凝土孔隙水中通过扩散机理传输。如果混凝土毛细孔隙中空或部分中空，溶有离子的水又会在毛细孔隙表面张力的吸引下传输。在海洋环境中，水下的混凝土饱水，海水中的氯离子向混凝土内部扩散的速度较快，但因缺氧，钢筋不易锈蚀。处于海洋浪溅区和潮汐区的混凝土，当混凝土表层相对干燥时，通过毛细孔隙的表面张力将混凝土外表含盐水吸入湿度较大的混凝土内部，并通过扩散机理继续向里传输，而吸收的传输效率通常要比扩散显著。氯盐引起的钢筋锈蚀，同样是在干湿交替的环境条件下最为严重。氯盐参与下的钢筋锈蚀速度，远比碳化引起的锈蚀速度快得多，发生氯盐锈蚀的环境湿度范围，也要比碳化锈蚀宽得多。实验室试验表明，当相对湿度低于75%或80%时几乎不会发生碳化引起的锈蚀，而常温下的氯盐锈蚀速度即使在50%和80%的相对速度下就能达到每年9μm和61μm的深度[12]。环境温度对于锈蚀速度也有重大影响，温度每升高10度，锈蚀速度约可增加1倍。

在压力差作用下通过渗透机理将外界的水或水溶液经毛细孔隙传输到混凝土内部或进行内外对流的情况比较少见，主要发生在高水头下或水下混凝土构件的表层处。但在反复冻融的环境下，混凝土内部毛细孔隙的饱水程度会不断增加，主要原因就在于压力差下的渗透。

2. 我国混凝土结构的耐久性现状[1]

根据建设部20世纪80年代组织调查的结果，我国一般民用房屋建筑及公共建筑的结构构件由于多数处于室内干燥环境，且表面常有抹灰层或饰面保护，在正常使用条件下，通常可以达到50年的设计使用年限而不需大修，其实，50年设计使用年限的结构，不需大修的平均年限应该是100年上下，为此即使到了100年，需要大修的大概也只有5%左右。至于室外构件（如阳台、雨罩、外廊、女儿墙等）和易受潮湿的构件（如地下室顶板和南方潮湿地区紧接房顶出口、天窗和靠近基础部位）因经常处于干湿交替，在北方接触降水后又受到反复冻融，往往不到30～40年就会出现钢筋锈蚀引起的混凝土顺筋开裂和混凝土保护层剥落。一般工业厂房及露天构筑物，大多数在使用25～30年后即需大修。接触有害气体液体物质的工业建筑，使用寿命仅15～20年甚至更短。相对于房屋建筑来说，处于露天环境下的桥梁耐久性与病害状况要严重得多。主要原因在于混凝土的水灰比偏大，钢筋的混凝土保护层过薄，寒冷地区的混凝土不具备抗冻性能。

桥梁强度设计的安全设置水准过低，公路车辆超载严重，也是促使桥梁提前老化破损的重要原因之一。北京、天津地区的立交桥，由于冬天遭受冻蚀和除冰盐腐蚀破损严重。国内最早建成的北京西直门大型立交桥（图8）就因此被迫拆除，使用期限不到19年，许多立交桥在运行十余年后不得不提前进行大修加固。近年来，在盐渍地区建成的一些桥梁，其工程设计标准套用一般地区的要求，结果建成后很快腐蚀破坏。图9为山东潍坊白浪河大桥，按公路桥梁通用标准图建造，因位于盐渍地受盐、冻侵蚀，仅使用8年已成危桥，现已部分拆除并加固重建。天津滨海地区的三座混凝土桥使用8～10年后，礅柱钢筋遭严重锈蚀，柱体混凝土保护层普遍剥落；一个发电厂的主厂房1974年施工，1978年投产，因腐蚀严重于1986年被迫重建；当地的混凝土电杆安装几年后即遭腐蚀，经常发生倒塌；埋入土中的混凝土排水地下管道，仅半年就发现混凝土管道的内表面开裂和起皮的现象[1]。据2003年的铁路秋季普查结果，全国铁路有缺陷的不合格桥梁有7352座，占铁路桥梁总数的18.15%，不合格隧道有3711座，占铁路隧道总数的65.5%，其中严重漏水隧道1763座（约150公里），严重腐蚀隧道1948座（约70公里）。隧道的衬砌结构多用素混凝土构筑，不存在钢筋锈蚀问题，衬砌的渗漏、裂损和腐蚀主要由于混凝土强度等级过低等设计缺陷[1]引起。

西直门桥底面冻融破环，骨料外露　　　　　　　西直门桥墩柱落水口一侧钢筋蚀

图 8　拆除前的北京西直门立交桥[1]

（左图——含有除冰盐的雪水排在桥墩表面，钢筋严重腐蚀，混凝土保护层剥落；

右图——雨水沿桥面板的侧边流向板的底面，底面混凝土受湿后冻蚀，骨料裸露）

图 9　山东潍坊白浪河大桥

（严重锈蚀的薄腹梁主筋外露，大块的混凝土保护层掉落在干河滩上）

　　处于海洋环境下的港口、码头、闸门和桥梁等工程，腐蚀情况最为严重[1]。1980 年交通部四航局等单位对华南地区 18 座码头调查的结果，有 80％以上均发生严重或较严重的钢筋锈蚀破坏，有的距建成时间仅 5～10 年。有关单位随后对华东、北方地区沿海码头调查也得出类似结果。交通部于 1987 年颁布了新的港口混凝土工程防腐蚀规范，提高了设计标准，使得以后修建的港口工程耐久性得到一定程度改善，短期内的钢筋锈蚀现象明显减轻，但由于施工质量等种种原因，有些工程的腐蚀仍然比较严重，如要普遍达到 40 年内不需大修的设计目标尚有距离。而国际上对海洋环境下的桥、隧的设计寿命有的已要求超过一百年。

　　我国近年大兴土木，但是这些新建的房屋和桥梁等工程在耐久性的设计标准上基本没有变化，它们的长期使用功能依然令人担忧。耐久性不足的主要原因在于：设计标准过低，施工进度的不适当追求，缺乏正常的检测与维修。

（1）设计标准过低

我国现行的混凝土结构设计规范与施工规范，对于长期使用过程中由于环境作用引起材料性能劣化的影响，往往被置于次要和从属的地位。长期以来，结构设计规范中并没有对结构的设计使用年限提出明确要求，设计人员在结构设计中一直习惯于不必单独考虑耐久性和具体使用年限的需要。规范对于大气环境以及水体、土体环境中有害物质对钢筋和混凝土材料的腐蚀作用，主要通过对混凝土原材料和配合比的选择，对混凝土的最低强度等级、最高水灰比（水胶比）的限制，以及规定钢筋的混凝土保护层最小厚度等构造措施进行控制。

我国规范中对于建筑物和桥梁混凝土结构的耐久性要求，从上世纪 50 年代一开始就偏低，以后几十年来又未能随着水泥性能变化、施工条件变化和结构使用环境与使用条件的变化而与时俱进。国内 80 年代颁布的规范在耐久性上的总体要求已远远低于当时的国际水准。公路钢筋混凝土桥涵结构设计规范（JTJ025-85）中，混凝土最低强度等级为 C15（用Ⅱ级以上钢筋时 C20），对混凝土水胶比也无明确的限制，板与梁的保护层最小厚度分别仅为 20 和 30mm，这对长期处于露天环境下的桥梁来说，很难达到防止钢筋锈蚀和混凝土冻融腐蚀的目的。混凝土结构设计规范（GBJ10-89）的混凝土强度最低等级也是 C15，板和梁的最小保护层厚度分别为 15 和 25mm（室内一般环境），如果考虑到钢筋位置的施工允差，实际允许的保护层厚度可以分别低到 12 和 15mm。新近修订颁布实施的混凝土结构设计规范（GB50010-2002）依然保留了这些低标准。我国铁路桥梁设计规范规定箍筋最小保护层厚度为 15mm，板的主筋保护层厚度可为 20mm，结果使得我国铁路桥混凝土盖板和普通钢筋混凝土梁仅服役 20～30 年左右就普遍出现钢筋锈蚀和混凝土顺筋开裂。在严重冻融环境下，多数规范不但没有引气要求，而且混凝土的水灰比可以高到 0.6。除良好的室内干燥环境外，规范中的这些规定根本不能保证混凝土结构在干湿交替、冻融循环和盐类侵蚀环境下能够具有 50 年正常使用年限的要求。

从表 2 可以大体看出我国目前的混凝土结构设计在耐久性要求上与国外的巨大差距。需要指出的是，美国 ACI 规范和英国 BS 规范中的保护层厚度是对最外层的钢筋（一般是箍筋或发布筋）而言的，而我国规范中所指的则为外层主筋；所以对于主筋保护层最小厚度的规定，实际差别要比表中所列的还要大，一般可差一倍。由于混凝土碳化从构件表面向里扩散到钢筋表面的年限大概与保护层厚度的平方成正比，这样按照我国规范设计的主筋开始出现锈蚀的年限，大概短到只有按英、美规范设计的 1/4。

我国现行规范中的耐久性要求与国外比较　　　　　　　　　　　　　　　表 2

配筋混凝土	我国	美国 ACI 规范	英国 BS 规范
混凝土 最低强度等级	C15	C25	C30（C25）
露天环境下抗碳化 锈蚀的保护层厚度	C25 板 20mm，梁 30mm	C25 不分梁或板，受雨淋一侧为 38mm （当 $d<16$）或 51mm（当 $d>16$）	C35，不分梁或板，35mm 干湿交替时 C40，40mm

日本规范规定的配筋混凝土最低强度等级相当于我国的 C35，对 100 年设计使用寿命的建筑物为 C45。

过薄的混凝土保护层厚度,过低的混凝土强度等级,过高的水灰比,有时又采用过细的钢筋,这些在结构设计标准上的先天不足,无疑是我国混凝土结构特别是露天结构过早老化破损的最主要的原因。

(2) 施工进度的盲目追求

我国土建工程建设的一个突出问题就是往往缺乏必要的前期预研、勘察与论证。一旦决定建设就仓促动工,并不惜以牺牲工程质量为代价,盲目追求施工进度、压缩施工工期。这种工程施工方式常带来安全隐患,但受害更深的则是结构的耐久性。

混凝土结构的耐久性与工程的施工质量有非常密切的关系。新拌混凝土浇筑就位后需要有足够长的时间(养护期限)使其处于湿润和适当温度的环境里水化,如果因抢工而过早结束养护或养护不良,使表层混凝土过早地暴露于失水的干燥环境中而得不到充分水化,就会严重损伤表层混凝土的密实性和强度性能。相对来说,施工养护不良对于大尺寸构件的承载力不会有太大影响,因为强度受到损失的主要是表层混凝土,而内部混凝土因始终处于潮湿状态尚不至于受到明显损害。但是养护不良可使表层混凝土的抗渗性成倍降低。

按照欧共体联合研究项目 DuraCrete 提出的《混凝土结构耐久性设计与再设计指南》[14],7 天养护的表层混凝土抗二氧化碳扩散到混凝土内部的能力,可以是 3 天养护的 2 倍和 1 天养护的 4 倍,混凝土碳化到钢筋表面并使钢筋开始锈蚀的年限大体与混凝土抗二氧化碳扩散的性能成正比,如果 7 天养护时钢筋开始锈蚀的年限为 40 年,则 2 天和 1 天养护时将分别缩减到 20 年和 10 年。因抢工而省略必要的重复检验工序或无法精心操作,经常使得钢筋位置出现很大偏差,本来仅只几厘米的保护层厚度如果在施工中缩减一半,钢筋出现锈蚀的年限就会缩短到原来的 1/4。规范规定保护层厚度的施工允许误差一般为5~10mm,对于构件承载力不会产生明显影响,但这一量值已足使钢筋锈蚀达到某种耐久性极限状态的正常使用年限发生剧烈变化,甚至出现成倍的差别,所以从耐久性要求考虑,对于施工图中的保护层厚度名义尺寸,应该额外加上施工负允差。结构的各种施工缝、连接缝和防水层等构造,是影响结构耐久性的薄弱环节,其质量在快速施工中也最不易得到保证。

追求施工进度的结果还导致了早强水泥的普遍应用。上面已经提到,早期强度发展过快的混凝土,其耐久性能下降。目前在我国,即使不属于早强(R 型)水泥的普通水泥,实际上也都具备明显的早强性能。

一般来说,缩短施工工期可以节约施工成本和提前发挥投资效益,施工企业和开发商受利益驱使,总有尽量加快施工进度的企图。为了保证混凝土施工的耐久性质量,避免因耐久性不足而增加今后工程使用过程中的庞大维修费用并缩短工程的正常使用寿命,政府部门和工程业主应该从公众或自身的利益出发,坚持合理的施工期限。在国外的工程合同文件中,常有提前完成施工时需要受到罚款的明确规定,因为缩短工期意味着偷工减料的可能。在我国小浪底水电站工程施工中,曾有国内的施工企业从德国的总承包商那里分包了输水隧道工程,就因提前完工而受罚。但在我国自主的工程施工中,情况正好相反。而且有的行政部门为了政绩,反而在追逐施工进度的大潮中,担当起最主要的指挥角色。国内媒体上大加宣传的所谓几个月就修成一条大路,建成一座桥梁或盖成一幢大楼的许多政绩工程与献礼工程，很可能就是注定在今后需要花掉更多资金不断进行大修的短命工程。为了保证混凝土的耐久性，有必要对过快的混凝土施工进度加以适当控制。

结构的耐久性还需有正确的使用和正常的检测与维修相配合，对于露天和恶劣环境下的基础设施工程更是如此。以为土建工程一旦建成后就能一劳永逸的想法是不切实际的。重新建、轻维修，并将二者截然分割，这是土建工程建设管理和结构设计工作中的一个重大误区。在土建工程开始的规划设计阶段，设计人员本应在设计文件中提出今后使用过程中的检测与维修要求，并为之预置必要的条件。对于重要的基础设施工程，应在设计中进行结构全寿命经济分析与评估，包括建造时的一次投资以及整个使用年限内的维修费用。我国的工程建设法规迄今尚未规定全寿命分析的要求，在投资拨款上，工程维修费用与一次建设费用脱钩，维修费又长期不足，工程得不到及时维护，结果造成更大的损失。

3. 混凝土结构耐久性的重要意义

硅酸盐水泥混凝土是当今世界上用量最大的人造材料，它在 19 世纪末期开始用于房屋、桥梁等结构工程，到了 20 世纪 50 年代初，就已确立了它在整个土建工程领域中作为最大宗材料的地位，并为建设 20 世纪的人类物质文明做出了无可估量的巨大贡献。在 20 世纪，全世界水泥的年产量从 0.1 亿 t 增加到 17 亿 t。全球混凝土的年消耗量从 20 世纪 60 年代初的人均 1 吨增加到 80 年代初的人均 1.5t 和现在的接近 2 吨。我国水泥的年产量已从 1980 年的 0.8 亿吨飞速增长到 2003 年的 8 亿 t，占世界年产量的 40%，如果有 3/4 配成混凝土可达 18 亿立方米，年人均消耗混凝土超过 3t，并且还在继续上升。几乎所有的土建工程都离不开混凝土，但是回顾历史经验，由于对混凝土耐久性的认识不足，上世纪的基础设施建设就因混凝土材料的过早劣化而蒙受巨大经济损失，未能走上可持续发展的道路。

从 20 世纪 60 年代末期起，美国公路桥梁出现锈蚀破坏的事例大幅增加。耐久性问题一旦暴露，其影响与后果需要很长的时期才能解决。据 1999 年的统计资料，美国当时属政府管理登记在册的桥梁有 58.6 万座，其中有缺陷（不能承受设计荷载而需限载通行）的桥梁占全部桥梁的 15%，比起 1992 年在册桥梁 57.2 万座中有缺陷桥梁所占为比例 20.7% 已呈下降趋势，但维修更换老桥的费用仍显著增加。1998 年美国土木工程学会发表了一份报告，对其国内已有的基础设施工程作了评估，认为美国现有 29% 以上的桥梁和 1/3 以上的道路老化，有 2100 个水坝不安全，估计需有 1.3 万亿美元来改善这些基础设施中存在的安全不良状态，报告中将桥梁的等级评为"差"，在各种基础设施工程的腐蚀损失中，桥梁占最大的份额，仅为修复与更换公路桥面板一项就需 800 亿美元，而目前联邦政府每年为此拨款仅 50～60 亿美元。由于改进了桥梁的耐久性设计方法并采用了许多新的防腐技术，美国现在新建桥梁的耐久性已比二三十年前有了很大改善，预期已能满足 75～100 年以上的设计使用寿命。但是过去建成的桥梁已无法改变，仍将继续为其付出昂贵的维修费用直至最后拆除重建。有资料报导，美国每年用于基础设施修复的费用约为这些基础设施总资产的 10%。更为严重的是，对于桥梁这样的生命线工程来说，因修复或更换造成交通延误与影响生产等间接损失更大，为此进行的研究结果认为，间接的经济损失是直接用于桥梁修复费用的 10 倍。在加拿大，为修复腐蚀损坏的全部基础设施工程估计要耗费 5000 亿美元。在英国，据说有 1/3 的桥梁需要修复。欧美发达国家为现代化而进行的大规模基础设施建设高潮业已过去，现在每年花在已有工程维修上的费用有的已超过新建工程的费用[15,16]。

由于不堪承受腐蚀带来的巨大维修费用及其造成的更大间接损失，同时也为了可持续发展的需求，发达国家从 20 世纪 80 年代中期起掀起了一个以改善混凝土材料耐久性为主要目标的"高性能混凝土"开发研究的高潮[17][18]。除了对材料的研究外，完善混凝土结构耐久性设计的传统方法，并发展以材料劣化模型为基础的新的量化设计方法，也已成为近年来结构工程学科领域的研究热点。

混凝土结构的耐久性对于我国当前的现代化建设更有着特殊的重要性。我国现在面临的耐久性问题是发达国家早在二三十年以前曾经遇到过的，如果说存在差异，则在于这些问题对我们来说要更为严峻，尤其是直到现在，尚未引起政府部门和广大设计施工人员的足够重视。我国结构设计规范在耐久性要求上的标准一直偏低，施工质量控制与保证又是我国土建工程建设中最为薄弱的环节，而施工质量对混凝土耐久性起着极其关键的作用，加上正常使用中的维修、监测又未能得到足够重视，这些基本状况注定了我国已建工程结构的早期劣化将比国外更加严重。我国已有的工程结构中有不少是在短缺经济和计划体制的年代建造的，等级和标准都很低，也许已不能适应当前特别是今后现代化社会的需求而本应逐步拆除；但也有许多工程是近年来为现代化建设而修建的。严重的问题在于：这些新建工程在耐久性的设计标准上依然和过去的一样低下。即使在新建的大型和特大型工程中也存在类似问题。如城市地铁车站主体结构的混凝土强度等级有的仅 C20；南方跨海大桥的浪溅区结构仍采用不耐氯盐侵蚀的 C30 级混凝土和仅为 3～4cm 的保护层厚度；顶级水坝工程中为稳定船闸高边坡岩体的预应力锚索与高强钢筋锚杆，在锚索置入钻孔后仅靠水泥灌浆防腐而没有高密度塑料密封套管等双重或多重（如环氧涂层预应力索，阻锈剂等）保护，高强钢筋锚杆置入钻孔后维持其中心位置并与周围岩土接触的对中器也用不耐锈蚀的普通钢筋做成；有的特大桥梁混凝土桥面板底部钢筋的保护层厚度仅 1.5～2cm。而所有这些做法又都符合或并不违反我国规范的规定。从这些特大型现代化工程的例子里，也许更能折射出耐久性之被忽视的程度。结构设计中层出不穷的有关耐久性的缺陷，主要的根子在于规范的低标准要求与规范管理体制上的缺陷，以及人们对规范地位的认识上存在误区。目前已发现的桥梁等基础设施工程在建成后数年或十来年即出现老化破损的现象不过是初露端倪，如果再不采取措施，今天建成的基础设施工程在经历二三十年甚至在更短的时间内又将翻修或拆除重建，这样我们就会陷入永无休止的大建、大修、大拆与重建的怪圈之中。

从可持续发展的角度看，也许我们已经没有这种不断挥霍资源的能力。尽管今天的建设规模和水泥混凝土的消费量还未达到高峰，可是烧制水泥的优质矿料目前已感短缺，砂、石的供应在不少地方也已十分紧张。面对今后每年将要消耗的巨量混凝土，如果仍然按照传统的方法恐怕将难以为继，所以需要尽快研究对策。

三、改善工程结构安全性与耐久性的主要途径

1. 提高结构设计的安全设置水准

解放前和建国之初，国内正规修建的土建工程均比照美国等规范进行设计，安全储

高。1952年东北人民政府参考当时苏联的1949年设计规范，颁布了设计暂行规程，结构的安全设置水准大幅度降低。1955年我国第一部混凝土结构设计规范公布，进一步调低了安全系数，接着又参照学习苏联1955年的新规范，继续下调安全设置水准。1959年大跃进年代颁布了我国的设计荷载标准，又降低了荷载的标准值，如办公室、宿舍楼的楼面设计活荷载被降低了1/3，使结构安全性继续下降。此后的40年间，包括改革开放后在20世纪80年代修订的设计规范里，结构的安全设置水准基本上没有变化，仍保留了原来的低标准。近年来，国内学术界曾对结构的安全设置水准进行过多次讨论[19,20]，在如何调整安全储备的问题上意见分歧。在2002年正式施行的建筑结构设计新规范中，混凝土结构的构件承载力安全设置水准已有所提高，大体上恢复到了我国1955年时的水准，但尚不及1952年东北人民政府颁布规程中的要求，更不能与国际上较为通用的设计规范相比，依然存在很大差距。

图10和图11表示我国建国后公共场所、办公室、集体宿舍的楼板设计荷载变化情况。在公共建筑的结构设计中，尤其是房屋建筑中的公用楼梯、通道以及阳台等有可能在紧急事故下出现极度拥挤和需要逃生救援等场所的楼板，国外通用设计规范中规定需要承受的使用荷载标准值更要比我国规范的要求高得更多，有的相差达1倍以上。又如公共场所的栏杆，我国按每延米承受100kg的水平推力设计，而国外则按300kg设计。据国内调查，公共场所拥挤时每平方米约有9人，而我国规范规定的使用荷载标准值仅每平方米350kg，国外一般取500kg。在我国，每平方米的人群密度在公共汽车内最挤时达12甚至13人。

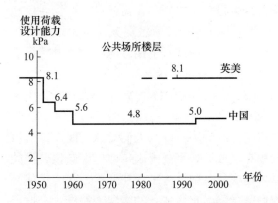 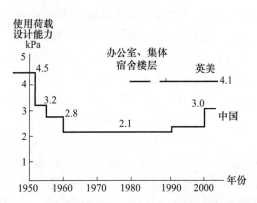

图10 公共场所楼层承受使用荷载的设计值　图11 办公室、集体宿舍楼层承受使用荷载的设计值

近年来，连年的冬天大雪先后造成辽宁沈阳、山东烟台威海等地轻钢结构厂房的大批倒塌，早就暴露了现行设计规范的要求不足以保证这类轻钢结构的安全性。结构承受的荷载包括自重等不变荷载和雪重、人员车辆重等可变荷载，通常这两种荷载同时出现超载的机会不大，如果一种超载很多，另一种荷载的安全裕度可以帮忙。但是轻钢结构的特点就是自重小，当可变荷载超载时，自重的安全裕度起不到太多的帮助，于是发生大批倒塌。这种问题必须通过修改设计规范，提高雪灾标准值或安全裕度才能解决，可是有关的报道则将原因全部归结为未能满足技术规范要求。今年南方大雪的巨大损失，如果要追究深层次的原因，为什么规范不能早在屡屡发生的雪灾事故之后及时采取应对措施？

在提高结构安全设置水准的问题上，首先要提高的是抗灾能力。要提高城市房屋的抗震设防等级，人员密集的公共建筑一般不宜采用砌体承重或装配式的混凝土结构以增强结构的整体牢固性。交通枢纽和重要的军政首脑机关等建筑物，还要考虑可能的人为破坏袭击。多高层住房建筑要考虑万一发生燃气爆炸时的减灾对策。其次，要适当提高结构设计荷载的标准值和结构构件承载力的安全储备，计时需要考虑到今后使用荷载的可能变化，尤其是桥梁等交通结构。公共建筑（如剧院、体育场馆、商场）以及公用场所（如门厅、走廊）的楼面荷载等。

2. 完善结构的耐久性设计标准

（1）结构的设计使用年限与耐久性极限状态

在工程结构的设计规范中，很长时期内都没有结构设计使用年限（设计寿命）的明确要求，规范中只有设计基准期的提法，但设计基准期只是用来确定可变荷载的出现频率及其作用值以及材料强度参数的取值，而不是考虑环境作用下与材料劣化相联系的耐久性要求。

结构的使用年限或使用寿命可因不同原因而终结，但结构耐久性设计中所说的使用寿命，一般指的是技术使用寿命。设计使用年限应由设计人和业主共同确定，需充分顾及业主和用户的意愿，并符合有关法规提出的最低限度要求。就如结构的强度设计需有一定的安全储备（或可靠指标）一样，结构的设计使用年限也是在一定安全储备（或保证率）下应能达到的最低使用年限。

在前面的讨论中，我们已经提到环境作用下的结构耐久性设计，应该属于适用性极限状态设计。这并不是说环境作用下的材料劣化不会发生安全问题。环境作用下的结构安全性，也可以通过材料劣化到某一严重程度来体现。选择哪种劣化程度作为耐久性极限状态，取决于适用性与可修复性的要求，对于不同的工程和不同的环境条件可以区别对待。结构的可修复性是结构及其构件受到损伤后能够经济合理地进行修复的能力，材料的劣化或腐蚀程度越深，修复的费用和难度就越大，因此劣化程度宜设定在较轻的范围内。

设计使用年限的安全储备或保证率，与设计时确定的极限状态后果的严重程度及工程的重要性有关。既然将耐久性置于正常使用极限状态来考虑，其失效后果相对较轻。如按可靠度方法的概念进行设计，可靠指标可取 1.5～1.8 的范围内，相当于保证率约为 95％或失效率约 5％。20 世纪 90 年代在欧洲推行过一种"寿命安全系数"的概念，如果材料劣化的极限状态只是影响到结构正常使用的适用性或可修复性，后果相对较轻，相应的寿命安全系数可为 1.8～2.0 左右；如果材料劣化的极限状态定为结构构件的承载力失效，后果就特别严重，相应的寿命安全系数至少需有 3.0 以上。这就是说，对于设计寿命（设计使用年限）为 50 年的一般房屋，则到了 50 年后，出现材料轻微劣化的应不超过 5％。

土建工程的设计使用年限是对主体结构而言的，由于技术条件所限或局部环境特别严酷，结构中的个别部件使用年限也有可能达不到这一要求而需在使用过程中加以更换。例如斜拉桥拉索的使用寿命一般不超过 30 年，而大桥的设计使用年限通常需 100 年以上。对于房屋那样通常处于良好环境下的建筑结构而言，应该要求结构所有构件都能满足结构设计使用年限的要求。也就是说，一般房屋建筑结构的设计年限，应是仅需通常维护而不需进行构件更换和大修的年限。

我国最近修订的建筑结构标准已经明确规定将建筑结构的设计使用年限分成 4 类。即：临时性结构（1～5 年）；易于替换的结构构件（25 年）；普通房屋和构筑物（50 年）；纪念性或特殊重要建筑物（100 年及以上）。这一规定与欧洲规范完全相同，但后者还规定了桥梁等土木工程结构物的设计使用年限为 100 年。国际上对一般房屋建筑物的设计寿命多在 50～75 年之间，虽然有的并没有在规程中明确提出而是隐含在有关条文的技术要求中。日本建筑学会规范 1997 年修订后明确提出了建筑物的设计使用年限分为三个等级：长期等级，规定不需大修的年限约 100 年；标准等级，指多数建筑物如公寓、办公楼等，规定不需大修年限约 65 年，使用年限 100 年；一般等级的低层私人独立住宅，规定不需大修的年限约 30 年，使用年限 65 年。

对于我国不同类别工程的设计使用年限，尚有不少问题需要仔细论证。例如，我国各地经济发展很不平衡，各种工程的功能要求也有很大差异，因此不宜强制规定统一的使用年限。对于商品房等私有建筑物，还要协调土地租用年限与建筑物设计使用年限之间的关系，并研究解决土地公有与依附于土地上的房屋不动产私有之间的矛盾。我国建筑结构设计规范强制规定普通工业与民用房屋的设计寿命均为 50 年，这一年限对于上海、北京和广州等正在建设现代化都市的多高层住宅和写字楼来说明显偏短。我们应该尽量延长建筑物主体结构的使用寿命，将工程使用过程中需要不断更换的部件仅限于建筑部件、装修和建筑设备。实践证明，我国解放前正规建成的一般混凝土结构和钢结构建筑物，在良好环境下使用的寿命均已达七八十年以上。对上海 80 栋建于 1936 年前的混凝土和钢结构建筑物进行统计的结果表明，除其中有不到 10% 的建筑物主要由于规划原因拆除外，90% 以上至今尚在正常使用。其他城市也有一批老建筑，如北京的老北京饭店和京奉铁路的正阳门车站大厦等均已有七八十年以上的历史；天津 60m 高的海河饭店、50m 高的人民大楼和33m 高的百货大楼，分别建于 1922、1923、1925 年，均为现浇钢筋混凝土框架结构，在使用了 50 多年后于 1976 年遭遇到唐山地震袭击，这些原本没有抗震设防的建筑结构仅为轻微破坏（海河饭店、人民大楼）或中等破坏（百货大楼）[21]。但是对比 50 年代以后修建的大量建筑物，其老损程度反而更为明显，这与设计标准的高低不无关系。

（2）混凝土结构的耐久性设计

前面已经提到，混凝土结构耐久性的传统设计方法，主要依据工程判断，针对不同的环境条件，对混凝土原材料、强度等级、水胶比、胶凝材料用量以及混凝土保护层厚度与防水、排水等构造措施等作出具体规定，必要时还提出混凝土耐久性能的具体参数指标，如抗冻等级、渗透系数、扩散系数等，以为达到这些规定后就能自然满足长期使用下的性能要求而不去计较使用的年限大概是多少。在实验室条件下按照标准快速试验方法确定的上述耐久性参数指标，一般都不能与结构的使用年限挂钩，也不能用到材料劣化的计算模型中去，只能作为不同混凝土材料性能之间的相对比较。

通过近二三十年来对混凝土结构耐久性的大量研究与工程经验的积累，特别在材料劣化计算模型研究上的进展，现在已有条件对耐久性设计的传统方法做出较大的改善[22]。首先要明确结构及其构件的设计使用年限，其次要根据不同的劣化机理对环境条件进行细化分类，然后针对不同的设计使用年限和不同劣化机理下的局部环境条件类别，规定有关混凝土材料、结构构造和裂缝控制措施、施工质量控制和质量保证等具体要求。在混凝土结构的耐久性设计文件中，应该提出混凝土原材料和水胶比等主要参数的选择，以及为保证表层混凝土耐久性施工质量的主要指标如养护条件和时间、保护层厚度允差和表层混凝土质量验收的检测方法等；受氯盐侵蚀的重要结构物还必须提出使用阶段的定期检测要求，为及时维修补强和寿命预测提供必需信息。在以往单一重视强度计算的设计文件中，都不考虑或很少考虑这些要求。为了混凝土结构的耐久性并满足可持续发展的要求，设计人员需对混凝土材料的性能与施工有更加深入的了解。

1) 碳化引起的钢筋锈蚀

对付碳化引起普通钢筋的锈蚀似乎不应成为一个问题。只要适当降低混凝土的水胶比和增加钢筋的混凝土保护层厚度就能容易得到解决，技术上没有困难，费用也不会有明显提高，关键在于我国的设计规范要放弃以往的过低标准，尤其要提高干湿交替和炎热潮湿环境下的要求。普通钢筋的横向裂缝除影响外观外，只能使裂缝处的钢筋提前出现锈痕而不会造成危害，这已为试验室和野外调查所证实。但高强预应力钢筋（索）对于锈蚀特别敏感，在应力腐蚀下的锈蚀速度快，还会形成坑蚀和发生氢蚀，需有很高的防锈要求，在干湿交替的不利环境条件下，预应力索置于密封的套管内。

2) 氯盐引起的钢筋锈蚀

氯盐引起的钢筋锈蚀最为严重，而且氯离子在引起钢筋锈蚀的电化学反应中并不被消耗。在氯盐环境下，横向宏观裂缝处的钢筋截面可形成坑蚀，会削弱钢筋的承载力和延性，因而常对混凝土表面裂缝的宽度提出更为严格的限制。不过也有研究资料认为，防止出现开裂和限制裂缝数量，要比限制裂缝的宽度更为重要，认为表面裂宽的大小对于钢筋锈蚀速度的影响，即使在氯盐侵蚀环境下也没有显著差异。使钢筋表面脱钝所需的氯离子临界浓度与混凝土的质量及湿度等多种因素有关。长期干燥（如相对湿度50%）和长期饱水时的临界浓度高，钢筋不易锈蚀；而长期潮湿或干湿交替时的氯离子临界浓度最低。氯盐引起钢筋锈蚀主要发生在海洋和近海环境以及冬季喷洒除冰盐的环境。海洋工程中处于水位变动区和浪溅区的构件都处于干湿交替状态。

对于氯盐轻度侵蚀下的混凝土结构，采用水胶比不高于0.4（或最多不超过0.45）的矿物掺和料混凝土与适当的保护层厚度，一般已能满足50年设计寿命的要求。但对干湿交替如浪溅区那样的部位和重度盐雾区，如果设计使用年限又很长，就需要配合采用防腐蚀附加措施，一般可首选混凝土表面涂层或改性聚合物混凝土砂浆等防腐面层，其次是在混凝土中掺入钢筋阻锈剂或采用环氧涂层钢筋，在施工中应用特殊的透水模板也能有效地提高表面混凝土的密实性。

除冰盐仅在冬季间断使用，道路和桥梁混凝土表面可直接受到除冰盐溶液的污染，而车辆行驶中的溅射则可污染二旁的混凝土构件。混凝土受污染的程度与除冰盐的使用频度和用量有关，雨水又会部分冲走积累在混凝土表面的盐分，因而不确定性更大。受除冰盐侵蚀的混凝土构件，常按海洋浪溅区的干湿交替环境条件考虑。

3) 混凝土的冻蚀

引起混凝土冻融破坏的外部因素主要有：冻融循环次数，最低温度及冻结期限，混凝土表面接触水体或受雨淋的程度等。受冻前频繁接触雨水或处于水位变动区的混凝土，如果反复冻融循环次数多，气温（常用最冷月的平均温度表示）又低，发生冻蚀的危险就大，这时宜采用引气混凝土。如果受冻前偶然接触雨水，冻融循环次数较少或气温不很低，采用低水胶比的混凝土（如不大于 0.5 或 0.45）也能有效防止冻融破坏。盐冻环境下的混凝土一般应该采用较低水胶比的引气混凝土。混凝土在天然环境下的冻融破坏过程，并不按照一种可预测的与时间相关的模式进行，这与实验室内不间断地快速冻融有很大区别。所以有些学者认为，某一混凝土如果能在几十年内不发生冻蚀，则在更长的时间内也不至于出现问题。因此，对于 100 年使用寿命混凝土的抗冻要求，应该可与 50 年使用寿命的要求相同。这与钢筋锈蚀和混凝土化学腐蚀一般随年限不断增长而加剧有着明显区别。

4）混凝土的化学腐蚀

混凝土地下工程常受地下水和土中硫酸盐的化学和物理腐蚀，侵蚀的严重程度取决于硫酸盐的类型（依次为硫酸镁、硫酸钠、硫酸钙）及其浓度。盐类在水溶液中分解成离子，能侵蚀混凝土的主要是硫酸盐离子 SO_4^{2-}，但镁离子 Mg^+ 在硫酸镁对混凝土的腐蚀中也有重要作用。硫酸钙难溶于水，腐蚀性较低。硫酸盐的腐蚀过程比较缓慢，土中可溶硫酸盐 SO_4^{2-} 的浓度如大于 0.1％（水中 150mg/l）就能危及混凝土，如大于 0.5％（水中 200mg/l）将有严重损害。地下水的流动性对硫酸盐腐蚀有重大影响，在高渗透性的土体中，周围的硫酸盐能不断补充参与腐蚀反应。干湿交替的环境条件能使更多的硫酸盐侵入混凝土内部，所以地下水位变动区的混凝土受腐蚀程度要比长期处于水中严重得多。当混凝土所处环境能使混凝土中的水分蒸发，溶于混凝土孔隙水中的硫酸盐浓度增加，危害也随之加剧。当硫酸盐浓度达到饱和而结晶时，会产生极大的压力造成混凝土开裂破坏，后者则是纯粹的物理作用。为了防止硫酸盐侵蚀，应严格限制水泥熟料中的铝酸三钙 C_3A 的含量，并在混凝土配比中引入粉煤灰等火山灰材料作为矿物掺和料或采用专门的抗硫酸盐水泥，并且必须采用的水胶比混凝土。海水中的硫酸盐含量很高，但海水对混凝土的侵蚀作用却不严重，与一般地下水中的硫酸盐腐蚀有区别，可能与海水中的氯化物能够减轻硫酸盐的作用有关。在混凝土的化学腐蚀中，酸对硅酸盐水泥混凝土的危害也很大，主要的防腐蚀措施与盐类侵蚀下相似，即采用低水胶比和掺加矿物掺和料的混凝土。如水的酸度很高，可能要在混凝土表面施加涂层或覆盖防腐层。

如混凝土在长期使用过程中有被严重冻蚀或严重化学腐蚀的可能，宜在构件设计中适当加大截面的厚度，尤其是薄壁构件。

近年发展起来的基于材料劣化模型的使用寿命预测，将混凝土结构的耐久性设计方法提高到一个新的可以量化分析计算的高度。但因材料的劣化机理过于复杂，在简单的数学模型与实际劣化过程之间往往存在较大差异，模型的参数也难以准确给定，所以这一方法至今未能达到在工程设计中得以通用的程度。作为一种普遍可用的设计方法，今天的耐久性设计看来还得主要依靠传统的方式，因为它便于工程技术人员掌握和使用，但必须加以改进和提高。对于氯离子侵蚀环境下的重要混凝土工程，在耐久性设计中同时运用材料劣化模型的计算很有必要，因为结合工程竣工后和工程使用阶段的现场实测，通过反馈演算可以不断修正计算模型中的参数，从而可为工程寿命的进一步预测和及时维修提供比较可信的依据。

对于桥梁等基础设施工程的耐久性设计来说，很重要的一条是要进行整个寿命期内的成本分析即全寿命成本分析。鉴于基础设施工程腐蚀造成的巨大济损失，美国政府对基础设施工程的投资与工程设计，都有全寿命成本分析的强制要求，必须对初始建造和以后的维护、修复、翻新等两部分投资费用分配的合理性进行评估。实践证明，一般情况下只要适当加大初始投资，强化结构设计中的耐久性要求，才能成为最为经济合理的方案。

3. 摆脱技术规范的认识误区

如何使技术规范能够更好地为社会主义市场经济条件下的现代化工程建设服务，保证工程结构的安全性与耐久性，除了上面提到的要提高结构的安全与耐久性设置水准外，还必须摆脱过去长期形成的对于技术规范的一些认识误区。其中最主要就是技术规范不是法律，规范要求只是最低要求。

当前的我国工程建设正处于日新月异的发展时期，大量工程就其新颖性、重要性和复杂性而言都是过去从来没有遇到过的，所处环境条件也非同一般，这就需要设计、施工人员针对工程特点去处理问题，而不能单纯依赖规范。现在的问题是：由于设计和施工习惯于只对规范负责，规范没有提到的就不予考虑，例如我国的建筑结构设计规范并没有说过在设计时需要考虑除冰盐对混凝土腐蚀的影响，于是尽管在文献上已有除冰盐危害的大量报道，在国外的设计规范中也早有这方面的规定，但国内至今在北方城市的车库设计中就是不考虑除冰盐的严重腐蚀作用。国内近年建造的大量滨海建筑物中也极少考虑海水盐雾的腐蚀作用。由于视规范为法律，有些工程技术人员虽然对于规范中的规定怀有疑问，也不愿违法而只能照用不误，比如近年修建的许多混凝土道路和桥梁，由于规范中有不准或不宜使用粉煤灰和引气剂的规定而不敢使用高性能混凝土和引气混凝土，给工程的长期使用效益造成很大损害。

4. 使用阶段的定期检测

为了保证结构使用期间的安全性，将结构安全事故减少到最低程度，还应该以预防为主，通过例行检测及时发现问题。我国土建工程建设的施工管理水平和施工操作人员的专业水平相对较差，质量控制与质量保证制度不够健全，结构设计的安全设置水准又相对较低，加上不同历史时期修建的建筑物质量又受到各个时期经济形势和政治运动的影响，还有不少工程属于违章建设，这些都给已建工程带来众多隐患，所以更有必要进行工程的定期检测。从法制的角度建立强制的安全检测制度也许是一个行之有效的途径。例如，新加坡的建筑物管理法就强制规定：除业主自用的独立、半独立和单连的小型住宅和临时建筑物外，所有公寓、宿舍等居住建筑在建造后 10 年及以后每隔 10 年必须进行强制检测，其他的公共、商业、工业等建筑物则为建造后 5 年及以后每隔 5 年进行一次强制检测。这样的检测对多数建筑物都可通过目测调查完成，至于是否需要对结构作进一步的全面测试，则要根据目测发现的缺陷程度和可疑情况而定。

我国目前对于各种建筑物尚无必须进行定期检测的规定。对于有条件的大、中城市，有必要参照国外的经验制定相应的法规。对建筑物的检测可分为强制检测与自愿检测两类，公共建筑、公寓式住宅、工业厂房等与公共利益密切相关的建筑，应属于强制检测范围；其他建筑则可由所有人自行决定是否进行检测。建筑物应进行检测的年限可为 10 年或 15 年，经受地震等灾害作用后的建筑物、发生过有损结构安全性能行为的建筑物、进行转让或出租的建筑物，都需先进行检测方可继续使用。我国各地还有一批未经法定手续建成的建筑物，它们多处于乡镇与城市的结合部，主要是多层公寓住宅和厂房，就更需要通过安全检测认定，并依靠长期的定期检测保证其安全使用。近年来，一些重大交通工程在建成后移交给出资的公司代营管理，通常约定 30 年后退还国家。如何确保这些工程在代管期满后仍能保持良好的工作状态与足够的剩余寿命，也需要从立法上加以解决。

四、小结

1. 我国建筑物及桥梁等基础设施工程在其承重结构的设计中所采用的安全性和耐久性标准一直较低，工程结构必须从一开始就要按照高标准的安全性与耐久性进行设计，否则，我国的现代化建设和国民经济将会蒙受巨大损失。

2. 在工程结构的安全性设计上，除了要提高工程使用荷载的标准值及相应的安全储备外，更重要的是应该加强工程的抗灾和减灾能力。要提高建筑物的抗震设防水准和耐火极限，重要建筑物和人员密集的交通枢纽与公共建筑物要考虑爆炸作用下的减灾要求，设计规范中要重点增加结构的整体牢固性要求。

3. 与结构安全性相比，耐久性在结构设计中之被严重忽视的程度需要引起格外注意。为使我国的基础设施工程建设能够符合可持续发展的基本国策，必须从设计和施工两个方面提高混凝土结构的耐久性。要明确规定各类土建工程的设计使用年限，并规定在工程的设计文件中应该有耐久性设计的独立章节。对于桥梁等基础设施工程，应该有工程建造投资与后期维修投资之间的合理性评估与全寿命成本分析。要提高大城市多、高层房屋和大型建筑与桥梁等基础设施工程的设计使用年限。

4. 土建工程结构的安全性与耐久性，应有使用过程中的定期检测和正常维修加以保证。我国的已建工程由于过去设计标准低、施工管理不善以及性能老化等原因存在不少隐患，尤其对学校、商场、剧院等人员集中的建筑物，更要实施强制性的定期安全检测。

5. 要摆脱过去计划体制年代下长期形成的对技术规范的认识误区。规范不是法律，规范的要求只是最低要求。我国地区辽阔，经济发展很不平衡，要在各个地方的土建工程设计中采用划一的安全与耐久性设置标准，显然会引起不可克服的矛盾。因此，还要积极编制地方性的建设法规和技术标准。

参考文献

[1] 陈肇元主编. 工程结构工程的安全性与耐久性. 中国建筑工业出版社，2003 年 6 月

[2] ISO 2394：1998（E），General Principles on Reliability for Structures，2nd edition，1998-06-01

[3] Tall Building—Criteria and Loading，Editors. E. H. Gaylord and R. J. Mainstone，ASCE，1980

[4] 范立础. 混凝土桥梁安全性和耐久性. 载文献［1］中 pp31-43

[5] 建筑结构可靠度设计统一标准. GB 50068—2001. 中国建筑工业出版社，2001

[6] A. W. Beeby，Safety of Structures and a New Approach to Robustness，The Structural Engineer，Vol 77，No. 4，Feb. 1999

[7] 陈肇元. 结构安全性与可靠度设计方法. 中国土木工程学会第 9 届年会学术讨论会报告，杭州，2000 年 5 月

[8] J. Feld，K. L. Carper，Construction Failure，2nd edi.，Joh W & Sonns，Inc.，1998

［9］　叶耀先等主编. 世界建设科技发展水平与趋势. 第 4 章城市防灾. 中国科学技术出版社，1993

［10］　Confronting Natural Disasters，An International Decade for Natural Hazard Reduction，National Research Council，U. S. National Academy of Sciences，U. S. National Academy of Engineering

［11］　M. Levy and M. Salvadori，Why Buildings Fell Down，NORTON &. Company 1992

［12］　Durability Design of Concrete Structures，Rilem Report 14，Edi. A. Sarja and E. Vesikari，1996

［13］　The design life of structures，edi. by G. Somerville，Blackie and Son Ltd. ，1992

［14］　General Guidelines for Durability Design and Redesign，The European Union-Brite Euram Ⅲ，Document BE95-1347/R15，Feb，2000

［15］　洪乃丰. 钢筋混凝土基础设施腐蚀与耐久性. 载文集［1］

［16］　M. Yunovich，etc. ，Highway Bridges，Appendix D，Corrosion Costs and Preventive Strategies in the United States，Report FHWA-RD-01-156，Sept. 2001. http://www. corrosioncost. com/infrastructure/highway

［17］　陈肇元. 高强混凝土与高性能混凝土. 中国建筑技术政策. 国家建设部编，中国城市出版社，1998 年

［18］　陈肇元，阎培瑜. 高性能混凝土——定义、现状与发展方向. 高强混凝土结构设计与施工指南（第二版）. 中国建筑工业出版社，2001 年 3 月。

［19］　建筑科学. 1999 年第 5 期

［20］　结构设计安全度专题讨论综述. 中国土木工程学会，土木工程学报，1999 年第 6 期

［21］　蒋纯秋. 对建筑结构使用年限问题的讨论，载文集［1］

［22］　混凝土结构耐久性设计与施工指南（中国土木工程学会技术标准 CCES 01—2004），中国建筑工业出版社，2004 年 5 月

　　说明：本文写于 2004 年，系根据教学需要，从作者已书写的一些论文报告中重新组织编写并适当增删而成。为能比较全面介绍混凝土结构的安全性与耐久性，文中的内容与本文集中其他文章不免有一些重复之处。

提高混凝土结构的耐久性设计标准

鉴于结构安全性与耐久性对我国当前工程建设的重要意义，中国工程院土木水利与建筑工程学部于2000年设立了一个咨询研究课题，就结构安全性与耐久性的现状和亟待解决的问题进行研讨[1]，并为政府部门提供政策建议。考虑到混凝土结构的耐久性问题最为突出，而现行的混凝土结构设计与施工规范又不能满足这方面的要求，由本文作者负责组织联系国内专家，组织编写了《混凝土结构耐久性设计与施工指南》[2]，下面简要介绍《指南》2005年修订版[1]中有关耐久性设计中的部分内容。

结构的耐久性主要与环境作用相联系，所考虑的作用因素包括：温度，湿度（水分）及其变化，空气中的氧气、二氧化碳和盐雾、二氧化硫等空气污染物以及土体与水体中的氯盐、硫酸盐、碳酸等腐蚀性物质。混凝土结构在一般荷载作用下也有耐久性问题，主要是低周反复加载下的材料疲劳强度与荷载持久作用下的材料长期强度，但这些已归纳在常规的结构承载力的强度设计中。

环境作用下的混凝土结构耐久性应根据结构和构件的设计使用年限、耐久性极限状态和具体的环境作用进行设计。同一结构中的不同构件或同一构件中的不同部位由于受到的局部环境条件有异，应分别考虑。

混凝土结构的耐久性设计应包含以下各个环节：

① 概念设计—结构的选型、布置和构造应有利于减轻环境作用；

② 混凝土材料和钢筋材料的选用—提出材料的耐久性质量要求；

③ 确定钢筋的混凝土保护层厚度；

④ 防排水措施—尽可能避免水在混凝土表面的作用；

⑤ 混凝土的裂缝控制；

⑥ 环境严重作用下可能需要采取的多重防护措施与防腐蚀附加措施；

⑦ 为保证结构耐久性质量的施工要求与质量控制要求；

⑧ 结构使用阶段的维护与检测要求。

在耐久性设计中如何表达环境作用的量值以及如何确定混凝土材料的耐久性质量和保护层厚度上，有两种不同的做法。一种是传统的经验方法，即将环境作用定性地划分成不同的类别或等级，根据不同的类别和等级，在工程经验类比的基础上，由设计规范直接给出混凝土材料的耐久性质量要求和钢筋的混凝土保护层厚度，其中对耐久性极限状态与相应可靠指标或安全裕度的考虑已隐含在给定的结果中。另一种是基于材料劣化模型的计算方法，根据环境作用的具体量值，按照材料的劣化模型，列出构件的耐久性抗力与环境作用效应的耐久性极限状态关系式，并考虑了所需的可靠指标或安全裕度，计算确定为满足设计使用年限要求的混凝土保护层厚度和构件材料的耐久性参数。以海洋环境作用为例，环境作用主要是混凝土构件表面接触的氯离子浓度和作用期限，耐久性抗力是钢筋的保护层厚度和混凝土的抗氯离子渗透能力，耐久性极限状态是氯离子侵入到钢筋表面并积累到使钢筋脱钝的临界浓度值。由于环境作用和材料的劣化机理十分复杂，许多方面还认识不清，而且存在很大的不确定性与不可知性，所以混凝土结构的耐久性设计尚难做到像结构强度设计那样可以普遍进行量化计算的程度。《指南》中采用的设计方法仍是传统的经验方法，便于工程技术人员掌握和使用，但对环境作用的分类和作用等级作了细化，并对不同设计使用年限的结构和构件规定了相应的要求；对于氯盐环境作用下的重要结构物，同时要求进行基于材料劣化模型的使用年限验算，作为辅助性的校核。《指南》中规定的混凝土耐久性质量、保护层厚度、构造措施以及施工质量要求等，尽可能吸收近年来国内外的研究成果，比照了国际上有关标准中的规定，参考了国外大型工程抗氯盐侵蚀的工程实践，并利用新近发展的材料劣化模型，对规定的保护层厚度作了近似复核。当然这一文件仍存在许多不足，特别是缺少我国各地环境作用因素的实测数据与结构现场观测数据的支持，有待今后不断修订完善。从总体看，《指南》提供的耐久性抗力要求仍不够高，虽然比起现行的国标和部标设计规范的要求已有很大改善。

1. 环境作用

在以往的混凝土结构设计规范中，通常的做法都是将环境作用划分为若干等级，但过于简略，较难细致考虑不同环境类别在不同环境条件下的需要，例如英国的规范过去将环境作用分5个等级；1990年欧洲混凝土结构模式规范中的环境作用等级分为1、2a、2b、3、4a、4b和5a、5b、5c几种，其中4为海水环境，5为化学腐蚀环境；我国新的混凝土结构设计规范GB 50010—2002中的环境等级与1990的欧洲模式一致，只是未能列入海洋和化学腐蚀环境；我国新的公路桥涵混凝土结构设计规范JTJ D60—2004则将环境作用分为4个级别。为了改变这一缺陷，新的欧洲混凝土规范EN206—1：2000和欧洲混凝土结构设计规范prEN1992—1将环境作用按其对混凝土和钢筋的腐蚀机理分为5类，并对每类环境又按不同环境条件和作用的严重程度分成3~4种，总共多达18种类别，现在欧盟各国的规范都大体按照这种框架细分了环境作用；新的2004年加拿大规范也将环境作用划分成15种类别。

《指南》主要参考欧洲混凝土规范的做法，将环境作用分为5类（表1），又按以往的办法，将作用的严重程度划分成6级，从A到F的严重性递增。表2是一般环境、冻融环境和近海或海洋环境下的作用等级和应用示例。每一结构构件除受到碳化引起钢筋锈蚀的一般环境作用（Ⅰ类）外，还可能受到其他环境的作用。当结构构件受到两类或两类以上的环境类别作用时，应同时满足这些环境类别各自单独作用下的耐久性要求。

环境类别　　　　表1

类　别	名　称	对材料的腐蚀
Ⅰ	一般环境	碳化引起钢筋锈蚀
Ⅱ	冻融环境	反复冻融引起混凝土冻蚀

类 别	名 称	对材料的腐蚀
Ⅲ	近海或海洋环境	氯盐引起钢筋锈蚀
Ⅳ	除冰盐等其他氯化物环境	氯盐引起钢筋锈蚀
V V₁ V₂ V₃	其他化学物质腐蚀环境 土中和水中的化学腐蚀环境 大气污染环境 盐结晶环境	硫酸盐、酸等对混凝土的化学腐蚀、 二氧化硫（酸雨）等的化学腐蚀 盐类化学物质结晶的物理腐蚀

2. 设计使用年限与耐久性极限状态

在混凝土结构设计规范中，很长时期内都没有结构设计使用年限的明确要求，规范中只有设计基准期的提法，但设计基准期只是用来确定可变荷载的出现频率与其作用值以及材料强度参数的取值，而不是考虑环境作用下与材料劣化相联系的耐久性要求。设计使用年限与设计基准期是两种不同的概念，虽然从表面上看，两者的数值往往相同。设计使用年限必须具有一定的保证率或安全裕度，而基准期则不是。设计使用年限应由设计人和业主共同确定，需充分顾及业主和用户的意愿，并符合有关法规提出的最低限度要求。

环境作用等级　　　　　　　　　　表 2

环境类别	环境条件¹		作用等级	示 例
Ⅰ 一般环境 （无冻融， 盐、酸等 作用）	室内干燥环境		Ⅰ-A	长期干燥、低湿度环境² 中的室内构件
	非干湿交替的室内潮湿环境；非干湿交替的露天环境；长期湿润环境		Ⅰ-B	中、高湿度环境² 中的室内构件；不受雨淋或与水接触的露天构件；长期与水或湿润土体接触的水中或土中构件
	干湿交替环境¹ 南方炎热潮湿的露天环境		Ⅰ-C	表面易结露的构件；表面频繁淋雨或频繁与水接触的室外构件；处于水位变动区的大气中构件
Ⅱ 冻融环境	微冻地区⁴ 混凝土高度饱水⁵	无氯盐³	Ⅱ-C	微冻地区水位变动区的构件，频繁受雨淋的构件水平表面
		有氯盐³	Ⅱ-D	
	严寒和寒冷地区⁴ 混凝土中度饱水⁵	无氯盐³	Ⅱ-C	严寒和寒冷地区受雨淋构件的竖向表面
		有氯盐³	Ⅱ-D	
	严寒和寒冷地区⁴ 混凝土高度饱水⁵	无氯盐³	Ⅱ-D	水位变动区的构件，频繁受雨淋的构件水平表面
		有氯盐³	Ⅱ-E	
Ⅲ 近海或 海洋环境⁶	水下区		Ⅲ-D⁷	长期浸没于海水中的柱墩
	大气区	轻度盐雾区 离平均水位 15m 以上的海上大气区，离涨潮岸线 100m 外至 300m 内的陆上室外环境	Ⅲ-D	靠海的陆上室外构件 海上结构的上部构件
		重度盐雾区 离平均水位上方 15m 以内的海上大气区，离涨潮岸线 100m 内的陆上室外环境	Ⅲ-E	靠海的陆上室外构件 海上结构的上部构件

续表

环境类别	环境条件[1]		作用等级	示　例
Ⅲ 近海或海洋环境[6]	潮汐区和浪溅区，非炎热地区		Ⅲ-E	海上结构
	潮汐区和浪溅区，南方炎热潮湿地区		Ⅲ-F	海上结构
	土中区	非干湿交替	Ⅲ-D[7]	桩
		干湿交替	Ⅲ-E	地下结构中外侧接触地下水而内侧接触空气的混凝土衬砌结构

注：1. 表中的环境条件系指与混凝土表面接触的局部环境；对钢筋则为混凝土保护层的表面环境，但如构件的一侧表面接触空气而对侧表面接触水体或湿润土体，则空气一侧的钢筋需按干湿交替环境考虑。
2. 长期干燥的低湿度室内环境指室内相对湿度 RH 长期处于 60％以下，中、高湿度环境指相对湿度的年平均值大于 60％。
3. 氯盐指海水中氯盐或除冰盐。
4. 冻融环境按当地最冷月平均气温划分为严寒地区、寒冷地区和微冻地区，其最冷月的平均气温 t 分别为 $t \leqslant -8℃$，$-8℃ < t < -3℃$ 和 $-3℃ \leqslant t \leqslant 2.5℃$。但在海洋环境，海水的冰冻应根据当地的实际调查确定。
5. 高度饱水指冰冻前长期或频繁接触水或湿润土体，混凝土体内高度水饱和；中度饱和指冰冻前偶受雨水或潮湿，混凝土体内饱水程度不高。
6. 近海或海洋环境中的水下区、潮汐区、浪溅区和大气区的划分，可参考海港工程混凝土结构防腐蚀规范（JTJ275—2000）的规定。近海或海洋环境的土中区，指海底以下或近海的陆区地下，其地下水中的盐类成分与海水相近。
7. 周边永久浸没于海水或地下海水中的构件，其环境作用等级可按Ⅲ-C考虑，但流动水流的情况除外。

国内最近编制的《铁路混凝土结构耐久性设计暂行规定》，明确规定铁路桥梁的设计使用年限为 100 年；报批中的《公路混凝土结构防腐蚀技术规范》规定大型桥涵的设计使用年限也为 100 年；新的《公路桥涵设计通用规范 JTJ D60—2004》规定公路桥涵的设计基准期是 100 年，但未明确设计使用年限。《指南》建议大型建筑物和高速与一级公路上的桥梁一般不低于 100 年，城市高层建筑不低于 75 年，普通建筑物不低于 50 年。我国各地经济发展水平不同，各种工程的功能要求也有很大差异，除了联结全国重要公路网的道路外，似不宜强制规定统一的使用年限。着眼于经济和节约资源的需要，以及工程的拆除重建对拥挤城市和交通带来的严重干扰，土建工程的设计使用年限应尽可能提高，设计确定的混凝土结构使用年限应该是经济合理的使用年限。

与设计使用年限终结相应的耐久性极限状态，应属于正常使用下适用性极限状态的范畴。结构的承载力设计要求结构在长期的使用年限内必须具有最低要求的安全度（用可靠指标或安全系数表示），如果结构的承载力是按照规范的最低要求设计，则使用期内因环境作用导致的材料劣化或损伤就不能影响到结构原有的承载能力。也就是说，材料的劣化必须控制在不影响承载力的程度内，除非事先在设计中额外增加了承载力的最低要求。

3. 混凝土的耐久性质量要求

混凝土结构的耐久性在很大程度上取决于原材料的选用与混凝土材料的密实性，所以不同环境作用等级下的混凝土耐久性质量要求，可以在设计中用混凝土最低强度等级、混凝土最大水胶比和限定范围的混凝土原材料（品种、性能与用量）这三个指标起来综合加以体现。限定范围的混凝土原材料主要指胶凝材料品种和用量范围的限制，粗骨料的最大粒径与特殊性能要求，混凝土原材料引入的氯离子量与含碱量限制等要求。同样强度等级但原材料不同的混凝土，抵抗各类环境作用的性能并不一样，所以对原材料要有所选择和限制；当原材料相同时，混凝土的强度则与混凝土的水胶比和密实性有很好的相关性。对于冻融环境，在设计中还需提出是否需要引气以及规定混凝土抗冻耐久性指数（DF 值）和含气量、气泡间隔系数等耐久性参数指标；对于氯盐环境，可进一步提出氯离子在混凝土中的扩散系数等指标。对于硫酸盐化学腐蚀环境，尚需规定胶凝材料中铝酸三钙和氧化钙的限量要求。表 3 为钢筋混凝土与预应力混凝土构件的混凝土最低强度等级和最大水胶比要求，表 4 为指胶凝材料品种和矿料用量的限定范围。

混凝土最低强度等级和最大水胶比　　　　　　　　　表 3

环境 作用等级＼设计使用年限	100 年	50 年	30 年
A	C30，0.55	C25，0.60	C25，0.65
B	C35，0.50	C30，0.55	C30，0.60
C	C40，0.45	C35，0.50	C35，0.50
D	C45，0.40	C40，0.45	C40，0.45
E	C50，0.36	C45，0.40	C45，0.40
F	C55，0.33	C50，0.36	C50，0.36

注：1. 50 年使用年限的 D 级混凝土，在氯盐环境下的最大水胶比 0.45 宜降为 0.40。
　　2. 引气混凝土的最低强度等级与最大水胶比可按降低一个环境作用等级采用。

不同环境作用下混凝土胶凝材料品种与矿物掺和料用量的限定范围　　表 4

环境 分类	环境作用等级 （环境条件）	水泥适用品种	矿物掺和料的限定范围 （占胶凝材料总量的比值%）	备　　注
I	I-A（室内干燥）	PO，PI，PII，SP，FP，CP	W/B＝0.45 时，f/0.3＋s/0.5≤1 W/B＝0.55 时，f/0.2＋s/0.3≤1	对于保护层最小厚度≤20mm 或 W/B＞0.55 的构件混凝土，不宜采用 SP，FP，CP 水泥
	I-B（长期湿润或水中）	PO，PI，PII，SP，FP，CP	f/0.5＋s/0.7≤1	
	I-B（非干湿交替的室内潮湿环境和露天环境）	PO，PI，PII，SP，FP，CP	W/B＝0.4 时，f/0.3＋s/0.5≤1 W/B＝0.5 时，f/0.2＋s/0.3≤1 W/B＝0.55 时，f/0.15＋s/0.25≤1	保护层最小厚度≤25mm 或 W/B＞0.5 的构件混凝土不建议采用 SP，FP，CP 水泥
	I-C（干湿交替）	PO，PI，PII		
II	II-C，II-D（一般冻融，无盐）	PO，PI，PII	f/0.3＋s/0.4≤1	一般冻融下如不引气，矿物掺和料量不超过 20%
	II-D，II-E（盐冻）	PO，PI，PII		
III	III-D，III-E，III-F	PO，PI，PII	用量不小于：f/0.25＋s/0.4＝1 用量不大于：f/0.5＋s/0.8＝1	当 0.5≥W/B＞0.4 时，需同时满足 I 类环境下的要求； 如同时处于冻融环境，掺和料用量的上限尚应满足 II 类环境要求
IV	IV-C，IV-D，IV-E	PO，PI，PII		

续表

环境分类	环境作用等级（环境条件）	水泥[1] 适用品种	矿物掺和料[2] 的限定范围（占胶凝材料总量的比值%）	备注
V_1	V_1-C, V_1-D, V_1-E	PI, PII, PO, SR, HSR		当 0.5≥W/B>0.4 时，矿物掺和料用量的上限需同时满足 I 类环境下的要求[4]；如同时处于冻融环境，掺和料用量的上限尚应满足 II 类环境要求
V_2	V_2-C, V_2-D, V_2-E	PI, PII, PO	作用等级 D、E 时，掺和料的用量同限制 III 类环境	
V_3	V_3-E, V_3-F	PI, PII, PO, SR, HSR	见 4.0.15 条	

注：1. 表中水泥符号：PI—硅酸盐水泥，PII—掺混合材料料≯5%的硅酸盐水泥，PO—掺混合材料料 6%～15% 的普通硅酸盐水泥，SP—矿渣硅酸盐水泥，FP—粉煤灰硅酸盐水泥，PP—火山灰质硅酸盐水泥，CP—复合硅酸盐水泥，SR—抗硫酸盐硅酸盐水泥，HSR—高抗硫酸盐水泥。

表中未列入的其他符合国家标准或行业标准的水泥（如硫铝酸盐水泥和铁铝酸盐水泥，适用于非高温地区）也可考虑使用。其他的活性矿物掺和料（如烧高岭土粉、磷酸粉、沸石岩粉等）如经类比试验，能证明满足所要求的混凝土强度与耐久性，并经工程试点和鉴定的也可作为限定范围内的胶凝材料用来确定表 3 中的水胶比和最小胶凝材料用量。

2. 矿物掺和料指配制混凝土时外加的活性矿物掺和料与水泥生产时加入的粉煤灰、矿渣、火山灰等活性混合材料料的总量。

符号：S—矿渣，F—粉煤灰或火山灰，SF—硅灰，均用重量表示，表中公式内的 s 和 f 分别表示矿渣 S 和粉煤灰（或火山灰）F 占胶凝材料总量的比值。

计算水胶比 W/B 的胶凝材料总量为：B=C+S+F+SF，其中 C 对 PI 和 PII 水泥按全量取用，对 PO 水泥按全量扣除混合材料后取用，其中的活性混合材料则列入矿渣、粉煤灰和火山灰中（如生产厂家不能提供数据，则取 C 为 85% 水泥重，活性混合材料按 10% 水泥重的 F 计算）。对其他混合水泥，计算方法同 PO 水泥（如生产厂家不能提供数据，则不宜采用）。

3. 氯盐环境下如不能满足矿物掺和料的最低用量要求，就有需要降低表 3 中的最大水胶比或增加表混凝土保护层最小厚度。

4. V_1 化学腐蚀环境对矿物掺和料的用量要求，尚与水泥的 C_3A 等含量有关。

《指南》中用水胶比取代水灰比作为控制混凝土耐久性质量的一个主要指标。在以往按强度设计的混凝土配合比设计方法中，首先是按混凝土强度等级计算水灰比，而现在按耐久性要求的设计方法中，首先要根据环境作用等级选择水胶比。对于严重环境作用下的构件和一般环境下的受弯构件，为了满足表 3 中的要求，这时的构件混凝土设计强度等级一般由耐久性决定而不再是取决于构件承载力的需要。

关于水灰比和水胶比的定义，在不同的规范和文献中多有不同并引起混淆。我国现行混凝土结构设计规范中用的是水灰比 w/c（water to cement ratio），从字面上看应该是混凝拌合水与水泥的重量比，后者应该包括硅酸盐水泥和粉煤灰水泥、矿渣水泥等混合水泥，但并没有明确配制混凝土时加入的矿物掺和料是否算水泥。既然生产混合水泥时加入的粉煤灰和矿渣等矿物混合材料已作为水泥的一个部分，则配制混凝土时外加的矿物掺和料也理应算作水泥。英国的混凝土结构设计规范也用水灰比，并明确注明矿物掺和料一起计入水泥。所以这样的水灰比应该叫水胶比 w/B（water to binder ratio）更为明确，其中的水泥和矿料都同样按足量计算。

提到混凝土材料的耐久性质量时不能不顾及混凝土施工的养护要求。我国混凝土结构施工技术规范中对混凝土的养护要求并不能满足结构耐久性的需要，必须在耐久性设计中专门提出要求。对于氯盐和其他化学腐蚀环境下的混凝土，《指南》要求潮湿养护的期限应不少于 7 天，且养护结束时混凝土达到的最低强度（根据工地现场养护的小试件测得，其养护条件与现场混凝土相同）与其 28 天强度的比值应不低于 70％；对于大掺量矿物掺和料混凝土，在潮湿养护期正式结束后，如大气环境干燥或多风，仍宜继续保湿养护一段时间，如喷涂养护剂、包裹塑料膜或外罩覆盖层等措施，避免风吹、暴晒，防止混凝土表面的水分蒸发。对于一般环境下和无盐的冻融环境，混凝土（大掺量矿物掺和料混凝土除外）湿养护的期限至少应不小于 3 天，且养护结束时混凝土达到的最低强度与 28 天强度的比值应不低于 40％。

4. 钢筋的混凝土保护层厚度

在我国的混凝土结构设计规范中，钢筋的混凝土保护层最小厚度一般均对纵向受力钢筋（主筋）而言。从耐久性的角度看，最外层的箍筋或分布筋应该最早受到侵蚀，箍筋的锈蚀可引起沿箍筋的混凝土开裂，而墙、板中分布筋的锈蚀除引起开裂外，还会发生保护层的成片剥落。既然耐久性设计主要以适用性作为使用寿命终结的极限状态，所以对保护层最小厚度的要求应同时适用于分布筋和箍筋，原有的欧洲模式规范和新的欧洲规范都是这样做的。

我国规范也没有很好考虑保护层厚度的施工偏差对钢筋锈蚀的重大影响。以建工系统的施工规范为例，其中规定混凝土保护层厚度的允许偏差为梁、柱±5mm，板、墙、壳等±3mm，实际上根本难以做到，所以在施工质量验收规范中又将保护层的允许偏差放宽到梁柱＋10、－7mm，板墙＋8、－5mm。这些允许偏差对构件的强度或承载力来说影响轻微，但对耐久性却会造成致命伤害。如果板中钢筋的保护层厚度为 20mm，则－5mm 的允许偏差可使这一钢筋开始发生锈蚀的年限缩短 45％，这样原来可达 50 年的年限变成了不到 30 年，对于耐久性设计来说显然不能接受。所以用于结构计算和标注于施工图上的保护层厚度必须考虑合理的施工允许偏差，在欧洲模式规范和欧洲新的规范中都明确规定这一厚度应是保护层最小厚度（minimum cover）与保护层施工允差之和，称为保护层名义厚度（nominal cover）。有的国家规范规定的保护层厚度中则已包含了施工允差的影响。保护层的施工允差，一般都取正负偏差相等（±Δ），欧洲规范规定的保护层允差对梁板为±5～±15mm，一般取 10mm，美国和加拿大规范规定的保护层允差对梁柱一般为±12mm。国内有的工程为了保证结构耐久性，专门要求施工单位保证保护层厚度的施工允差为＋10 和－0mm，如果构件的截面高度不是很大，这种做法反过来会影响到构件的承载力，是不宜采用的。

所以《指南》中规定，混凝土结构设计时用于构件强度计算和标注于施工图上的钢筋（包括主筋、箍筋和分布筋）保护层厚度应为名义厚度 c，不应小于表 5 中的保护层最小厚度 c_{min} 与保护层厚度施工允差 Δ 之和，即：

$$c \geqslant c_{min} + \Delta$$

式中的施工允差 Δ，对现浇混凝土构件一般可取 10mm（构件较薄时可稍低），对工厂生产的预制构件可取 0～5mm，视钢筋施工的定位工艺和质量保证的可靠程度而定，必要时应取更大的数值。对于具有防腐连续密封护套（或防腐连续密封孔道管）的后张预应力钢筋，保护层最小厚度 c_{min} 可取与普通钢筋的相同，对于先张预应力筋和护套（或孔道管）和不具密封功能的后张预应力钢筋，保护层最小厚度 c_{min} 应比表中数值增加 10mm。

混凝土保护层[1] 最小厚度[2] c_{min} （mm）　　　　　　　　　　　表 5

环境作用等级		A	B	C[3]	D	E	F
板、墙等面形构件[4]	设计使用年限 30 年	15	15	25	35	40	45
	设计使用年限 50 年	15	20	30	40	45	50
	设计使用年限 100 年	20	30	40	45	50	55
梁、柱等条形构件[3]	设计使用年限 30 年	20	25	30	40	45	50
	设计使用年限 50 年	25	30	35	45	50	55
	设计使用年限 100 年	30	35	45	50	55	60

注：1. 表中根据耐久性需要的混凝土保护层最小厚度，其混凝土的强度等级与水胶比需符合表 3 的要求，胶凝材料的品种和用量需在限定的范围内。如实际采用的混凝土水胶比低于表 3 中的最大水胶比一个级差，且水胶比不大于 0.45，或实际采用的混凝土强度等级高于表 3 中的 10MPa 以上，则保护层的最小厚度可比上表中的数值适当减小，但两者的差值一般不宜超过 5mm。
　　　2. 表中的保护层最小厚度值如小于所保护钢筋的直径，则取 c_{min} 与钢筋直径相同。
　　　3. 对于一般冻融（无盐）环境下的引气混凝土，混凝土保护层的最小厚度可按表 2 的环境作用等级降低一级后按上表选用。
　　　4. 直接接触土体浇筑的混凝土保护层厚度应不小于 70mm。处于流动水中或同时受水中泥砂冲刷侵蚀的构件保护层厚度应适量增加 10～20mm。对于风砂等特殊磨蚀环境下的构件保护层厚度应通过专门研究确定。

　　设计中要同时规定保护层厚度的施工合格验收标准，《指南》要求对同一构件测得的钢筋保护层厚度，如有 95％或以上的测量数据大于或等于保护层最小厚度 c_{min}（表 5），则认为合格；否则可增加同样数量的测点，按两次检测的全部数据进行统计，如仍不能有95％及以上的测点厚度大于或等于 c_{min}，则认为不合格。要达到这样的验收标准，名义厚度中的施工允差 Δ 就不能太小。即使是 10mm 的施工允差，对于国内一般工地来说也不是容易做到的，必须采取专门的质量控制和保证制度才成，因为与 10mm 允差相应的均方差仅为 6mm。仅对环境长期干燥或永久浸没于无侵蚀性静止水中的构件，可在设计中取用较小的 Δ 值，并在设计文件中降低对保护层厚度施工合格验收的标准。

5. 需完善的若干方面

　　（1）《结构混凝土技术规范》的编制

　　我国有混凝土结构的设计与施工规范，也有水泥、砂石、掺和料等混凝土原材料的标准和混凝土配合比设计标准，但却没有一本完整的工程结构用的混凝土技术标准。为了提高结构用混凝土的耐久性质量，在大力推广商品混凝土的今天，更需要有这样一本标准。

　　（2）制定混凝土耐久性参数与环境作用因素的统一测试方法和标准

　　水、土中的环境作用因素如硫酸根离子和氯离子以及混凝土中的氯离子测定方法在我国比较混乱，一些资料中提出的数据也往往不标明测试方法，需要统一测试方法与标准。由于国内缺乏对测试方法的研究，常引用不同国家的方法，测得的数据可能很难进行比较。以土中硫酸盐为例，有的用酸溶法测得的是总的硫酸根离子，从硫酸盐对混凝土的侵蚀角度看，取用水溶值测定比较合理。可是同样是水溶值，按照我国国标 GB7871-87《森林土壤水溶性盐分析》的方法，用的是 1：5 的土水比例萃取，土的试样通过 2mm 筛，加水后只振荡 3 分钟；而英国标准 BS 1377—3《土木工程用土的化学与电化学试验》则规定用 1∶2 的土水比例萃取，土的试样要粉碎至通过 0.425mm 筛，加水后需振荡 16 小时；加拿大标准 A23.2-04《混凝土用试验方法标准》中的土中水溶硫酸盐和总硫酸盐测试方法（A23.2-3B），则规定水溶法试验时的土水比例与总硫酸盐量（酸溶值）成正比，取为总硫酸盐量（%）的 9 倍，试样通过 0.325mm 筛，加水后振荡 6 小时。不同的测试方法所适用的浓度范围有可能不同，有必要对不同方法进行对比。在可能条件下，我国混凝土用的测试方法宜尽可能与国际通用的标准取齐。

冻融环境下混凝土的抗冻性能现在常用抗冻等级表示，但国内不同行业所取用的标准也不一样，比如同样是 F300，水运和港工标准指的是 300 次快速冻融后的动弹模降到初始值的 75%，而水工、公路和工民建标准则为 300 次快速冻融后的动弹模降到初始值的 60%，二者的抗冻性能显然有别。在《指南》编制中，统一用抗冻耐久性指数 DF 值表示以免混淆。含气量是混凝土抗冻性能的重要指标之一，当前国内市场的引气剂质量参差不齐，有的只适用于泵送而无助于抗冻，所以引气混凝土必须同时通过抗冻等级（抗冻耐久性指数）或气泡间隔系数的测定。在实验室条件下测定新拌混凝土含气量或制作引气混凝土试件时，都应该通过振动台上振动密实而不能仅用插棒捣实。

不同设计使用年限下对混凝土抗冻等级或 DF 值的要求，是冻融环境下有待进一步论证的问题之一。《指南》认同这样的观点，即冻融破坏主要是一种"事件"，不完全象钢筋锈蚀那样是一种持续不断发展的劣化结果，在混凝土的使用年限与所需的抗冻等级之间更不可能存在线性比例关系；如果在一定的年限内没有冻蚀，则在更长的年限内也就不会冻蚀或者仅需稍许增加一些抗冻能力就可满足要求，所以 100 年和 50 年设计使用年限的混凝土，所要求的抗冻性能可以仅有很小差别。

有的与使用寿命有关的环境作用参数和材料耐久性参数的确定方法应该与所用的计算模型有关。比如现在常用 Fick 第二定律的误差函数解析解公式来预测氯盐环境下钢筋开始发生锈蚀的年限，则其中的扩散系数 D 只能用表观扩散系数 D_a，后者需根据现场实测混凝土构件不同深度上的氯离子浓度分布，用这一公式进行曲线拟合、回归得出；这里不能直接取用根据实验室快速试验方法获得的瞬态扩散系数 D_p。上述公式中的混凝土表面氯离子浓度，也必须用同样的拟合、回归方法求得的表观值 C_{sa}，而不能用实测的表层氯离子浓度，因为后者受外部因素和碳化的影响，往往远离 Fick 公式的规律。正因为 D_a 是用公式拟合回归得出的，所以尽管 D_a 随混凝土暴露于氯盐环境的年限增长而降低，但并不违反这一解析解得以成立的前提，即暴露时期内的扩散系数 D 为定值。相反，如以扩散系数随时间变化为前提导出另一种解析解，其中的扩散系数就不能仍然引用 D_a。

（3）关于混凝土的耐久性质量指标

混凝土的耐久性质量可用两种方式表达：一种是宏观的用混凝土的最大水胶比、最低强度等级和限定范围的原材料综合在一起加以控制；另一种是用定量的耐久性参数如扩散系数、抗冻等级、含气量、抗渗标号等表达。前者通用于各种场合，后者则需作专门测试，通常用于较重要的工程和严重冻融环境下的工程。

迄今为止，在国内外混凝土结构的设计规范中，对于结构混凝土的耐久性质量要求，用的都是传统的宏观控制方法。有的学者强调"强度"和"耐久性"属于两种不同的概念，认为在耐久性质量指标中不能有"强度"出现。但是，如果用相同原材料配制混凝土，强度高的也愈密实，所以不能说强度与耐久性无关；其次，混凝土抗冻蚀、抗盐结晶破坏、抗锈蚀涨裂的能力更与其强度直接相关。现代混凝土的矿料掺量较大，水化速度慢，为了保证混凝土耐久性所需的早期养护期限，通过强度发展的测试也能间接判断混凝土的成熟度，所以将强度作为混凝土耐久性综合指标之一应该是适宜和需要的，何况强度在各种场合下均须测试，数据本来是现成的。此外，为进行结构的承载力设计，也必须从耐久性要求出发对混凝土提出一个最低强度等级的要求。现在有的工程做完了承载力设计计算，出了施工图，最后才发现计算所用的混凝土强度等级，远低于与耐久性所需水胶比相应的混凝土强度。

也有学者认为应该用拌合水用量取代水胶比作为耐久性质量指标。从理论上讲，通过拌合水用量的限制既可控制最大水胶比，又能控制浆体的最大用量，可奏一箭双雕之效。但拌合水用量又受骨料粒形、骨料级配、减水剂质量等众多因素影响，要在通用标准中提出一个可与环境作用等级挂钩的拌合水最大用量指标，至少还缺乏实践经验的积累。

现有的混凝土耐久性参数，只能反映耐久性能的相对比较。有的参数如抗渗标号基本上没有什么用处。对于氯盐环境下的混凝土，扩散系数是一个重要参数。氯离子在混凝土中的扩散系数有许多种，建议首选 28 天龄期混凝土用快速电迁移方法测定的氯离子扩散系数 D_{RCM}，D_{RCM} 既能用于早期的混凝土施工质量控制，又能结合表观扩散系数随暴露年限的衰减规律进行使用年限的预测，而且测试方法并不复杂。对于一般环境下碳化引起的钢筋锈蚀，通过混凝土水胶比、强度等级和矿料用量的限制，已足能控制所需的混凝土耐久性质量，看来没有必要再在工程设计或施工中引入二氧化碳在混凝土中的扩散系数或标准试验下的碳化速率等这样的指标，而且碳化速度快的环境，不一定就是碳化引起钢筋锈蚀最为严重的环境。

（4）预应力体系的耐久性要求

我国现有工程中对预应力体系的保护措施在比较严重的环境作用下明显不足。预应力筋易发生应力腐蚀，锈蚀进程又难以发现，破坏呈脆性，需要格外重视。在干湿交替的一般环境和氯离子环境下，应该强调采取多重防护措施，如对后张预应力钢绞线，除灌浆保护外，必须采用连续密封的高密度塑料孔道管，并根据环境的严重程度，再采用环氧涂层绞线或在浆体材料中加入阻锈剂。预应力体系的施工必须由具有专门资质的专职企业完成而不能交给一般的施工单位。在施工质量难以确保的情况下，对于严重环境作用下的重要预应力结构，特别是设计使用年限需要长到百年的，采用能定期检测并更换的无粘结预应力体系，看来要比有粘结的更为可靠。对于预应力混凝土的耐久性，需要专门编制一份文件供设计和施工单位使用。

（5）加强专业之间和各地之间的联系与合作

我国在混凝土结构工程的标准编制和研究上，缺乏不同专业之间的相互配合，在结构、施工和材料专业之间甚少联系。混凝土结构的耐久性问题更需要材料、施工和结构联合起来解决。以海砂应用为例，最近建设部发文重申，从材料角度提出海砂的氯离子含量不超过 0.06％干砂重的要求。但 0.06％本是有些国家对各种粗、细骨料的共同规定。如果混凝土的其他材料只含有轻微的氯离子，则 0.06% 干砂重的氯离子量相当于每方混凝土中约含 $0.5kg/m^3$ 或相当于胶凝材料重的 0.12%，尚低于一般设计规范中规定的 0.3%（干燥环境中）和 0.15%（潮湿环境中），而有的规范更允许干燥环境中可为 1%。对于国内许多工程来说，混凝土的设计强度等级很低，水胶比偏高，保护层又薄，那么即使低于 0.06% 干砂重的氯离子量在混凝土迅速碳化后也会导致极其严重的锈蚀。所以脱离结构设计中的水胶比和保护层厚度要求，仅从海砂的含盐量控制不一定能很好解决问题。提高混凝土的强度等级并降低混凝土水胶比是改善混凝土结构耐久性最为经济有效的捷径，特别在应用海砂的沿海地区更要淘汰 C25 甚至 C30 那样的配筋混凝土，提倡应用 C40 及其以上等级的混凝土。

在结构强度设计标准与耐久性设计标准之间，结构设计规范与施工规范之间，尚有许多问题需要协调。如在结构的强度设计中，对于严重环境作用下的混凝土结构，需要专门限制混凝土的最大工作应力。又如在海洋和近海环境的隧道承载力设计中，初衬支护因不耐腐蚀是不能作为长期使用荷载下的承重结构考虑的。

要完善我国混凝土结构的耐久性设计水准，现在最感缺乏的是各地环境作用因素的实测数据与结构耐久性的现场观测数据。这些基础性的工作需要有关领导部门能够有组织地调动各地力量进行。

（6）摆脱对结构技术规范的盲从

规范是以往工程实践的总结，适用于一般情况下的一般工程，现在却被照搬到从未做过的新型工程和复杂工程。土建工程又有着强烈的个性，需要工程技术人员针对工程的具体特点去解决问题，如果只要墨守规范，出了问题可以不负责任，这就从根本上不利于提高我国工程从业人员的素质。现在甚至有人以为规范没有明确规定的都可以做，例如规范没有提到设计海洋馆要考虑海水腐蚀、设计滨海别墅要考虑大气盐雾侵蚀、设计降雪地区的桥梁要考虑除冰盐侵蚀，就照样采用一般环境下的混凝土质量要求和保护层厚度，以至于工程建成后几年就得大修。发生这种情况后，工程的业主也不去状告设计单位索赔全部损失。

国际结构工程著名的设计大师林同炎在其《预应力混凝土结构设计》的经典著作扉页上有个题词："献给不盲从规范而寻求利用自然规律的工程师"。一些工程本应取用更高的要求，却按规范的最低要求做了，出了问题当然要由设计或施工人员自己负责，而不能将责任推诿于规范。国家的规范如要适用于全国，就得照顾到贫困地区的承受能力，所以经济相对发达地区要建设现代化的土建工程更不能照套规范的最低要求。国内一些大城市近年建成那么多的大型纪念性和标志性建筑，没有一个敢于突破规范规定的 100 年设计使用年限。要提高我国土建工程的整体质量水准和设计施工水平，也许最重要的还不是规范具体内容的修改与提高，而是要尽快破除对规范的盲从，弘扬工程人员的创造能力，这也是我国土建行业今后得以跨入世界先进行列的希望所在。

参考文献

[1] 混凝土结构耐久性设计与施工指南 CCES 01—2004（2005 年修订版）. 中国土木工程学会标准. 中国建筑工业出版社，2005 年

[2] 土建结构工程的安全性与耐久性——现状、问题与对策. 中国工程院咨询研究报告

编后注：《混凝土结构耐久性设计与施工指南》的编写人员为第 1、2、3、5 章陈肇元，4、6 章廉慧珍，7 章洪乃丰，附录为冯乃谦、覃维祖、巴恒静、干伟忠、路新瀛，最后由陈肇元、廉慧珍统一修改定稿。本文的主要内容曾提交全国混凝土标准规范学术研讨会（2005 年 10 月 21-23 日，昆明）和全国高强与高性能混凝土专题学术讨论会（2005 年 10 月 15-17 日，杭州），作为内部资料汇报交流。《指南》最为中国土木工程学会标准于 2004 年发行，2005 年发行修订版。在《指南》基础上编制的推荐性国标《混凝土结构耐久性设计规范》于 2008 年发布，但在编制、使用和标准主管各方的协商妥协下，认为结构设计规范对耐久性的要求，不宜突然变更太大，所以与《指南》相比，要求反而有所降低。不过作者认为，重要工程的耐久性，仍需以《指南》的最低要求进行设计为宜。

大型建筑工程设计行业面临的挑战

——勘测设计行业专家座谈会上的书面发言

　　近几年来，外国设计事务所的作品几乎全面控制了我国的大型公共建筑设计市场，北京这样的城市，可以说已经沦为国外"另类"建筑文化风格的试验场。像奥运的几个大型建筑工程，作为大国主办国，竟然没有一个国人提出的方案中标，这是中国人的羞耻。在桥梁、水利等现代化土木工程的建设上，我们能够学习国外的先进技术并以自主设计为主，建成举世瞩目的大型基础设施工程；为什么同是土建工程，到了大型公共建筑就不成了？如果说，大型建筑物有更多的与美学、艺术相关的一面，那么我国自行设计的为庆祝建国十周年的人大会堂等十大工程，以及后来建成的一些大型建筑包括体育建筑，不就证明中国人也能设计出上乘的作品吗？如果说，现代建筑工程必须有非常专业的熟悉其复杂使用功能的建筑师而不为中国所有，那么对剧院功能基本外行的安德鲁，不是照样夺得了国家大剧院的设计吗？

　　外国设计的方案中不是没有好的，也有很值得我们学习的地方，引入外国设计的优秀方案对于提高和发展我国的建筑设计业肯定有很大好处。但现在的情况则是，只要有点名气的建筑工程，似乎非得有外国方案不可；如果是中国人设计的建筑方案去参与竞标，也必须拉个外国的伙伴才能增加中标的希望。正是我们中国的业主自己，崇洋媚外，置本国的建筑设计业于不平等的竞争地位。假如那些外国中标的设计方案确实很好，也许还勉强说得过去，虽然从培植和保护本国建筑设计行业发展成长的角度看，有关部门似乎也不应该坐视本国的建筑设计企业惨败到如此程度，基本上只能忍气吞声地当个描图的打工仔。可是事实上，那些所谓好得不得了的外国另类建筑，从方案一出笼，就在工程界和学术界引起激烈的争议而未曾停息过；有意思的是，批评和反对的声音在外国的舆论和学界中，比中国国内还要响亮得多。

　　出现这种情况在当前的经济体制转型期也许有其必然性。由于市场经济和法规制度还不完善，国内一个城市或一个国有企业的党政领导，可以在市场经济的口号下自封为公共建筑投资方的业主，并且能够不受约束地对公共建筑的设计方案轻易做出取舍；而那些打着外国旗号、以其怪诞不经和奢侈豪华造成强烈视觉冲击的另类建筑，正好迎合了某些领导们为其炫耀权力和政绩的需要。此外，由于国家经济的快速发展，中国国际形象的突然提升，以及申奥成功所带来的喜悦与冲动，也一时使人有点忘乎所以。为了表达和发泄这种长期被压抑的"自豪"感，已记不清我们还需艰苦努力百年才能赶上发达国家以及在发展的道路上仍然充满内忧外患的基本国情，以为即使浪费些资金，也值得修建这些在发达国家都难以实现的"形象"工程。形象工程的特点之一就是摆阔，用纳税人的钱去盖这些老百姓得不到实惠的工程，在一些发达国家中确实是难以实现的。

但是，当前我国大型建筑工程设计的发展倾向，不仅背离了中央提出的科学发展观和艰苦奋斗的精神，不利于和谐社会的建设，而且还破坏着我国城市的文化风貌，严重污染着年轻一代建筑师的心灵。

我们期待国家建设部能尽快出台新时期建筑工程设计的指导方针和相应的法规制度，拨乱反正。

1. 重申和坚持"实用、经济、美观"的建筑工程设计基本原则

国家大剧院建筑设计方案的激烈争论与最终修建，为后来外国设计方案在我国的长驱直入开辟了道路，因为它为各级、各地的部门领导树立了一个可供仿效的权威性样板。那就是：可以不顾实用与经济而仅凭所谓的"独特"建筑风格与外表取胜，说明传统的"实用、经济、美观"的建筑设计基本原则，可能已不再是新时期城市大型公共建筑设计的客观评定标准。

建筑物的属性，首先应是供实用的工程而不是仅供鉴赏的艺术品。对后者则各有所好，较难规定一个客观标准，而对于一个工程，则必须兼顾"实用、经济、美观"三者的统一，如有矛盾，首先要考虑的是实用和经济。随着社会的发展，对于"实用"、"经济"和"美观"的内涵与要求会随之发生变化，但经济上再富有，总还得受资源和可持续发展的约束。前一时期大型建筑市场出现这种无序的局面，一个主要的原因就在于，我们已经迷失了可以衡量建筑设计是非优劣的基本准则和客观标准。

2. 完善市场经济条件下国有建筑工程设计方案评审、批准与建设的规章制度

对于国家和国有企业投资建设的大型建筑和公共建筑，从方案评审、审批到开工建设，必须有足够长的时间过程，应该更公开化和受到社会公众包括各个领域专家的更多监督和规章的约束。参与大型公共建筑工程设计方案评审的专家应该代表国家和公众的利益，保持客观性，按照各自对国家倡导的建筑设计基本准则的理解进行评审，他们的名单应该公开，并有责任向社会公示评审的基本情况与结果。对于公共建筑工程的评审，建设部也应该有相应的条例加以规范，因为评审的专家在一定程度上是代表国家和公众的利益去审查；对评委的条件、责任应提出明确要求。现在的大型公共工程评审，有的地方领导竟然对评委宣称："造价和经济的问题你们不要管"；由于领导喜欢的方案安全性最差而造价又特高，第一次评审通不过，于是再来第二次，就不再请原来持反对意见的人参加了。

在对待外国与中国的建筑设计企业上，应该一视同仁。入世以后，外国对中国的企业设置种种关卡，而我们面对外国"另类"建筑（有人认为是垃圾建筑）的入侵，反而拱手相迎。

为了总结经验和深入探讨问题的所在，以便制定适当的规章制度，建议能选择若干工程作为典型案例进行剖析，在大型建筑中如抗震风险巨大、耗资百亿以上的 CCTV 大楼，在城市桥梁中如广西的南宁大桥等。

3. 要大幅度提高建筑工程的内在安全性与耐久性质量

重建筑外表装饰、轻结构内在质量的工程设计思想，正严重危害着我国的现代工程建设。中国现阶段投资建筑工程开发的有二类业主，一类是国有公共工程的投资方，另一类是房产开发商。前者的业主代表是官员，往往着眼于有限任期内的政绩，而后者所着眼的

则往往是如何赚取尽可能多的利润。二者对于建筑工程具有共同的价值取向，这就是重在外表。

工程内在的安全性与耐久性质量，如果没有天灾人祸的偶然作用和长时期使用的考验，通常在官员的短暂工作任期内或开发商在新房的销售期内是暴露不出来的；而强调安全性与耐久性，必然会延长工期、拖延"政绩"和降低利润。对于政绩的追求和利润的榨取，我们都无可厚非，因为政绩能造福百姓，盖房赚钱也能促进经济，这都是二类业主的各自本分。我们也不能对他们提出过高的专业要求去如何提高内在质量。所以要解决这个问题，主要在于主管工程设计的政府部门，如何通过设计法规和结构设计技术标准，合理规定工程安全性和耐久性的最低要求。

我国的结构设计规范存在许多认识误区，并且已经给近年建成的土建工程带来众多隐患。其中之一就是不顾社会经济发展的现实和需要，在现代化建设中，坚持过去备战备荒年代里的工程结构设计在安全性和耐久性上的低标准，用来打造现代化的土建工程。现在的建筑工程在其建筑设计中那种挥金如土、一味追求外表上的豪华建筑装修与高贵建筑设备的阔气，与工程在其结构设计中千方百计掏挖安全储备潜力的穷酸样，成了当今众多建筑工程的真实写照。这种本末倒置的强烈对比，值得政府主管部门关注并研究。

建筑工程中的装修和设备，本身的使用年限较短，可以在工程的长期使用中随着生产、生活水平的提高而不断更新和改善；我们现在还不富有，选个小康水平的就成了；唯有梁、柱、墙、板、基础等组成的建筑工程结构，作为支撑整个工程的承重主体骨架，是不能在工程的长期使用期限内更换的，必须从一开始就要按照将来发达社会的高标准对其安全性与耐久性提出要求。

国外规范不仅要求结构能够安全承受规定大小的荷载作用，而且还要求在不可预见的天灾人祸下，不能发生由于结构的局部破坏而引起的大范围倒塌，并为此提出具体的方法和细则。社会越进步，人的生命越被重视，资源越被关注。人生的大部分时间是在建筑物内渡过的，提高结构设计的抗灾防塌安全性，体现了对生命的关怀；提高结构的耐久性与使用年限，反映了节约资源和可持续发展的要求。可惜我们的结构设计规范在这些方面不能与时俱进。

我国规范在结构抗灾设防能力上的低标准要求，也为那些国外的"另类"建筑在中国的落户提供了方便，因为符合这些古怪建筑形式的结构，多数都要违背合理的力学原则，既浪费材料，安全风险又大。象 CCTV 这样的大楼，如果换一个国家，如果那个地方在历史上也曾有过象北京曾遭受过的这样大地震，恐怕就行不通；更别提这笔本应能上交国库的钱，竟能这样轻松地给胡乱花掉了。有人说：CCTV 凭国家垄断的广告收入用来建造这个歪七扭八并有损国家媒体正直形象的大楼，足能建造 2、3 艘我国海军至今还没有的航母。

编后注：2005 年 5 月 8 日，国家建设部召开的勘测设计行业专家座谈会。由于与其他预定的会议冲突，不论到会，故提交书面发言。

关于大型公共建筑工程建设中的问题与建议

国务院

温总理：

　　近年来，大型公共建筑工程在我国大量兴建，体现了社会发展和经济增长的必然趋势。这类工程投资巨大，对城市环境和文化有深远影响，受到建筑工程界的深切关注。对此，中国工程院，中国土木工程学会和中国建筑学会于上月联合组织了以"我国大型建筑工程建设"为主题的工程科技论坛报告会与座谈讨论会，两次活动有包括 30 多位院士共 200 多位专家参与，会上在回顾建设中取得重大成就的同时，也研讨了当前在建设中需要注意与亟须纠正的一些问题，如不符国情的巨大投资，建设中的浪费，安全上的风险，建成后的高昂运营费用与能源消耗，以及对城市传统风貌的冲击等，并提出了一些对策和建议。现扼要汇报如下：

一、当前大型公共建筑工程建设中的主要问题

　　1. 脱离功能需求，不讲科学合理，盲目追求奇异

　　有些大型公共建筑工程的设计，不是把建筑的使用功能、内在品质与经济实用作为首要目标，而是舍本逐末，以建筑外型造成的视觉冲击和标新立异，作为选取工程设计方案的主要标准。这些怪异的工程设计，多数不符合合理的力学原则（如北京某一在建建筑，不但整楼倾斜，更在高达 160m 的大楼上端，还要向外悬挑长约 75m、高约 70m 的楼房），与正常设计相比，有的在造价和钢材消耗上要翻几番，而且结构抗震和防火能力薄弱，安全风险较大。一些工程在建成后的长期使用过程中还将面对难以承受的维护费用和能源消耗。大型建筑的能耗惊人，北京的一项调查显示，占全市建筑面积总量仅为 5.4% 的大型建筑，年耗电量竟接近全市所有住宅建筑的总耗电量。

　　片面求新、求奇、求洋的结果，造就了外国的建筑师得以主导中国大型公共建筑的设计市场。他们毫不隐讳地声称："这些不可能在其他国家实现的建筑方案，正是为你们的需要而设计的"。开放的中国建筑设计市场当然需要外国同行的参与，对我们学习国外先进建筑技术与理论肯定有好处，但不能盲目崇洋，对于国内自己的建筑企业也应适当扶持，有些不符合我国国情的外国建筑思想还应抵制。可是，现在的国内设计院如想参加重大公共建筑设计方案的投标，就必须拉个外国伙伴才成，而反过来外国的设计事务所却能独立投标。作为大国承办奥运，在主要的奥运场馆建设中全部请外国人设计，这在奥运历史上也是从来没有过的。

　　同样是土建工程，我国能够成功地自主设计举世瞩目的大型桥梁和水坝等世界顶级工程，而城市中的大型公共建筑却不能，这个问题值得深思。大型公共建筑工程多由政府出

资或由政府指使国有企业出资建造，它的外型最能立竿见影地体现当地的政绩形象和成就。现在，不顾当地经济发展水平和实际需要，在大型公共建筑工程建设中盲目攀比、追逐"第一"的风气仍在蔓延。比如在卫星电视发射技术已经高度发展的今天，有的大城市还要兴建 600m 高电视塔，作为世界最高建筑；有的城市要建世界最大商业中心；有的要建亚洲最大火车站等等。大型公共建筑工程的投资动辄几十亿，一些工程可造福人民，但也有不少工程建成后是与普通百姓无缘的。目前在工程建设中出现的这些无序现象，与中央倡导的科学发展观和建设节约型社会实不相称。对比我国尚有大量人口仍未脱贫和大量失学儿童，花费过于巨大的投资建造某些豪华奢侈、并不是当前急需的大型建筑物，也不利于建设和谐社会的要求。

2. 缺乏科学的建设管理程序

对于一般建筑工程的建设，我国已有一套较为完整的管理程序，但具体到政府或国有企业出资建设的大型公共建筑工程，从工程的责任主体、立项的论证、招投标、方案评审，到工程建成后的运营，尚缺乏具体的规则和制度。作为公共工程，在建设的各个环节上，欠缺"透明度"和"问责制度"。实际上，这些大型公共建筑的设计方案，在很大程度上取决于当地党政领导的意愿，但他们又不承担工程建设与今后运营的责任。形式上也有专家评审过程，可是审查重点往往突出建筑外观效果，忽视结构、设备、环保等工种的参与。大型公共工程十分复杂，与会专家在过于短暂的会议时间里也难以深入研究，至于评委的职责更无章可循，有的地方领导竟能对评委宣称："造价和经济问题你们不用管"，当安全风险最大而造价又特高的方案未能在会上通过后，领导仍然拍板采用。

管理上的问题还表现在许多建设项目不论有无需要，都要搞国际招标。在招标中，对中外建筑企业设计的取费标准也不一致，付给外国设计师的设计费用是中国设计师的几倍到十几倍。在有的评审专家委员会中，外国专家人数过多。这种情况与我国入世后洋人对我国外贸出口的种种阻拦形成强烈对比。

二、对策和建议

1. 进一步明确我国的建设方针

从上世纪 50 年代开始，我国明确执行"适用、经济、在可能条件下注意美观"的基本建设方针并且深入人心。近年来由于经济体制和经济状况有了根本变化，对这一方针的理解和贯彻开始淡化。在新的历史条件下，为了解决上述问题，需要用科学发展观来指导并重申我国的建设方针，即："在科学发展观的指导下，坚持适用、经济、美观的建设原则"。只有这样，才能有明确是非、分清合理与否的客观标准。

2. 编制《大型公共建筑工程建设管理条例》和相应规章

为了根本解决问题，尚需从法规上采取措施。建议建设主管部门首先编制《大型公共建筑工程建设管理条例》并为今后的立法准备条件。条例中要明确公共工程建设的责任主体，增强公共工程的问责制度与透明度，建立科学的项目决策程序，强化各级人大、专家和公众对公共工程决策的参与。此外，建议有关部门（如建设部）制定公共工程招投标、评审、设计取费等的具体规定。大型公共建筑从方案评审、审批到开工建设，必须有足够的时间过程；对于参与工程设计方案评审的专家条件和职责应有明确要求，他们应该代表国家和公众的利益进行评审，名单应该公开，并有责任向社会公示评审的基本情况。

3. 在国有公共工程建设中还应该逐步推广采用国际通行的做法，即由专门的机构作为公共业主代表集中负责对公共工程的管理，统一负责项目前期决策、立项后的建设管理和运营阶段的设施维护管理，从而从组织上落实公共工程全寿命周期的责任主体。要完善工程建设的程序，规范地方政府领导对大型公共建筑建设的不适当干预。在建设阶段则可采用"项目管理承包商代建制"，从而进一步落实预算约束，更好地发挥投资效益，并理顺建设中有关各方的职责。

以上报告，有不当之处请予批评纠正。

中国工程院土木水利与建筑工程学部

中国土木工程学会

中国建筑学会

2005 年 8 月 15 日

附：总理批示：

培炎同志：

这份报告很有提出了当前大型公共建筑工程建设中存在的问题，很有针对性，拟请建设部认真研究，并从管理体制上加以解决。你是否有时间开过座谈会，直接提取专家的意见，请斟定。

编后注：本文起草后，经三个建议单位的负责人共同审议定稿并签字后提交。总理批示认为报告提出的问题很有针对性，拟请建设部研究，并从管理体制上加以解决。

致《结构可靠度设计统一标准》规范编写组的信

我收到了《结构可靠度设计统一标准》的征求意见稿，谢谢规范编写组给我阅读和学习的机会，特别是上次你们召开可靠度设计方法的会上，还印发了我未能前来而寄上的一份不同意见《结构设计规范的可靠度设计方法质疑》。

我已没有其他更多的新意见，想到的细小地方可补充的是：统一设计标准的术语中，有中英文对照的术语"结构稳定性（robustness）"。我就 robustness 一词如何翻译，在前不久草草书写一篇小文提交《科技术语研究》杂志，认为其准确说法应是"整体牢固性"，或者叫"整体稳固性"也无不可，它不是"稳定性"，更不宜音译为令人莫名其妙的"鲁棒性"；今将此文附上，供审阅。再就是规范中"正常使用极限状态"的说法，我总觉得不大好；"正常使用"这 4 个字的定义不清，什么叫"正常使用"，实在难以界定，不如就按洋文 serviceability 直译，叫"适用性极限状态"，国内许多教科书和文章上也都叫适用性极限状态的。比如安全性极限状态、适用性极限状态、耐久性极限状态这三个极限状态，其中的"安全"、"适用"、"耐久"都表示建筑结构的性能，其对象是结构物。而"正常使用"并不是结构的一种性能，其对象是使用者。我曾提过这样的事情，有的地方房管行政部门说，居民要注意楼板上的人、物重量不许超过每平方米 150kg（结构设计荷载规范规定的标准值），否则就是违反"正常使用"；如果进一步引申，就是万一因此而出了安全问题得自负法律责任。可是老百姓既不清楚这些荷载应该怎么计算，更没法用量具将所有东西都称个重量。他们不知道，这个 150kg 的数字本是根据以往的课题研究组到全国各地住户访问并进门入室，用抽样调查的概率可靠度统计方法算出的，据说保证率是 79.7％，即有 20％不正常。如果按照地方部门解释的"正常"标准，那么 150kg 这个数据本身就是一个不正常的东西，难道我们能说规范的"正常使用"规定，竟居然建立在 20％不正常的基础上吗？那么又有多少人能用简单明了的概念教人弄清楚。

我觉得这个问题值得编写组考虑。看来美国规范的处理方法要比欧洲好。工程设计规范面对的对象太综合复杂，爱因斯坦说过："当在一个现象综合体中起作用的因素过多时，绝大多数情况下科学方法是起不了作用的"。记得 1986 年发布的统一标准中有这样的话，意思是："结构的功能只能用概率表达，而结构的可靠度从统计数学出发的概率定义是比较科学的"。当年在宣讲规范时也是特别强调它的科学性并全力数落"安全系数方法"的不科学性。这里恰恰搞错了工程技术与科学的区别。用过分精细的"科学"去解决土建工程错综复杂的结构群体（不是结构个体，也不是象螺丝钉产品那样划一的群体），就很有可能落得规范可靠度设计方法在设计人员中那样不受欢迎的结局。也许与我们国家一直将 technology 和 science 混在一起叫科技有关，而工程设计规范主要是技术问题，所以用安全系数表达安全度，要比安全可靠指标这样的虚假指标不知道要好多少。我一直认为可靠度方法和概率统计本身都是好东西，问题是用在什么地方，您要它的科学性去解决本来有许多不可统计的问题，勉强用数学去科学表达，很可能弄得更不科学。本来的荷载安全系数，材料强度安全系数在概念上有多清楚！现在用可靠度去"科学"一下，出来的分项系数变得稀里糊涂！可靠度方法中的材料分项系数内含有荷载的参数、荷载分项系数内又含有材料参数，对于这些毫无物理意义的东西，最后只能打个圆场，出来解释说也可以将分项系数理解为安全系数。

结构设计规范中的可靠度设计方法，实质上就是"科学地"绕了一大圈，将一般工程技术人员头脑中本来还算清楚的安全性概念搅糊涂之后，好像又基本回归到了原处。

我觉得，可靠度设计方法应该作为编制规范过程中综合确定安全裕度的多种方法途径之一。对工程设计来说，长期的工程实践经验永远是选择合理安全裕度的最基本依据。如果一定要用可靠度方法去"统一"，也得科学研究人员进一步研究改进，改好了再推行也不晚。

附

也谈 robustness 的中文定名

《科技术语研究》杂志 2006 年第 1 期上有篇文章[①]对 robustness 的译名提出建议，该文提到：robustness 在信号处理和声学领域中经常出现，国内专家有按音译为"鲁棒性"的，在我国国标中也定为鲁棒性；该文中建议：robust 是一种信号处理技术或算法，它对模型的失配不敏感，所以 robustness 恰当的翻译应当是"宽容性"。

笔者很赞同上述文章的建议。今结合土建结构工程专业领域，提出一些看法供探讨。

"robust"的含义一般有"稳固"、"结实"、"强壮"、"有活力"的意思，或者更接近汉语中的土话"皮实"。英文往往一词多义，用在不同的场合常有不同含意或延伸出差异，需按具体情况和情景译成相应的汉语。在信号处理领域将 robustness 翻译成宽容性是贴切的。

近年来，robustness 一词在英文的结构工程专业中牵涉到结构的安全性时经常出现。国内结构工程领域的不少人士就套用了其他专业中已有的译名，于是在中文的专业书刊和论文报告中出现了新奇的术语"结构鲁棒性"，即英文中的"structural robustness"。我们结构工程专业的人习惯于与杆件、板、壳之类的结构构件打交道，如今怎么又来了一个"棒"，叫"鲁棒"。其实，structural robustness 的意思用在建筑工程中比较清楚，就是结构整体性，或者更适合叫"结构整体牢固性"。

Robustness 一词在结构工程领域的经常出现，是从 1968 年伦敦 Ronan Point 有个高楼发生煤气爆炸并引起连续倒塌的那个时候开始的。所谓 structural robustness，就是结构出现局部破坏后不致引发大范围连续破坏倒塌的能力。我国唐山地震的直接死亡人数有24 万，而 9 年后同样大小的 7.8 级地震袭击智利百万人口的城市才死 150 人，主要原因就

---

① 李文虎. 对"robust"中译文的建议.《科学术语研究》，2006 年第 1 期。

在于唐山当地房屋的整体牢固性太差。2003 年湖南衡阳发生震惊全国的火灾，16 名消防战士牺牲，其实着火的面积相当有限，也是因为结构的整体牢固性太差而引发连续倒塌。这几年由于恐怖袭击盛行，对 structural robustness 的研究更成热门。要防止恐怖爆炸不会造成建筑物的损伤是很难做到的，但是我们可以设法使爆炸造成的建筑物局部损伤不要引发成大范围连续倒塌的灾难性后果，这就要靠建筑结构的整体牢固性。

在 1988 年的国际标准 ISO2394《结构可靠性一般原则》中有一段定义："structural integrity（structural robustness）是结构的一种能力，能在火灾、爆炸、撞击等类似事件或发生人为错误的情况下，其破坏程度不会扩大到与开始遭受局部损坏不相称的地步"，这里将 robustness 与 integrity 即整体性作为同义语。欧盟 EN 规范《结构设计基本原则》中，对 robustness 的定义也相同，在提到 robustness 时，专门写成 "robustness，or integrity，"。在英国规范 BS81101—1：1997《混凝土结构设计》中，专门有一小节解释 robustness，译文如下：结构的设计应使结构不敏感于偶然作用。尤其是，当结构出现局部的损坏或有个别构件失效时，不会引发大范围的结构倒塌。

在不少的英文结构工程论著中，讲到 robustness 时往往再加上 or integrity，大概与 robustness 这个词汇在不同场合可有不同理解有关。前面已提到，"robust" 有 "皮实" 之意，即身体结实，不易得病，或经久耐用，不宜损坏；意即适应性强，即使遇到异常情况也不敏感。在信号处理中对模型的失配不敏感，这时的 robust 用中文表示意为 "宽容"。在机械控制系统中，有 "robust control system"，这种系统对参数不确定性变化和外界干扰不敏感，意思也类似。在土建结构工程中，结构对爆炸、地震、撞击等异常情况的偶然作用不敏感，局部损坏了也至于扩大到全部，这时的 robust 用中文表示意为 "整体牢固"。可是现在，这些都变成了 "鲁棒"，而此鲁棒（宽容）又非彼鲁棒（整体牢固）。本来在中文中比较清楚的意思都成了稀里糊涂的棒。最近日本的学者提出了 2006 年版本的混凝土结构亚洲模式规范（Asian Concrete Model Code），用英文书写，在篇首的定义内，对 robustness 一词的叙述如下："Robustness（or structural insensitivity）—结构抵抗火灾、爆炸、撞击、失稳或人为错误后果等类似事件的能力"；这里在 robustness 后面加了括弧（或，结构不敏感性）。作为结构的一种 "能力，ability"，在中文里用 "整体牢固性" 或英文中用 "integrity" 来解释似乎比 "不敏感性" 或英文中的 "insensitivity" 更合适。

顺便提一下，在我国《建筑结构设计统一规范》GBJ68—84 中，将结构的 "整体牢固性" 称为 "整体稳定性"。我国的这本规范是参考 ISO 标准和欧洲的模式规范编制的，将 "robustness" 这一术语翻译成 "整体稳定性" 虽然比 "鲁棒性" 这样的词要好，但显然与原文的含意有些差距。上面已经说了，英文的 "robustness" 用在建筑结构的场合，其同义语就是 "integrity" 即整体性或整体牢固性，而并不是 "稳定性"，后者在英文中的对应词汇则为 "stability" 或 "steadiness"。所以，比较合适的叫法还是 "整体牢固性"，或者叫 "整体稳固性" 也无不可。

笔者以为，我们要尽力维护中文的纯洁性，这并不是说在中文中不能有外文的音译词，但已经有贴合外文意义的中文词汇时就不要再用外文音译，尤其在国标中更要慎重，否则尽管专业不同，大家也会跟进。当今的社会风气时兴新奇怪异，在传统的老学科如土木工程中能打出"鲁棒"这样叫人摸不清头脑的词，比起人人都明白的"整体牢固"，可能在不明底细的人面前，或许会显出有更大的"学问"，或者能表现出站在学科发展前沿的更尖端上。除此以外，似乎还看不出有什么别的好处来。

　　编后注：本文发表于期刊《科技术语研究》2007 年第 2 期。这次印发交流，有极个别补充。

致南方日报记者的信
——桥大夫号脉桥梁安全

南方日报记者　姚先生：

　　我收到您发来的采访报道初稿——《"桥大夫"号脉全国桥梁安全》，提到了我的名字和我主持编写的咨询报告。其实那份咨询报告并不针对桥梁，说到的一些主要问题，也与报道初稿中讨论的湖南凤凰县的沱江石拱桥的坍塌事故无关。至于我的专业，接触多的是房屋建筑，对桥梁知道不多，无论如何称不上桥大夫。所以您在采访稿中，应突出采访过的真正桥大夫的看法，不能将我的看法放在前面。

　　我至今仍不清楚湖南拱桥的施工图和构造。看了现场破坏照片，像是高墩连拱桥。桥的施工质量是否有问题？是否又是豆腐渣工程？不到过现场考察不能盲加评论，但我可以说点想法。

　　我确实不理解，现在又不是没有钢材的秦汉唐宋年代，也不是国家解放后要千方百计节约钢材的非常时期，现在有的是钢材，为什么设计时非得选用石材来建这么大跨度的高墩连拱桥。拱的特点就是拱墩支座处的反力既有竖向，又有水平方向。对于连拱桥梁结构来说，在荷载的自重和车载作用下，作为支座不仅受到左右两个拱传来的竖向力，而且还受到两个拱的水平推力，这两个拱的推力在同一桥墩上恰好方向相反，所以在建好后能够相互抵消。可是在连拱结构的建造或拆除中如果不注意，如果一边建好了，另一边待建，这时在施工过程中就要想办法用支架来消除或减少单边的水平力，否则高墩就可能被推倒。一个拱垮掉了，与它相连的拱也随之破坏，所以凤凰石桥这样的连拱桥，整体牢固性很差。除非每个桥墩都是块体结构，本身能够承受拱的巨大水平推力。

　　就在 2006 年 5 月 18 日，太原拆除一个用砖墙和砖砌连拱做房顶的废旧仓库，这种结构形式与凤凰桥类似，只要有一道墙或一跨拱顶出现局部破坏，很容易发生连续倒塌。拆除中的农民工不懂拱结构受力特点，造成连续倒塌，死伤十多人。公安部消防局送我一盘抢救的录像，现场惨不忍睹。类似连拱那样的结构，不论新建或拆除，都是需要通过设计计算的，不知道湖南凤凰桥在拆除时做了没有。安全事故往往由多种因素造成，豆腐渣工程以及各种天灾人祸常是主要诱因或直接原因，但也可能隐藏其他因素。要彻底根治事故，必须寻找种种深层因素。在重大安全事故处理上，我一直认为不能仅停留于追查事故责任人，也要从技术层面分析深层原因。这些事故和血的教训有许多方面值得从技术上总结，本应是推动技术进步、改正现行技术规范缺陷的最好教材与动力。象高墩连拱砌体这样的结构，本来就不应该用于现代大跨桥梁。凤凰桥全长 300 多 m，这次事故死了 60 多人，伤 20 多人，实在冤枉。

当年宁波招宝山大桥施工时发生混凝土箱梁底版压断事故，成了中央台焦点访谈的大新闻。我看了一大堆调查材料都没有提到规范问题，我就说事故原因主要在规范，因为当时的桥规规定：施工阶段的安全系数可以比使用阶段打七折。而斜拉桥的特点之一就在整个全寿命期内最危险的阶段恰恰在施工阶段，一旦合拢使用就比较稳当，风险较小了。如果安全系数不打 7 折，即使像当时的房屋设计规范一样只打 9 折，也无论如何不会压坏，因为这样一来，底版的厚度至少可从原设计的 18cm（净厚仅 9cm）加大到 22cm（净厚可到 13cm）。我们一遇事故，首先就是对照技术规范去抓人。既然技术规范成了判定是非的法律依据，就是神圣不可侵犯的了，根本就不需考虑从事故中吸取教训了。但是规范在招宝山大桥这起事故中也确实不能要它负责，因为编写这本规范时中国可能还没有斜拉桥呢。

4 年前震惊全国的 11·3 衡阳火灾，压死 20 多名消防战士。这个 8 层楼高的大楼，居然胆敢采用厚仅 18cm 的混凝土空芯砌块墙，上面搁置保护层仅 1cm 厚（有的还不到）的预应力冷轧钢筋配筋的预制混凝土空心板。在墙体砌块的空芯内，即使在门窗口两侧也没有上下连通的插筋并灌上芯部混凝土。这种构造的楼房只要有一块预制板因冷轧钢筋在高温下强度急降而坠落，或任何一个构件偶尔受损，就有可能引发整楼的连续倒塌，怎能认为设计计算符合规范，所以设计部门没有错误？这种楼型在衡阳是作为先进经验推广的，当地还有不少此类房屋。当时我向有关部门提出，应该对全市所有的这种类型房屋挨个作检验加固，但最后也不了了之。

我国四川金沙江上的彩虹桥桥面坍塌事故，是因为吊杆下端严重锈坏，说明桥梁设计中对于高强拉杆的防腐措施有待提高。国外的桥梁设计标准对于拉杆、吊杆之类的端部连接，规定需设挡水帽或滴水沟等措施，防止雨水流到接头处的钢材表面。我们对事故是抓了人后，桥梁规范中的耐久性技术要求可以仍旧纹丝不动，那就继续等待下一个类似事故上台表演吧。

当然，事故的祸首罪有应得，理应被严肃处理，但如要根治，尚需从更多方面考虑采取措施。现在有许多质量事故也与盲目追求施工速度与恶性低价竞标有关，确定的工期本身与中标价，根本不能保证工程的高质量，设计人员往往整日加班加点，没有假日，也没有时间仔细探讨工程设计中的问题；而在施工企业中有"接工程干是找死，没工程干是等死"的说法，这种调侃当然不对，但从一个侧面反映低价恶性竞争的问题可能真是到了非管不可的地步，需要从法规上提出合理进度与合理标价的要求。

我国现在出现的大小工程事故，有些无论如何不能说与技术规范中过低的最低要求无关。现行规范有着太多的"一不怕苦、二不怕死"的烙印，这种精神用于工作有可能需要，有时甚至是必须的，但用它作为工程设计是不成的。用现在的规范来修建低标准的中小工程尚能勉强对付，要用它来建设高标准的现代化大工程在可能会出问题。所以技术规范一定不能作为"判定"事故是非的唯一依据。当然，对于过去已经这样做了出问题的，可以既往不咎，问题是今后该怎么做才好。

编后注：本文写于 2007 年，是南方日报记者采访后，收到记者所写的采访稿初稿的修改建议。文中提到的连拱拆除过程中那个太原仓库，是埋在土中的连拱结构，上部尚有一层地面建筑如图 1。

坍塌前

坍塌后

图 1 太原地下仓库倒塌，右图为倒塌现场照片

凤凰县沱江大桥，用传统工艺建造，全长 320m，其中 4 跨为石砌连拱桥，每跨长 65m。事故发生在建造完成后拆除施工支架的过程中，由于支架拆除顺序不当，造成挤礅左右两拱的水平推力很不平衡，加上挤礅的砌筑质量不良，引起一个挤礅被推倒后的整桥连续倒塌。据报道，倒塌的整个过程不到 10 秒。

土建工程的使用寿命

土建工程是桥梁、道路、铁路、隧道、码头等土木工程与房屋建筑工程的总称，这里指的是具体工程对象。在西方，土木工程包括房屋建筑工程和水利工程；在日本，土木工程中也包括水利，并将房屋建筑工程单独提出来与土木工程并列；我国在历史传统上就将土木工程与水利工程并列，在说到土木工程时主要指的是房屋；到了近代后可能受日本影响，在提到土木工程时又往往限定在桥、隧、路等工程，而将房屋建筑及其附属构筑物除外。但不管怎样划分，土木、水利和房建工程本属同源，其学科基础是一致的。

一、工程使用寿命（使用年限）的定义

土建工程的使用年限是建筑物建成后所有性能均能满足原定要求的实际使用年限。使用年限或使用寿命（service life）可以从不同的角度予以定义并派生出不同的称谓，如合理使用年限、目标使用年限（target service life）、设计使用年限（design service life）、预期使用年限（predicted service life）、剩余使用年限（residual service life）、经济使用年限（economic service life）、技术使用年限（technical service life）、功能使用年限（functional service life）等等。

1998年颁布的我国《建筑法》规定："建筑物在其合理使用寿命内，必须确保地基基础工程和主体结构的质量"（第60条），"在建筑物的合理使用寿命内，因建筑工程质量不合格受到损害的，有权向责任者要求赔偿"（第80条），"建筑工程实行质量保修制度"，"保修范围包括地基基础工程、主体结构工程、屋面防水工程和其他土建工程……，具体保修范围和最低保修期限由国务院规定"（第62条）。2005年国家建设部提请国务院审议的《建筑法（修订送审稿草案）》中，将建筑物的范围从房屋建筑及其附属设施扩大到包括土木、建筑、水利等所有工程建设，并规定设计单位应在"设计文件中注明合理使用年限"、"勘察、设计、施工单位必须确保地基基础工程和主体结构在合理使用年限内的质量"。

从《建筑法》的上述条文中，我们可以看出，所谓"建筑物的合理使用年限"就是房屋建筑中的梁、板、墙、柱、基础等承重构件连接而成的主体结构能够正常使用而不需大修的使用年限。它并不是建筑物中的门窗、隔断、屋面防水、外墙饰面那样的非承重建筑部件和水、暖、电等建筑设备的使用年限。后者的使用寿命一般较短，通常需要在建筑物的合理使用寿命期内更新或大修，它们的保修期通常也要短于建筑物的合理使用年限。这样的规定与国际上通用的规定是一致的，即：房屋建筑结构的使用寿命，是其主体结构仅需一般维护就能正常使用而不需大修的使用年限。

合理使用年限应该由业主和设计人员商定，首先要满足业主对于建筑物的功能需求，

也不能低于有关法规基于社会和公众利益（如资源节约等）规定的要求。这样一个使用年限体现了业主和社会公共利益的追求，在国外通常称"目标使用年限"。但在我国的《建筑法》内，未能对不同类型建筑物的合理使用寿命（或年限）规定具体的量值，也未能对建筑物合理寿命期内建筑部件、建筑装修和建筑设备超过保修期后的质量责任与损害赔偿以及整个建筑物超过合理使用寿命后的质量责任做出明确界定。

设计人员为了主体结构的使用年限能够达到建筑物合理使用寿命的要求，就要以这一目标为依据进行主体结构的耐久性设计。所以结构的设计使用年限与建筑物的合理使用寿命在量值上通常相等。例如。一般房屋建筑物的合理使用寿命通常为 50 年，那么结构的设计使用年限也是 50 年。但是，主体结构耐久性所能提供的实际使用年限必然会随结构材料性能、施工质量和环境条件等多种因素的变异而变化，因而与结构的设计承载能力相似，结构的设计使用年限也必须有足够的保证率，或者说必须具有一定的安全储备。如果实际的使用年限平均来说只能达到 50 年的目标值，那就会有约一半的结构达不到目标值而需要设计单位赔偿，这种情况当然不能接受。所以，建筑物合理使用寿命是个确定不变的数值，而同样大小的结构设计使用年限应是在设计确定的环境作用和正常使用维护条件下，结构各种性能均能满足使用要求而不需进行大修并具有足够保证率的年限。按照国际上的研究[4,5]，设计使用年限的安全系数大概需有 1.8~2，也就是要做到平均使用寿命在 90~100 年左右，才能将 50 年的大修概率降低到可以接受的程度。欧洲混凝土学会 fib 最近提出的《混凝土结构使用寿命设计模式规范》[6]，要求与适用性极限状态相应的结构设计使用年限的失效概率不超过 5%。国内正编制的《混凝土结构耐久性设计规范》，在报批稿中确定的这一失效概率约为 5%~10%。这里说的都是适用性极限状态的失效概率，即此时的结构因耐久性不足已到了不能正常使用（适用性失效）的程度，例如在钢筋混凝土结构中的钢筋锈蚀已开始使混凝土胀裂，或者混凝土的腐蚀已开始使表皮剥落，这样的损伤已影响外观，或者已开始将要影响到结构的强度（承载能力），就应该进行修理，不过还没有损害到结构原有承载能力的安全性，因为当钢筋锈蚀开始胀裂混凝土时，锈蚀程度通常不大，对钢筋截面积和钢筋混凝土构件承载能力的影响尚可忽略。但是也有少数例外，如高强预应力钢绞线等，这时应以一开始出现可能发生锈蚀的条件时，就作为不能继续正常使用的适用性极限状态，即使用年限的终结。

实际使用年限呈离散分布，因此与目标使用年限不同的是，设计使用年限是与某一保证率相应的特征值或标准值，或叫特征使用年限[8]。这就好比 C30 混凝土是抗压强度特征值为 30MPa 的混凝土，规定应有 95%的保证率，为达到这个目标，所配制混凝土的实际抗压强度平均值必然要大于 30MPa。结构使用寿命的离散性远大于混凝土抗压强度的离散性，如果要达到同样大小的保证率，平均值与特征值之间的比值要大得多；上面已经提到，结构的设计使用年限应由有 1.8~2.0 的寿命安全系数，即实际的使用寿命平均应比设计值大一倍。

结构使用寿命的离散性远大于混凝土抗压强度的离散性，如果要达到同样大小的保证率，平均值与特征值之间的比值要大得多，所以设计使用年限为 50 年的建筑物，其主体结构的使用寿命平均应有百年左右，对于绝大部分建筑物来说都会远大于 50 年。到了设计使用年限 50 年后，绝不是不能用了，而是有很少量的结构可能需要大修，大修以后当然还可以继续使用。上面已经提到，设计使用年限是根据工程所处的环境作用条件并按结构材料的耐腐蚀性能和结构构造方法等与结构性能老化（劣化）有关的技术因素确定的，所以设计使用年限属于技术使用年限[9]。

　　建筑物的使用年限应能通过不断的大修与良好的日常维护而继续延长，这样的例子不胜枚举，如我国山西的五台山佛光寺（图1），河北赵县的赵州桥（图2）和四川的都江堰，分别建于公元857年，公元约600年和公元前的战国初期，由于选址正确，结构合理、施工严格和不断的修缮，都历经千余年至今。设计、施工良好的建筑物建成后，其实际的使用年限主要取决于正确的使用和维修。上面所举的千年古建之所以能够延续至今，就是历经精心维护和不断大修的结果。我国古代的寺庙建筑，一旦僧去庙空，很快就会破败湮灭。不过我们也不能说建筑物的合理使用年限或设计使用寿命可以是几百上千年，因为这里指的是不需大修的年限。

图1　五台山佛光寺大殿

图2　赵县赵州桥[10]

　　但是，建筑物总有结束寿命被拆除的一天。当建筑物过于老化，继续大修的费用在经济上已不如拆除重建更为合理时，这样的使用年限就称为经济使用年限[9]。也有出于其他经济考虑如为获取更大利润而拆除本可继续使用的旧房盖新房的，这也是经济使用年限。建筑物还有因使用功能的改变而拆除，如桥梁由于交通运输量增加或工业厂房由于工艺流程改变等，相应的使用年限称为功能使用年限[9]。更有许多建筑物因各种灾害被毁。建筑物由于人为原因如规划不当、单纯追求经济利益等而过早结束使用年限的，应当受到政府部门和社会的约束，因为这些行为有背节约资源和可持续发展的基本要求。

　　预期使用年限是根据经验、试验、或有关资料估计得出的预测使用年限。根据建筑物竣工后实测的结构材料性能与结构尺寸（如混凝土结构中为保护钢筋防止锈蚀的混凝土保护层厚度与保护层混凝土的质量），就可以对结构的预期使用年限做出比较接近实际的预测；建筑物经过一段时期的使用后，能够获取的信息更多，从而能对其剩余使用年限做出更可靠的估计。

　　结构的设计使用年限与结构的设计基准期是两个完全不同的概念。设计基准期是设计结构时为确定与时间有关的基本变量值（如地震力、风荷载、材料疲劳强度等）所取用的基准时间，在量值上通常取与设计使用年限相同，但设计基准期并不是设计使用年限那样具有一定保证率的特征值。

二、房屋建筑工程的设计使用年限

1. 主体结构的设计使用年限

我国的《建筑法》中没有给出不同建筑物的合理使用年限或结构设计使用年限的最低要求。对于房屋建筑的设计使用年限，在我国现行的技术标准《民用建筑设计通则》（GB50332—2005 与此前的试行版 JGJ37—87）和《建筑结构设计统一标准》（GB50068-2001）中则作了原则规定。

《民用建筑设计通则》规定以主体结构确定的建筑耐久年限分为四级：

一级耐久年限 100 年以上，适用于重要的建筑和高层建筑（指 10 层以上住宅建筑、总高度超过 24 米的公共建筑及综合性建筑）；

二级耐久年限为 50～100 年，适用于一般建筑；

三级耐久年限为 25～50 年，适用于次要建筑；

四级耐久年限为 15 年以下，适用于临时性建筑。

耐久年限按理解就是工程的合理使用年限或设计使用年限，应在设计任务书和设计文件中明确。

我国《结构设计统一标准》中规定的设计使用年限如表 1 所示。技术标准或规范中的规定本来都是最低要求，可是我国的设计人员往往不考虑工程实际情况，习惯于照套规范规定的最低要求，以致国内设计的房屋设计使用年限除了临时性建筑以外，都按表 1 的规定变成了 50 年和 100 年两种情况，很少考虑工程的实际功能需求来确定适当的年限。此外，《统一标准》中对于不同年限的建筑物统一取设计基准期为 50 年，显然也有问题。

房屋建筑结构的设计使用年限　　　　　　　　　　　　　　　　　　表 1

类　别	设计使用年限	举　例
1	1～5	临时性结构
2	25	易于替换的结构构件
3	50	普通房屋和一般建筑物
4	100	纪念性建筑及其他特殊或重要建筑物

我国设计技术标准中对于建筑结构设计使用年限最低要求的规定，基本上与欧共体规范的规定（表 2）相同，但后者还规定桥梁等各种土木工程结构物的设计工作寿命不小于 100 年。国际上对于一般房屋建筑物的设计寿命多规定在 50～75 年之间，虽然有的并没有在设计规范中明确提出年限而是体现在规范条文的技术要求中。

欧共体规范规定的结构设计使用年限（指导性规定）　　　　　　　表 2

类　别	年　限	举　例
1	10	临时性结构
2	5～25	可更结构构件
3	15～30	农业或类似建筑结构
4	50	建筑结构或其他普通结构
5	100	纪念性建筑，桥梁及其他土木工程

我国《建筑结构设计统一标准》将普通工业与民用房屋的设计寿命均划一为 50 年，

对于上海、北京等大城市中的高层住宅、写字楼和大型工程来说明显偏短。工业厂房的使用年限与工艺更新和生产服务年限紧密相关，《统一标准》中规定的 50 年对于多数生产厂房来说又嫌过长。为改正这些不足，由中国工程院本项咨询研究组织国内专家编制的中国土木学会标准《混凝土结构耐久性设计与施工指南（2005 年修订版）》和国标《混凝土结构耐久性设计规范（送审稿）》中，规定建筑物的最低设计使用年限见表 3。

混凝土结构的设计使用年限　　　　　　　　　　　　　　　　　　　表 3

设计使用年限	适用范围
不小于 100 年	标志性、纪念性建筑，大型公共建筑，大跨或高层建筑，大型城市桥梁，隧道，重要的大型构筑物，重要市政设施等
不小于 50 年	一般的住宅和公寓，中小型公共建筑，中小型桥梁、一般市政设施、一般构筑物、大型工业建筑等
不小于 30 年	易拆卸的轻型建筑物，某些工业建筑、矿山建筑与构筑物等

2. 建筑部件和设备的使用年限

建筑物中的建筑部件和建筑设备在建筑物的合理使用年限或设计使用年限内，一般都低于结构构件，大多需要更新置换，有些需要定期维修。在英国的建筑物技术标准[1][11]中，对外墙挂板、饰面、幕墙、门窗等建筑部件都有使用年限的规定，但我国至今尚未对这些部件的使用寿命做出全面的规定，少量有规定的如 2002 年颁布的《建设工程质量管理条例》第 40 条中，对于建筑物防水层和建筑设备规定的保修年限竟低到：防水层为 5 年；供热与供冷系统，为 2 个采暖期、供冷期；气管线、给排水管道、设备安装和装修工程为 2 年，客观上起到纵容偷工减料和损害施工质量的作用，似有背法规的宗旨。而在英国标准中，规定屋面防水层的使用年限是 20 年。

按照我国《建筑法》规定，原则上是要求设计施工单位也能提出建筑物内各种部件和设施的使用年限和保修年限，但是还没有相应的下位技术标准加以具体化，所以难以实施。1985 年建设部发布的《商品住宅实行住宅质量保证书和住宅使用说明书制度的规定》和《城市房地产开发经营管理条例》，都曾明确规定房地产开发企业向用户销售商品房时，必须提供住宅质量保证书和住宅使用说明书。这是一条重要举措，但也未能落实。这么多年来，购房人从不清楚有这回事，这样的说明书本应载明建筑物内各类部件与设施的使用年限与使用要求。

在国际标准《建筑物及建筑资产—使用寿命规划》[12] ISO15686 的总则（ISO15686-1）中，提出了建筑物构件和组件使用寿命规划的一般原则、具体步骤、和功能要求。使用寿命规划是考虑建筑物全寿命费用（包括建造、维护修理和拆除处置费用）的前提下，对建筑物或建筑构件的使用寿命进行合理估计，并进行使用寿命设计，采取相应措施保证使用寿命能够超过其设计寿命。在设计任务书中，应由业主和设计人商议确定使用寿命规划的基本目标，包括建筑物及其部件的设计寿命和使用功能要求以及需要维护、修理和更换的部件；通过环境作用分析、概念设计、初步设计和详细设计确定所需费用与使用过程中的维修计划，包括周期性维修、条件性维修与翻修以及合理的维修时间安排，内容包括内部装修翻新，室内分隔变动，电气、管道设施更新，某些承重构件更换等。ISO15686-1《总则》将耐久性目标具体为建筑物构件或部件的功能要求和可接受水平，要求在设计阶段就予以确定；可以作为设计任务书的一部分由客户确定，也可以根据当地规范或规章的规定由设计师确定，但都应指明这些构件或部件的属性（可更换或永久性）及其失效效果。如失效后果十分严重，则须考虑延长构件的使用寿命或加强检查和维护。建筑物构件或部件的最低设计使用寿命如表 4。ISO15686-1《总则》强调设计时要考虑建筑物的重新利用，通过使用寿命规划延长建筑物的使用寿命，增进长期效益。

ISO15686—1 标准中的建筑物构件或部件的设计寿命　　　　　表 4

设计寿命	难以进行维修的结构构件寿命	难以更换的构件寿命	可更换的主要构件寿命	建筑设备寿命
无限	无限	100	40	25
150	150	100	40	25
100	100	100	40	25
60	60	60	40	25
25	25	25	25	25
15	15	15	15	15

三、房屋建筑工程的使用年限现状与存在问题

建筑物的实际使用寿命不仅取决于技术因素，许多房屋是由于非技术的原因被拆除的。从技术层面看，建筑物的使用寿命主要与设计施工规范所要求的安全与耐久性水准以及设计施工的技术水平有关，包括设计提出的正常使用与维护要求。

1. 房屋建筑的实际使用寿命

我国房屋建筑平均有多长的使用寿命？已成为当前媒体报道和讨论的一个热点。由于缺乏可靠统计数据，各种说法不尽一致。比较多的估计是 30 年，也有说 40 年或 20 年的。

据中国统计年鉴，2005 年底全国城乡的房屋建筑总面积为 385.6 亿 m²，估计到现在（2007 年）已略超过 400 亿 m²，其中城镇约占 42%，农村 58%。但也有资料认为到 2004 年底，全国城乡房屋建筑总面积已达 420 亿 m²，现在已近 450 亿 m²。2003 年的城市建筑物总量为 150 亿 m²，比五年前的 1998 年翻了一番；从 2000 年到 2005 年，我国城市建筑物从 76.6 亿 m² 增到 164.5 亿 m²。目前城市房屋总量现在可能达到 180 亿 m²。又据报载，仅 2002 到 2004 三年的拆房面积就有 6.8 亿 m²，占三年内商品房竣工面积 15 亿 m² 的 45%。建国初期的城市房屋总面积尚不到 2 亿 m²，可见近年被拆的房子几乎都是建国后建造的，其中大部为 20 世纪 70 和 80 年代建造的，甚至还有不少 90 年代建造的房屋。

另一个值得注意的数字是每年的城市拆房面积。据报载，2002 年共拆房 1.2 亿 m²，是当年商品房竣工面积 3.2 亿 m² 的 37.5%；2003 年拆房 1.61 亿 m²，相当于当年商品房竣工面积 3.9 亿 m² 的 41.3%；2004 年全国城市房屋竣工面积 8 亿 m²，拆除 4 亿 m²，占竣工的 50%；而 1949 年全国解放时的城市房屋总面积尚不到 2 亿 m²。可见近年来拆除的房子几乎都是建国后才建造起来，其中大部分是 20 世纪 70 年代和 80 年代建造的，甚至有不少是 20 世纪 90 年代建造的房屋[13]。所谓我国房屋使用寿命为 30 年的说法，大概就是按照近年来被拆除的房子也考虑进来后估计的，并不能说明按我国设计使用年限设计的房屋只能达到 30 年的实际使用寿命。设计使用年限是技术使用年限，是建筑物在设计规定的环境作用下由于结构材料老化到难以正常使用时的年限，而这些被拆除的房子，虽然

有不少是老化造成的寿终正寝，也有许多是因设计施工质量低劣的先天不足，但更多的是由于其他原因或借"老化"之名被砍杀的。

国内有的城区在最近30年内，同一地点的房子已拆了二、三遍。20世纪70年代末和80年代初，是拆除低层盖多层，20世纪90年代开始是拆除多层盖高层，到本世纪连高层和大型建筑也有拆了重建的，如：杭州西湖第一楼的浙大医学院大楼，22层，67m高，寿命14年（图3）；青岛大酒店，19层，62m高，寿命15年（图4）；沈阳五里河大型体育馆，寿命18年；北京中体博物馆，寿命15年；重庆永州第一楼的渝西会展中心，16层，寿命5年；重庆隆盛大厦，从建成到拆除，寿命6个月；北京东直门一高层楼房，20层，寿命15年；南京民族大道一高层楼房，15层，寿命不到20年；张家港锦雄大厦，12层，寿命8年；郑州曲园大酒店，16层，寿命13年；湛江龙珠大厦，曾是当地标志性建筑，13层，高43m，寿命约15年。这些高楼大厦中，除北京1990年建成并获鲁班特别奖的中体博物馆由于施工质量过差在使用15年后不得不拆除外，其他多由于城市规划变化、道路拓宽或为追逐更大商业利润而拆除。

图3　西湖第一楼拆除
（引自新华社资料）

图4　青岛大酒店拆除
（引自新华社资料）

至于城市内的一般建筑物被大规模地成批铲除，多数借旧城改造之名。过去房屋设计的建筑标准确实较低，有些房屋如要调整内部建筑布置或翻新原有设施都不可能，随着生活水平不断提高，确有不少房屋已无修理加固后继续使用的价值。为了解决城市人口增加和用地稀缺的矛盾，适当拆除破旧矮房并兴建中、高楼层建筑也属必要。可是这些客观上的需要现已演变成无序的大拆除。有些地方领导为其不长的任期内追求政绩，正好与房地产商为追求最大利润在繁华城区的大拆大建上找到了结合点。房子盖得愈高、愈大、愈密，前来的人群就愈来愈多，马路愈来愈堵，房价愈来愈高，开发商的利润和地方政府的可支配收入度随之增多。这种史无前例的无序大拆除，以及在关系重大民生的住房政策和管理上所采取的极端市场化倾向，即使在发达的资本主义市场经济地区如香港和新加坡也是没有的。从更深层次看，则反映出我国经济转型期的法制建设与政治体制改革的滞后。

旧房不是危房，旧房改造指的是内部设施的更新而不是拆除。前不久在北京，甚至对国庆10周年的十大工程之一，革命历史博物馆（现在的国家博物馆），竟也有提议要求拆除后就地重建。这种不要历史和文化、浪费钱财的行为应当受到谴责。

我国现存建筑物的质量与其不同的建造时期有很大关系，差别相当悬殊。建国前正规建造的工程都按当时的国外（美、英、德）技术规范设计，安全和耐久性标准甚高。上海、北京、天津按正规设计、施工并建成于上世纪二三十年代的大楼，保留至今的都能正常使用。

新中国成立初期建成的房屋质量也比较高。自 20 世纪 50 年代初学习苏联后，房屋的安全与耐久性设计标准开始降低，但施工质量还是比较良好的。到 1958 年"大跃进"政治运动后，设计安全质量大幅降低，以致后来几十年内修建的房屋，在结构构件承载能力的安全设置水准上无法与国际通用标准相比。以房屋结构楼板能够承受的使用荷载为例，按国内规范设计的只有按国际通用标准的一半左右。在建筑结构的耐久性要求上，为保护钢筋防止锈蚀的混凝土保护层厚度，在总体上也只有按国际通用标准的一半，所以按我国规范设计的钢筋混凝土使用寿命只能达到国外设计的 1/4～1/3。影响房屋寿命长短的质量因素主要是结构的耐久性与安全性，二者首先取决于建造时的设计与施工水准。结构抗灾能力不足，整体牢固性差，也是造成大批房屋夭折的重要原因。整体牢固性是结构在预见或不可预见的灾害作用下造成局部损坏时不致引发大范围连续倒塌的能力，主要依靠结构构件之间需有可靠的连接。我国建国后因钢材长期短缺，在千方百计节约钢材的口号下，大多数住房采用砌体墙和预制混凝土楼板组成的混合结构，又缺乏可靠的构造、连接措施，很容易在灾害作用下发生连续倒塌并造成大量人员伤亡。一有地震、风灾、洪灾，就会有大批房屋倒塌结束寿命。2006 年全国因自然灾害倒塌房屋 193 万间；2004 年云娜台风在台州一地毁坏民居 1.1 万间和工业厂房 247 万 m²，1998 长江中下游水灾破坏房屋 479 万间，1996 年海南风灾损坏房屋 7.3 万间，1976 年唐山地震时摧毁当地房屋 21 万幢，死亡 20 余万，数亿 m² 建筑物的使用寿命就在一次地震中终结，2005 年江西九江地区发生一次烈度不高的地震，震出了一批工程质量低劣的建筑物，有关部门在瑞仓市调查了 25 所学校的 49 幢房屋，被鉴定为合格的尚不到 40%。

国内的普通房屋建筑要总体达到 50 年设计使用年限的目标肯定还有较大距离，前面已经说了，这需要总体的平均使用年限（不需大修）接近百年左右。但也不至于低到实际使用寿命平均只有 30 年，那只是当前大拆大建的人为干预结果。对于环境条件良好的民用房屋，如果施工良好，应能总体上达到 50 年以上不需大修。但在南方潮湿地区，按照全国统一规定的设计标准，就会导致钢筋过早锈蚀，达不到 50 年的要求。工业厂房受高温、高湿和有害气体影响，按我国结构设计规范设计的实际使用寿命更短。房屋的室外构件如混凝土阳台、女儿墙和地面，受雨淋干湿交替和冬季反复冻融的影响，往往不到三、四十年就出现钢筋锈蚀引起的混凝土胀裂剥落，或者过不了几年混凝土就遭受冻蚀。所以从各类房屋平均来说，实际的技术使用寿命大概到不了 50 年。以上讨论的都是城市房屋；至于农村房屋多数不是正规设计施工，能达到的实际寿命就更不好估计了。

2. 房屋建筑的耐久性问题

据 1986 年国家统计局和建设部对全国 28 个省市自治区 323 个城市和 5000 个城镇进行的普查统计，当时有城镇房屋约 46.8 亿 m²（其中住宅 22.9 亿，工业建筑 13.5 亿，商业用房 3.9 亿，文、医、体、卫及办公用房 6.5 亿 m²），由于建筑标准低，施工质量差，劣化速度快，估计有半数需要分期分批进行鉴定、修缮或加固，其中有 10～12 亿 m² 亟待加固改造才能正常使用。据 1995 年统计，我国当时在役的 60 亿 m² 城镇民用建筑中，约有半数需要维修加固，其中急待加固的有 10 亿 m²。这里提到的加固可能包括提高地震设防烈度后的加固，不完全是结构材料老化的耐久性加固。

我国近年大兴土木，城镇民用建筑到 2000 年底达 77.9 亿 m²，结合旧城改造，拆除了大批危房和旧房，新建的房屋中增加了混凝土结构的比例，所以总体状况已有根本改善。特别是经济发达地区，城市房屋面貌一新，近年来在大城市内已广泛采用整体性能良好的钢筋混凝土现浇楼房，特别是剪力墙房屋，不过仍遗留不少抗灾性能低劣的混合结构有待加固。这些新建的房屋在耐久性的设计标准上并没有根本改善，施工质量在近年来也没有明显提高，它们的长期使用功能在适用性上依然令人怀疑，虽然在安全性上已无大的问题。在中小城市内，至今还在修建整体牢固性不足的混合结构。另外在改革开放以后新建的城市中，早期建造的许多房屋由于设计施工质量差，有的已破旧不堪，并已陆续拆除，其房龄尚不足 20 年。施工质量对于结构的耐久性有着非常重大的影响。保护层厚度的施工偏差有可能成倍缩减钢筋的使用寿命，混凝土施工的正常养护时间不足也会带来同样的严重后果。与设计质量一样，施工质量的好坏也带有非常明显的时代特色并呈波动状态。从总体看，20 世纪 50 年代末的大跃进时期，20 世纪 60 和 70 年代的文化大革命时期，建筑市场开放伊始的 20 世纪 80 年代初期，是施工质量最差的低谷时期，建成的房子寿命也最成问题。

近年的经济高速发展，在汹涌的工程建设高潮中，对工程建设速度的盲目追求，边规划、边设计、边施工，以及未经培训的农民工成为施工一线的主力军，不可避免地带来工程设计施工质量的不同程度下降，而工程建设低价中标的恶性竞争与腐败之风对于工程质量形成更大危害。

造成工程短命的原因除了上述设计施工上的先天不足外，还与房屋使用后缺乏日常维护和管理不善的后天失调有关。国内一直存在"重新建、轻维护"的误区，以为建筑物一旦建成就能一劳永逸，待到问题暴露时往往已病入膏肓、为时已晚。所以，对于建筑物使用过程中的维修与最终拆除，迫切需要制定相关法规，要建立在役建筑物的定期强制检测制度和建筑物拆除的审批制度[15]。

要尽快修订现行的设计施工规范，提高结构耐久性的设计施工标准，努力在新建的工程中不再遗留大的耐久性隐患。

如果我国现有城镇房屋的实际使用寿命能够延长 20 年，其效益相当于现在国内二年的生产总值，能节约的钢材和水泥相当于现在全国 1 年的总产量，节省的砂石有 32 亿方。这里还尚未包括建筑装修、建筑设备以及建筑垃圾处置的资金与能源节约。

对于现有建筑物中的安全与耐久性缺陷，也应逐步解决，比较重要的有：

1）各地尚有许多房屋有待抗震加固。即使在没有抗震设防的地区，一些整体牢固性很差的混合结构也应通过普查、检测确定是否需要进行加固。

2）不少城市内，还有大批未经审批的私建违法建筑，各地私自改造、加层和改变房屋用途并隐瞒不报的情况也比较普遍。2006 年郑州发生一幢 7 层民房倒塌的伤亡事故，就由私自加层引起。

3）沿海城市存在海砂屋隐患。上世纪八九十年代，近海城市在建房中采用未经清洗的海砂配制混凝土的现象较为普遍，到现在尚未能完全根除。在中国台湾、土耳其的地震中，倒塌的房屋许多都是钢筋遭到锈蚀的海砂屋。震惊国际的韩国三星百货大楼火灾倒塌事件的原因多样，海砂混凝土是其中之一。

4）我国有大量房屋需要加固，但在房屋加固技术中也存在隐患。对于安全性能不足的建筑物和危房，现在大量采用钢板、碳纤维、玻璃纤维的粘贴加固技术，其主要问题是使用的环氧树脂等有机粘结剂，因而不能用于有防火要求的建筑物中。有的国家规定只能用于桥梁等土木工程。这个问题也急需研究解决。

3. 农村建筑的使用寿命

我国建国后通过户籍制推行的城乡分隔政策，对社会经济和城乡建设产生巨大影响，并最终形成了二元社会，一个是受到国家更多照顾的城镇居民集团，另一个是与之对立的农民[16]群体。表现在居住上，政府的建设部门和房管部门主要为城市居民服务。尽管建筑法的适用范围除了农民自建的低层住宅（在《建筑法》修订稿草案中改为农民自建两层及以下住宅）外也包括其他农村建筑物，而且在《村庄和集镇规划建筑管理条例》和《村镇建筑工匠从业资格管理办法》中对农村建筑物建设也有所规定，但由于管理机构和人员不落实，实际情况往往处于无人管理的状态，农村建筑物的质量安全不受保护。如何让农民也能住上安全、实用、经济的住房，在中央提出要建设和谐社会、关心民生和共享改革开放成果的今天，有关农村建筑物的管理该是认真提到日程的时候了。

在我国现有的建筑物中，农村建筑物超过一半以上，估计有 230 亿 m²。这些建筑物大部分是质量很次的简陋房。随着农村经济好转，利用现代建筑材料修建的房屋逐年增加，尤其在城乡结合部和"城中村"，从建筑物的外表看已与城镇中的一般房屋无异。我国农民沿袭了分家后盖新房并有互相攀比的旧习。只要有条件，往往住不了多少年，就要拆旧房盖新房。农村建筑数量巨大，造成建筑材料和资源的浪费极大。更为重要的是这些房子未经正规设计计算和施工合格验收，质量安全没有保证。我们曾到南方一地考察，当地模仿城市房屋修建的 4 层砌体楼房，每层间的混凝土圈梁内钢筋在转角处都是断开互不连接的，根本起不到圈梁的整体作用；配制混凝土的砂子多是当地海砂，每到潮湿季节，墙面上能泛出盐花。

伴随经济高速增长而来的农村城市化和城市郊区化，在缺乏有效管理的城乡结合部和"城中村"中，造就了数量极其巨大的未经报批、没有正规设计施工图和未经正规施工合格验收的"三无"违法建筑。深圳市仅宝安、龙岗两区，这类三无建筑就超过了 1.2 亿 m²，按产值计达几千亿元，其中有多层住房和工业厂房，也有划归城市建制后抢建而成的真正违建房。

有资料报道西安一个"城中村"内农民住宅的变迁[16]，他们随机调查了当地 116 个农户，在 1972 年时只有 1 栋一层砖房，其余全为土坯房；到 1989 年基本完成了土房向砖房的转变，1 层砖房 9 栋，2 层砖房 64 栋，3 层 7 栋，4 层 1 栋；到 1995 年，1 层砖房减至 2 栋，2 层增至 69 栋，3 层 29 栋，4 层 9 栋，并出现 1 栋 5 层；到 2005 年，已无 1 层楼房，2 层仅剩 3 栋，3 层 15 栋，4 层和 5 层各 36 栋，6 层 19 栋，7 层 6 栋。村民坐吃租房收入，以廉价租金吸引外地到城市打工的大量苦力。城中村就这样发展成为一个独特的社会部落，居住人数由原来不过千百人膨胀到数以万千计，社会治安等问题丛生。

深圳是新兴城市，西安是古城，现在都出现了同样问题。今后随着城市化进程加快，这些问题还将以更大的规模涌现，必须及早研究对策。

四、桥梁隧道等土木工程的设计使用年限

桥梁、隧道等土木工程的设计使用年限在国外多为百年左右。欧盟的结构规范中规定为 100 年，美国规范中则按 75～100 年考虑，英国规范（包括香港、新加坡等前英联邦地区）为 120 年。随着现代社会经济的高速发展，人们对桥隧等生命线工程的依赖更加突出，任何阻碍和终止交通所造成的损失远非工程本身的造价所能比拟，所以对这些工程的使用年限要求也愈来愈高。现在国际上就有专家认为，城市重大桥梁的寿命应不低于 150年。与一般的房屋建筑不同，桥梁等土木工程往往处于室外恶劣环境下，尤其是海湾和近海桥梁，会受到海水和海洋盐雾的严重腐蚀，降雪地区的桥梁也会受到融雪用的除冰盐严重腐蚀，要维持较长的使用寿命并不容易。

我国 2004 年新颁布的公路桥涵设计通用规范（JTG D60-2004）和以前的同名规范（JTJ021-89）以及《公路工程结构可靠度统一标准》（GB/T 50283）中，均没有规定公路桥涵的合理使用年限和设计使用年限，只是提出"公路桥涵结构的设计基准期为 100 年"的强制性条文。我们在前面已经提到，设计使用年限与设计基准期是两种不同的概念，但在我国公路的技术标准中却被混淆了。2006 年编制的《公路工程混凝土防腐蚀技术规范》（JTJ/T B07-01-2006）的报批稿中提出了结构使用年限要求如表 5，但在报送交通部审查时，竟被告知必须将设计使用年限改为设计基准期。这种基本概念上的错误在政府颁布的标准中实在不应出现。如果真的按交通部认定的设计使用年限就是设计基准期 100 年，那么现行桥涵设计规范提出的结构设计要求，可以说绝大部分是不够格的。

桥涵结构的设计使用年限

表 5

级　别	名　称	举　例	设计使用年限
一	重要基础设施工程	特大型桥涵、隧道，立交桥枢纽等	不低于 100 年
二	一般基础设施工程	二级公路和城市一般道路上的桥涵，三级公路上的大型桥涵	不低于 50 年
三	其他基础设施工程	其他等级公路上的桥涵	不低于 30 年

交通部强制要求设计使用年限改为设计基准期的做法也与我国不符我国《建筑法》的规定。《建筑法》附则第八十一条规定，建筑法中有关工程质量和管理的规定也适用于其他专业活动，所以《建筑法》中有关合理使用寿命的要求也应适用于公路桥涵。国家建设部 2005 年在报请国务院审议的《建筑法（修订送审稿草案）》中，进一步明确了土木等工程都应遵守建筑法。显然，工程耐久性作为最主要的质量要求之一只能以使用寿命或使用年限来体现而不可能是设计基准期。同样，桥涵的设计使用年限所指的也是其基础、墩柱和上部梁、板结构等组成的主体结构的使用年限，而不是桥梁栏杆、防撞护栏、桥面铺装层、防水层、梁（板）底的活动或固定支座、伸缩缝和照明、电气等部件或设施的使用寿命。但是，桥梁主体结构中的个别构件也有可能达不到与主体结构相同的使用寿命，则可设计成可更换构件。桥涵结构的设计人员按理应该在设计文件中向业主或使用人提出桥涵不同部件的使用年限明细表与维护修理要求，不过迄今也没有明确规定。

桥梁的设计使用年限是否与房屋建筑一样为不需大修的正常使用年限，这在国际上并没有统一的认定。所谓大修，通常是指需在一定期限内停止工程的正常使用、或需大面积置换结构构件中的受损部分、或需更换结构主要构件的修理或加固活动。这些活动当然必须在技术和经济上可行。我国的桥涵设计规范既然未能提及设计使用年限，自然也不可能触及大修与设计使用年限的关系。可是这些又都是工程使用中的重要问题，是必须在设计文件中明确的。

在中国土木工程学会《混凝土结构耐久性设计与施工指南》及国家标准《混凝土结构耐久性设计规范》（送审稿）中，对设计使用年限的定义为"在设计确定的环境作用和维修、使用条件下，作为结构耐久性设计依据并具有一定保证率的适用年限"；对于环境条件相对较好的房屋建筑，规定在设计使用年限内不需大修，但对于桥梁等土木工程，则由设计人员与业主共同商定是否在设计使用年限内需要大修。当结构的使用年限预期会因服务功能的快速变化（如桥梁通行能力的快速增长）而提前终结，或当环境特别严酷，采取较长的使用年限受到技术、经济上的制约时，则在主管部门和业主的同意下，可按较低的设计使用年限进行设计，但一般不宜低于 30 年。

在恶劣环境条件下，如果在设计中规定设计使用年限内不需大修，有可能导致建造费用过高或者在当前的技术水平下难以实现，关键还在于耐久性问题的不确定性与认识上的局限。如果确定在设计使用年限内安排大修，则在设计中仍需对结构材料的耐久性与防护要求设置尽可能高的水准，至少能够做到大修前的结构老化或腐蚀程度尚不至于恶化到难以修复的程度。结构的可修复性是结构受损后得以经济合理地被修复的能力，也是结构耐久性设计的基本要求之一。

隧道的设计使用年限一般不应小于 100 年。隧道等地下工程不像桥梁那样具有相对较好的修复施工条件，有的部位损坏后根本无法进行修理，所以不宜在设计使用年限内安排大修，而且隧道工程的建造费用更为昂贵，为提高设计使用年限需要增加的费用在总造价中的比例相对较低。我国的技术标准过去对隧道的设计使用年限并无明确要求，2003 年新颁布的《地铁设计规范》GB 50157-2003 已明确规定城市地铁与轻轨工程为 100 年。铁道部新颁布的《铁路混凝土结构耐久性设计暂行规定》（铁建设 [2005] 157 号）中，规定铁路混凝土结构的设计使用年限为 100 年、60 年、30 年三个级别，对于新建的快速线桥隧工程，设计使用年限是 100 年。

码头、采油平台等海洋工程考虑到海洋运输方式的功能要求变化较快或采储量有限，对于设计使用年限的要求并不很长。英国规定海洋工程的设计使用年限一般为 40 年。我国的《海港工程混凝土结构防腐蚀技术规范》JTJ 275-2000 在编制时考虑的工程设计使用寿命为 50 年。

路面的设计使用年限一般较短。公路配筋混凝土路面的使用年限在国际上一般为 30 年，沥青路面 15～20 年。英国规定机场地面 15～20 年，美国最近提出要通过采用新技术使机场混凝土路面的使用寿命增加到 40、50 甚至 60 年。我国公路设计标准中规定混凝土路面 20 年，沥青路面 10 年。路面不属于一般工程结构的范畴，破坏后果的严重性也比结构轻得多。

五、桥梁等土木工程的使用年限现状与存在问题

桥梁、隧道、港工等土木工程耐久性的国内外现状，可参阅我们在文献 [1][2][3]

中的叙述。这些基础设施中存在的严重腐蚀问题非我国所特有,几乎所有发达国家都遭遇到同样的挑战,只是我国的情况要更为严重。不过在房屋建筑领域,发达国家中已不存在太大的耐久性问题。

我国桥梁短寿的严重情况多有报道,如湖北全中作为当地标志性建筑的汉江大桥运行10年即成危桥于2005年拆除,贵州毕节的归化大桥通车后8年因质量问题于2002年拆除,广东信宜市石岗咀大桥甚至刚完工就突然塌毁。更多的桥梁是建成后用不了一二十年甚至仅有几年就要封闭一段时期进行大修。据网上公开报导,2001到2007的7年间,大小桥梁坍塌达60多起。

桥梁的使用寿命除了与环境作用引起的结构老化有关外,还与交通运输发展引起的对于桥梁功能要求的变化有关。桥梁的车载持续增长,以美国为例,20世纪初的桥梁车载较小并开始按一列货车重量进行设计,1935年美国州际公路和运输公务员协会(AASHTO)规定了桥梁的两种车载设计标准,其中最重的列车单车重为20t;随着交通发展,1944年AASHTO将桥梁设计的车载标准修订为5种,其中最重车列的单车重32.7t;到20世纪末,美国有些州在设计桥梁时开始采用最重车列的单车重为40.8t(具体设计时将车列荷载近似换算成线性均布荷载加一集中荷载)。这样,原有桥梁的使用功能就受到影响,需要限载通行。

在我国,桥梁设计规范所采用的承载能力安全设置水准要比国际上低20%左右,加上设计取用的常用车载重量又比国际上一般取用的低,使得桥梁本身承受车载的能力仅为国际通用设计规范给出的2/3左右,再加上公路车辆违规超载十分严重,更加促使桥面结构过早损坏。特别是公路路面的过早损坏尤为严重。

公路桥梁的短寿首先源于设计规范对耐久性的低标准要求。桥梁土木工程经常处于干湿交替、反复冻融和盐类侵蚀的环境中,以致一些桥梁包括大型桥梁不需大修的使用寿命仅有一二十年,甚至有不到十年就被迫大部拆除重建的。按照交通部以往的桥涵设计规范,室外受雨淋(干湿交替环境)的混凝土构件,钢筋保护层最小设计厚度尚不到国际通用规范规定的一半。而在2005年以前,我国的桥涵设计规范甚至没有专门规定海洋环境下的保护层厚度要求,许多海湾和近海桥梁都按一般的室外环境设计,没有考虑海水和盐雾侵蚀。2005年开始实施的交通部JTG D62—2004桥涵混凝土结构设计新规范,虽然在保护层厚度要求上比原来的规范有一定改进,但与实际要求相比依然相差甚远。这本规范规定海水环境混凝土构件的箍筋保护层最小厚度为30mm,混凝土最低强度等级C30,对于永久浸没于静止海水中的构件也许勉强可以,作为海水环境的最低限度要求似乎不能算错;但是海水环境中更多的桥梁构件处于潮差、浪溅和重度盐雾区,所需的钢筋保护层厚度可能至少要增加一倍才成,而且混凝土至少要C45。结果在近海和海洋等氯盐环境中的不少桥梁就都按规范的这种最低要求做了,造成了重大损失或者埋下众多隐患。设计规范的这些规定如不迅速改正,必将造成极其严重的危害。

我国公路不需大修的使用寿命更短,不少公路使用一年后就要局部大修,其中最主要的原因是抢工,是由于路基还来不及充分固结就铺设路面通车。例如为迎接世博会修建的昆明到大理的高速公路,到第二年就大量返修;云南花费3.8亿修建昆禄公路通车才18天出现路基沉陷、路面开裂;深圳到汕头的高速公路1996年建成,因路况差,从2000至

2005年死亡1443人，伤7290人；湖南省境内的长谭、莲易、长永高速公路，也在通车后3～5年进行全面或部分大修。公路建设在各种工程建设中最易滋生腐败，许多施工质量低劣的豆腐渣工程就由此产生。

美国对路、桥等基础设施工程设计的耐久性要求要比我国高出许多，即使如此，随着工程服役年限的增加，以及在早期设计中对除冰盐和海水环境的严重盐腐蚀估计不足，到了上世纪70年代初，当这些工程的腐蚀问题开始大量暴露后，再采取各种措施也为时已晚。据美国土木工程学会最新一次（2005年）对全美基础设施工程所作的调查[17]，其中包括航空、桥梁、水坝、饮用水、能源（电力）、有害废弃物处置、航道、公园海滩娱乐场所、铁路、公路、学校、安全防范设施、固体废料处理、城市大容量交通、废水处理等15个领域，按照工程的运转状况、能力和资金供需关系分别予以评级，共分A（优）、B（良）、C（一般）、D（差）、E（失效）、F（不完善）6个级别。2005年美国基础设施的总体评级为D（差），调查报告认为，5年内需要为此投资16000亿美元（安全防范设施的费用除外）。

美国的桥梁在2005年的评级中获C，与2001年的级别相同。C级相当于大多数桥梁已处于良好或更好的状态，这是耐久性问题暴露后经过30年的艰苦努力结果。美国的市区桥梁中现有1/3处于结构缺陷或功能过时的状态（43189座），而农村桥梁的这一比例则为25.6%（11838座）。有结构缺陷的桥梁是指结构构件发生腐蚀，处于关闭或只准轻载车通行，必须限速、限载才能保证桥梁安全。功能过时的桥梁是指设计功能陈旧，不是对所有通行车辆都不安全，但已不能适应当前的交通量、车辆体型和车载。对于公路设施，2005年美国公路的评级是D（差），而2001年为D+，表示情况有所恶化。恶劣的道路状况使美国的汽车驾驶人每年总共耗费540亿美元用于修理和人均增加275美元的运转费用。约有67%的交通高峰时间处于拥堵状态，浪费的时间和燃料经济损失在85个大城区内为每年632亿美元。美国人每年因交通被堵所耗费时间为35亿小时，每年死于道路交通事故43000人，汽车碰撞事故的年损失2300亿美元。在道路交通死亡事故中，约有30%是由于路面状况差和路桥当时设计的标准已经过时。从1970年到2002年，美国公路旅客几乎上升一倍，在今后二十年估计还会增加2/3。报告建议：为解决交通问题，不能总是简单地修建更多路桥；国家必须转变交通运输行为，增加各级政府投资，并应用最新技术；城市和社区的规划要能降低人们工作对于驾车出行的依赖，鼓励采取更柔性的上班方式和通过电子通讯工作。在美国50个州的评估中，每个州都将道路列为最受关注的三个基础设施领域之中，其中将道路列为首位关注的州竟有47个，其次是桥梁、废水处理、城市大容量交通（地铁轻轨等）和学校。以上数据对我们来说也是很好的一个警示。

六、结构安全性对使用寿命的影响

结构安全性至少应该包含：1）构件承载能力的安全性。2）结构的整体牢固性。如果脱离荷载标准值的大小，单纯用安全系数（或分项系数）来衡量构件安全性能的高低是片面的，例如设计一个体育馆的门厅楼板，不同设计规范规定的使用荷载标准值可以相差40%，尽管两者的安全系数相近，设计建成的楼板安全性显然会有巨大差别。整体牢固性与结构选型、构件之间的可靠连接、结构构件的延性（破损过程中能维持构件抗力基本不变而继续变形的能力)、结构的冗余度等多种因素有关,目前尚难量化表示。我国规范中不仅一般荷载作用下的安全设置水准较低,在灾害荷载作用也一样偏低。

1. 构件承载能力的安全性

仅因设计规范规定的荷载标准值较低,一般还不至于引发大的事故,即使出现挠度过大或开裂等缺陷,也能及时发现后加固。但如果同时加上永久荷载标准值与可变荷载标准值中的一个比较小,情况就会发生变化。这时当永久荷载或可变荷载中的一个发生超载时就很有可能发生危险。例如轻型钢结构的自重甚小,所以它的安全储备对于构件总的安全储备中所占的份量甚低,也小,一遇大雪超载,自重的安全储备起不到分担可变荷载超载的作用,就有可能发生倒塌;反之,大跨混凝土桥梁的自重很大,而车辆的可变荷载相对甚小,在永久荷载持续作用下,就会导致桥梁主要受力构件混凝土的不断徐变,加大挠度并引起开裂。但是,如果取用的安全系数(或分项系数)过大,对于进一步降低结构的安全事故也不会再有明显实效,原因是各种可能发生的人为差错与不可预见的偶然因素总会导致结构安全失效。英国学者 Beeby 在 Lewicki 对安全度所作探讨的基础上,提出图 5 的示意图[18],图中的斜线和曲线表示破坏失效概率(用对数值表示)与安全系数的关系。实斜线表示由于设计计算中的参数(如材料强度、几何尺寸、作用荷载)变异性导致承载能力失效的概率与安全系数的关系,随安全系数(横坐标)增加而降低;虚斜线表示由于差错或未曾考虑到的因素导致承载能力失效的概率与安全系数的关系;图中的曲线则表示两者结合后的破坏概率。

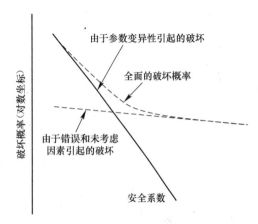

图 5　破坏失效概率与安全系数
(或分项系数)[18]

提高结构的整体牢固性有利于降低因人为差错等因素导致的结构破坏。图 6 表示安全系数和整体牢固性与破坏风险的关系示意。这两个的关系应是荷载标准值相同的前提下得出的。

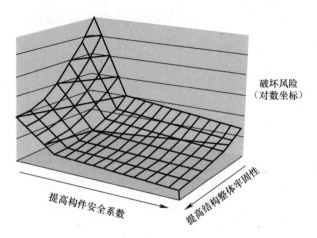

图 6　破坏风险、安全系数与整体牢固性[18]

2. 结构的整体牢固性

结构的整体牢固性（robustness），是结构在各种外加作用或因人为错误遭受局部破损的情况下，其破坏程度不会扩大到与其初始局部损坏不相称的地步[14,18]。

我国《建筑结构设计统一规范》（GBJ68—84）中将结构的"整体牢固性"称为"整体稳定性"。这本规范是参考 ISO 标准和欧洲的模式规范编制的，将"robustness"译成"整体稳定性"显然与原文含意相左，·因为与"稳定性"相应的英文是"stability"或"steadiness"，后者如压杆的稳定性。[19]

英国的结构设计规范最早提出整体牢固性的具体设计要求。挪威的《混凝土结构设计规范》NS3473.E（2004）中，专门规定了偶然作用极限状态下的计算方法和构造方法，要求在偶然作用或其他异常作用下应仅能出现一处局部破坏失效。在设计中可以允许发生超过正常承载力极限状态下所规定的较大位移，且可采用不同于正常承载力极限状态下通常采用的结构计算模型与荷载传递体系。欧盟标准 Eurocode 2《混凝土结构设计规范》EN 1992-1-1：2004 中，也具体规定了不按偶然作用设计的结构应设置拉结体系，当结构出现局部破坏时能够提供传递荷载的另行途径，防止结构发生连续倒塌，并详细规定了设计方法。整体牢固性与耐久性或使用寿命的关系比较间接，除非结构中的材料老化导致结构中的关键构件失效，或者结构因整体牢固性不足倒塌而提前结束寿命。

七、关于耐久性设计标准

与一般荷载作用下的构件承载能力（安全性）设计不同，环境作用下的耐久性设计方法至今仍以定性的经验方法为主，还不能做到普遍采用定量分析计算的程度。对于不同材料制作的结构构件，为抵抗环境作用所采取的手段也有所不同[7]。

工程结构的耐久性设计可以采用或联合采用以下方法达到：

a. 采取防护手段隔绝或减轻环境因素（水分、温湿度及其变化、有害化学物质等）对于结构材料的作用，常用的方法有：在构件表面设置防护涂层或面层，采用遮护、排水、滴水漕等构造措施防止雨水等有害介质直接接触或积聚在构件表面；

b. 选择有足够耐久性能的结构材料，能在设计使用年限或更长的期限内将环境作用造成的腐蚀控制在可接受的程度内，不致损害到结构的安全性与适用性；

c. 在设计中加大构件的截面尺寸，用来补偿设计使用年限内因环境作用腐蚀造成的截面损失，即预留牺牲厚度；

d. 选用可更换的结构构件，能在设计使用年限内定期更换；

e. 阻断结构材料发生腐蚀反应的条件。

1. 钢结构、木结构和砌体结构的耐久性设计：

环境作用对于钢结构的腐蚀主要是锈蚀。锈蚀是一种电化学反应，钢材只要接触水分和氧气并在其表面存在电位差（钢材内的杂质和应力差都能引起不同部位之间的电位差）就会产生锈蚀。对于大气环境中的钢结构构件，为达到设计使用年限所采取的常用方法是定期喷刷防护涂层，缺点是涂层的有效寿命一般较短，除干燥环境外，必须频繁地涂刷防锈层、定期维护并需有专门的管理制度配合。不同的涂层在不同环境下的有效年限在产品说明书和有关产品标准上都有规定。采用这种方法的地面钢结构能够继续防止锈蚀，如上海的外白渡桥至今已正常使用百年，近年经检测评估，认为至少尚能继续使用 30 年。国内其他地方也有一些超过 70 或近百年的钢结构桥梁，仍处于良好的状态。

对于土中和水中的钢管桩、钢锚杆等钢构件，不可能在使用过程中再喷刷防护涂层，常用的方法是预留牺牲厚度。根据土体的类型、含水量、电阻、pH 值和环境温度等指标以及土和水中的氯化物、硫化物含量，可以近似估计钢材初始涂层失效后的年平均锈蚀深度，由此算出设计使用年限内在涂层失效后所需的牺牲厚度。年平均锈蚀深度主要依靠调查数据，在有的设计规程中也给出具体建议值。钢材的年锈蚀速度实际上并不是常值，随着年限增长，锈蚀速率明显下降。此外还应关注钢材有可能出现点蚀，其深度可达到平均损失厚度的 3～4 倍。

重要工程中的钢材为防止锈蚀可采取阴极保护措施，通过人为的外加电位或设置牺牲阳极，使钢材锈蚀的电化学反应不可能发生。钢结构中对锈蚀敏感的高强钢索（绞线）还可采取定期更换的办法。提高材料本身的防锈能力如采用耐候钢、不锈钢也能达到延长使用寿命的目的。钢材在极端寒冷的气候条件下需要考虑力学性能的变化（变脆），不过后者属于力学作用下的强度设计问题。

木结构不像钢材那样易遭大气作用腐蚀，但需注意霉、蛀的防护，尽量避免遭受潮湿。南方木结构的使用寿命常受白蚁和微生物的影响，在木材加工制作前宜作防腐、防蛀处理。总的来说，钢结构和木结构极少用于严酷的环境下，设计时的耐久性要求比较简单。

砖、石砌体结构有很好的耐久性，但质量较差的粘土砖遇水后易遭冻蚀，有些石材不耐酸的侵蚀。

2. 混凝土结构的耐久性设计

关于混凝土结构的耐久性设计，见本书有关部分。

参考文献

［1］ 陈肇元主编. 土建结构工程的安全性与耐久性. 中国建筑工业出版社，2003 年 6 月

［2］ 中国工程院土木水利与建筑工程学部工程结构安全性与耐久性咨询研究项目组. 混凝土结构设计与施工指南. 中国建筑工业出版社，2004 年

［3］ 陈肇元. 土建结构工程的安全性与耐久性——现状、问题与对策. 载《工程科技与发展战略咨询报告集》，中国工程院，pp 251-303，2004 年；又载《混凝土结构设计与施工指南》，中国建筑工业出版社，2004 年

［4］ Durability design of concrete structures, Rilem Report 14, Edi. by A. Sarja andE. Vesikari, 1996

［5］ Performance criteria for concrete durability, Edi. J Kropp and H. K Hilsdorf, RILEM Report 12, E&FN SPON，1995

［6］ Model code for service life design, fib (CEB-FIP), Model code prepared by Task Group 5，6，Printed by Sprint-Digital-Druck, Stuttgart, 2006

［7］ T. Siemes, R. Polder, Design of concrete structures for durability-An example, Heron Vol. 43, No. 4，1998

［8］ Asko Sarja, Integrated life cycle design of structures, Spon Press, 2002

［9］ Somerville G.，The design life of structures, Blackie & Son Ltd.，1992

［10］　中国桥梁，同济大学出版社，1993 年

［11］　Guide to durability of buildings and buildings elements，products and components，BS 7543-2003，BSI，2003

［12］　Buildings and constructed assets-Service life planning-，Part 1：General principles，ISO 15686-1：2000

［13］　邸小坛，徐有邻. 既有建筑的维护与改造. 中国建筑科学研究院研究报告. 2006 年

［14］　Confronting natural disasters，An International Decade for Natural Hazard Reduction，National Research Council，U. S. National Academy of Sciences，U. S. National Academy of Engineering

［15］　卢谦，陈肇元，遇平静等. 建筑物全寿命周期质量安全管理制度研究，建设部质量安全司课题研究报告，2007 年 3 月

［16］　李志民，宇文娜. "城中村"居住形态的变迁及成因分析，西安建筑大学学报，vol. 39，No1，2007

［17］　Report card for America's infrastructure，American Society of Civil Engineers，http：//www. acse. org/repordcard/2005/index

［18］　A. W. Beeby，Safety of structures and a new approach to robustness，The Structural Engineer，Vol 77，No. 4，Feb. 1999

［19］　陈肇元. 也谈 robustness 的中文定名，科技术语研究，2007，（1）

　　编后注：本文写于 2007 年，原稿为中国工程院咨询项目"土建工程的使用寿命与耐久性设计标准"的总结报告，原稿很长，今删去其中的三分之二。删除的内容多与收入本文集中的其他文章有重复之处，主要是关于混凝土结构耐久性设计的部分。

钢筋的混凝土保护层设计要求亟待改善

在混凝土结构构件中，钢筋的混凝土保护层厚度（钢筋外缘到混凝土钢筋表面的最小距离）担负着十分重要的作用：1) 保护钢筋防止锈蚀或延长钢筋的锈蚀进程，基于这种耐久性需要的保护层厚度主要取决于环境类别与环境作用的严重程度、构件的设计使用年限以及保护层混凝土材料的质量；2) 增强钢筋在火灾作用下的耐火能力，基于防火要求的保护层厚度主要取决于工程设计所需的耐火极限（以小时计）；3) 保证钢筋与混凝土的共同作用，能在两者之间通过界面的粘结能力传递内力，为此所需的保护层厚度一般不应小于钢筋的直径。另外，过薄的保护层厚度还易发生顺筋的混凝土塑性收缩裂缝与硬化后的干缩裂缝，或者受施工抹面工序的影响产生顺筋开裂；保护层厚度还必须与混凝土粗骨料的最大公称粒径相协调，二者的比值在不同的环境条件下尚有不同的要求，以保证表层混凝土的耐久性质量。

所有的混凝土结构设计规范都对保护层的设计厚度与混凝土质量规定了最低限度的要求。所谓设计厚度，就是设计中用于构件强度及变形计算和标注于施工图上的保护层厚度。对于设计厚度的最低限度要求在不同的规范中有不同的叫法，如最小厚度（minimum cover）、名义厚度（nominal cover）和规定厚度（specified cover）等。国外的设计规范在规定的保护层设计厚度中，一般都包含了保护层厚度施工负允差的影响[1]。即设计厚度需在前面提到的基于耐久性、防火和粘结力所需厚度（取其中的较大者）的基础上，再加上保护层厚度施工负允差的绝对值。除此以外，作为设计要求，保护层的设计厚度还应具有一定的安全裕度或保证率。

保护层混凝土的厚度与质量是钢筋混凝土结构耐久性的最根本保证。环境作用下的结构耐久性要求在我国绝大多数的设计与施工规范中一直未能得到足够的重视。除了室内长期干燥或永久水下环境中的混凝土构件由于缺乏水分或氧气不易发生钢筋锈蚀外，规范中规定的技术要求，多数不能保证结构在正常大气（降水与湿度变化，冰冻等温度变化）和常见化学腐蚀物质（海水及其盐雾，道路除冰盐，酸雨、废气等大气污染物以及水土中的硫酸盐、碳酸等）长期作用下的耐久性，以致工程的实际使用寿命远远达不到所需的设计使用年限。

本文仅就我国混凝土结构设计规范中有关保护层设计要求的问题，提出一些看法，有求于同行指正。

一、混凝土保护层设计要求的现状

钢筋混凝土结构的使用寿命多数取决于钢筋的锈蚀。众所周知，钢筋表面在高度碱性的混凝土中，能够生成一种稳定而致密的氧化膜（钝化膜），可以隔绝外部水分和氧气与内部金属的接触，保护钢筋不致锈蚀。通常有两种情况可导致钝化膜失效：一种是混凝土的碳化使混凝土碱度降低，另一种是氯盐的侵入。保护层混凝土的厚度越大，密实性越高，碳化缓慢发展或氯离子逐渐扩散到钢筋部位的过程也越长，钝化膜破坏后参与锈蚀反应的氧气与水分进入到钢筋表面也越不容易，所以保护层混凝土的厚度与质量，是钢筋防锈的关键。一般认为，由锈蚀决定的使用年限大体与混凝土保护层厚度的平方成正比；如果保护层厚度少一半，使用寿命大体要缩短到原先的 1/3～1/4。我国混凝土结构耐久性低下的主要原因，首先就在于设计规范规定的保护层设计厚度不足，要求的混凝土强度也偏低，并缺乏相关的施工质量保证。

以设计使用寿命 50 年的室外受雨淋（干湿交替环境）混凝土构件为例，按照国标 GB50012—2002 规范，梁和板的主筋保护层最小设计厚度分别为 30 和 25mm，相应的混凝土最低强度等级 C25；按照交通部 JTG D62—2004 桥涵规范，梁和板的主筋保护层最小设计厚度为 30mm，箍筋和分布筋的保护层最小厚度分别为 20 和 15mm，相应的混凝土最低强度等级也是 C25（交通部桥涵规范的这一设计标准还适用于 100 年设计使用年限）。同样环境条件和 50 年设计使用年限，按美国 ACI 318 历届规范，不论梁柱板墙中的主筋、箍筋和构造筋，当钢筋直径大于 19mm（3/4 英寸）时一律要求保护层的最小设计厚度为 51mm（2 英寸），直径不大于 16mm（5/8 英寸）时的厚度为 38mm（1.5 英寸），相应的混凝土强度等级相当于 C25；按英国 BS 8100—1997 规范（设计使用年限为 60 年），梁板最外侧钢筋（不论箍筋、分布筋或主筋）的保护层最小设计厚度为 40mm，相应的混凝土最低强度等级为 C40；按新颁布的欧盟规范 EN 19921-1：2004，最外侧钢筋（箍筋、分布筋或主筋）的保护层最小设计厚度对梁为 40mm，对板为 35mm，相应的混凝土最低强度等级也是 C40；按日本建筑学会标准，普通房屋钢筋混凝土结构（设计使用年限 65 年）室外梁、柱、墙的主筋保护层最小厚度为 50mm，板 40mm。

再以海洋环境下 100 年设计使用年限的干湿交替构件（如浪溅区的桥梁墩柱）为例，按我国交通部 JTG D62—2004 桥涵规范规定的主筋保护层厚度为 45mm，相应的混凝土强度等级为 C35；而按美国 ASSHTO 桥梁设计规范（设计使用年限 75～100 年），主筋保护层厚度为 100mm（桥梁墩柱），相应的混凝土水胶比不大于 0.40；欧盟规范要求最外侧钢筋（箍筋、分布筋或主筋）保护层至少 75mm，相应混凝土最低强度等级不低于 C45。美国加州运输部规程要求柱、帽梁的保护层厚度 100mm（平面处）和 125mm（角部处），I、T 形梁和箱梁的腹部和底翼缘 75mm，板 65mm，墙 75mm。在交通部 JTG D62—2004 新规范于 2005 年实行以前，原来的桥涵设计规范 JTJ 023—85 对于海洋那样受氯离子侵蚀的环境条件，并没有专门规定的保护层厚度要求，不少桥梁的保护层厚度只有 25mm，混凝土强度等级 C25，有的大桥建成后仅 8 年已成危桥，不得不大修或拆除重建。在国内以往的规范中，只有海港工程混凝土结构防腐蚀技术规范（JTJ275—2000）中的保护层厚度与混凝土质量要求比较接近国际通用标准，但港工的设计使用寿命是 50 年而不是 100 年。国内外设计规范在混凝土保护层设计要求上的巨大差距，尚可参见文献 [2] 中有关条文的说明。

不论是工程调查结果，或是用比较成熟的材料劣化模型进行计算分析，都能说明我国现行规范在上述环境条件下对保护层混凝土的设计规定，距离设计使用年限的需要实在相差太大，而国外规范中的规定则大体上是适宜的。

我国混凝土结构保护层设计要求严重不足的问题主要表现在三个方面：1）规范规定的保护层最小厚度以及相应的混凝土最低强度（或最大水胶比），除了上面提到的室内长期干燥等良好环境条件外，不能满足工程设计使用年限所需，尤其在干湿交替的环境条件下相差更远；2）规范规定的保护层厚度中并没有考虑到保护层厚度的施工允差，进一步加剧了问题的严重性；3）保护层的施工质量（主要是钢筋的定位精度、混凝土的养护和最大骨料粒径的限制）得不到保证，现行的混凝土结构施工技术规范同样忽视了结构的耐久性要求。此外，现行规范规定的保护层厚度，也难以满足防火要求，对于预应力板尤其不足。

二、保护层的设计厚度与施工允差

混凝土构件的各种几何尺寸都需有一定的施工允差，具体取值则需综合考虑精度要求、费用支出以及施工可能达到的技术水准等多种因素而定。对于构件的长度、高度、宽度等总体尺寸，规范规定的几厘米或若干毫米的允许偏差，通常不会明显影响到构件的功能，无需在设计计算中专门考虑（例如我国施工规范规定构件截面允差为 $\pm5mm$，对于高度 120mm 受弯构件承载力的影响最大仅 4％，可以略而不计）。但对混凝土保护层而言，由于保护层的厚度与其施工允差在量值上不存在数量级的差别，情况就完全不同。以板中设计厚度为 20mm 的保护层为例，如果允许有 5mm 施工负偏差，则按使用年限近似与保护层厚度的平方成反比的关系，15mm 厚度的使用年限仅及 20mm 的 56％，几乎减少了一半。所以必须在保护层的设计厚度中额外考虑施工允差。

在英国 BS 8110 和 BS 5400 有关建筑物和桥梁混凝土结构的设计规范中，用于设计计算和标注于施工图上的保护层厚度称为名义厚度 C_{nom}，等于保护层最小厚度 C_{min} 与施工负允差的绝对值 Δ 之和：

$$C_{nom} = C_{min} + \Delta$$

这里的最小厚度 C_{min} 是不考虑施工允差、仅根据耐久性（或防火、粘结）所需的厚度。规范同时规定，不论是主筋、箍筋或分布筋，都要满足同样大小的名义厚度要求。英国规范规定现浇混凝土保护层厚度的施工负允差一般取 5mm，但施工实践表明，5mm 的负允差较难实现。英国伯明翰大学与 Arup 公司的一项调查研究[3]表明，在英国工地，保护层厚度近似按正态分布，其平均值 C_{ave} 很接近设计规定的名义厚度 C_{nom}，但离散性甚大，在 25 个现场中，实测的保护层厚度凡小于（$C_{nom}-5mm$）的占该现场测点总数的百分比在 0％到 54％之间，平均为 15％。而小于（$C_{nom}-10mm$）的则在 0％到 38％之间，平均为 6％。所以按 5mm 的允差考虑在多数情况下有问题，其总体失效概率过大；如按 10mm 考虑则较为适宜，已接近有 95％的保护层能够不小于最小厚度的要求。

美国 ACI 318 设计规范规定的保护层设计厚度称为最小厚度，但其中已加入了施工允差，所以实际上与英国的名义厚度并无差别[1]，只是这一施工允差并未用显式单独表示出来，而是在 ACI 的另一标准 ACI117-90[4]中加以规定，具体为对于截面厚度等于和小于 300mm（12 英寸）的构件，保护层厚度的施工允差为 10mm（3/8 英寸），对于厚度大于 300mm 的构件为 13mm（1/2 英寸）。此外并规定保护层的实际厚度不得小于规定厚度的

2/3。对于需要刮面抹平的构件表面，保护层实际厚度小于规定最小厚度的差值不得超过6mm（1/4英寸）。

在新颁布的加拿大规范 CSAA23.1-04《混凝土材料和混凝土施工方法》[4]中，规定的保护层设计厚度内也已考虑了施工允差，取为±12mm，但任何情况下，负允差不得超过保护层设计厚度的1/3。考虑到钢筋较难准确定位，规范建议在某些情况下宜加大规定的保护层厚度。

目前已在欧盟各国正式生效的混凝土结构设计规范 EN 19921-1：2004 中，保护层设计厚度是名义厚度 C_{nom}，规范规定了保护层最小厚度 C_{min}，并建议现浇混凝土结构保护层厚度的施工允差 Δ 为 5～15mm，一般取 10mm，并允许欧盟各国根据各自情况在国家规范的补充条款中自行规定 Δ 值。

欧洲过去也有国家如德国在设计规范中仅规定为满足耐久性、防火、粘结等要求的保护层最小厚度，由承包商根据其所能达到的精度和混凝土运作的情况另加一个施工允差[1]。在国外，结构施工图往往由承包商完成，采用这种做法可能比较适合，因为不同施工承包商的技术水平并不一样。但在德国新的规范 DIN1045-1/07：2001《混凝土结构设计与构造》中，已与欧盟规范的做法保持一致，规定施工允差 Δ 在无腐蚀危险的环境中为 10mm，其他环境中为 15mm，当被认为有可靠的质量控制措施时，Δ 可减少5mm。

从我国设计规范规定的明显偏低的保护层厚度值推测，我国规范中的最小保护层厚度应未包含施工允差。如果保护层设计厚度中不含施工允差的影响，而在我国施工验收规范中又允许保护层可有－7mm（梁类）或－5mm（板类）的偏差，并规定验收时的合格率为90%，这时即使实测的保护层厚度能够平均达到设计所要求的厚度且满足验收标准，也会有将近一半的保护层厚度满足不了设计要求。

以一般环境中频繁受雨淋的室外混凝土板为例，按照我国现行的混凝土结构设计规范GB50010-2002 进行设计，其环境条件属规范规定的二 a 级；设板的设计使用年限为 50年，厚150mm 并按规范规定采用 C25 混凝土，保护层设计厚度 C_d 等于 20mm。在施工现场，固定外侧钢筋位置的定位垫块高度或架设筋高度一般均以保护层的设计厚度为准；设施工质量能够达到现行施工验收规范的要求，即实测保护层厚度满足施工允差 Δ（－5mm和＋8mm）的合格率达到了所需的 90%，这样凡厚度在 15mm 到 28mm 之间的保护层均可认为合格，并假定保护层实测厚度的平均值能够处于两者的中点 21.5mm 上（图 1）；保护层厚度通常符合正态分布，由此可推算，实际的保护层厚度小于设计厚度 C_d（20mm）的概率应为图 1 概率密度曲线图中的斜线区面积，达 38.4%，这样大的失效概率当然不能满足设计要求。

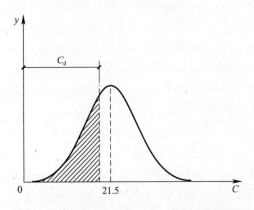

图 1　满足施工验收规范要求的保护层厚度分布

实际上，对于频繁淋雨的干湿交替构件，如果单纯考虑 50 年设计使用年限的耐久性要求（不计入施工允差影响），所需的混凝土保护层至少需要 C35 混凝土、厚 30mm，已经远远超过现行规范要求的 C25 混凝土、厚 20mm。

保护层的厚度通常都在设计规定值的上下变动，其施工正、负允差一般均取相等。对于截面较大的构件，规定的保护层正允差可大于负允差。现浇混凝土构件的保护层允差一般不宜小于±10mm，构件厚度较小的构件可取±5mm，但这时需要采取额外的质量控制措施。施工允差应该取 5 和 10 的倍数，以利于钢筋保护层定位垫块或定位夹的模数化和定型化。垫块与定位夹的定位尺寸应该与保护层设计厚度完全一致。

国内近期颁布的有关耐久性设计的几份标准中，都已规定了用于设计计算和标注于施工图上的保护层厚度应是保护层最小厚度 C_{min} 与施工负允差 Δ 之和，即为名义厚度 C_{nom}。中国土木工程学会标准 CEES 2004-01《混凝土结构耐久性设计与施工指南》（2005 年修订版）规定，现浇混凝土结构的保护层厚度施工负允差 Δ 一般取 10mm（构件较薄时可稍低），并要求施工验收时的实测保护层厚度应有 95％以上的保证率不小于 $C_{min}=C_{nom}-\Delta$。新颁布的交通部标准 JGJ/T B07-2006《公路混凝土结构防腐蚀技术规范》中的规定与《指南》中完全相同。新颁布的铁道部铁建设［2005］157 号《铁路混凝土结构耐久性设计暂行规定》中也作了相似的规定，但未规定具体的 Δ 值以及保护层最小厚度在合格验收中的保证率要求，而在配套的 TZ 210—2005《铁路混凝土工程施工技术指南》中，却规定保护层厚度的允许偏差当厚度小于 25mm 时为 -1mm、+3mm，厚度 25~35mm 时为 -2mm、+5mm，厚度大于 35mm 时为 -5mm、+10mm；对保护层厚度允差的这些取值显然过小而难以实现。施工负允差也不应定为零，因为这样必然要损害到截面的抗弯承载力。国内杭州湾大桥对规范中存在的这个问题比较重视，施工时规定的保护层施工允差为 -0 和 +10mm，之所以被迫采取这种措施是因为设计单位规定的保护层设计厚度中并没有考虑施工允差的影响，由于大桥的构件截面尺寸很大，这种做法对承载力的影响尚可忽略，但对截面尺寸较小的构件是不能允许的。

在设计规范中同时提出名义厚度和最小厚度的概念（如图 2），明确规范规定的最小厚度只是单纯考虑钢筋防锈、防火和粘结所需的厚度，并将施工允差单独列出来，这种做法有利于保证工程的耐久性质量和促进施工技术水平，可以针对工程的具体施工条件提出比较切合实际的施工允差值，将低于最低功能要求（小于 C_{min}）的失效概率控制在所要求的水准以下（如不大于 5％）。这种做法又不会损害到配筋截面受弯时的承载力，因为截面的有效高度 h_0 并没有因保护层厚度加入 Δ 后起变化。

正在编制的国标《混凝土结构耐久性设计规范》，在前后几次对规范征求意见稿的讨论中，对于征求意见稿原先提出的保护层名义厚度加施工允差的做法，遭到了设计单位专家的普遍反对，主要理由是这一做法不符合我国传统的习惯，所以终稿内将施工负允差适当的隐含在设计值内。

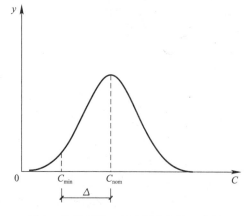

图 2　名义厚度、最小厚度与施工允差

三、保护层设计厚度与钢筋类别

在英国规范、欧洲模式规范和新近生效的欧盟规范中，都规定构件内的各类钢筋包括主筋、箍筋和分布筋，均要满足同样大小的基于耐久性所需的保护层最小厚度。通常情况下，构件中最外侧的钢筋会首先遭受锈蚀并继而引起混凝土顺筋胀裂并为结构的适用性所不容。靠近外侧的钢筋通常是箍筋（系筋）和分布筋，尤其是分布筋的锈蚀更会引起保护层的成片剥落，所以要求对主筋、箍筋和分布筋规定同样的保护层厚度尺寸是比较合理的。

美国的 ACI 规范对于现浇混凝土构件内各类钢筋的混凝土保护层最小厚度要求也是相等的；对于不暴露于大气作用（如雨淋、冰冻）又不接触土体的构件，各类钢筋（主筋、箍筋、系筋和分布筋）的保护层最小厚度在板、墙内均为 19mm，在梁柱内均为 38mm，所以构件中处于内侧的主筋保护层设计厚度实际上不会少于保护层最小厚度与外侧箍筋或分布筋的直径之和；对于直接暴露于大气作用或接触土体的构件，由于规定了直径不大于 16mm 的钢筋保护层最小厚度可减为 38mm，所以如果箍筋或分布筋的直径不大，则内侧主筋的保护层设计厚度有可能不超过所要求的最小厚度 51mm。当保护层厚度与钢筋直径的比值较大时，出现锈胀开裂的时间会推迟，所以对直径较细的钢筋有可能取用较小的保护层厚度。在美国 ACI 规范中，仅对不暴露于大气作用又不接触土体的预应力混凝土梁柱和工厂预制混凝土梁柱，分别对其主筋和箍筋规定了不同的最小保护层厚度。而在美国 AASHTO 桥梁设计规范中，则主要规定主筋的保护层厚度，并限定箍筋的保护层厚度最少不小于 25mm。

我国混凝土结构设计规范 GB50010—2002 在设计方法体系等许多方面都参考了过去的欧洲 1990 FIP—CEB《混凝土结构设计模式规范》，在规范耐久性设计的环境类别划分上也与模式规范基本一致，两者对于一般环境作用（无氯盐和化学腐蚀）下规定的保护层最小厚度也比较接近。比如同为二 b 的环境类别，欧洲模式规范和我国规范所要求的保护层最小厚度都是 25mm。但是欧洲模式规范明确规定用于设计计算和施工图上的保护层必须是名义厚度，需要在最小厚度的基础上加 5～10mm 的施工允差，而在我国 GB 规范中则不考虑施工误差；模式规范还明确规定所有钢筋都要满足同样的名义厚度要求，对于梁来说，首先是最外侧的箍筋要满足 25mm 加施工允差，而内侧的主筋保护层厚度还必须加上箍筋的直径，可是按我国 GB 规范，这一保护层最小厚度的要求变成了只对主筋。实际的结果是：按我国规范设计的主筋保护层厚度为 25mm，而按欧洲模式规范至少要 40mm。

对于预应力钢筋的最小保护层厚度，英国和欧盟的规范规定应比非预应力普通钢筋增加 10mm，日本的建筑学会规范中也要求增大 10mm。预应力钢筋对于锈蚀较为敏感，要求较大的保护层厚度也是合理的。但另一方面，多数预应力筋的保护层混凝土常处于预压状态，对耐久性有利。美国 ACI 规范中对于预应力筋的保护层最小厚度要求，与普通非预应力筋基本相同；对于预应力墙板以及直接暴露于大气作用或接触土体的预应力构件，预应力筋的保护层最小厚度甚至有稍低于非预应力普通钢筋的，但如预应力构件的保护层受拉并有开裂可能，则规定保护层最小厚度应增加 50%，这时的最小设计厚度就要超过非预应力普通钢筋很多了。

我国现行的 GB 50010 规范和 JTG D62 规范中，对于混凝土构件的主筋、箍筋和分布筋分别规定了不同的最小保护层厚度要求，但对预应力筋和非预应力普通钢筋的最小保护层厚度则不加区分。规范对于分布筋和箍筋保护层厚度的过低要求，已成为我国混凝土结构过早出现混凝土锈胀开裂和剥落的主要原因之一。对于预应力筋来说，规范采取与普通钢筋一样的最小保护层厚度，至少对于允许开裂的预应力构件来说也是不安全的。

四、保护层设计厚度与混凝土裂缝控制

为了控制混凝土构件的裂缝，GB 50010 规范中提出了"当梁、柱中纵向受力钢筋的混凝土保护层厚度大于 40mm 时，应对保护层采取有效的防裂构造措施"，JTG D62 桥涵设计规范提出了"当受拉区主筋的混凝土保护层厚度大于 50mm 时，应在保护层内设置直径不小于 6mm，间距不大于 100mm 的钢筋网"，而 TB 10002.3-2005 的铁路桥梁规范更提出"钢筋混凝土构件最外层钢筋的净保护层不得大于 50mm"。所谓有效的防裂构造，无非是在保护层中再加入一层钢筋网。可是这层防裂钢筋网除非用不锈钢制成，或者能证明其混凝土保护层厚度与网筋直径的比值能够大到锈蚀后确实不致发生胀裂的程度，否则因距离混凝土表面过近，必然会提前锈蚀并使表层混凝土胀裂剥落，给内部钢筋带来更大危害。这样的要求反而有可能促使构件更早夭折短寿。国外曾有资料报道在最外侧主筋外面的混凝土内设置一层钢筋网作为牺牲阳极，允许钢筋网外侧的混凝土在网筋锈蚀后提前剥落，但是这层预计会提前剥落的混凝土是不能计入作为主筋保护层厚度内的。

保护层厚度增大后，由于荷载作用引起的构件横向表面弯曲裂缝的最大宽度会有些增加，但对构件的耐久性来说仍然有利。构件表面裂宽的增加，并不表示裂缝截面上位于钢筋表面的混凝土裂宽也会随着保护层厚度的增大而增加。钢筋锈蚀作为一种电化学反应，随着保护层厚度的增加，渗入内部参与锈蚀反应的氧和水分等物质肯定会减少，必然会降低锈蚀的速度。控制裂缝的最终目的是为了提高耐久性，为了减少构件表面的横向裂缝宽度而限定保护层厚度，无异于因噎废食。

关于裂缝对钢筋锈蚀的影响，最为重要的是要避免顺筋开裂而不是横向裂缝。顺筋开裂使得大气中的氧气和水分能够长驱直入到钢筋整个表面，造成钢筋大范围的迅速锈蚀，而横向开裂并不会造成保护层的整体失效，只是在开裂截面处的钢筋阳极部位提前出现局部锈蚀。对于碳化引起的钢筋锈蚀，表面横向裂缝的宽度大小并不会明显影响到构件的使用寿命，这样的结论早已写在了教科书上。目前尚无定论的是横向裂缝宽度对氯盐引起钢筋锈蚀的影响程度[5]。

我国现行规范条文中对于柱中受力钢筋保护层厚度不能超过 40mm 否则应采取防裂措施的要求更成问题。柱、墩受压构件通常受压，一般不会发生荷载引起的受拉裂缝；由于混凝土收缩变形引起的拉应力也因柱子的外部约束程度较低（远低于高厚比较大的墙体）而难以引起开裂。增加保护层厚度不会明显增大柱的内力和材料用量，所以国际上的规范多提倡室外环境中的柱子保护层厚度宜加大，海洋环境中可到 100mm。素混凝土的桥梁墩柱尚且可被广泛采用，为什么配筋以后就需要限制保护层厚度？对于较大跨度的梁板受弯构件，增大保护层厚度则会明显增加自重引起的内力弯矩和造价，所以在严酷的环境条件下宜辅以环氧涂层钢筋或混凝土表面涂层等防腐蚀附加措施而不对底面钢筋采用过厚的保护层（如大于 50～60mm）。

我国现行规范在处理保护层厚度与裂缝控制的关系上，很可能走的是一条南辕北辙的途径。正是规范规定的过薄保护层厚度，一方面使钢筋过早锈蚀产生危险的顺筋开裂，另一方面又会引发屡见不鲜的早期顺筋裂缝，包括混凝土板内上表面的顺筋塑性沉降裂缝（由于骨料在新拌混凝土中的沉降受阻于顶部纵向钢筋），板、墙的顺筋干燥收缩裂缝（由于钢筋过于贴近模板影响该处保护层混凝土质量），柱中顺箍筋的塑性沉降裂缝（由于骨料在新拌混凝土中不能通过箍筋和模板之间的孔隙而受阻），新拌混凝土抹面压实造成的顺筋裂缝。许多发生在新拌混凝土上的塑性裂缝，或因过细不被发觉，或虽经抹平从表面上消除，但在混凝土硬化后的干缩过程中，又会进一步扩大并显现。

对于荷载引起的横向裂缝宽度，在实际工程中远没有 GB 50010 规范公式算出的那么大和设想的那么严重；对于收缩引起的裂缝，应该主要通过混凝土原材料的选择、合适的配比特别是适当的施工养护加以解决，而不应是限制保护层厚度或在保护层中再加一层钢筋网。关于规范的裂缝控制要求，我们将另文作较为详细的单独探讨。

五、混凝土保护层的施工质量要求

与结构的承载力设计不同，混凝土结构的耐久性设计必须提出基于耐久性需要的施工要求。

1982～1983 年间，国内的"构件混凝土结构构件可靠度的研究"课题组曾对各类混凝土构件的保护层厚度有过实测统计[6]，调查了我国 13 个城市的 14 个施工现场和 19 个预制构件厂，得现浇混凝土梁板柱的主筋保护层厚度的统计数据见表 1，其平均值作保护层厚度的概率密度分布如图 3，由此估计，实测保护层厚度数据中竟有 66% 达不到设计厚度要求。而规范规定的这个设计厚度 c_d 本身就已偏薄，而且没有包含施工允差，不能满足使用年限的要求。保护层厚度的实测平均值按理应在设计值的上下附近波动，但两者的比值在梁和板竟分别为 0.667 和 0.882，已不是一般的施工偏差问题。相应的变异系数也偏大，在板中竟达 0.441。这些数据足以说明，考虑到施工状况以后，保护层厚度不足的实际情况要比我们上面分析的更为严重。相对来说，柱子的情况要好于梁板，而后者的保护层设计厚度则小于柱。

现浇混凝土构件的保护层厚度及其变异系数统计　　　　　　　　　　　　　　　表 1

构件种类	数量	平均值（实测与设计之比）	变异系数
框架梁	1087	0.667	0.363
框架柱	4279	0.981	0.276
板	775	0.882	0.441

近年来由于参与混凝土施工操作的多为未经正规培训的农民，对施工进度的要求又过快，除了少数重要的大型工程外，工程的施工质量更难得到切实保证。

抗渗性成倍降低，给混凝土结构的耐久性带来致命伤害，因为结构耐久性所依靠的正是保护层那样的表层混凝土。

为了保证保护层的厚度能够满足设计要求，必须严格施工质量的保证措施。首先应该推广使用工厂定型生产的钢筋定位的垫块和定位夹，提高钢筋施工安装的定位精度，保证钢筋的保护层厚度。英国的混凝土结构设计规范 BS8110-1997 明确规定，不准使用施工现场自行制作的垫块，并编制了二本标准 BS7973-1 和 BS7973-2，专门用于钢筋定位的垫块和定位夹的技术性能与安装要求，其中规定垫块和定位夹的材料，可用不含聚氯乙烯原料的工程塑料、或高强度聚合物砂浆制成，耐久性应与所用的混凝土强度相当。水

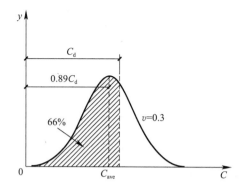

图 3　实测保护层厚度的概率密度分布

泥基的强度不低于 C50，尺寸误差对于高度不超过 70mm 的垫块为 ±1mm，超过 70mm 时为 2mm。垫块间距在钢筋网中应不超过 $50d$（d 为钢筋直径）且沿纵向不大于 1000mm，沿横向不大于 500mm；对于焊接钢筋网，间距不超过 500mm。其次，在浇筑混凝土前宜通过重复检查，提高保护层厚度尺寸的保证率。在工程合同中也要规定保护层厚度合格率的要求以及不合格时的惩嗣与补救措施。另外在施工图或施工说明中宜标注定位垫块的位置与具体要求。定位垫块一般用钢纤维混凝土制作，紧靠模板内侧，图 4 表示各种形状的定位夹和定位垫块。

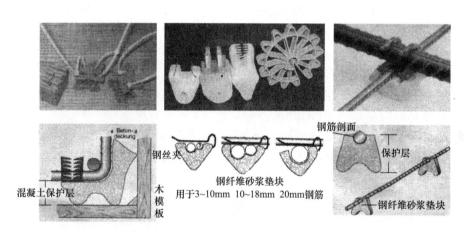

图 4　定位垫块和定位夹示例
（引自德国资料）

　　在混凝土结构的耐久性设计中，除了保护层的厚度须与施工时采用的混凝土骨料最大公称粒径和所保护的钢筋直径相匹配。一般情况下，骨料最大粒径或钢筋的直径与保护层厚度的比值应小于 1，对于严重的环境作用应小于 0.7，当环境作用很严重或极端严重时应小于 0.5。对于混凝土施工振捣后需要抹面刮平的表面，为避免出现裂缝，骨料的最大粒径也不应大于保护层厚度的 0.7 倍。

　　与施工有关的另一个问题是保护层混凝土的质量。良好的养护是提高混凝土结构耐久性最为经济和有效的途径，也是控制混凝土施工早期裂缝的重要保证。养护不良会严重削弱表层混凝土的密实性和阻止外部有害物质侵入的能力（抗侵入性）。除了有长期良好使用环境的室内构件外，还必须提出混凝土施工的养护要求。养护方法和期限应随混凝土的

不同胶凝材料、工程的耐久性要求（与工程使用阶段所接触环境的不同类别和作用的严重程度有关）以及施工现场的温、湿度度等环境条件而有所不同。对于用于严重环境作用下有高耐久性要求的大掺量矿物掺和料混凝土，必须要求加湿养护（蓄水、连续喷淋（雾）、连续覆盖保持湿润的编织物等）到强度达到 28 天强度等级的 70％且不少于 7 天；这种混凝土在入仓后暴露于空气中操作时，应该连续喷雾，加湿养护结束后仍应覆盖混凝土表面一段时间或喷涂养护剂，防止水分蒸发发快、吹风或发生表面温度的激烈变化。

在欧盟联合研究项目 DuraCrete 提出的报告[7]认为，7 天、3 天和 1 天的养护结果，对于碳化引起钢筋锈蚀的年限之比约为 4∶2∶1，即如果将 7 天的养护期限减为 3 天，钢筋发生锈蚀的年限就要缩短一半；对于氯离子引起的钢筋锈蚀，7 天、3 天和 1 天养护的锈蚀年限之比约为 2∶1.5∶1。当然养护的影响尚与混凝土胶凝材料的不同组成以及不同的养护方法有很大的关系，上述的比值也只是近似地反映一般的趋势和说明问题的重要性。所以除了良好的室内环境中的构件外，必须提出混凝土施工的养护要求。施工承包商、混凝土供应商和工程的业主代表方应对混凝土养护进行讨论并明确各方责任，以确保工程表层混凝土的耐久性。依靠常规的立方试件强度测试，并不能说明表层混凝土的质量。

混凝土养护期内要防止环境温度剧烈变化的影响，在养护过程中和养护结束后的一段时间内还需要对混凝土进行保护如遮蔽阳光直射、挡风、防止淋雨和流水、防震等。除了泌水较多的高水胶比混凝土（这种混凝土一般不能作为耐久混凝土使用）外，混凝土的养护应在浇筑入模（仓）振捣后立即开始，不能像以往施工规范中所说的那样搁置若干小时才覆盖或加湿。

养护方法和养护期限应随混凝土的不同胶凝材料范围、工程的耐久性要求（与工程使用阶段所接触环境的不同类别和作用的严重程度有关）而有所不同。比如在加拿大的混凝土材料和施工规范中，提出三种类型的养护要求：第一种是针对一般大气环境和轻度冻融、轻度化学腐蚀环境下的普通混凝土（如硅酸盐水泥混凝土和矿物掺和料掺量不大的混凝土），要求在≥10℃下养护到强度达到 28 天强度等级的 40％，且不少于 3 天；第二种针对轻度氯离子环境下的普通混凝土和各种环境下的大掺量矿物掺和料（单掺粉煤灰大于 30％，单掺矿渣大于 35％）混凝土，要求在≥10℃下养护到强度达到 28 天强度等级的 70％，且不少于 7 天；第三种针对有高耐久性要求（严重的环境作用和很长的使用年限）的大掺量矿物掺和料混凝土，要求在≥10℃下加湿养护至少 7 天，加湿养护方式为蓄水、连续喷淋（雾）、连续覆盖保持湿润的编织物等。

为了提高混凝土的耐久性，在严酷的环境作用下一般都采用低水胶比的大掺量矿物掺和料混凝土。水胶比越小，混凝土的自生收缩变形越大，严重的甚至可达数百微应变，而且主要发生在混凝土凝结后的头两天。为了降低混凝土的自收缩，这种混凝土必须早期加湿养护，而喷涂养护剂、覆盖塑料膜或将混凝土留置于模板内的养护方法只是保湿而不是加湿。低水胶比混凝土养护应从浇筑开始，连续不断地对暴露于空气中的混凝土表面喷雾（包括浇筑到初步平整后用塑料膜临时覆盖前的阶段，和揭开塑料膜进行最终抹面后用湿毡覆盖前的阶段）。喷雾和覆盖湿毡，也有利于降温和散热。低水胶比的高性能耐久混凝土在养护结束后，仍应覆盖混凝土表面或喷涂养护剂，防止水分蒸发过快、吹风或发生表面温度的激烈变化。高性能混凝土在整个养护过程中应有全程的温度变化记录，入模温度宜低于 25℃。

加拿大规范推荐高性能大掺量矿物掺和料混凝土的养护制度为：浇筑后连续喷雾到开始覆盖，喷雾时不能滴水到混凝土表面；覆盖的毡类编织物需至少在使用前 24 小时泡湿，覆盖的搭接长度至少 150mm；必须在混凝土抹平后立即覆盖，覆盖与抹平操作部位的间隔保持在 2～4m 之间；用加水的湿毡覆盖进行全时养护至少维持 7 天，养护期间的编织物应始终保持湿润；在浇筑后的 12 小时内，必须在编织物的上面再覆盖一层塑料膜与大气隔离，防止水汽蒸发；应防止塑料膜与编织物之间的空气流通；养护结束后，需要接着用养护剂（膜）保湿养护，喷涂养护剂部位与卸除编织物工序的距离维持在 2～4m 内，1～2 小时后施加第二遍养护剂。我国也有应用喷雾养护防止混凝土早期开裂的成功实践。

欧盟混凝土施工规范规定，除了无锈蚀危险和长期干燥或永久湿润的使用环境中的混凝土构件可以养护不少于 12 小时外，其他环境下的混凝土构件均应至少养护到混凝土的抗压强度达到 28 天强度的 50％，大体可按表 2 确定所需的养护天数。如果混凝土表面温度低于 5℃，则养护时间尚需延长。对于磨蚀环境，德国混凝土规范规定养护结束时的混凝土强度至少达到 28 天强度的 70％。

英国的结构用混凝土规范 BS8110-1 则规定混凝土结构的最少养护天数与施工现场的环境条件，不同的胶凝材料和混凝土表面温度有关如表 3 所示。

混凝土最短的养护持续时间（ENV 13670—1：2000）　　　　表 2

No.	1	2	3	4	5
表面的空气温度 ϑ［℃][4]	养护持续最短时间［天][1]			
	混凝土强度发展[3] r＝f_2/f_{28}[4]				
	$r \geqslant 0.50$	$0.30 \leqslant r < 0.50$	$0.15 \leqslant r < 0.30$	$r < 0.15$
1	$\vartheta \geqslant 25$	1 天	2 天	2 天	3 天
2	$25 > \vartheta \geqslant 15$	1	2	4	5
3	$15 > \vartheta \geqslant 10$	2	4	7	10
4	$10 > \vartheta \geqslant 5$[2]	3	6	10	15

注：1）初凝时间超过 5 小时，养护持续时间应适当延长。
　　2）混凝土表面温度低于 5℃，则在温度低于 5℃期间的养护持续时间应适当延长。
　　3）混凝土强度发展采用 2 天的与 28 天的抗压强度的比值表达，可事先试验确定，或根据类似组成的混凝土比值确定。
　　4）非混凝土表面温度，而是指空气温度。

混凝土养护的最少天数（BS 8100—1：1997）　　　　表 3

胶凝材料种类	施工现场的气候环境条件	混凝土表面温度	
		5℃～10℃	t（10℃～25℃之间）
硅酸盐水泥	一般	4 天	$60/(t+10)$
抗硫酸盐水泥	差	6	$80/(t+10)$
掺有较多	一般	6	$80/(t+10)$
矿料的水泥	差	10	$140/(t+10)$
所有水泥	好	无特殊要求	

注：施工环境条件：好——潮湿（相对湿度大于 80％）且无风、无阳光照射；
　　　　　　　　　　差——干燥（相对湿度小于 50％）或有风、阳光照射；
　　　　　　　　　　一般——介于好和差之间。

六、小结

1. 除良好的室内干燥环境条件或永久浸没在水中的构件外，我国现行规范规定的保护层设计最小厚度与保护层厚度的质量要求亟待提高，尤其是桥涵混凝土结构设计规范的规定远远不能满足构件设计使用寿命的要求。

2. 规范规定的保护层设计厚度中，应该考虑保护层施工负允差的影响。

3. 混凝土构件中最外侧箍筋和分布筋首先锈蚀并导致混凝土顺筋开裂和剥落，对其保护层厚度的要求应该与主筋相同。在厚度较大的混凝土保护层内，为降低表面裂缝宽度要求设置普通钢筋网的做法是错误的，除非钢筋网为不锈钢做成。其实，表面裂缝宽度的大小最终并不会影响混凝土构件的耐久性能和使用寿命。

4. 除良好环境条件下长期使用的室内构件外，混凝土结构的耐久性设计应该提出基于耐久性所需的施工质量要求，重点是与保护层厚度有关的钢筋定位以及与表层混凝土质量有关的施工养护。

参考文献

[1] Byran Marsh，Specification and achievement of cover to reinforcement，Advanced concrete technology-Concrete properties，Edi. Newmann and Ban Seng，Elsevier，2003

[2] 中国土木工程学会标准 CCES 01—2004 混凝土结构耐久性设计与施工指南. 2005 年修订版. 中国建筑工业出版社，2005

[3] L. A. Clark, *et al.*, How can we get the cover we need? The structural Engineer，V0l. 75，No. 17，1997

[4] ACI117. 90 Standard Specifications for tolerances for concrete construction and materials（ACI 117. 90），re-approved 2002，ACI，2002

CSA A23. 1-04 Concrete materials and methods of concrete construction，CSA，2004

[5] 李春秋，陈肇元. 荷载作用下钢筋混凝土构件裂缝控制的若干问题. 建筑结构，Vol. 37 No. 1，2007

[6] 钢筋混凝土结构构件可靠度研究课题组. 钢筋混凝土构件几何尺寸的调查和统计分析. 建筑结构学报，1985，（4）

[7] General Guidelines for Durability Design and Redesign. The European Union-Brite Euram Ⅲ，Document BE95-1347/R15，Feb，2000

编后注：本文原刊于《建筑结构》杂志 2007 年 6 月，现有少许补充。文中提到的正在编制中的《混凝土结构耐久性设计规范》已在 2009 年 5 月正式施行，编号为 GB/T 50476—2008。

完善法规、提高标准，确保房屋
建筑物安全和合理使用寿命

国务院
曾副总理：

　　由于历史原因，我国房屋建筑和公路桥梁等土建工程设计时所规定的安全设置水准与耐久性要求一直偏低，严重影响到工程长期使用效益与使用寿命。随着社会经济发展和财富积累，土建工程因安全和耐久性不足所带来的损失与风险越来越大，难以满足现代化建设要求。

　　1. 建筑物的安全与耐久性现状

　　建筑物的安全与耐久性在很大程度上取决于承重的主体结构质量。与国际上通用的设计标准相比，我国房屋结构设计规范所规定的安全水准有很大差距。例如对于公共场所的楼板，我国规范所要求的承受人员设备等使用荷载的能力，约仅及国外标准的 50%～60%；至于公路桥梁设计的承受车辆和人群荷载的能力，也只达到国际通用标准的 2/3 左右。我国建筑物安全性不足的最主要方面还在于结构的整体牢固性差，也就是结构在发生局部破坏后容易引发成多米诺骨牌似的大范围连续倒塌并造成重大灾难后果。地震、爆炸、台风等灾害作用造成结构的局部破坏是很难避免的，发达国家从上世纪 60 年代起，就相继在房屋设计规范中提出"整体牢固性"要求，并规定详细设计细则，以免万一发生局部破坏时引起连续倒塌，但我国规范至今仍无此类要求。1978 年唐山地震死亡 24 万，而 9 年后同样大小的 7.8 级地震袭击智利一个百万人口城市，死亡仅 150 人，其最主要的原因就在于房屋设计的整体牢固性。2001 年石家庄国棉二厂宿舍的爆炸破坏案、2003 年衡阳 113 火灾以及 20 世纪 90 年代盘锦军分区大楼燃气爆炸等众多重大伤亡事故，也都与结构连续倒塌有关。增强结构整体牢固性也是减轻台风、洪水乃至恐怖袭击等各种灾害后果的迫切需要。

　　我国结构设计规范中的耐久性要求与国外的差距更大。以最常见的钢筋混凝土结构为例，按照我国规范设计的混凝土中钢筋发生锈蚀的年限，大概只能达到按国际通用标准的 1/3。除了室内持续干燥环境下的构件尚能大体满足 50 年不需大修外，对于潮湿或室外受雨淋或冬季受冻融影响的结构构件，往往不到 30～40 年就出现钢筋锈蚀引起的混凝土胀裂剥落，或者过不了几年混凝土就遭冻蚀。工业厂房结构不需大修的使用寿命更短。至于接触海水、盐雾或除冰盐的公路桥梁，往往不到 15～20 年就要大修，有的甚至到不了 10 年就被迫大部拆除。虽然新颁布的桥涵设计规范已有较大改进，但距合理使用寿命的需要仍相差甚远。

2. 土建工程的使用寿命

按照我国《建筑法》要求，一般房屋结构在设计使用寿命内应无需大修。我国有关规范规定的房屋设计使用寿命为 50 年（重要建筑物 100 年），基本上与国际标准一致。问题在于按照现行设计技术规范规定的耐久性要求，并不能确保所设计的混凝土结构能够达到规定的使用寿命。此外，法规标准中规定的使用寿命本是国家提出的基于社会和公众利益的最低要求，具体到某一工程设计则需考虑工程本身的特殊功能需要和使用者利益，可能要按更长年限设计。但我国设计人员习惯于照搬规范最低要求，以至于近年建成的众多大型公共工程和标志性、纪念性建筑，一律都按 100 年使用寿命设计。而在国外，这些建筑物的设计寿命要长得多，如英国新建国家图书馆的设计使用年限是 250 年。我国各地兴建的大量高层建筑多按 50 年使用寿命设计，不论从节约资源还是维护城市今后正常工作生活秩序考虑，也明显偏短。

促使建筑物短命的原因还有：不合理的建设工期与不合理的造价使得工程的施工质量得不到保证；工程建成后在长期使用中缺乏正常维修和检测制度；特别是近年来在城市建设中兴起的无序大拆除，例如有报道指出，2002 和 2003 年的拆房面积竟占到同期商品房竣工面积的 40%，这些房屋的寿命平均仅 30 年。

3. 建议

房屋建筑的使用寿命事关国家和个人的重大利益。以我国城镇现有约 180 亿平方米的房屋建筑为例，如按平均价格每 m^2 2500 元计算，资产总值就达 45 万亿元。如果这些建筑物的使用寿命平均能够增长 20 年，就能节约投资 18 万亿元，钢材 3.6 亿 t，水泥 10.8 亿 t，砂石 32 亿 m^3。这里还未包括建筑装修、建筑设备以及拆除与处置建筑垃圾的资金与资源消耗。

我们谨提出以下建议供领导参考：

1. 尽快完善我国建筑物管理的规章制度，编制由国务院颁布的《建筑物管理条例》，作为现行《建筑法》和《物权法》的下位法规，对建筑物的设计建造、长期使用直至最终拆除的各阶段行为和要求作出原则规定，包括不同建筑物的合理使用寿命与安全性要求，建筑物使用阶段的安全管理制度，建筑物拆除的审批与废弃物处置的环境损害赔偿等。我国也已有不少关于房屋管理的部门规章，但不够完整，相互之间配合不足，有不少规定缺乏可操作性，特别是缺乏上位法规的支持依据。因此，急需有国务院发布的法规和人大的立法。对于房屋建筑物，要象管理汽车一样建立城镇房屋的档案和管理制度。可允许各地根据不同的经济发展条件有计划地分期实行。中国工程院现已安排咨询研究项目准备对这类法规的具体内容以及为落实这类法规需要解决的人员、机构和经费的可能途径与方法进行调研探讨。

2. 对于建成后使用的建筑物，应采取预防为主、及时维修的策略消除安全隐患。为此宜编制由建设部发布的《建筑物质量安全普查规定》，作为《建筑物质量安全管理条例》的下位法规，可在经济相对发达城市进行试点后逐步推广。

3. 提高现行结构技术规范中对结构耐久性和结构抗灾能力的要求，其中公路桥梁等生命线工程的耐久性和设计使用寿命尤其值得关注。今后在桥梁等土木工程的设计文件中应规定有全寿命费用分析的内容，包括初始建造费和今后维修与拆除费。在大型公共建筑设计中，也应将使用年限内的能源消耗纳入全寿命费用分析。

中国工程院土木水利建筑学部

吴良镛、陈肇元、范立础等 10 人

2007 年 10 月

编后注：本建议由陈肇元起草，经建议人共同审议后定稿。

完善房屋建筑物的质量安全管理制度

　　完善建筑物设计施工阶段的技术标准固然十分重要，但是要根本上解决问题，还得完善我国建筑物的质量安全管理制度。所谓建筑物质量管理制度，就是与建筑物质量安全直接相关的机构和个人需要共同遵守的规则，即相关的法律、行政法规、部门规章和技术标准等。广义上的制度可理解为一个系统，由有关人员机构及其共同需要遵守的活动准则所组成。建筑物的质量安全管理制度应该跨及建设阶段（立项规划、设计、施工、竣工验收）与长期使用阶段（包括最终拆除与废弃物处置），即全寿命管理。

　　我国现行《建筑法》所针对的主要是施工建设活动管理的法律，甚少列入与长期使用阶段质量有关的内容。所以在法律上还应编制与《建筑法》和《物权法》相并行的《建筑物管理法》，后者宜主要针对建筑物使用阶段的质量安全管理。由于建筑物的使用安全在很大程度上取决于建设时的工程质量，所以在管理法中也会涉及到工程建设质量上的一些要求。在制订《建筑物管理法》之前，也可以先编制施行行政法规《建筑物质量安全管理条例》以积累经验，为今后制订法律做准备。

　　在这一法律或行政法规中，要首先提出建筑物的建设方针原则。建筑物设计应遵循实用、经济、美观相结合的原则，符合节约资源、保护环境的可持续发展要求。在管理法或管理条例中要明确建筑物质量与安全的定义与内涵；一些最关键的质量指标，如对建筑物的合理使用寿命及建筑物各类部件的使用年限，要规定其确定原则并提出最低年限要求；对于主体结构的安全性与耐久性以及建筑布置、建筑部件和建筑设备的质量安全也要给出原则规定；要认定建筑物质量安全的相关人员、机构及其职责。

　　为落实法律或行政法规的实施，需有配套的部门规章和技术标准与技术规范，后者应根据国家法律法规中对于建筑物质量与安全的原则要求，提供技术方法、途径和保障。在技术规范标准的编制中，要改变过去那种自行其是，以技术标准规范替代法律法规的做法。要强调建筑物的设计施工应以达到设计对象所需的功能或性能要求为目标，仅凭满足设计施工技术规范规定的最低要求，并不总能达到所需的目标要求。

　　在建筑物的建设阶段，与建筑物质量安全相关的人员机构包括建设人（通常为投资的业主或开发商，或者是受投资人委托的代建承包商），规划设计人，施工人，第三方的施工监理人和竣工验收人。现行《建筑法》对建设阶段的这些相关人员机构及其职责已作了比较明确的规定，但至今尚无一部专门的能对建筑物长期使用阶段的维护管理和使用安全加以规范的法律。在《建筑物管理法》或管理条例中可以考虑的补充内容有：对重要的国有资产和开发商投资的房建工程，宜有独立的第三方机构对建筑物设计文件（包括设计施工图）进行安全质量校核。对于国有资产的大型建设工程，宜在原则上规定实行代建承包制，以取得更好的工程效益，并可淡化党政部门领导的不适当干预；建设阶段各有关方面在工程安全质量上的责任必须十分清晰，投资建设方必须保证工程建造有合理的建设工期和合理的建设造价；建设方与设计单位不得任意改变施工进度或要求施工单位垫付施工建设费用；除招标文件中规定者外，建设方或设计单位也不得强制指定施工单位使用某一厂家和某一品牌的原材料与产品，只有这样才能明确责任。

我国的房屋产权主要是国有和私人共有，即使属于私有但如用于出租或面向公众开放的也会涉及到公共安全问题，其质量安全就要受到国家法律法规和有关部门的管理。业主和使用人作为房屋使用安全的责任人，一般不具备质量安全的专业知识，通常应委托专业管理人代行其部分职责，如委托专业的物业管理机构或企事业单位中房管部门的负责人。在《建筑物管理法》或管理条例中，要对有关各方的职责做出很具体的规定。此外居民聚集的小区和居委会，目前均无具有房屋质量安全专业知识的专职工作人员，能否通过试点推广。

为了确保既有建筑物的使用安全，有必要在《建筑物管理法》或管理条例中规定房屋安全质量的定期检测制度，也要对地方政府监督管理部门的职责做出具体规定。逐步建立各地房屋的质量安全档案应为监督管理部门的责任，这些专业性较强的管理工作可以授权委托非营利的第三方机构。此外，法规中还有必要原则规定房屋安全维修费用的解决途径，如保险、银行、专项基金等，为这些机构的进入提供法律上的保障。

国内既有建筑物的质量还与当时建造时的政治经济形势有很大关系，在上世纪 50 年代末的大跃进时期、60 年代末的文化大革命时期、建设市场开放的 80 年代初期，建造的建筑物施工质量往往得不到保证；改革开放后，一些新兴城市早期修建的房屋施工质量也有很多问题。近年来过快的建设速度与未经培训农民工成为施工第一线的主力军，不可避免地会给建筑物的质量造成损害；此外，我国规范所要求的建筑物耐久性与技术使用寿命也远远不及国际通用标准，这些都会影响到既有建筑物的使用安全。所以更有必要建立建筑物的质量安全的定期检测制度。

我国各地的社会经济发展水平很不平衡，至于数量更为巨大的农村房屋管理还基本处于空白。完善建筑物质量安全管理制度将是一项长期的艰巨任务，我们必须脚踏实地一步一步地做起。期望经济发达地区的省市能够走在前列，不仅为自身需要，也为其他地区提供有用经验尽义务。适合社会主义市场经济的我国房屋管理模式，必定会有自己的特色，需要我们在实践中努力创新。

编后注：本文摘自 2008 年 4 月作者提交中国工程院第 70 场科技论坛《房屋建筑物质量与安全管理制度的发展与创新》的大会报告。这次会议由中国工程院和国家住房和城乡建设部联合主办，报告的原题为《完善技术标准与管理法规，确保建筑物合理使用寿命与使用安全》。由于技术标准对于建筑物质量和寿命的关系在本文集的其他文章中已大体表述，为节省篇幅，这里仅摘录报告中的最后一节——完善房屋建筑物的质量安全制度。

房屋建筑物的安全性与灭火抢险救援

　　房屋建筑物的安全性，通俗地讲，是建筑物在各种作用下能够保护生命财产免遭损失的能力。对建筑物危害最大的作用是地震、爆炸、火灾、撞击等灾害的偶然作用，它们发生的概率很低，但后果都特别严重。其他的作用主要是建筑物长期受到的一般的荷载作用和环境作用，一般荷载如建筑物内部的人员、货物、设备以及常遇的风雪荷载等，环境作用如降水、冰冻、温湿度变化能使建筑材料的性能缓慢退化，最终也会影响到建筑物安全。

　　一般来说，建筑物的安全性要求愈高，需要投入的资源和费用也愈大，所以建筑物设计的安全设置水准，与社会经济发展水平与资源供给的可能性有关。建筑物在不可预见的天灾人祸下发生局部破坏很难避免，但应尽可能避免发生与初始局部破坏不相称的后续连续倒塌。对于火灾作用，虽然在建筑物设计中已经提出了规定的耐火极限要求，但是火灾作用的规模大小与发生地点都是不确定和不确知的，所以建筑物的整体牢固性对于抵抗火灾等灾害作用也特别重要。

　　不同类型的建筑物，在火灾等偶然作用下的安全性及其防止破坏倒塌的潜力有很大差别，这是我们在灭火和抢险救援中需要注意的。另外，我国现有的建筑物还有一个很突出的问题，就是不同年代建造的建筑物，在设计时对安全性的要求大不相同，各个时期的施工质量也很悬殊，而在长期使用过程中又缺乏管理和及时维修，所以有许多建筑物本来就存在不少隐患，一旦发生火灾，更容易引起倒塌，对抢险救援人员形成更大威胁。即使按规定要求进行设计建造的建筑物，由于国内各个部门的设计规范之间相互缺乏协调，以及建筑物防火规范本身存在的缺陷，建筑物的实际抗火能力也可能与要求的相差甚远。

　　笔者参加过公安部消防局举办的几次研讨班，参加座谈并做了一些学术报告，对我们从事土建工程建设的专业人员来说是非常难得的学习机会，能够从中了解建筑物倒塌事故的案例，从建筑物设计的专业角度，去思索怎样改善当前房屋设计安全标准过低的局面。参加这样的研讨班，听到大家的战例分析以及抗灾救援战士们面对灾害现场所表现出来的英勇气概和高尚品质，更受到深刻教育。以下就我知识所及，向大家汇报在建筑物灭火与抢险救援中，可能需要注意的有关建筑物安全的一些问题。

一、建筑物的安全性

　　房屋建筑物通常由结构构件、建筑部件和建筑设备三大部分按照一定的方式组合布置而成，所以建筑物的安全性可从建筑结构、建筑部件、建筑设备和建筑布置等方面加以估量。

　　1. 建筑结构安全性

　　建筑结构的主要功能是承重，由楼板、梁、柱、墙体、基础等承重构件组成，支撑起整个建筑物并将作用于建筑物上的各种外加荷载传递到地基。所以结构的安全性，也可以说是结构在外加作用下防止破坏倒塌的能力。有的结构构件如建筑物的外墙，除了承重功能外，还可能同时具有遮蔽风雨、隔开内外的围护作用。对于结构安全性，我们要求承载的每一个结构构件在设计规定大小的外加作用下应有足够的安全承载能力。同时，它们连接在一起，整个结构还要具有足够的整体牢固性，当发生个别构件局部破坏甚至局部倒塌时，具有防止演变成大范围连续倒塌的能力；万一发生倒塌，我们也要设法尽量延长结构的倒塌时程，争取室内人员有足够时间逃生。为了保证结构的整体牢固性，结构需要具备，1）每个构件之间的连接（节点）可靠，节点的强度要大于被连接的构件强度，不能先于构件之前发生破坏；2）延性，也就是在破坏过程中能够发生较大的变形而不是很快地脆断，延性与脆性是两种对立的性能；3）冗余度，冗余就是多余的意思，即结构能有多条途径能将外加的荷载作用传递到建筑物的地基，即使有一条途径破坏了，还有其余的途径能在紧急关头发挥作用。

2. 建筑部件安全性

建筑物中的门窗、隔断、屋面、装修饰面以及外墙挂板、玻璃幕墙、贴面砖、保温层和附着于外墙或房顶的招牌等，都属于非承重的建筑部件，它们在建筑物中的功能主要起围护作用并满足建筑物的使用（适用性）需要。建筑部件的安全性主要表现在建筑部件的防坠性能、部件材料无毒性、建筑地面防滑等。建筑部件中的外墙挂板、玻璃幕墙、贴面砖、招牌广告牌以及建筑设备中的空调外机坠落造成人员死伤事故时有发生；在灭火抢险救援中，我们也要注意这些部件受火灾高温影响后容易坠落或爆裂破碎后伤及救援人员。有的建筑装修材料和保温材料，在平时使用下无毒，但一遇火灾高温就会散发大量毒气。我国的建筑物设计规范标准，对于建筑部件的防坠要求缺乏具体规定，比如建筑物外墙粘贴面砖，一旦受潮或渗进雨水，受冻后膨胀，极易导致粘结破坏而脱落；对于玻璃幕墙与外墙主体结构的连接，也没有专门的防锈要求，如果平时使用已经险象丛生，一旦发生火灾就更危险了。

3. 建筑设备或设备系统安全性

建筑设备是指建筑物中的水、电、燃气、供暖、空调通风等设施，建筑设备系统容易发生漏电、触电、燃烧、爆炸等安全事故并引发火灾，或在发生火灾时进一步诱发爆炸、燃烧等灾害。建筑设备及其系统中的各个部件、组件，多采用现成的产品，所以设备与部件本身的安全性如电气绝缘性能、防爆防燃性能等应由厂家负责，而建筑物的设计与施工企业仍应负有选用和安装的责任。

4. 建筑布置安全性

建筑布置是指建筑物中的建筑部件、结构构件和建筑设备需按一定方式布置，满足建筑物的功能和使用要求。建筑布置的安全性包括人员防撞（如人员易撞上无醒目标志的无框格玻璃墙和玻璃门）、防物件掉落（如物件易通过楼梯、天井的侧面栏杆或挡板上的过大孔洞间隙或底部空隙下坠）、通风采光安全等，特别是建筑布置应有利于紧急事故发生时的人员与救援。疏散通道布置的安全性也要考虑冗余度，比如人员疏散通通要有不止一个途径，应尽量分散布置。

一些发达国家对于建筑部件和建筑布置的安全性都在法律或行政法规上有很具体的

强制要求，比如新加坡的《建筑物管理条例》规定：所有附着于外墙上的建筑部件必须采用不锈钢、磷铜、铝合金、青铜等不会锈蚀的连接件固定在主体结构的承重构件上并需作定期检查；外墙、屋面或门窗玻璃等材料的光反射系数不能大于 10；所有无框格的大块玻璃门和玻璃墙必须要有醒目的防撞标志；如果玻璃墙外侧的地面低于墙内地面 1 米以上，则在墙的内侧必须设置不低于 0.9 米的栏杆或护墙；楼梯和天井侧面的栏杆与挡墙上的间隙和洞口，不得大到可以通过一个 15 厘米直径的球体以防止什物万一下落伤人；在每层公共建筑内，建筑物的业主应在适宜位置设置永久性的醒目铭牌，刻有楼层平面图并标明楼板的设计使用荷载值；甚至连公共场所地面摩擦系数都有下限值的规定。由于空调的外机影响公共安全，一些国家的建筑管理法中专门有详细的规定，或者根本不允许在外墙上设置空调外机。在我国，空调外机多设在外墙上，现在要改也难了，只能加强检查和管理。

二、建筑结构的安全性

1998 年颁布的我国《建筑法》规定："在建筑物合理使用寿命内必须确保主体结构的质量"，也就是说，结构的安全性在建筑物的使用寿命（或结构的设计使用年限）内必须确保。《建筑法》并没有要求建筑部件和建筑设备的使用年限也必须与建筑物的使用寿命相同，因为这些部件与设备的使用寿命一般较短。但建筑部件和建筑设备应有一定的使用寿命和包修年限要求。

结构安全性包括梁板柱等每一构件的承载能力安全性和结构的整体牢固性。我国构件的安全设置水准较低，特别是在紧急事故中出现人员极度拥挤和需要逃生救援的公共通道、楼梯、阳台等部位的楼板超载能力，与国际通用规范要求的相比差距更大，往往达 1 倍以上。随着国家对公共安全的重视程度愈来愈高以及保险业将逐渐介入建筑物安全管理，提高结构构件承载能力的安全设置水准看来应是必然趋势。在结构抗火能力上也有类似情况，比如同样要求公共场所楼板需有 2 小时的耐火极限，按我国规范设计的结构实际抗火能力也要低于国外，原因是国内公共建筑楼板的设计能力是每平方米承受 490kg，而国外则是每 m^2 承受 800kg 设计荷载，都在使用荷载下用火烧 2 小时，肯定是承载小的先垮掉。

对于结构的安全性来说，也许结构的整体牢固性要比结构构件承载能力的安全性更为重要。人员大量伤亡的灾难性事件主要是结构的连续倒塌引起的。用砌体墙和预制混凝土楼板组成的混合结构，如缺乏可靠的构造措施和连接措施，很容易在地震、风灾、洪灾发生时引起大批房屋倒塌。2006 年全国因自然灾害倒塌房屋 193 万间；2004 年云娜台风在台州一地毁坏民居 1.1 万间和工业厂房 247 万 m^2，1998 长江中下游水灾破坏房屋 479 万间，1996 年海南风灾损坏房屋 7.3 万间。20 世纪全球发生死亡人数超过 3 万人的地震有 11 次，共死亡 116 万人，其中发生在中国有 3 次，死亡 55 万，这些地区的房屋多用砖石砌体建造，缺乏可靠的连接和延性。

我国房屋结构设计规范的重大缺陷之一，在于缺失对于结构整体牢固性的具体要求，仅对地震区的房屋结构要求有一定的抵抗地震作用的整体牢固性。但是抗震的某些构造措施如在每层墙体顶部设置圈梁，对于偶然爆炸压力作用下防止砌体结构倒塌有时并不能奏效，原因是地震对房屋的作用主要是水平方向的作用力，而爆炸压力是四面八方都有作用。

三、不同类型结构的整体牢固性与抗火性能

1. 不同类型的结构和结构构件

组成房屋主体结构的结构构件，如按其建造的结构材料分类，可分为：木构件，砌体构件，混凝土构件，组合构件等；如按其形状分类，有：梁、柱、拱、拉杆、压杆等条形构件和板、墙、壳体等面形构件。

木结构构件现在已很少应用，原因是能够作为结构材料使用的木材资源在我国十分匮乏。既有建筑物中的木结构多为古建筑或建国初期修建的房顶木屋架。木材是可燃材料，未经特殊处理的木材不耐火且易遭蛀蚀，在潮湿环境下还易腐烂。砌体构件通常用烧结的粘土砖、混凝土空心砖或石块用水泥砂浆或石灰砂浆砌筑而成，砌体的抗拉能力很差，主要用于墙、柱、拱等受压构件，破坏时呈脆性，所以用砌体做成的结构一般都缺乏整体牢固性，但砌体结构有较强的耐火能力。

钢筋混凝土构件应用最为广泛，由于构件中的最大受力部位一般出现在构件截面的边缘处，为了最大限度地发挥钢筋的作用，所以钢筋的埋入深度不宜太大，宜接近构件的边缘。但埋入深度也不能太小，否则钢筋就容易锈蚀。钢筋外缘离开混凝土构件表面的埋入深度就是钢筋的"混凝土保护层厚度"。混凝土不会燃烧，又是热惰性材料，耐火能力较好，但是钢筋的耐火能力很差，高温下的钢筋强度会急剧下降并消失，因此钢筋混凝土构件的抗火能力与保护层厚度有很大关系。为了耐火，太薄的保护层厚度是不允许的。

还有一种配筋混凝土构件是预应力混凝土构件，是在混凝土构件受力前的施工建造过程中，置入一种预先张拉的预应力钢筋（或钢索），先使混凝土受到一定的压应力，这样可以更好地发挥出混凝土抗压强度高的优点，并能减轻混凝土构件在使用过程中的受拉负担。可是预应力筋都需采用高强度的钢筋，其耐火能力比普通钢筋更差，所需的混凝土保护层厚度更大。

国内混凝土结构设计规范的缺陷之一，是规定的混凝土保护层最小厚度，在很多情况下（特别在混凝土楼板中）不能满足抗火要求，对于预应力筋尤其不足。例如按英国设计规范，耐火极限 1 小时和 1.5 小时的混凝土预制楼板，保护层厚度至少分别为 2cm 和 2.5cm，而按我国设计规范通常只有 1.5cm 甚至 1cm。

钢结构构件由各种型钢和钢板用焊接或螺旋连接而成。钢材的强度高，延性又好，所以做成钢结构可以有非常优良的整体牢固性，条件是构件之间的连接（一般为焊接）节点必须可靠。但是钢结构的最大弱点就是抗火能力差，即使用耐火涂料和防火板阻隔，能够维持的耐火时间也比较有限。

组合构件由混凝土和型钢做成。如在钢管中灌入混凝土后成为钢管混凝土构件，具有很高的承压能力和非常好的延性，通常用于高层建筑底层的柱子。如果将型钢置于混凝土内与混凝土一起受力，就成为钢骨混凝土构件。也有将型钢的上部置于混凝土内而下部外露的组合构件，上部用作楼层的楼板，整个构件起到梁的作用。组合结构的耐火能力要好

于钢结构。

实际的混凝土房屋结构往往根据建筑物的不同体型和布置形式，采用不同类型结构的组合，如框架-剪力墙结构。超高层混凝土结构为了能够承受很大的水平风力或地震力，还采用框筒式结构，即用密排柱围成筒式，但更多的是用剪力墙围成筒式。可以采用外框架-内框筒，外框架-内筒，筒中筒等不同组合。

上面已经提到，钢结构可以有非常优良的整体牢固性，问题在于高温下强度下降，在火灾作用下也会发生连续倒塌。不过火灾发生后总有一段升温过程，不会立即引起塌毁。对于钢结构超高层建筑来说，防火是最大的问题。超高层建筑灭火相当困难，应该主要依靠预防措施。首先在建筑物建造阶段的建筑设计布置中要做到方便人员疏散，疏散通道应分散布置，用于紧急疏散的楼梯间不宜集中在建筑物中部；还要设置可靠的并有充分水源供应的喷淋系统。在建筑物的结构设计中，增加柱子的数量（加大冗余度，即使有个别柱子丧失强度，可以通过其他柱子往下传递楼板传来的荷载），加强疏散楼梯间和疏散通道墙体结构的坚固性，保证能有一个牢固的抗火区。由于混凝土结构的耐火性能相对较好，在钢结构高层建筑中联合采用钢筋混凝土或钢骨混凝土的井筒结构作为竖向疏散通道也有助于提升建筑物发生火灾时的安全性。钢结构楼板不耐火，当楼层着火降低楼板承载力并坠落时，楼层的重量与撞击有可能摧毁下层楼板并依次向更低楼层发展成为连续倒塌，与此同时，楼板的坠落有可能使原先与之连接的柱子失去横向的支撑，在上层传来的竖向压力下，容易丧失稳定发生屈曲破坏，引起从下到上的倒塌，所以防止楼层坠落在高层钢结构中尤其重要。

2. 结构的整体牢固性与抗火性能

各种结构构件在不同灾害作用下的易损程度并不完全一样。在地震作用下，一切与大地直接或间接相连的物体都会受到地震力，后者的作用方向与地面运动的方向相同，通常是水平方向；所以使得柱、墙等竖向构件最易受到损坏。在室内的爆炸压力荷载下，由于爆炸压力都是垂直作用于结构构件的表面，所以柱子的四周几乎同时受到压力，结果使得施加于柱子上的水平合力变得很小，一般不会损坏；但对墙体来说，整个墙面受到的侧向推力很大，就容易发生破坏；如果墙体顶部有很大的竖向压力压住（如房屋中的底层墙体），则反而会增强墙体的抗推能力；对于室内的楼层顶板，受到的爆炸压力向上，如果是钢筋混凝土楼板，本来设计配置的板内钢筋主要是为抵抗向下的使用荷载重量，所以遇到相反方向的巨大爆炸压力时，板有可能被折坏；向上的爆炸压力也使得板端作用于墙体的支座反力向上，减少墙体顶部的竖向压力，从而降低墙体的抗推能力。

缺乏整体牢固性的结构体系主要有：

1）预制楼板和砖墙组成的混合结构体系且预制板端部无可靠连接。

2）单跨的砖混结构且缺少横墙连接或者房屋的跨度和层高较大而窗间墙又较窄。

3）连接不良的预制装配式结构。

4）连拱结构，特别是多跨的砌体连拱结构。

5）钢筋混凝土无梁板体系且缺乏室内隔墙。

3. 火灾高温对结构材料的作用

火灾作用下，随着温度的升高，混凝土、钢材等的材料强度会降低，如以常温下的强度为 1，则在不同高温下的强度如表 1。

表 1

强度比值＼温度		200℃	300℃	400℃	500℃	600℃	700℃	800℃	900℃
钢材或钢筋	普通钢筋	1	0.97	0.91	0.68	0.40	0.20	0.10	
	高强钢筋	0.95	0.79	0.52	0.28	0.16	0.08	0.05	
混凝土	受压	1.05	1	0.95	0.85	0.60	0.38	0.20	0.11
	受拉	0.80	0.70	0.60	0.50	0.40	0.30	0.20	0.10

从表 1 中可见，钢材在 300～400℃ 的温度下强度迅速下降，800℃ 时的强度仅剩 10%；高强钢丝、冷轧钢筋等高强钢材随温度升高的强度降低幅度最大，到 400℃ 时仅剩 50%，所以用预应力钢丝或冷拉、冷轧钢筋做成的预制楼板不耐烧。混凝土在 400℃ 后的材料强度迅速降低（受压），到 500℃ 后发生热裂现象；而木材到 250℃ 后就会被点燃，400℃ 时发生自燃。建筑结构构件中，钢柱、钢梁最不耐火；钢筋混凝土构件中的受拉钢筋被加热后，承载力将逐渐下降。但是，钢筋混凝土结构传热慢，截面大，强度损失相对较少，钢筋外侧有混凝土保护层，可延迟温度上升，所以有较好抗火性能。

火灾的温度与延续时间，与建筑物结构构件和室内建筑部件的燃烧性能、可燃物、房间及洞口面积、室内可燃物体以及燃烧时间等许多因素有关。为了比较不同结构构件或建筑部件的耐火性能，需有一种标准的方法，图 1 是按照 ISO 标准的火灾温度延续时间。建筑物设计时对结构构件有耐火极限的要求，耐火极限是按照标准的火灾升温曲线（图 2）得出的。

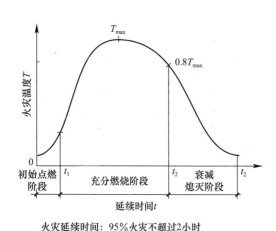

火灾延续时间：95% 火灾不超过 2 小时
88% 火灾不超过 1.5 小时
80% 火灾不超过 1 小时

图 1 火灾延续时间（按 ISO 标准）

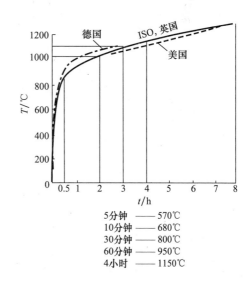

5 分钟 —— 570℃
10 分钟 —— 680℃
30 分钟 —— 800℃
60 分钟 —— 950℃
4 小时 —— 1150℃

图 2 我国采用的标准升温曲线（按 ISO 标准）

对结构构件或建筑构件进行耐火试验，从升温开始计算时间。当构件在高温下达到了下列极限状态之一，所经历的时间就是耐火极限。这里所说的极限状态有：1）承载能力极限状态，就是构件在使用荷载作用下经过高温作用发生破坏、失稳或挠度过大；2）阻火极限状态，就是高温作用时构件产生过度开裂或烧出孔洞，不能阻止火焰蔓延和烟气穿透；3）隔热极限状态，就是背火面温度过高，如背火面最高温度达到180℃，有可能引起相邻房间点燃起火。对结构构件来说，重要的是使用荷载下的耐火极限时间。我国规范规定的耐火极限分四个等级，其中一级与二级耐火极限对楼板分别为1.5小时和1小时，对柱、墙分别为3小时和2小时，对梁分别为2小时和1.5小时。

钢材、钢筋和混凝土材料在高温下的强度变化如图3所示。火灾作用下的建筑物连续倒塌往往不在火灾一开始就出现，而是在温度逐渐升高的过程中，甚至会在火势已得到控制并在熄灭的过程中。火灾温升引起结构的变形和内力变化，触发本来已有缺陷和隐患的结构发生破坏倒塌；即使结构构件的承载能力原本没有问题，可是高温既能降低材料强度，又会在结构构件原先受力的基础上再额外加上温度应力，结果就出现破坏。这种破坏本应是发生在着火点及其附近的局部破坏，但如果结构的整体牢固性有问题，连续倒塌就不可避免，并殃及建筑物内远离着火部位的救援人员以及虽在建筑物外但在建筑物倒塌构件或碎片堆积范围内的灭火抢险人员，这是灭火救援时需要特别注意的。例如2003年衡阳衡州大厦火灾引发的连续倒塌事故，起火点在室内，住户早已撤离房屋，火势已控制并趋于熄灭，消防战士也在室外，此时距起火时刻已有3小时，但没有想到房屋内的预应力预制楼板受高温长时间熏烤，强度降低坠落，引发连续倒塌，超过5000m² 的房屋瞬时塌毁，倒下的外墙压向室外的人员，造成死伤事件。

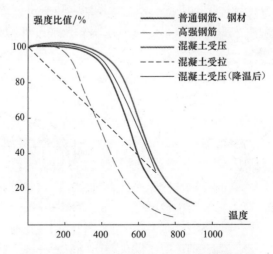

图3　钢筋与混凝土材料在高温下的强度降低

四、爆炸作用

随着我国城市燃气普及和用量的增加，燃气爆炸事故也呈上升趋势，近年来已成为工程防灾的重要对象之一。

"爆炸"是能量突然释放并产生冲击波或压力波向周围传播的一种现象。能量释放的越是突然，产生的功率就越大，产生的爆炸危害随之增加。如果比较下表中的数据，1公斤煤在正常燃烧时需要 10 分钟才烧完，能量释放很慢，所以不会发生爆炸。燃气与空气混合后能够燃烧产生高温，可用来取火，但燃气的浓度如增大到一定范围内，遇火就会发生爆燃并产生压力波向四周传播。炸药能在若干微秒（1 微妙等于百万分之 1 秒）内释放其能量，尽管能量的总值只有 1kg 煤的 1/7，结果发生激烈爆炸。同样重量的不同物质燃烧时产生的能量不同，由于释放时间相差很大，产生功率大不相同，其中以炸药的危害最大。

表 2

质 量	类 别	能 量	能量完全释放时间	产生的功率
1kg	TNT 炸药	1000 千卡	8 微秒	7×10^8 HP
1kg	煤气爆燃	7500 千卡	0.25 秒	7×10^5 HP
1kg	煤正常燃烧	7000 千卡	10 秒	65 HP

燃气爆炸时，在燃气内部产生爆燃，引起空气压力波向外传播。随着燃烧温度的升高，压力逐渐增加，最大的压力出现在火焰阵面上，但空气压力波的压力值要比冲击波低得多。压力波到来时，当地的压力升高有一个过程，且传播速度小于声速，不像冲击波到来时的压力是瞬时升到峰值，且其传播速度为超音速。当燃气爆燃沿着管道或廊道传播，或在很大范围的燃气云内部爆燃时，则有可能转变为爆轰，这时的压力波就会变成冲击波，破坏作用就要巨大多了。室内的燃气爆炸通常都是压力波，不会变成冲击波。燃气发生爆炸还需要一定的条件，就是燃气浓度要处于爆炸极限，即爆炸上限和爆炸下限之间，且接触火源。爆炸上限与下限之间的差距越大，这种燃气就越容易导致燃烧爆炸，另外不同浓度燃气爆炸产生的压力也不一样。一般燃气在密闭容器中爆炸产生的最大压力可达到 700～800kPa，即 7～8 个大气压，或每平方米上有 70～80 吨的压力。室内燃气爆炸由于有门窗可以泄压，最大压力一般都小于 25～50kPa，极个别情况也可达到 80 千帕，燃气爆炸产生的压力波到来时，当地压力升到峰值的时间，即升压时间一般是 0.1～0.3 秒。燃烧火焰阵面传播速度一般为每秒 5～15m。室内燃气爆炸产生的最大压力与门窗泄压面积以及燃烧火焰传播时受扰动程度等许多因素有关。与燃气爆炸相似的还有粉尘爆炸，比较典型的事故如哈尔滨亚麻厂的爆炸。凡是空气中能扬起会燃烧的粉尘的地方，都有可能发生粉尘爆炸，如谷仓常发生的粉尘爆炸。

炸药爆炸危害最大。烈性炸药爆炸时，在炸药内部产生爆轰（但黑色炸药一般只发生爆燃）的传播速度可达每秒 7000m/s 并产生上千个大气压的压力，猛烈压缩周围空气并形成空气冲击波向外传播。空气冲击波的波阵面上压力突增，升压时间几乎为零，传播速度大于音速。冲击波能够同时产生几种危害作用：1）压力（超压）的挤压作用；2）气流高速流动的风效应（动压）；3）冲击波向前运动受阻时的反射作用（反射压力），冲击波受阻产生的反射压力可为入射压力的 2～8 倍，当反射压力较低时，约在 2～3 倍之间；4）负压作用，冲击波到来时开始受到瞬时上升的峰值压力，接着压力逐渐降低到零，由于空气高速流动的惯性作用，接着就出现部分真空而产生的负压，也就是当地的压力要比正常状态的气压还要低，会有吸力效应。当炸药近地爆炸会产生弹坑；炸药爆炸的次生效应有火灾和高速飞碎的碎片等。

以下是炸药爆炸产生空气冲击波的破坏效应，其中所指的压力是入射冲击波的波阵面峰值压力（入射压力）：

窗玻璃破碎 　　　　　　　　>2kPa（每 m²200kg，或 0.02 大气压）

建筑物轻度损坏 　　　　　　>10kPa（门窗掉落、抹灰开裂）

砖墙开裂 　　　　　　　　　>20kPa

一般建筑重度损坏 　　　　　>40kPa

砖墙倒塌 　　　　　　　　　>60kPa

人被击倒 　　　　　　　　　>10kPa

耳膜破坏 　　　　　　　　　30kPa（临界值）～100（平均值）kPa

但冲击波的实际破坏效果还与冲击波的波长或其作用时间有关，而不仅取决于峰值压力。爆炸的炸药量越大，冲击波的作用时间就越长；另外冲击波的峰值压力随着传播距离的增加而降低，但作用时间会随着传播距离的增加而增加。我们可以根据周围建筑物损坏、人员受伤等情况，近似估计出炸药的爆炸压力和爆炸药量。以下是 10t TNT 炸药地面爆炸时的冲击波数据，其中 R 是离开爆心的距离：

表 3

R（m）	入射超压（kPa）	正压作用时间（秒）
2.5	1000	2.2×10^{-3}
7	100	5.5×10^{-3}
46	5	10.7×10^{-3}

离炸药爆心某处受到的压力与比例距离 $R/W^{1/3}$ 有关，其中 R 为距离，单位为 m；W 为炸药的当量，单位为 kg。炸药的当量就是不同重量炸药的爆炸威力换算成 TNT 时的重量。当大量炸药（超过 1000kg）爆炸时，离开爆心的安全距离一般可取 $20W^{1/3}$（m），相应的此处入射压力约 6kPa。如炸药仅几十 kg，安全距离可取 $10W^{1/3}$（m），相应入射压力约 15kPa，这个压力一般不会导致房屋倒塌，只会造成窗户等局部损坏。重要设施的安全距离还要增大，使其受到的入射压力可按不大于 3kPa 来考虑。

五、几点建议

1. 提高结构设计技术规范的安全设置水准和完善建筑防火标准

首先要提出建筑结构整体牢固性设计的具体要求，并提高拥挤公共场所和公共通道楼梯的楼层设计荷载。发达国家和俄国在大型公共建筑设计中早就需要考虑恐怖袭击下的建筑物安全，可是国内到现在尚无具体规定。天灾、人为差错的偶然作用和恐怖袭击虽然防不胜防，导致建筑物的局部破坏可能难以避免，但我们应能通过加强建筑结构的整体牢固性达到减灾的目的。要提高混凝土结构中的钢筋外侧与混凝土表面之间的保护层最小厚度，满足防火要求，尤其是预应力楼板钢筋的保护层最小厚度要大幅度提高；要补充编制混凝土结构、钢结构和砌体结构的抗火设计规范。

2. 尽可能消除既有房屋中的安全隐患

对于现有建筑物中的安全缺陷和隐患，要积极地逐步解决，比较重要的有：

1）各地尚有许多房屋有待抗震加固。即使在没有抗震设防的地区，一些整体牢固性很差的混合结构也应通过普查、检测，确定是否需要进行加固。

2）不少城市内有大批未经审批的私建违法建筑，各地私自改造、加层和改变房屋用途并隐瞒不报的情况也比较普遍，需通过普查防患于未然。

3）沿海城市存在海砂屋隐患。上世纪八、九十年代，浙江、广东、福建、山东、辽宁等近海城市在建房中采用未经清洗的海砂配制混凝土的现象相当普遍。这些海砂屋有的几年后就出现钢筋严重锈蚀而被迫拆除，更多的则埋下祸根不知何时爆发。在中国台湾、土耳其的地震中，倒塌的房屋许多都是钢筋遭到锈蚀的海砂屋。近年来国内滥用海砂的现象有所抑制，但离杜绝还相差甚远。

4）对于安全性能不足的建筑物和危房，现在大量采用钢板、碳纤维布或玻璃纤维布的粘贴加固技术，其主要问题是使用不耐高温的环氧树脂等有机粘结剂，如果一旦发生火灾这些房屋会变得更加危险，应该明令制止或加以限制。有的国家就规定在房屋中不准采用这种技术。

最近几年，在有的公共建筑内还采用不耐火的玻璃楼梯，这也是很危险的举措，普通玻璃在80℃温度下就有可能爆裂，而且玻璃又是脆性材料，用于紧急疏散通道必须加以限制。又如高校扩招后在有的校区内修建用于学生集体宿舍的高层建筑，如果一旦发生地震、火灾等紧急事故，大量学生难以及时疏散，有可能造成重大伤亡并引起极其恶劣的社会影响。有关部门对于类似的这些问题似应检查过问才好。

3. 完善建筑物安全管理制度，逐步建立大城市所有建筑物的管理档案和救灾预案

从消防安全的角度看，除了上面提到的要提高建筑物建造阶段的安全设计标准外，更要健全建筑物长期使用阶段的安全使用管理。其中很重要的一个方面，就是要逐步建立建筑物的管理档案，通过普查了解建筑物的基本数据，包括建筑物的类型与布置、建筑物的安全性特别是结构的整体牢固性评估和和人员疏散通道的评估，并建立有关数据库，一旦发生火灾等灾害就可以立即调出数据，有助于灭火救援的指挥与消防人员安全的自我保护。建立数据库应是政府有关机构为进行监督管理应尽的职责，当然在具体操作上可授权第三方机构去做；对于公共和公寓等共用房屋，还要建立专业的建筑物安全责任人和专业的防火安全责任人制度，如果像现在这样只是要求业主来完全负责建筑物的安全使用管理是解决不了问题的，为此应建立第三方的专业管理机构和从业人员队伍。这些工作也可委托现有物业管理机构承担，建筑物的安全管理本应是物业企业最重要的一项任务，而现在的物业管理变成了只是门卫和打扫卫生，物业企业的从业人员和居民区的居委会人员中极少有建筑物安全和消防安全的专业技术人员。

要解决上面提到的一些问题，需要有多个的有关政府部门密切配合。以建立建筑物数据库为例，就与公安消防、工程建设管理、房屋管理以及人防等部门有关，他们都很需要这些基础资料，但又分属公安部、住房与城乡建设部、国土资源部、全国人防办等不同系统。有些问题我们也不能等到政府各部门体制理顺以后再去解决，有条件的一些城市是否可以通过地方人大和地方政府制定地方性的法规和技术规范标准，来改善和推进这些与重大民生和社会公共安全有关的事情。我们灭火抢险救援工作，对于每项事故，是否也可以从更广的角度去分析事故的更深层次原因，并对其他有关部门的工作提出建议和要求。

　　笔者对建筑灭火扑救技术不熟悉。以上汇报内容与提出的一些想法也可能很片面，不当之处，请大家指正。

　　编后注：本文原为 2008 年 5 月举办的全国公安消防部队建筑火灾扑救培训班准备而编写的讲座报告。

汶川地震教训与震后建筑物重建、加固策略

汶川地震造成重大损失。在这次震后抢险救灾中，充分反映了我国社会主义制度在党的领导下，面对巨大灾害的迅速有效处置能力与对生命和民生的巨大关怀。但另一方面，我们也要总结教训，研究探讨提高建筑物抗灾减灾能力的关键所在，完善重大灾害的预防体系。

对于重大自然灾害的抗灾与减灾，我们必须采取灾前预防为主的策略。企图房屋建筑等各种基础设施工程能在山河巨变的大灾中保持完好是做不到的，所以在提高建筑物本身抗灾能力的同时，还必须采取减灾方法。作为预防为主策略的首要一步，应是提高现行的建筑物抗灾设计标准，同时还要有计划、有步骤的修编相应法规并建立完善的建筑物管理制度，按轻重缓急分不同地区、不同工程对象逐步施行。

我国建筑物设计的安全设置水准与抗灾设防标准较低，是历史条件造成的。改革开放以后，社会经济状况有了根本变化，理应迅速跟上社会发展和满足现代化工程建设的需要。

一、提高建筑物抗灾减灾能力的首要关键在于完善相关技术标准与管理法规

1. 土建工程的抗震设防标准

建筑工程的抗震设防标准，首先与国家有关部门颁布的当地在地震发生时需要承受的基本地震烈度（即抗震设防烈度）有关。每次地震释放的能量是一定的，但受地震影响的强弱程度即地震烈度会随该地区离震中距离的远近、震中深度及地质条件等多种因素而变。由于物体受到的地震作用是其质量与地震引起其加速度响应的乘积，地震裂变每增加一度，也就意味着建筑物在弹性阶段工作时受到的地震力要翻一番。至于设防烈度的取值大小，还需考虑经济实力和物资供给能力以及当地是否具备人类生存、活动条件等多种因素，如对人类难以生存的高原地区，是可以完全不设防的。

我国是一个震灾严重的多地震国家。抗震设防烈度是一个地区或城市作为抗震设防的依据，可根据2001年颁布的国家标准《我国地震动参数区划图》确定。《建筑抗震设计规范》规定，6度及以上地区的房屋建筑必须进行抗震设计。我国占国土面积60%以上地区的抗震设防烈度为6度或6度以上；在全国36个大城市中，有78%的抗震设防烈度为7度和7度以上。至于村镇建筑，至今尚无抗震设防的强制规定。但在我国发生的多次大地震中，汶川地震与当年的唐山邢台等地震一样，都是震前规定的当地设防烈度与后来实际发生的相差太远。人的一生约有70%时间在建筑物内工作和休息，地震造成人员大量伤亡的主要原因是建筑物在地震中倒塌或破片坠落引起的。我国习惯将灾害引起的人员死伤归咎于苍天，极少反思技术标准的编制指导思想是否有漠视民生和生命价值的地方。

同样一幢建筑，设防烈度提高 1 度，用于设计的地震力要增大 1 倍；设防烈度高的建筑物，允许建筑物的最大高度也低。高层住宅普遍采用钢筋混凝土剪力墙结构是因为这种结构类型的抗震性能好。地震作用非常复杂，除按设防烈度计算外，还得靠抗震构造措施。抗震设计是"三分计算，七分构造"。

建筑物的抗震设防类别是根据其使用功能的重要性定的，分为甲、乙、丙、丁四类。甲类建筑为重大建筑工程和地震时可能发生严重次生灾害的建筑。乙类建筑为地震时使用功能不能中断或需尽快恢复的建筑，如医院、通讯枢纽等。丁类建筑为抗震次要建筑。丙类建筑为除甲、乙、丁类以外的一般建筑，大部分高层建筑也属于丙类。抗震设防类别对房屋建筑抗震设计有两方面的影响。一是对于甲类建筑，其设计用的地震力要高于该建筑设防烈度的要求；二是提高甲、乙类建筑的抗震措施。对于丙类建筑，只要用于设计的地震力和抗震措施满足该建筑的设防烈度要求即可。

2. 关于房屋建筑的抗震设防标准

我国建国后长期没有建筑物的抗震设计规范。1959 年，按照前苏联地震区设计规范 CH-8-57 为蓝本的我国《地震区建筑规范草案》问世；1964 年对其进行了修改，颁布了《地震区建筑抗震设计规范草案》。此前在 1969 年《京津地区建筑抗震设计暂行规定》颁布实施前，除北京十大工程中的人民大会堂、历史博物馆、民族宫等进行了抗震设计外，我国的建筑物基本没有经过抗震设计。直到 1974 年才有全国性的《工业与民用建筑抗震设计规范（试行）》TJ11-74，1978 年修订规范，重点增加了砖混建筑的抗震设计方法的规定。1989 年和 2001 年，两次对规范进行了比较全面修订，每修订一次规范，对房屋建筑的抗震要求都有一定程度的提高。

按照我国现行的房屋建筑抗震设计规范，房屋建筑的抗震设防标准主要取决于两个方面：1）抗震设防烈度；2）建筑的抗震设防类别。

我国房屋建筑主体结构抗震设计采用了先进的多目标抗震设防原则，规范规定的设防目标为"小震不坏，中震可修，大震不倒"，这与发达国家的建筑物抗震设防目标是一致的；当然，各国"小震、中震和大震"所对应的地震烈度不同。设防目标是指建筑物在遭遇地震袭击时允许的结构破坏程度，我国确定的"小震"是指 50 年可能发生一次的地震，比设防烈度低约 1.55 度；"中震"就是设防烈度地震，475 年可能发生一次；"大震"是指比设防烈度高 1 度的地震，2000 多年可能发生一次。例如，汶川的设防烈度为 7 度，与"小震"、"大震"对应的烈度分别为 5.45 度和 8 度。如果遭到约 5.45 度地震的袭击，建筑物不应有损坏，不需修理就可继续使用；如果遭到 7 度地震的袭击，建筑物可能损坏，经一般修理或不需修理仍可继续使用；如果遭到 8 度地震的袭击，建筑物不会倒塌或发生危及生命的严重破坏。汶川地震发生后，对当地及附近地区的实际震害调查的初步结果表明，按照我国现行的建筑抗震设计规范设计的砖混结构和钢筋混凝土框架中的低层房屋建筑物，可以"基本满足"规定烈度下抗震要求。不过，建筑物的安全性需要有足够高的保证率，如果只是"基本满足"，在今天重视民生的社会中是不够的。

对于建筑物设计的抗灾要求，我国至今仍只针对地震灾害，而且设防要求较低，也不强制要求占全国房屋建筑总面积超过一半的农村建筑物的抗震设防。至于爆炸、洪水等灾害，更无具体设计要求。

　　所谓多少年一遇或可能会发生一次的地震概率只是数学统计意义上的概率，它的意义主要在于设防烈度的取值大小，而不在于概率的高低，因为这种统计数学所反映的是在设计基准期内发生的概率，而对于基准期内可能出现的概率基本与 50 年或者 1000 年的设计基准期长短无关，仅在 63.6% 到 63.2% 之间变化。即使是 2 年可能发生一次，其在 2 年内可能出现的概率也只高到 75%。这与物理学上根据地震发生原理判断的发生几率几乎完全不同，后者可以认为，像唐山、汶川这种大地震发生后，要在随后的 50 年甚至 100 年内再出现一次这样的大震可能性不大，因为大地震需要有长时期的能量积累过程。

　　因灾害造成的生命与社会财富损失随着经济发展变得越来越严重，在没有地震的发达国家，30 多年前因城市化导致燃气普及造成燃气爆炸灾害日益增多，所以提出了建筑物防止连续倒塌的措施，避免造成重大伤亡。我们应该要求所有建筑物的主体结构构件（建筑物中的承重柱、梁、板等构件及其相互连接的节点），除了能承受规范规定大小量值的一般荷载作用和灾害作用外，还需在各种不可预见的偶然灾害造成难以避免的局部破坏情况下具有足够的整体牢固性。房屋结构的设计首先应是概念设计，要求建筑结构先进行方案优化，使其中的关键构件数量减到最少程度。所谓关键构件就是遭受局部破坏后有可能导致连续倒塌的构件。对于必须保留的关键构件，设计时需要额外提高它的安全度，这种做法显然比当今设计规范中将结构的重要性系数用于所有结构构件上好得多。前几年已正式生效的欧共体设计规范中，也已明确要求建筑物在各种难以预见的重大不测之灾和重大人为差错的情况下，必须具有防止连续倒塌的整体牢固性，并规定了结构拉结体系的最小配筋率要求。

　　我国建筑物虽然在抗震设计规范中提出大震不倒的要求，并有如何实现结构合理破坏模式和构件延性破坏的抗震措施，但规范的大震只是比设防烈度高 1 度的地震作用，仍属于规定量值灾害的范畴而不是难以预见的更大不测之灾。

　　绝对安全的建筑物是没有的，要求在大灾下主体结构完全不出现破坏也是不现实和不必要的。允许结构在大灾下出现局部破坏甚至局部倒塌，但不能因局部破坏而引发大范围连续倒塌，这是一种明智的减灾策略，比起一味加大地震设防烈度的设计更为经济可靠。

　　建筑物抗灾应该重在预防，包括提高建筑物设计的抗震设防与安全水准，并完善建筑物平时使用的安全管理制度（包括抢险救援逃生的模拟训练）。通过汶川地震，有必要仔细分析这次灾害的直接与间接损失，并与提高建筑物抗震能力所需的投入相比，也许更能说明提高房屋抗震设计水准的重要性。设防烈度提高 1 度，主体结构的造价仅增加约 10%，与城市房屋每平方米成千上万元的价格相比不过是一个零头。但设防烈度较高时，则增加的费用会急剧增加[1]。

　　以北京地区为例，北京是国内唯一遭受过多次大震的城市，从公元 1484 年到 1736 年的 250 年间，在今延庆、通县、平谷、三河地区发生过 6.5 级大震 4 次，康熙年间（1679 年）的 8 级大地震，震中距北京仅 60km，距今已 300 年，不论从重现大震的能量积累到释放所需的过程或从概率统计衡量，都已不能排除再次发生大震的可能。如果今后再遇这种大震，北京城区内很可能会有相当数量的建筑物遭受地震烈度超过现行的 8 度或 9 度的设防标准而倒塌，大量的建筑也会因豪华装修和设备破损造成巨大经济损失。我们今天按 50 年基准期设计的建筑物，按理需要达到平均近 100 年使用的耐久性，如果今天有业主要求在京购置的商品房提高到 9 度设防水准，不能说这是没有必要的过分要求。同样，在北京城内最拥挤的地段，竟能允许修建形体极端古怪并对抗震极其不利的建筑，这从一个侧面反映了我国在建筑物安全管理制度上的重大不足和政策法规的欠缺。

二、灾后重建的具体建议

1. 关于建筑物布置的局域规划与局部地质条件对抗震的影响

地震效应可分为地面破坏（地裂、滑坡、沙土液化等）和地面震动。其中，只有地面震动引起的建筑物振动可以通过良好的结构设计和施工质量将其降低到可以接受的程度。建筑物的抗震设计必需根据具体的地震地质条件确定合理的建筑物区域布置规划，尽量避开地质断层等危险地段。无法避免危险地段但由于生活生产原因需要就地建造或重建的房屋，应尽量采用轻型、低层、抗震性能好且倒塌后果较轻的结构形式。

由于地质条件不同，即使在紧邻连接的两个地段，地震发生时造成的灾害也可以相差非常悬殊，所以必须做好建筑物布置的局部小区规划。造成局部烈度异常的因素包括：局部地质构造、局部地形以及场地土的特点等。局部地质构造的影响主要是断层，断层附近的地表错动，将直接破坏上部的地面建筑物，断层附近一定距离内的地面运动也有明显高于周围地区的趋势。加重震害的局部地形包括山梁和山丘、高差较大的黄土台地边缘等，岩质地形加重震害的趋势较非岩质地形明显。覆土层厚度及土质对于震害也有影响。因此，一个地方的灾后重建和规划在法规规定的基本烈度区划的基础上尚应针对局部地区的特点作细化分析，做好小区域的规划能在一定程度上改进抗震设计。我国在这方面开展的工作已有几十年历史，但无论从理论本身的完善程度与实际的贯彻范围与力度来讲，尚有很长的路要走。

要扭转"轻前期选址论证规划并过分相信结构抗震设计理论"的倾向，把局域规划放在突出位置，注意根据当地的地震地质条件进行科学分析和决策。在各种复杂和不可确知的因素影响下，单纯的结构分析和设计理论很难确保人员和财产的安全性。在危险和复杂的地质区域修筑房屋，实际上就是先天不足，以致后天难以弥补。局域规划中应综合考虑地面振动、土石崩滑、地基土液化、地裂缝等多种因素。我国目前处于经济快速发展时期，加上地方党政领导在其任期内尽快显示政绩的愿望，各种房屋和土木工程的建设速度太快，往往忽视前期的细致考察和论证，这种局面应该扭转。

2. 房屋建筑的重建设计与加固设计

（1）关于房屋建筑的重建设计

重建的房屋包括就地重建和异地重建。我国有些地区尚不富裕，考虑到在大震过后，短期内（30-50 年）不会有类似的大震重现，所以一般可按 8 度或 7 度设防。可采用现浇钢筋混凝土结构，或者钢结构，若采用砌体结构，一定要采取措施，使砌体成为约束砌体，并具有良好的整体性，还可以采用隔震结构或消能减震结构。建筑物的开间不宜太大，层数也不宜太高，震区由各地支援建造的工棚式单层或二层轻钢结构应很好加以利用，这种结构形式有较好安全性，当前很多震区的经济尚不发达，待今后几十年内经济上去了，再来修建高标准的楼房也不晚，但应注意由南方地区支援修建的这类结构有可能没有考虑到冬季的雪载，如用于冬天有可能发生较大雪情的震区时，可能需作加固。

（2）房屋建筑的加固设计

受地震作用遭到破损但尚有加固价值可继续使用的结构，一般应采取以性能为目标的性能化设计方法，而不宜采用现行规范中的指令式或处方式设计方法。这样可以充分反映既有建筑的特点，而且可以更为经济。有关性能化设计的特点和方法，将在后面再来叙述。

三、抗灾救灾必须依靠预防为主的策略

抗灾一词，应该包括灾害发生前的灾害预防与灾后救援。这次汶川地震集中体现了我国灾后紧急救援的能力处于世界领先水平，灾后的紧急救援与减灾活动当然也有必要，如对伤员的抢救、灾民的安置、防止堰塞湖下泄对下游地区造成次生水灾等。不过如在灾前能够做好充分的预防措施，贯彻预防为主的策略，定能取得事半功倍的效果。

有些灾害如超高层建筑的火灾，只能主要依靠预防。在 9.11 恐怖袭击发生之后，美国、日本等国家重新提出了超高层建筑的防火预防措施，包括加强结构的冗余度，如增加柱子的数量，强制设置室内的自动喷淋装置，并必须保证必要的供水量，要求楼层内有足够牢固的逃生通道可以通过密闭的竖井直接向下到达地下通道，并可迅速从地下通道撤离到一定距离外的室外空间。

依靠预防为主的策略措施中除了上节中已提到的需要做好局域规划并重视地区地质条件以外，尚应包含以下几方面。

1. 关于地震烈度分区

我国的烈度分区工作为指导抗震设防做出了很大贡献，但实践证明，地震发生时，一些地区的实际烈度往往高出设防烈度很多。利用概率方法指导烈度区划，为设置合适的设防水平提供了一定的依据。但需要指出的是，这种概率仅能作为一种相对的衡量尺度。目前，有必要修订并提出新的《地震动参数区划图》，使地震烈度分区更趋合理。

2. 提高与设防烈度所对应的地面水平加速度

与国际通用标准相比，按照相等的设防烈度所对应的地面水平加速度约偏低 20%。比如设防烈度为 8 度，按国际通用标准所对应的是 0.25g，而按我国标准则为 0.2g。值得一提的还有我国结构设计规范对一般荷载作用下的建筑结构安全设置水准偏低，同样也会降低结构的抗震能力，原因是结构物的抗震设计是在一般荷载下的安全水准基础上进行的。

3. 加强结构的整体牢固性

不同类型或体系的建筑物主体结构，在整体牢固性或防止连续倒塌的潜力上有很大差别。由砖砌体和预制混凝土圆孔条形楼板组成的混合结构，在中小城镇和农村内至今仍在修建，如果不采取措施加强其整体，不仅构件的安全储备不能得到发挥，且后果往往是灾难性的。唐山和汶川地震中的大量砖混结构一塌到底，这种惨痛教训再也不能重演。

4. 建筑物的抗震要求应符合其功能和用途

建筑物的功能和用途不同，就会有不同的抗震要求。首先要提高人员密集的公共建筑和中小学建筑的抗震设防标准，对于重要建筑工程和灾害发生时可能造成严重后果的建筑物，还宜强制规定必须采取加强整体牢固性的措施。对于医院、通讯、消防等与抗灾救援

有关的建筑物，在灾害发生时，不但要求建筑物能够保持完好，而且应该保证室内关键设备不至于受到损害，有效的方法之一是采用消能减震或者隔震。建筑物的隔震技术，国内已有比较成熟的技术和产品，应该在震区新建的体型比较规整的民用建筑中推广应用。

要逐步将村镇建筑的管理纳入政府有效管理的轨道，加强对村镇建筑施工的指导，首先要针对抗震设防地区的村镇建筑，提出满足当地抗震设防烈度的要求。

5. 转变现行结构设计规范和标准的编制与管理方式

要改革我国技术标准规范的编制与管理方式，摆正技术规范标准的地位与作用。我国的技术规范标准至今仍采取指令式或处方式的设计方法，这种方法特别便于管理部门监督和判定万一发生事故时的各方责任，所以深得行政管理部门的喜爱。但是，随着社会经济的发展，建筑物的功能需求变得越来越复杂，建筑物的规模、尺度和受到的各种荷载作用、环境作用也变得越来越多样化，所以单纯用指令式或处方式的技术规范和标准，逐渐不能适应现代工程建筑的需要。自上世纪 90 年代以来，在发达国家的技术规范标准中逐步引入了以建筑物的性能或功能要求作为设计目标的性能化设计方法（performance-baseddesign），并将性能化设计方法纳入指令或处方式规范之中，使两者得以兼容。我国自古代的"营造法式"直到如今的现行规范标准，都是指令或处方式方法。经过计划经济年代的长期培育，这种方法已在我国发展到了极致，以致将技术规范标准提高到了法律和法规的高度。最近几年来，在我国建筑物的抗火消防设计中，以及最近我国推荐性国标《混凝土结构的耐久性设计规范》（报批稿）中都已采用或大部分采用了性能化设计方法，它体现了结构设计方法的今后发展方向。性能化设计在国外的现浇混凝土材料技术标准中用得更早。这是我国标准规范的行政管理部门和编制部门需要特别加以关注和做出努力的。

致谢：笔者深切感谢钱稼茹教授对本文提出的意见建议；感谢博士生李春秋同志协助收集有关文献资料。

参考文献

[1]　王亚勇等. 基于不同性能目标的 RC 结构抗震设计的效益分析 [J]. 土木工程学报，2008 年第 3 期

编后注：本文写于 2008 年，提交《汶川地震震害调查与灾后重建分析报告》一书出版作为该书的跋。这次重新发表，有某些增删。

房屋建筑物与公共安全

一、提高建筑物的安全性能

国内的城镇建筑物几乎全与公共安全有关，即使是公寓住宅，一个楼房内也能住进数以百计的人，只要一户发生燃气爆炸等事故，就有可能祸及整个楼内的人，事关公共安全。独立的别墅式房屋在城市犹如凤毛麟角，它们与农村的独门独户住房一样，要是发生地震等大的灾害，房屋成片倒塌，也可归于公共安全的范畴了。所以建筑物的安全性能，应是公共安全的重要部分，不仅是商场、剧院等公共建筑才与公共安全有关。

建筑物的安全性包括建筑结构、建筑部件、建筑布置和建筑设备等在各种外加作用下的抵抗能力，特别是灾害下抗力，这些都分属不同的专业，我们在这里仅简要介绍建筑部件与建筑布置的安全。

建筑部件除外墙等个别部件外，一般不具备承重功能。建筑部件的安全主要有防坠和地面防滑等要求，尤其要防止附着于建筑物外墙或屋顶的贴面砖、挂板、玻璃幕墙、空调外机和广告牌等部件的坠落；公共建筑场所的地面应有防滑要求；建筑物中选用的建筑材料应对人员无毒，并对户外公众不造成光污染。国内近年频繁出现玻璃幕墙、外墙面砖下坠造成人员死伤的公共安全事故，在交通枢纽通道内遭抛光大理石和水磨石地面滑倒的事故也常有发生，2006年还发生过撞上酒店玻璃大门的儿童死亡事故，最近甚至在天津发生一起成人男子快步走出宾馆时误将关闭的无色玻璃侧门当作出口，因撞碎玻璃划伤胸部的死亡事故。可是我国的法律、法规对这些公共安全问题都缺乏规定，法院对由此造成伤亡的诉讼，判决时缺乏依据。一些发达国家对这些问题在法律或行政法规上都有很具体的强制要求，比如每层公共建筑内，业主或其委托的专业管理人必须在适宜位置设置永久性的醒目铭牌，刻有楼层平面图并标明楼板的设计使用荷载值。国内的许多公共建筑为追求豪华，采用非常光滑的大理石和水磨石地面，例如地铁车站的大厅和月台地面，对老幼和行动不便的人很容易滑倒造成事故，尤其在北方遇到鞋底沾了雪的乘客。这类事关公共安全的事情，应该有相关的法规加以制止。

建筑布置的安全主要有：在发生紧急事故（如火灾、地震）时便于人员的安全疏散，日常通风采光的卫生安全，人员活动时防止发生与建筑部件碰撞等。高层建筑安全逃生的竖向通道宜往下直通地下室，再通过地下的水平通道通向室外

二、公共安全应以预防为主

房屋居住的防灾减灾，必须实行预防为主，并需有强有力的法律、法规和技术标准以及相应的管理体制加以保证。除了灾难发生后的轰轰烈烈抢险救援与随后的重建外，必须

长期不懈，重在预防。面临灾难仓促应战，付出的代价过大。诚如联合国一官员前不久来中国访问谈到城市灾害的公共安全时说："一盎司的预防，胜过一英镑的治疗"。

公共安全是国家安全和社会稳定的基石，国务院在 2005 年和 2006 年先后发布了《国家突发公共事件应急预案》、《关于全面加强应急管理工作的意见》和《十一五期间国家突发公共事件应急体系建设规划》三个文件。在立法层面上，我国近年先后制定或修订了与土木工程有关的法律就有《防洪法》、《防震减灾法》、《安全生产法》、《消防法》、《交通安全法》，2007 年又通过实施《突发事件应对法》。但相关领域的工作和研究多处于各部门条块分割的局面，法律、法规和技术规范标准之间多有相互冲突之处。

对房屋建筑来说，地震灾害的预防处于首要地位。前面已经提到，建筑物的抗震能力，是与一般荷载作用下建筑结构的安全设置水准密切相关的，这里不再重复。本节就贯彻落实"防震减灾法"可能需要跟进的其他方面，提出来供探讨。

1998 年颁布施行的《中华人民共和国防震减灾法》（以下简写为 98 法），在总则中明确提出了"防震减灾工作，实行预防为主，防御与救治相结合的方针"，可是在十年执行中并未完全达到预期效果，98 法的条文看似面面俱到，但在预防所需的财政、机构和人员等要素难以落实的情况下，缺乏可操作性，对于当时占全国人口多数的农村防震也未有一字提及。去年（2009 年）颁布了修订后的抗震减灾法（以下简写为新法），与 98 法相比有很大改善，从原来的共七章 48 条增加到共九章 93 条，篇幅增加了一倍，新增了全国学校、医院等人员密集场所凡未能达到抗震设防要求的应采取抗震加固，学校应组织地震演习。强调县级以上政府应制定地震应急预案，邮电交通和学校医院等房屋建筑也应制定地震应急预案等规定，提出了应逐步提高农村村民住宅与公共设施等在 98 法中所缺失的规定。新法还突出了公众的参与，鼓励社会组织和个人开展地震群测群防，这在旧法中似是力求避开的敏感话题，虽然群测的想法仍应首先向政府部门报告。新法颁布之后，我们期待有关行政法规和房屋建筑抗震设计规范等技术标准能及时跟进或修改。此外，新法中对于其提出的各项要求，并没有规定必须完成的期限，需地方政府在落实新法并上报应急预案时自行提出；其上级政府的防震减灾专职机构应督促检查下级政府对新法的执行情况；如何贯彻新法规定的"逐步提高"农村民居防震，似应给予财政、专业人员和专设机构的支持，否则新法中的许多规定又难免形同虚设。

从总体看防震减灾，每次大震发生，我们总是忙于被动救灾而较少考虑可能在不远的将来尚未发生大震地区的预防。在汶川和北川地震发生后，不少媒体引用地震部门专家的观点宣传，认为北京现有设防建筑，足以抗御地震作用，出的是安民告示。但如真的重现大震，在断裂地层邻近，即使 10 度或 11 度设防也是靠不住的，那么是否在汶川地震之后，北京需要在公众中宣传地震的防范意识并组织演习；即使不曾有过大震的城市，如上海、广州，也有必要加强防火、防爆的宣传。

我国的防震减灾法虽然强调预防为主，但侧重点仍在应急。应急管理的概念大同小异，均与公共安全相联系，但在不同国家也有某些差别，例如在英国，公共安全指的就是一种紧急事件或事态的应急。

有一个美籍应急管理专家吴量福博士，应我国的国家外专局邀请，曾多次到国内多个省市举办讲座谈应急管理，他介绍的应急管理基本概念和做法，择要概括并转录如下：

1. 应急管理可分为反复循环的四个阶段：减缓，准备，反应，恢复，减缓……，并依次循环。"减缓"就是预先采取措施，尽可能降低灾害一旦降临造成的损失，比如在地震高发区修建比较抗震的建筑物，或不建造高层建筑。"准备"就是要事先为灾后处理工作做好准备，比如地震引起楼房倒塌造成大量人员死伤该怎么处理，在应急管理中最需关注的是准备，应急水平的高低全看平时准备工作，负责应急管理的行政官员应分析各种可能发生的灾难，按发生的可能性与严重程度排序。"反应"仅是整个应急管理过程中的一个环节，将应急管理仅看成为事故发生后的抢险救援行动是一种误解，灾后的善后处理也属于应急阶段的工作。灾难发生后的前几个小时，最重要的是了解对灾情、救灾能力和恢复通讯的估计，而不是救人"72 小时"的致命时间段；知道发生了大震，许多人被坍塌的钢筋混凝土建筑物砸在废墟里，铁锹就不能管事；应急管理中的另一原则是要尽力保护一线抢救人员。地震死难者的尸体处理在应急预案中应有专门组织负责，美国打伊拉克，出兵时就带着 5000 个尸袋，虽不吉利但有必要。接下来是"恢复"，包括恢复生活，检验灾前制定的应急计划在执行中的问题为下次灾难做准备。应急管理在实施中有很多实际问题，如财政、物资的准备，资金的支持，组织上的协调，利用媒体与公众交换信息，组织社区百姓行动等。

2. 要区别政府的平时公共安全管理与应急管理

政府的平时公共安全管理与应急管理，两者都是政府的运作项目，互有联系但概念有所不同。例如央视配楼失火是一件政府平时的公共安全运作项目，但如因地震或恐怖活动同时有多个大楼失火就属应急管理项目。以平时的公共安全运作看央视配楼失火，教训有：（1）平时疏忽，据媒体报道"大楼装修已近尾声"，消防设施尚未启用，如按美国建筑法典规定，建筑物中的灭火淋水装置必须在主框架成型、各类管道敷设完毕之后达到工作状态。为避免今后类似事件重演，在中国法规中应修改补充；（2）灭火、抢救能力差，楼高达 30 层，消防水枪只能打到 13、14 层，大火烧了近 3 个半小时"逐渐被控制"，基本上是自然熄灭的；（3）对现场群众的疏散和周边情况评估不到位，火灾发生一小时半以后，警察才布置警戒线疏导围观人群，围观群众本身就是隐患；（4）新华社报道"火灾现场附近 3 座居民楼的水电热保持正常供应，个别居民家玻璃窗受损，火灾后有 600 多居民不能回家被安置到附近宾馆"；那么大火在燃烧为什么不将附近居民区电源切断，以免造成连环火灾？有附近居家玻璃窗受损，表明楼房已处险区，是侥幸才没有引发更大范围灾难。美国地方政府管理中，平时公共安全与应急管理是两个极受重视的项目，财政预算有求必应。中国城市建设特点之一是高层建筑如林中树木，首都北京的高层建筑灭火能力不能达到标准，其他城市的高层防火可想而知。

3. 要"吃一堑，长一智"

类似灾难不应该犯一而再、再而三的错误。如 2003 年和 2005 年湖南连续发生冰雪压塌电力网事件，就不能用"50 年一次的冰雪"来解释并为自己开脱。每年春节成千上万人挤在车站，车站只管车辆，乘客上不了车，不归铁路局负责，看到快要出事了，政府才启动应急预案已经太晚了，那是各部门条块分隔、各管各的结果。制定了预案但不准备犹如画饼充饥，每次事发都立刻由"省、市领导组成小组直接指挥救灾、立刻启动应急预案"，但没有一个地方政府将应急预案拿出来进行一下演习的，看不到应急预案在起作用的影子。对于灾情部署工作，中央常有一条是"加强舆论宣传引导"，此话可解读为统一宣传口径，反过来下级对上级也实行新闻封锁，报喜不报忧，这种现象可解释为什么中央对于出现的灾情，动作往往延迟的原因。

这位美籍华人专家说的话可能比较尖锐，但确实说到了实处。当然国情不同，比如他说政府领导人在灾情发生后不要到灾区而应坐镇北京指挥，但反过来看，如果温总理不是立刻到灾区，可能各地的救援与灾区的地方部门未必都能快速行动起来。

三、要建立中央级的救灾统一指挥系统

在国家一级的政府中，必须建立一个真正能够在大灾难中指挥各方的中央级指挥系统，能统一指挥军队、省地政府、工程队、医院、给养供应、交通、治安、安抚死者家属、临时救济发配等等工作，这是最重要的问题，尤其军队有它单独的指挥系统，温总理能调动吗？

我国住房和城乡建设部门的职能设置中，对于建筑物使用过程的质量安全管理仍处于相对缺失的状态；地方建设与房地产主管部门对在用房屋建筑管理仍停留在抢危补破的被动状态。思路从"治危"向"防危"转变，注重从政策、制度层面完善管理框架和层次，贯彻服务型政府理念，更多的支持和发挥第三方审核机构的作用，是各级管理部门职能转变的方向。

在建筑物的管理上，要拓宽房屋建筑使用阶段维修、更新和加固的资金渠道。相对于新建工程的资金供给，房屋建筑在使用阶段必需的维修、更新和加固的资金渠道尚不通畅，影响建筑物的使用寿命和安全性，尚需实现来源多样的目标，如保险、银行、专项基金等。

要建立房屋建筑物安全风险的转移机制。房屋建筑的使用安全涉及全寿命阶段各干系人的义务与责任，其中不乏事关公共安全。如果不考虑各干系人的承担能力，必然造成义务与责任无法落实。因此建立合理的风险降低与转移机制势在必行，包括建立各干系人的保险和担保制度等，具体到机制、标准、程序等细节还需进一步研究。建筑物安全设置水准应该有保险业的参与。

要加强相关政府部门的协调并建立房屋安全管理的联席机制。房屋使用安全的监督管理工作集中于建设与房地产行政主管部门，但房屋的业主或使用人往往因需要对房屋功能、内外布置和装饰进行改动，从而引起的房屋安全问题就需要工商、市政、规划等部门的参与和协调，建立相关部门的联席制。

要加强公众参与房屋安全管理的积极性。全面提升建筑物的安全管理水平与防灾能力，还需要公众的参与，以适当方式和途径开展房屋安全与防灾的科普教育，并举行不定期的群众性防灾演习。

要尽早建立房屋建筑物管理数据库。对每栋建筑都要建立一个档案，包括从立项、勘察、设计、施工、竣工验收及投入使用后的全寿命周期信息。每栋建筑的物业公司都要建立检查、维修记录制度，并将检查、检测、维修等情况定期向建设主管部门报告，不断充实建筑物档案内容。以此为基础，建立全市建筑物使用管理的信息系统，并实行分类管理。对于重要的大型公共建筑施行实时监测制度，并应设置安全管理人员，定期进行安全

隐患排查。国内目前各地的建筑物面积及其质量安全水准，谁也说不出一个大概。不同政府部门之间、官方与民间之间所提出的数据，甚至能有百分之几十的差别。通过对房屋进行全面普查，可以掌握房屋建造、使用等基础信息、房屋业主和使用人的变更信息、结构安全信息、防灾信息等数据。通过对数据的整理、分析，用不同颜色对不同安全等级的房屋予以标识，可为城市各级管理部门提供辖区内房屋数量、分布、结构特点、防灾能力等综合信息，为公共安全所需的早期监测、快速预警与高效处置提供科学依据。

从长远看，建筑物的质量安全管理制度应该向着以下几个方向转变：1）管理的重心从建造过程转向全寿命使用周期；2）政府的职能从注重监管转向服务；3）建筑市场的服务对象从建造转向建造与使用的全过程，设计施工等企业都可参与房屋使用过程寻求新的经济增长点；4）要真正实现全生命周期管理，首先必须打破建造与使用过程的界限，从标准规范、市场主体、管理模式等方面，实现两者的整合；对于大型工程项目，应鼓励开展建设－经营－转让（BOT）、建设－拥有－经营（BOO）和建设－拥有－经营－转让（BOOT）等项目管理模式，充分利用建筑业企业的集成优势，提高项目全生命周期的总体效益。

四、建立乡镇房屋建筑物的安全管理制度

新中国成立以来，有关建筑物质量安全的法规和技术标准，一直针对城镇而与乡村无缘。建国后优先发展工业的战略决策，对国家社会经济和城乡建设产生巨大影响，并最终形成了城乡分隔的二元社会，通过户籍制将公民划分为两个在经济和社会领域中极不平等的集团，即受到更多保护的城镇居民和与之对立的农民。表现在居住上，政府的建设部门和房管部门主要为城市居民服务。尽管建筑法的适用范围除了农民自建的低层住宅外也包括其他农村建筑物，而且在有关村庄和集镇的管理条例中对农村建筑物建设也有所规定，但由于管理机构和人员不落实，实际情况往往处于无人管的状态，农村建筑物的质量安全更不受保护。如何让农民也能住上安全、实用、经济的住房，在中央提出要建设和谐社会、关心民生和共享改革开放成果的今天，有关农村建筑物的管理该是认真提到日程的时候了。

农村建筑物数量巨大，虽然已从过去占全国建筑面积 2/3 以上降到目前的约 1/2，但在城市化进程中，那些城乡结合部开始奔向小康的农村建筑，已一改过去简陋的单层农宅形象而变成单体多层私宅。这些远看不逊外国洋房的建筑物，往往委请未经正规培训的工匠建造，建材质量差，结构构件之间无可靠连接，一旦遭遇地震、台风等灾害，就成为坍塌大户。我们曾到南方沿海一地区考察，当地模仿城市房屋修建的 4 层砌体楼房，每层之间的混凝土圈梁内，钢筋在转角处都是断开互不连接的，根本起不到圈梁的整体抗震作用，配制混凝土的砂子都是当地海砂，每到潮湿季节，墙面上能泛出盐花。靠近城市的农村建筑物管理制度不能再拖延下去，即使在古都西安，有资料报导一个"城中村"内农民住宅的变迁，随机调查了当地 116 个农户，1972 年时只有 1 栋 1 层砖房，其余全为土坯房；到 1989 年基本完成了土房向砖房的转变，以后多层砖房逐年增加，到 2005 年已无 1 层楼房，2 层 3 栋，3 层 15 栋，4、5 层各 36 栋，6 层 19 栋，7 层 6 栋。村民坐吃租金，吸引外地到城里打工的大量苦力。城中村就这样发展成为一个独特的社会部落，居住人数由原来不过千百人膨胀到数以万千计，社会治安等问题丛生。连西安古城都出现这种问题，今后随着城市化进程加快，这些问题还会以更大规模涌现，虽然为时已晚了一步，但总比不去研究解决要好。

不过我国大部分的农村建筑物，依然是质量很次的简陋房。我国农民沿袭了分家后盖房并相互攀比的旧习，只要有条件，往往住不了多少年，就要拆旧房盖新房。由于数量巨大，造成建材和资源的极大浪费。更重要的是这些房子未经正规设计计算和施工合格验收，质量安全没有保证。

要加强中央和地方政府对乡镇工程建设的支持和监管。尽快完善村镇建设规划的相关法律法规；编制适合当地特色的房屋建筑技术标准；建立建筑工程建设的基层管理机构并动员高校土木专业毕业生和志愿者进入管理机构；培训村镇工匠并建立考级制度；实行村镇建材市场的有效监管。所有这些，都需要政府的财政收入中提取一定比例予以资助。财政部现在能够拨发专款为城市买得起混合动力汽车的人降低汽车出厂价格提供补助，就更有理由为发展农村建设提供无偿资助。对于广大农民来说，也要宣传改变他们固有的建房习惯，提高法律意识。

五、历史遗留房屋建筑物的防震、减灾加固

国内现存房屋中，有未按防震设防或按早期的较低设防标准建造的大量建筑物需要抗震加固。不同年代建造的房屋建筑在防震设防水准上差别很大，前后可差40%～50%甚至更多。据估计，国内约有100亿 m^2 的房屋建筑物需要防震加固，以每 m^2 加固费用100元计需1万亿元。这笔款项看起来很大，但仍少于汶川地震后的一次救灾费用投入（考虑部队救灾费用在内）。如用10年时间，有计划地对这些建筑物进行加固，每年投入1000亿元，只是我国目前新建房屋投入的2%～3%，从我国现有经济实力衡量是完全可以做到的，关键是各级领导要转变观念，以人为本，珍视生命。要尽快对中小学校建筑进行普查，确定其设计建造的年代以及结构体系，分轻重缓急进行防震鉴定和防震加固，对于无法加固或者不值得加固的学校建筑，应拆除重建。

从20世纪90年代开始，伴随经济高速增长而来的农村城市化和城市郊区化，在缺乏有效管理的城乡结合部和"城中村"中，造就了数量极其巨大的未经报批的"三无"建筑，即没有正规设计施工图，未经正规施工合格验收，没有房产证。在南方珠江三角洲地区叫"历史遗留建筑"。深圳市仅宝安区一地，这类三无建筑就超过了1亿 m^2，按产值计达几千亿元，其中有不少是多层住房和工业厂房，也有划归城市建制后抢建而成的真正违建房。

"历史遗留建筑物"这一名称在深圳地方政府颁发的文件及编制的技术标准中已正式采用。所谓历史遗留，是指那些未经合格鉴定的无证建筑物，在深圳特指当初建造时地处农村或乡镇，而现在划转为城区后需经过合格鉴定才能获得房产证的建筑物；为将这类建筑物检测鉴定技术标准封面上所需的名称译成英文，称为"uncertified buildings"，其实英译的表达要比中文名称"历史遗留"确切，以下我们将这类从"农村户口"改为"城市户口"的建筑物称为Ⅰ类历史遗留建筑。将原本建在城镇中并至今仍在使用但无正规设计、施工、检测、鉴定等文档的老式建筑（多属建国前建造），称为Ⅱ类历史遗留建筑物，这类房屋有房产证，是名副其实的历史遗留。此外还有第Ⅲ类，是建造时经过合格鉴定，

也有房产证，可是后来由于建筑物技术规范或标准对安全性的要求不断提高，建成后认为安全合格，到后来变成不合格的。

如何处理这些建筑物，牵涉业主、政府和标准编制部门的多方利益，成为房屋安全管理中的难题，中央政府似宜提出一个原则性的管理条例，指导并规范地方政府在处理这些问题时的行为。在当前有些地方政府为显示政绩依靠大拆大建作为财政收入主要来源并与开发商相互利用的无序拆除高潮中，尤其值得关注。

（1）首先必须明确，这些历史遗留建筑物在性质上并不是违章建筑，在保证民生公共安全的原则基础上，不能完全按照是否符合现行建筑结构设计规范的条文要求作为合格与否的依据，而应以房屋的具体功能或性能要求为基础判定能否使用。特别是Ⅱ类建筑物，其中不乏具有文物和历史见证价值并足能教育后代的建筑物。

（2）对历史遗留建筑物的检测鉴定，原则上只能采用非破损性检测方法，检测鉴定的重点应放在可能危及公共安全的结构牢固性不足、紧急状态下便于人员逃生以及防火和防毒上；应尽量避免造成建筑物损害，更不宜采用建立在大量取芯数据统计基础上的混凝土强度判定方法。

（3）按照检测鉴定机构的定位，要他们对历史建筑物在鉴定后的一定年限内的安全性负责确实有其难处，这样必将造成需要检测的项目过多，收费很高以及在鉴定后的不长时间（比如只有十到二十年）内又需检测的问题。此外，对于Ⅲ类建筑物，那时是按照政府批准的规范建造的，如果要加固，费用是否应有政府补助。为解决这些问题，可以探讨的一个办法是：鉴定单位可以在鉴定报告中提出所检测的历史遗留物今后需委托专业安全管理人进行定期和特殊情况下的检查，将房屋的安全责任转给第三方的专业安全管理机构；如果今后在使用中出现安全事故，主要责任应是安全管理人。

（4）除外观上已有明显危险的历史遗留建筑物须及时拆除、加固或封存外，对于成片的历史遗留物，可分小区聘请建筑物安全管理人，对于重要的历史遗留建筑物或零星分散的历史遗留建筑物，也可单独或分地区设立专人管理。这些安全管理人是具有建筑物质量安全专业知识的技术人员，由第三方的安全管理机构派遣，受地方政府监管。

回顾历史，国外的工程结构设计标准对于结构安全性的要求，一开始比较高，以后随着实践经验的积累有所降低；而我国从20世纪50年代初开始，限于当时的客观条件，将以往的较高要求一降再降，目前出现的许多问题，有些就是在这样一种背景下造成的。工程建设管理工作中那种重城镇，轻农村，重新建、轻维修，重标志性工程、轻一般性建筑的倾向，要尽快改变。

编后注：本文写于2010年，作为中国工程院《公共安全》咨询项目中有关水利工程、房屋工程和城市公共安全报告内的一个内容。

结构用混凝土的技术标准

国内对于混凝土材料的技术性能，使用者往往仅提出强度等级和坍落度这两个要求，只在近几年才开始提出使用环境要求，这是一个很大的进步。

但为了指导和规范混凝土供应商，能够生产出性能符合混凝土结构所需的商品混凝土，同时也为指导混凝土的使用者（工程设计人和施工方）应该如何对生产者提出混凝土的技术要求，并界定设计、施工、生产各方的职责，现在很有必要编制一份关于《结构用混凝土技术标准》或《结构用混凝土技术性能标准》的规范。商品混凝土的出现将传统的混凝土生产与施工的一体化分割成独立的双方，为了提高商品混凝土的技术水准，国内有的地方已在着手准备这样的地方性标准。我们应该根据混凝土结构的耐久性要求，荷载作用下的强度要求，施工条件下的工作性要求以及用户提出的其他功能需要，来要求混凝土供应商生产所需技术性能并符合有关技术标准的混凝土；混凝土生产商应该根据用户提出的混凝土具体性能要求，选择所需的并符合技术标准的原材料。但反过来，符合技术标准的原材料并不一定就是某一结构所需混凝土的合格原材料，符合技术标准的混凝土也不一定就是结构所需的合格混凝土。

参考欧盟 EN206－1：2000、英国 BS8500－2002 及加拿大 CSA A23.1-04 等国外的混凝土技术标准与国内新编制的混凝土结构耐久性设计标准中提出的混凝土技术要求，混凝土技术标准的主要内容可有：

1) 混凝土的分级；

2) 混凝土及其组成材料的性能要求；

3) 混凝土使用者提交生产者的文件《混凝土技术要求》的编写；

4) 工程设计方（或工程业主代表），施工方和混凝土生产方的各方职责；

5) 混凝土的交货；

6) 混凝土的合格性评定。

对于混凝土的分级主要有按混凝土使用的环境作用分级（混凝土结构所处的环境类别和作用等级），按混凝土的强度分级，按新拌混凝土的工作度（坍落度和扩展度）分级；此外，还可以按骨料最大粒径分级，对轻骨料混凝土按容重分级。在这些分级中，按混凝土使用的环境作用分级是首要的，因为混凝土的原材料选择，主要取决于环境作用级别。即使是强度等级，在更多情况下也是由环境作用而不是承载力需要决定的，尤其是室外的混凝土构件。我国有关混凝土材料的规范和标准中，一直没有环境作用的分级和要求，只到 20 世纪 90 年代，中国土木工程学会才出版了相应的指南性技术文件，到 2009 年才有推荐性国标 GB/T 50476。对于工作度也没有具体划分等级，不利于混凝土的合理使用和质量控制与管理。在欧盟规范中，坍落度分 S1 到 S5 共 5 级，扩展度 F1 到 F6 共 6 级，分别为≤340、350－410、420－480、490－550、560－620、≥630mm。

《混凝土技术标准》提出的混凝土及其组成材料的性能要求应是最低限度要求。在使用者提交混凝土供应商生产的《混凝土技术要求》中，或者混凝土供应商所生产的混凝土及选用的原材料，一般都不能低于《技术标准》的最低要求。这些性能要求主要是特定用途和特定使用环境下对混凝土及其原材料的质量要求，包括混凝土的强度、水胶比、混凝土胶凝材料用量的限定范围，混凝土中氯离子、碱含量等的限制，混凝土胶凝材料组成的限定范围，混凝土中骨料最大公称粒径的限制，引气混凝土的含气量与气泡间隔系数以及新拌混凝土的工作度和温度等。

混凝土的使用者在订货时应向混凝土生产者（供应商）提交所需混凝土技术性能的书面文件《混凝土技术要求》，通常应由工程业主（或能代表业主的代建承包商）指定的设计方负责，会同混凝土的使用人（工程施工方）共同编制，并邀请混凝土供应商共同讨论，以保证生产者提供的混凝土满足工程设计与施工要求，也不低于《混凝土技术标准》的规定。除了与强度、耐久性有关的性能要求外，还应包括与施工各个环节以及与建筑饰面所需的性能要求。

一般情况下，由混凝土生产者依据《混凝土技术要求》和合法标准负责选用混凝土的组成和组成材料，生产符合规定性能要求的混凝土，并对混凝土的性能承担责任，这种混凝土称为规定性能混凝土（performance concrete）或目标混凝土。但在特殊情况下，工程的业主或其代表也可依据工程特点和合法标准，在《混凝土技术要求》中规定混凝土的具体组成材料与配比，并由生产者负责提供符合规定组成的混凝土。此时的混凝土生产者不对混凝土的性能承担责任。这种混凝土称为规定组成混凝土（prescribed concrete），其技术性能应由提出《混凝土技术要求》的一方负责。

《混凝土技术条件》的编制者在规定混凝土的性能要求时应考虑：新拌和硬化混凝土的应用场合，混凝土结构所受的环境类别与作用等级，结构的尺寸（与水化热温升和散热过程有关），混凝土施工时的现场环境条件，养护方法，构件混凝土表面的抹面或饰面要求，骨料最大公称粒径（与钢筋的混凝土保护层最小厚度、截面最小宽度、钢筋最小间距等有关），粗骨料矿物成分的特殊要求（与冻融环境、硫酸盐环境有关）等因素。

对于规定性能的混凝土，在《混凝土技术要求》中应包括的基本内容有：混凝土结构的环境作用类别与作用等级，混凝土强度等级与最大水胶比，拌合物工作性等级，骨料最大公称粒径，氯离子含量与碱含量限值，新拌混凝土卸料温度限值等。此外，在《混凝土技术要求》中应提出混凝土的合格性控制要求，如果这些要求高于相关技术标准中规定的最低要求。根据工程的具体特点，还可提出其他技术性能要求，如：混凝土水化阶段的绝热温升或放热过程，特殊的骨料类型，混凝土抗渗性、氯离子扩散系数等耐久性参数，混凝土强度发展，混凝土最低含气量，缓凝要求，混凝土耐磨性，混凝土劈拉或弯拉强度，混凝土变形模量等。

混凝土生产者应提供使用者有关水泥、掺和料、外加剂、骨料的种类、来源与用量以及混凝土水胶比和混凝土强度发展（在欧盟规范中用标准养护下2天与28天的比值表示）等信息。在交货单上需写明混凝土的强度等级、使用环境级别、工作性等级、氯离子含量等级、粗骨料最大公称粒径等数据，以及混凝土搅拌时水泥最初接触水的时间、到达现场时间、卸料开始和完成时间。在混凝土卸料现场除按常规留取立方试件测定强度外，一般尚应抽样测定新拌混凝土的温度、坍落度并用快速方法测试含气量和氯离子含量。沿海地区的新拌混凝土在卸料时更要加大氯离子测试的频度。

坍落度的允差当目标坍落度值≤40mm 时通常为±10mm，目标值 50－90mm 时±20mm，目标值 100mm 时±30mm，有的标准允许坍落度＞180mm 时的允差为±40mm。混凝土的均匀性按照同一次搅拌量的 3 个试样的最高值与最低值的差值评定，对密度的测试，当差值不大于 30kg/m³ 时接受，大于 50kg/m³ 拒收；对坍落度的测试，当差值不大于 30mm 接受，大于 50mm 拒收；对含气量的测试，当差值不大于 0.8％接受，大于 1％拒收；差值介于上述两者之间，则重复测试，仍达不到的则拒收。

编后注：本文完成于 2012 年。文中提及的《混凝土技术标准》，原由主编单位清华大学提出，经中国混凝土与水泥制品协会于 2012 年 3 月发布，标准名称为 CCPA-S001《结构混凝土性能技术规范》（Specification for Performance Requirements of Structural Concrete）。但这本规范在送审后，对原稿 2.1 节术语 2.1.1 条"混凝土的性能 Performance of concrete——以完成某种特定需求为品质水准的混凝土特性或性质（property）"，被误改为"混凝土的性能 Performance of concrete——混凝土的性能指混凝土在具体工程中所表现的不同行为和效果（例如混凝土的和易性、匀质性、开裂敏感性、耐久性等），因使用条件和环境而有不同表现，一般难以量化，但可以根据工程性质和所处环境特点，用有关参数的试验指标来评价"。

这一被误改的原因，在于混淆了混凝土的"固有性质（Property）"与混凝土的"性能（Performance）"这两个术语的区别。混凝土技术标准与混凝土性能技术规范中的"性能"，是 Performance 而不是 Property。Property 是指混凝土材料所固有的性质，如强度、弹性模量、和易性、匀质性、开裂敏感性、耐久性等等，而 Performance 则是固有性质中的一种或几种为能满足某种特定工程所需的性能，所以 Property 的范围广，它包含了 Performance。以用于填充废弃矿井的混凝土为例，这种混凝土的特定需求是流动性要很好，能够泵送、自流、自密实、自填充，但固结后的混凝土强度可以低到 1MPa 左右，虽然强度如此之低，也是一种高性能混凝土（High-performance concrete）。吴中伟先生在世时，曾建议将 Performance 一词翻译出为"功能"或"效能"，由于工程界已习惯叫性能，最后未能改变并延续至今。

此外，《结构混凝土性能技术规范》对术语性能一词的解释也有错误，如说"性能一般难以量化"。可是强度、弹性模量或坍落度等等都是公认的混凝土固有性质，在特定工程所需的情况下又是性能，都能用多少 MPa 或多少 cm 的量化表达，即使耐久性，也能间接用寿命或其他指标量化。

现在，性质与性能往往不加区别，相互混用。由于强调混凝土耐久性的重要，高性能混凝土又被单指耐久性能非常好的混凝土。可是上述技术标准和技术性能规范中的混凝土性能，则专指 Performance。这是需要强调说明的。

第二部分　混凝土结构的适用性——裂缝控制

混凝土结构施工阶段的裂缝控制

一、混凝土裂缝

1. 混凝土开裂的一般原因[1][7][23]

混凝土裂缝是混凝土结构的常见缺陷，这里说的裂缝是指肉眼可见的宏观裂缝而不是微观裂缝，宏观裂缝宽度应在 0.03～0.05mm 以上，出现宏观裂缝的原因多种多样，通常是新拌或硬化混凝土发生体积变化时受到约束不能自由伸长，或者是硬化混凝土由于外加荷载作用，因而在混凝土内引起过大的拉应力（或受拉变形）引起的，至于混凝土内的微裂缝或微细裂缝则为一般混凝土所固有。混凝土是由水泥水化后的硬化浆体与砂石骨料组成，二者的物理力学性能并不一致，尤其是水泥浆体硬化后的干缩值很大，而骨料的存在限制了水泥浆体的自由收缩；骨料对水泥浆体收缩的这种约束作用使得混凝土内部从一开始就出现微裂缝，并主要位于骨料与水泥浆体的粘结界面上。这些微裂缝在不大的外加应力作用下是稳定的，如果外加应力较大，比如混凝土在单轴受压下当外加压应力超过混凝土抗压强度的 30％～40％（在高强混凝土中为 50％～60％），或单轴受拉下的外加拉应力超过抗拉强度的 60％时，原先存在于粘结界面上的微裂缝就会发展，在更大的外加应力下，微裂缝还会穿过硬化浆体，逐渐发展成可见裂缝。

多数情况下，混凝土出现可见的宏观裂缝只是损害结构的外观，对结构物的受力功能和耐久性不会有多大影响，这只是指裂缝本身所能造成的影响而言。问题在于混凝土出现裂缝又常是混凝土原材料质量低劣或设计施工过程有误的一种综合反映，所以一旦出现开裂就要分析找出原因。

2. 混凝土裂缝的分类

按照裂缝出现的时段分类，可分为二类：一类是新拌混凝土尚未硬化前的开裂，常称塑性裂缝[19]；另一类是硬化后发生的裂缝。不过这两类有时也很难截然分开，比如混凝土浇筑后早期发生的收缩裂缝很有可能是横跨这两个时段发展起来的。

出现塑性裂缝发生的主要原因可分为：

（1）新拌混凝土在可塑状态下收缩产生的塑性干缩裂缝；

（2）可塑状态下的新拌混凝土，其组成材料因重力下沉不均匀或下沉受阻而产生的塑性沉降裂缝；

（3）可塑状态下的混凝土因模板变形、支架下沉或受到施工过程中的扰动、移动等原因引起的裂缝；

出现硬化混凝土开裂的原因更是多种多样[3]，主要有：

（1）物理作用，如早期混凝土的干燥收缩裂缝，早期水化热降温引起的温度收缩裂缝，混凝土长期受冻融、冷热、干湿交替作用的收缩裂缝等。混凝土在潮湿情况下重复受冻会不断遭受损害，逐渐形成与受冻混凝土侧边平行的密排细裂缝，这些裂缝不久就为暗色的碳酸钙沉积物所填充，接着裂缝之间的小片混凝土和边角处的混凝土出现脱落。

（2）化学作用，如碱骨料反应裂缝、钢筋锈蚀产生的膨胀裂缝、水泥成分不良或硬化水泥浆体受酸、硫酸盐、镁盐等化学物质侵蚀而引起的腐蚀裂缝。这些裂缝多发生于龄期较长的混凝土。混凝土由于碱骨料反应多呈龟裂状，通常由体积膨胀引起，这些裂缝深而密，甚至出现块状崩裂。大面积的化学腐蚀裂缝除彻底更替已破损的构件或部位外，在原有材料的基础上采取补救措施已很难奏效。

（3）外加荷载或外加变形作用，如荷载造成混凝土结构内力过大或地基沉降引起结构变形过大而开裂，这类裂缝又称为结构裂缝。混凝土经受高温火灾以及骤然冰冻也会造成开裂。因地基沉降或支座沉降不匀造成的沉降裂缝是最常见的结构裂缝之一，这些裂缝的危害程度及其处理方法需根据具体情况确定。

此外，还有一种混凝土的自生收缩裂缝。自生收缩与外界湿度交换或温度变化无关，主要发生于混凝土浇筑后的初期头几天或几周。通常所说的混凝土收缩有时往往单指干缩，或者指干缩和自生收缩合在一起的收缩。自生收缩主要发生在低水胶比的混凝土。

可以说，在混凝土的常见裂缝中，大多数都发生在施工阶段或大都出现在工程交付正式使用以前，对于工期较长的大型工程尤其如此。这些裂缝主要是硬化前混凝土的塑性开裂和硬化后早期发生的收缩开裂。在地铁等大体积混凝土施工中，温度收缩裂缝更为主要。混凝土在使用过程中产生的种种裂缝，其根源有许多也来自施工阶段，如施工时的原材料用了活性骨料、劣质水泥、或有害的氯化钙掺合料，混凝土配比中的用水量过大，这些都为混凝土后期开裂埋下祸根。此外，使用阶段发现的一些裂缝，有的本来就是在施工阶段已经出现细小裂缝的基础上，由于进一步遭受其他因素的影响而发展起来的。所以施工单位对于混凝土工程的防裂负有重大责任。

尽管收缩裂缝最为常见，但是在混凝土结构设计规范中，重视的只是荷载引起的结构裂缝（structural cracking），还给出了各种各样繁琐的裂宽计算公式。可是弯曲受拉裂缝一般并不需任何处理，如果裂宽较大，就要寻求原因做出合理解释，确认并不存在强度不足等严重问题，并且需要堵缝。当裂宽超过 0.4～0.5mm 以上时，横跨裂缝的钢筋很有可能已经屈服。

外加荷载引起的结构裂缝比较容易辨认，比如弯曲受拉裂缝发生在梁板受弯构件的最大弯矩截面附近，这种裂缝在紧靠混凝土受拉表面处最宽，往里则变窄，但在截面较高且腰筋配置不足的梁中，裂缝最宽处有可能发生在纵向受拉主筋的上方。

与弯曲受拉裂缝相比，在结构构件中出现剪力引起的斜裂缝则需引起足够警惕。梁、柱等条形构件中出现剪力或扭转引起的斜裂缝通常是不允许的。结构裂缝还包括应力局部集中引起的裂缝，如墙板洞口边角处的斜裂缝，结构截面突变处的裂缝等，这些裂缝的发生还往往与混凝土的收缩和塑性沉降有关。

受压构件中如果出现平行于压力方向的裂缝，有时并伴随局部的表皮剥落，往往表示混凝土构件已临近受压破坏，必须迅速采取应急加固措施。这种情况有时也发生于构件端部的不均匀局部承压处，其危险性相对较小。

3. 裂缝与钢筋锈蚀

钢筋锈蚀是一种电化学腐蚀，在有水和氧气的情况下就有可能发生锈蚀，如果水分中含盐则会加速锈蚀。钢筋锈蚀裂缝多因锈蚀后膨胀引起，但另有一种情况是混凝土内含有两种不同的金属和氯离子时，如同形成一个电池，可使其中的一种金属快速腐蚀；比如当混凝土内掺有氯化钙，且同时埋入了钢筋和铝管，于是铝将遭到腐蚀膨胀，导致混凝土开裂剥落。

以为开裂必然导致锈蚀的认识其实并不完全确切。钢筋锈蚀需要有氧气、水分以及金属内部电子流的参与，这是在金属表面及其附近所发生的一种电化学过程，此时金属表面上的一些点作为阳极，阳极处的金属原子失去电子，形成离子而进入溶液，而在金属表面上的另一些点则作为阴极，由氧气、水与自由电子组合成氢氧离子（OH^{-1}），从阴极向阳极移动，并与金属离子结合形成水化金属氧化物。对于钢材来说，在阳极处形成的这种金属氧化物就是铁锈氧化铁。在一段金属上，可以有许多阳极和阴极点，其位置可以很近或间隔甚远。防止金属锈蚀的关键是阻止其化学反应，方法是隔断氧和水分的供应，或者在阳极处补给超量的电子以阻止形成金属离子，即所谓的阴极保护。

因为混凝土呈碱性，在高度碱性环境中的金属表面会产生一层氧化保护膜（钝化膜），所以混凝土中的钢筋通常不会锈蚀。但如混凝土的碱性因碳化而降低，或者受到外来的侵蚀性离子（通常为氯离子）的作用，钝化膜即会破坏，于是钢筋就有可能锈蚀。锈蚀产生的氧化铁或氢氧化铁的体积要比原有铁金属大得多，在钢筋周围引起高度的环向扩张应力，导致钢筋的混凝土保护层内产生大体与钢筋垂直的横向裂缝，如果保护层较薄，也可能沿着钢筋表面发展产生纵向的劈裂裂缝。如果因锈蚀或某种原因在钢筋与混凝土界面之间形成通长的纵向裂缝，就为氧气、水分或氯离子提供了长驱直入的通道，这是很危险的。产生纵向裂缝的原因还有：钢筋与混凝土之间的界面粘结能力过低或粘结应力过高，垂直钢筋方向有过高横向拉力，混凝土的横向收缩过大，新拌混凝土的塑性沉降等。

对一般的混凝土结构来说，防止钢筋锈蚀的最经济有效手段是采用抗渗性能优良的混凝土并适当加大保护层的厚度。横向裂缝的宽度大小并不能准确表明钢筋遭受锈蚀的程度，保护层较厚时虽然混凝土表面的裂宽有可能增大，但却能更好防止钢筋锈蚀。

4. 关于裂缝的允许宽度

裂缝是否有害或能否被认可，取决于裂缝的性质、所处的环境及采用的标准而定。从有碍观瞻角度衡量，经目测试验表明，宽度小于 0.05mm 的裂缝，即使在平整光滑的表面上也难以引起注意，而更宽的裂缝则通常不被认可，不过这又与观察距离、混凝土表面的质地以及结构的重要性有关，如果混凝土表面在色彩和质地上有明显反差，则在离开 1m 远处观察，也不易发现宽达 0.3～0.35mm 的裂缝。

裂缝终究要为有害物质渗入提供通道，多少不利于耐久性。所以，各个国家在一些规程中对混凝土结构的允许裂缝宽度都有所规定，但在具体量值上差别较大。随着研究的不断深入，对横向裂缝宽度的限制近年来越来越放松，例如新西兰规范对干燥环境下的允许裂缝宽度已改为 0.4mm，我国则为 0.2～0.3mm。美国 ACI 224 委员会曾提出的裂缝允许宽度为：干燥空气中 0.4mm，潮湿空气或土中 0.3mm，有除冰盐作用时 0.175mm，受海水溅射干湿交替时 0.15mm，挡水结构（不包括无压力管道）0.1mm。不过 ACI 规范的限制近年也有放宽。至于欧共体规范已放宽到氯盐环境（包括海水溅射）0.3mm，其他环境下 0.4mm。

5. 裂缝的自愈合

自愈合的机理是硬化水泥浆体中的氢氧化钙可与周围空气或水分中的二氧化碳结合（碳化）生成碳酸钙，碳酸钙与氢氧化钙结晶会沉淀并积聚于裂缝内，这些结晶相互交织，产生力学粘结效应，同时在相邻结晶、结晶与水泥浆体、结晶与骨料表面之间还有化学粘结作用，结果使裂缝得到密封，并能使修复后的裂缝截面恢复一定的抗拉强度。

如果裂缝还在继续发展，或者裂缝处有水流动，就不能达到自愈合的结果。流动水会溶去并冲走碳酸钙沉积物，除非水的流动非常缓慢并被完全蒸发。混凝土的湿润饱水状态是促成自愈合的关键，因此地下结构可能处于更为有利的条件。通常认为，宽度小于 0.15～0.20mm 的裂缝可以愈合，更宽的则需专门封堵。

二、混凝土施工阶段的裂缝控制

1. 新拌混凝土的凝结与硬化[2]

（1）混凝土的凝结与硬化

混凝土的早期开裂多与混凝土在凝结（setting）与硬化（hardening）过程中的体积收缩及温度变化有关，了解混凝土的凝结和硬化过程，对于控制裂缝产生有重要意义。

混凝土的凝结与硬化主要是水泥与水发生化学反应的结果。因为骨料是惰性材料，所以混凝土的凝结与硬化过程就是水泥浆体的凝结与硬化过程，我们在这里先不考虑其他胶凝性矿物掺合料和化学外加剂的作用。

水泥与水拌合后，形成了具有一定工作度的塑性水泥浆体。水泥与水接触后发生的水化作用主要是在水泥颗粒的表面上进行的，表层水泥首先水化，只有很少量的水泥是溶于水中以离子形式产生反应并析出水化产物。硅酸盐水泥的主要水化产物是水化硅酸钙（CSH）和氢氧化钙，水化产物的体积约为原来水泥体积的 2.2 倍即增大 120%，并在水化作用中放出水化热（约 500J/g 水泥）。CSH 的体积约占水化产物的 65%，这是一种结晶很差的由胶体粒子通过化学键和粘结力组成的固体凝胶，胶体粒子的尺寸非常小，其结构呈层片状，具有很大的表比面积。CSH 对水泥浆体的强度起到决定性的作用。氢氧化钙是一种六角形的片状结晶，强度很差，其体积约占水化产物的 25%。由于氢氧化钙的存在使水泥浆体和混凝土呈碱性，钢筋在这种碱性环境下才能形成表面钝化膜并保护其不受锈蚀。但是碱性氢氧化钙也使混凝土易遭各种酸类物质的腐蚀。

正因为水化作用主要在水泥颗粒上进行，所以水化产物沉积于颗粒表面，其层厚随水化的不断深入而加大，反过来阻止外部水分进入到尚未被水化的颗粒内部，于是水化的速度就愈来愈慢，当层厚达到约 $10\mu m$ 时，水就很难进入。水泥的粒径通常在 $5\sim55\mu m$ 左右，所以粒径较大的水泥颗粒就留下来成为未被水化的芯部。在水化过程初始阶段，水泥颗粒周围都是自由水，浆体有良好的工作度；随着水化进行，颗粒体积膨胀，颗粒之间的空间逐渐减少，但颗粒间仍有水隔离，因而仍能保持塑性和工作度。当水化继续进行，水泥颗粒间的距离愈来愈小，颗粒间摩擦愈来愈大，以至于浆体丧失了工作度，这就达到了"初凝"。当水泥颗粒的水化表面相互接触并开始粘结时，水泥产物逐渐连成一个整体并变硬，成为多孔的固体，就达到了"终凝"。水化产物间留下的孔隙通常称为毛细孔隙，其中仍积聚有自由水分，所以在终凝以后，尚未水化的水泥仍能继续水化，而毛细孔隙也随着继续水化而不断缩小，浆体强度则不断增加，这就是硬化过程。水泥浆体或混凝土的硬化过程在有水的情况下可以持续数年之久，但主要发生在早期。要严格划分初凝、终凝和硬化过程的界限实际并不可能，其基本概念是：初凝时间表示水泥与水从开始拌合成浆体到开始失去塑性的时间，通常至少应有45分钟以便于拌料的输送、浇注和振捣，终凝时间则为水泥与水从开始拌合成流动浆体到完全失去塑性的时间。如何确定凝结时间带有很大随意性。为便于比较，所谓水泥浆体的凝结时间实际上是通过标准的贯入阻力测试方法来表示的。从工程施工的角度看，初凝可看作是从加水拌合到混凝土失去工作度而无法再进行浇注工序的时间，而终凝则是从加水拌合到无法再进行压光抹面等工序的时间。

硬化水泥浆体包含了水化产物和尚未水化的水泥以及水和空气，其中的水分以三种形式存在：1) 化学结合水，与水化产物结合在一起，成为固体的一部分；2) 凝胶水，存在于尺寸非常小（小于 $1\sim3\times10^{-3}\mu m$）的 CSH 凝胶体孔隙内，因而为表面力所固定，属物理吸附水；3) 自由水，主要存在于毛细孔隙内。因为毛细孔隙的尺寸较大，所以孔隙水不受表面力吸附影响。早期的高水灰比水泥浆体内，其毛细孔隙直径最大可到 $3\sim5\mu m$，孔隙总体积可占浆体体积的40％；水灰比较小时，孔隙的总体积和直径相应减小。

（2）温度对凝结和硬化过程的影响

早期水化过程的快慢与水泥熟料的矿物组成、石膏含量、水泥细度等多种因素有关，而温度则对水化速度甚至水化产物的结构均起到重要影响。

温度愈高，水化愈快。理论分析表明，对于普通混凝土，如温度从20℃增加到30、40和50℃，则水化速度之比依次约为1：1.57：2.41：3.59，因此温度升高使凝结和硬化时间缩短，强度发展加快。但是温度对于水泥最终所能达到的水化程度并没有明显影响。

温度对水化产物的结构性质也有作用。研究表明，温度升高虽然不影响水化产物 CSH 凝胶的颗粒尺寸与凝胶强度，但是在较高温度下硬化的水泥浆体，其毛细孔隙尺寸变得较为粗大。不同温度下水化的水泥浆体，在经历相同的时间（龄期）以后，温度高的由于水化速率快，因而水化程度较高，总的孔隙体积就相对较小。虽然孔隙体积率减少有利有强度提高，但是孔隙直径的大小对强度的影响更大，只有直径小于 $0.05\mu m$ 的孔隙才对强度无害。较高温度下水化的固体浆体在某一龄期下的孔隙率虽然较低，可是由于大孔径的毛细孔隙所占比例较大，所以在一定龄期以后的强度反而降低，这是高温下养护的混凝土具有早期强度较高而后期强度反而较低的主要原因之一。所以在试验室内试配混凝土应该注意到试配时的温度与现场温度的可能差别。

温度增加使新拌混凝土快速凝结，加剧工作度或坍落度的损失，并成为炎热气候下浇筑混凝土时的一大困难。混凝土的浇筑温度增加时，为达到同样坍落度的用水量就要增加，而用水量的增加则会降低混凝土的强度和耐久性，并增加干燥收缩。不同温度新拌混凝土所需的用水量也有着很大的差异。

水泥中的主要成分 C_3S（硅酸三钙）在水化过程中，其单位重量的释放热量最大。水泥在高温下的快速水化使新拌混凝土的温度在短时间内迅速上升。大体积混凝土工程中，由于水化热的积聚可引起里外混凝土发生巨大温差。经验表明，当里外温差超过20℃时，混凝土很有可能出现开裂。

2. 混凝土硬化前的塑性裂缝及其控制

（1）塑性干缩裂缝

塑性干缩裂缝是混凝土通过与外界环境之间的湿度交换因失水干燥而引起，多发生在浇筑后 1～2 小时或数小时，在表面最终抹平、压光和开始养护之前。当新浇混凝土表面的水分蒸发速度高于混凝土内部从下至上的泌水速度，表面就会失水干缩。在气温高、湿度低和有风环境条件下，在现场往往可见当混凝土表面一旦失去含水的光泽，裂缝就会突然出现。

塑性干缩裂缝通常短而浅，没有固定的形状，多呈无序状态，可沿不同方向发展，但有时也会沿着钢筋位置的上方表面发展，或相互平行并与边界成一定角度。裂缝的宽度可从 0.05mm 到 2～3mm，长度在数厘米至 1～2m 之间，间距可从数厘米到 2～3m。塑性干缩裂缝出现后一般不会继续发展，但严重时也可贯穿较薄的混凝土板。

新拌混凝土的塑性干缩过程大体可用图 1 表示。在阶段Ⅰ，泌水速度大于蒸发干燥速度，混凝土表面不会收缩；在阶段Ⅱ，蒸发干燥速度大于泌水速度，表面开始收缩，由于此时的混凝土有足够塑性，能适应体积变化而不开裂；在阶段Ⅲ，继续收缩，此时的混凝土开始凝结而变稠，塑性降低，就有可能引起塑性开裂；在阶段Ⅳ，混凝土终凝后硬化，开始了硬化混凝土的干燥收缩。塑性干缩的机理一般可用水泥浆体毛细孔隙内的毛细水拉力来解释。当混凝土固体质点间的毛细孔隙水因蒸发减少时，形成弯液面产成拉力，使尚处于可塑状态的混凝土

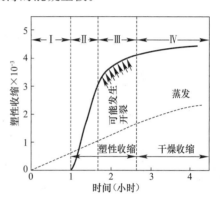

图 1　混凝土初期收缩[1]

收缩。弯液面的曲率半径愈小，拉力就愈大。曲率半径随环境相对湿度降低而减小，所以塑性干缩随干燥程度增大而增加。但是弯液面的曲率半径显然不能小于空隙的半径，增加水泥用量和水泥细度，毛细孔隙的平均直径变小，弯液面的最小曲率半径也随之减小，导致毛细水最大拉力增加，于是塑性干缩增大。此外，如在浆体中加入矿物掺合料，使粉体总量增加，也会加大塑性干缩。图 2 所示为用粉煤灰以 1.7 比 1（重量比）置代部分水泥后，塑性干缩甚至发生成倍变化，图中的 10min 和 60min 分别表示搅拌时间，搅拌有磨细作用，所以延长搅拌时间也使塑性干缩增加。加了粉煤灰后往往使终凝时间有所延长，也能使塑性收缩增加。

增加用水量按理会使毛细空隙增大，从而减小造成塑性干缩的毛细水拉力，似乎有利于减少收缩，但是实际情况却相反，用水量大的新拌混凝土有高得多的塑性干缩值，更易发生塑性开裂，原因是塑性干缩值的大小还与浆体抵抗塑性干缩的能力有关，较硬的浆体抵抗收缩的能力会较大，增加用水量则使稠度降低，所以最终的收缩量反而增加。

化学外加剂对塑性干缩的影响主要通过用水量和凝结过程的变化来体现。减水剂可使用水量减少，因而可减少收缩，但缓凝剂增加终凝过程，所以可增加收缩。为了减少坍落度损失，热天进行混凝土施工时常采用缓凝剂，其引起塑性干缩增加的这一负面效应需引起注意。

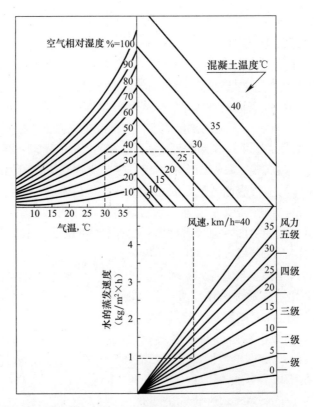

图 2 环境气候条件与新拌混凝土水分蒸发的关系[6]

气温、相对湿度与风速等环境条件影响水分蒸发量，所以对塑性收缩有重大影响，其中尤以相对湿度的影响最为主要，而风速的影响有时也比温度重要。塑性干缩随干燥进程增大，但在不同的干燥环境下，即使失水量相等，引起同一混凝土的塑性收缩值却会并有很大差别，原因是塑性干缩值不但与失水量有关，还受混凝土的终凝时间与凝结速度的影响。

混凝土发生塑性干缩裂缝与许多因素有关，在开裂与干燥失水量或开裂与收缩量之间尚难建立直接的关系式。尽管如此，一般还是可以认为：塑性开裂的可能性随失水干燥过程的增长而增加，随拌料凝结过程的加快而降低，即所有影响混凝土干燥、混凝土塑性干缩值和混凝土凝结的因素均会对塑性收缩开裂造成影响。

在具体工程实践中，要定量考虑所有因素对塑性收缩开裂的作用几乎不可能，有一种笼统的建议认为：新拌混凝土的蒸发速度如接近 $1kg/m^2 \cdot hr$ 时，就应采取预防措施以对付塑性收缩开裂的可能性，这是指较高水灰比的混凝土而言，如果是水灰比低于 0.4 的混凝土，蒸发速度应控制在 $0.5kg/m^2 \cdot hr$ 以下。图 5 提供了根据当地气温、相对湿度、风速以及混凝土的本身温度来确定新拌混凝土表面蒸发速度的简单方法。值得注意的是，混凝土的温度有时对蒸发速度的影响也很大，即使在相对湿度为 100% 的冬天，气温仅 4℃，风速 16kg/hr（相当于风力三级），如混凝土温度为 27℃，则蒸发速度仍可达 $1kg/m^2 \cdot hr$。再如相对湿度为 50%，气温 21℃、风速 16kg/hr 时，如混凝土温度从 27℃ 降到 16℃，则蒸发速度可从 0.88 降到 0.23，减少达 75%。如果混凝土和大气温度都从 10℃ 升到 20℃，则蒸发速度将加倍。在上述各种因素中，唯有混凝土的温度较易人为控制，为了防止塑性开裂，热天的混凝土浇筑温度要低，可采用预冷措施，而冬天施工时也不能将混凝土预热加温太高。

防止塑性干缩开裂的最好办法是预防混凝土入模后的外露表面失水，比如在浇筑后尽快用塑料膜覆盖混凝土表面，或者喷水雾及喷洒密封剂。在热天浇筑大面积梁板构件时，最好将不断推进工作面的面积始终保持最小的程度，这样每次倒入的混凝土暴露蒸发面就可以尽量缩小，同时采用喷雾来润湿和冷却前方的空气、模板和钢筋。混凝土在燥热气候下施工，或低水灰比混凝土（尤其是粉煤灰掺量大的低水灰比混凝土）施工，需要在浇注振捣后（抹面以前）就立即加以覆盖，当抹面压光时，再揭开覆盖的薄膜，操作后再盖上。

防止塑性收缩开裂的其他措施有：

1）通过预冷，降低混凝土的入模温度。具体的预冷方法在后面讨论；

2）用喷雾湿润混凝土上方的空气；

3）设置风障减少现场风速；

4）设置遮阴篷，防止阳光直射；

5）不过分搅拌，将搅拌时间限制在最低所需程度；

6）尽量缩短从搅拌到浇筑的时间，以及从浇筑到抹面、养护的时间；

7）浇筑前润湿模板和底板。浇筑前如钢筋受炎热阳光辐射升温，也会使混凝土水分蒸发过多而产生塑性开裂，这时需将钢筋加湿降温。

如果塑性裂缝出现在混凝土施工的最终抹面以前，可以通过抹面和压光消除这些裂缝。此外，外加引气剂（混凝土含气量4.5±1.5%）可有效地减少塑性收缩开裂。而外掺氯化钙则会加剧混凝土塑性开裂。

在实际工程中，塑性干缩裂缝又往往与塑性沉降相互影响，有时相互交织在一起。在通常的环境气候条件下，出现塑性裂缝主要是混凝土材料或施工质量不良的结果。

（2）塑性沉降裂缝

在新拌混凝土中，骨料颗粒悬浮在一定稠度的水泥浆体中，浆体的重量密度较低，对于水灰比0.6的浆体而言大概只有骨料重量密度的一半，所以骨料在浆体中有下沉趋势，而浆体中的水泥颗粒又远重于水，使得新拌混凝土中的水分向上转移，即发生"沉降"与"泌水"现象。泌水使混凝土的多余水分减少，有利于提高硬化后的混凝土强度，但是泌水和沉降所带来的害处更大。

骨料的下沉和水分的上升会在水平钢筋的底部形成空隙并积聚水分（图3），干燥后在钢筋与底部混凝土之间留下通长缝隙，为锈蚀留下隐患；上升的水分还会滞留在粗骨料底部，造成浆体和骨料之间界面薄弱环节以至于形成空隙，影响混凝土的抗渗性与抗冻性；沉降和泌水使混凝土内部质量上下不匀，并可使顶层混凝土因水灰比加大而影响其强度和耐久性。

新拌混凝土的内部沉降会造成塑性沉降裂缝。沉降裂缝可发生在初始振捣以至于表面抹光之后，此时的混凝土仍处于硬化前的可塑状态。当垂直下沉的固体颗粒遇到水平设置的钢筋或紧固螺栓等埋设件，或受到侧面模板的摩擦阻力时，就会受到阻拦并与周围的混凝土形成沉降差，结果在混凝土顶部表面处造成塑性沉降裂缝（图4）。此外，如果同时浇筑梁、板或柱（墙）、梁、板的混凝土，由于这些构件的高度不同，有着不同的沉降，从而在这些构件交接面处形成沉降差并产生塑性沉降裂缝。混凝土坍落度愈大，沉降开裂的可能也愈大。在接近表面的水平钢筋上方最容易形成沉降裂缝，并随钢筋直径加粗和保护层减薄而愈趋严重。当保护层过薄时，塑性沉降裂缝甚至会伸入钢筋表面并沿着钢筋通长发展。我们在前面已经提到过，这种纵向裂缝与沿着钢筋横截面开展的横向裂缝对于钢筋锈蚀的危险程度有着根本区别，前者应该杜绝，后者则关系不大。

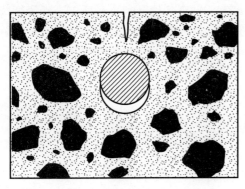

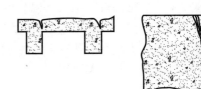

图 3　塑性沉降造成的钢筋底部空隙　　　　　图 4　塑性沉降裂缝[1]

浇筑有门窗等洞口的墙板时，也会因塑性沉降不同，在洞口边角处产生沉降裂缝。与塑性收缩裂缝不同，塑性沉降裂缝有明确的部位和方向性。

防止塑性沉降开裂的主要措施有：

1）在满足工作度前提下，混凝土坍落度应尽可能的低，混凝土的配比应保证混凝土有良好的稠度和保水性；

2）在浇筑柱、梁、板等相互联接的不同深度的构件时，如果不能在高度差处设置施工缝，则宜分层浇筑，比如先浇筑到梁底面，待沉降稍稳定后再往上浇筑，时间间隔一般不小于 2 小时（热天则应适当缩短），防止在构件的联接部位出现裂缝；

3）增加表面钢筋的保护层厚度；

4）合理的振捣，如果振捣不充分也会加重沉降开裂。

5）外掺引气剂也有利于防止沉降裂缝。

如果沉降裂缝出现较早，则二次振捣可以弥补这些裂缝。表面抹平、压光也可去除较浅的沉降裂缝，但如裂缝较深，则在抹平后的干燥收缩过程中又会裂开。

（3）其他塑性裂缝

其他塑性开裂包括：模板松动、模板支架下沉、钢筋和埋设件移动以及斜面上的混凝土滑动所造成的裂缝，这些多属于施工原因。在支模前未能夯实地基或者未能察觉地基土有遇水膨胀倾向往往造成模板移动并引起混凝土早期的塑性开裂。振捣不充分或振捣时移动振捣棒的位置采用拖动（而不是从混凝土中垂直拔出移位后再置入）的方法，都会产生塑性裂缝。

3. 硬化混凝土的早期干缩裂缝与自生收缩裂缝[1][3][33][34]

（1）收缩与开裂

硬化混凝土的早期体积收缩包括干燥收缩、自生收缩和温度收缩。如果混凝土能够自由收缩就不会出现任何裂缝。可是混凝土结构中的混凝土收缩时，总会受到某种内、外约束，如基础的约束，相邻部件的约束，以及混凝土内的钢筋约束等。混凝土的各个部分如果收缩不均，相互之间也会形成一种约束。收缩时受到约束会引起拉应力和拉应变，当拉应变达到抗拉极限应变值时就会开裂。

混凝土因体积收缩导致开裂的机理可用图 5 所示的理想情况说明。设图中的混凝土在初始硬化的潮湿和温热情况下处于不受力的状态，以后发生均匀的干燥和冷却，如其两端受到外部约束固定而不能自由改变其长度，这正如混凝土在自由收缩变形后又将其拉长到原有的位置，于是产生拉应力。由于混凝土在应力作用下会发生徐变，或者反过来说如果变形固定不变则原有应力随着时间增长会逐渐减小，即发生所谓的应力松弛，使本应有的拉应力降到净拉应力值。混凝土的收缩、拉应力、净拉应力和混凝土的抗拉强度都随时间发展变化，一旦净拉应力达到抗拉强度就发生开裂。收缩与开裂的实际情况可能还要复杂，但从图中我们可以看出，影响混凝土开裂的因素至少有：1）收缩程度；2）约束程度；3）混凝土弹性模量，即约束状态下发生单位收缩时所产生的弹性应力；4）徐变能力；5）抗拉变形能力或抗拉强度。

图 6 中的混凝土构件并无外部约束，但如发生内外不均的收缩，比如表面因干燥和冷却较快而收缩时，同样也会受到内部约束产生拉应力。当混凝土发生开裂后，使裂缝继续发展所需的应力就要比引起初始开裂的应力低得多，大概只及后者的 1/2。所以表面开裂后很易向深部扩展。

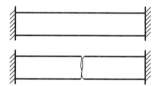

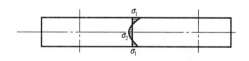

图 5　两端固定杆件在均匀收缩下的开裂　　　　图 6　内外温差引起的混凝土拉应力

为了减少开裂的可能性，针对上述影响可采取的途径有：

1）减少混凝土的总体收缩及不均匀收缩

从混凝土材料本身来看，在选用原材料及确定配比时应尽可能使混凝土的性能具有较小的干燥收缩、较低的水化热和较小的热膨胀系数。

在施工过程中，设法使混凝土不要升温过高，失水不要过快，并使混凝土的内外温度和内外湿度不要有过大差异，以减轻内部约束的影响。早期养护对防裂极其重要，养护是对早期混凝土保持良好的湿度和湿度状态，使其达到所需的性能。在实际工程施工中，对于温度的养护往往不够注意，成为混凝土早期开裂的重要原因。温度的养护主要是控制混凝土的温差，使混凝土表面温度与内部最高温度以及与周围环境温度之间的差别不要过大。一般情况下可采取保温法，即控制表面温度不要下降太快。对于特大体积的混凝土，有必要时才对内部混凝土采用冷却法。

目前工程施工中较为普遍的开裂是地下结构的墙体构件[9][10]，这种构件除有较大的外部约束外，厚度也较大，而且多用钢模板，当夏天施工并用早强水泥和混凝土强度等级较高、水泥用量较大时开裂尤为严重。钢模不能保水，并可透过缝隙蒸发失水，特别是保温性差，所以在施工中必须配合其他措施。例如北京首都国际机场新航站楼[22]地下室 40cm 厚外墙施工中，采用 C60 级混凝土，水泥量 493kg/m³，施工时为及时补充水分混凝土强度达 1.2MPa 时就立即拆模洒水养护，同时用二层麻袋布外附一层塑料布由上挂下，中间利用穿墙螺栓孔穿铅丝绑扎压住，浇水白天每隔 4h，夜间 6h，养护 16d。

2）减少混凝土所受的外部约束程度[11]

首先在结构设计时就要考虑如何减少对混凝土的约束。通常的做法是设置伸缩缝和配置构造钢筋。在混凝土表面上设置一定深度的沟槽对控制裂缝也有好处，至少可以将裂缝限定在固定的沟槽位置上。对于底部受约束的墙体，所受约束程度或产生拉应力值与墙的长高比有关，一般墙体伸缩缝间距在 30m 左右，分段过长，对于减少约束拉应力的作用效果变差。

构造钢筋主要起调节约束的作用，使裂缝变得细窄，间距缩小。构造钢筋并不能使裂缝的总宽有所变化，只是通过增加裂缝数量，使裂缝变细而变得可以接受。

为了减少外部约束，有时可在地下结构底板（墙板）与周围地基之间设置抗剪刚度较低的垫层（砂垫层、沥青油毡层），或将刚性嵌入的接触面做成连续变化的斜面等。

此外，合理的施工浇筑循序也可降低结构所受的约束。

3）合理利用混凝土的徐变与抗拉能力

增加混凝土的徐变能力，降低混凝土的弹性模量，提高混凝土的抗拉能力，这些都对抗裂有利，但三者很难做到同时兼有。提高混凝土的抗拉强度一般会使徐变能力降低，并使弹性模量提高，从而增加混凝土内的收缩拉应力，不过拉应力的增加幅度一般要低于抗拉强度的增加幅度，所以增加抗拉强度还是有利可图。增加混凝土的徐变能力虽然有利于防裂，但可增加结构在外加荷载作用下的变形，总体上看是害大于利。

通常情况下，混凝土发生开裂首先要从材料和施工质量上找原因。防裂的首要关键是需要有良好性能的混凝土，应该从原材料、配比、搅拌、运输、振捣、养护等各个施工环节加以保证，如果混凝土性能良好，一般情况下就不至于出现开裂，只需在某些特殊情况下（如环境条件恶劣，过冷或过热；结构尺寸特殊，过厚或过长）采取控制裂缝的适当措施。收缩裂缝即使发生，在采取一定的修补措施后，通常也不至于对结构造成明显损害。据美国公路研究部的一项调查，在美国和加拿大的所有公路路桥结构中，混凝土的收缩裂缝并不会成为影响结构耐久性的主要原因或单一原因。

收缩裂缝只要不继续发展，通常不会对结构物的承载能力造成损害；对于引起渗漏和超过允许宽度的收缩裂缝则要进行堵缝处理。不同环境下的裂缝允许宽度可参照相应规程的规定，这些规定多数是为保护钢筋免遭锈蚀。前面已经提及，对钢筋锈蚀能造成危害的是沿着钢筋长度方向的纵向收缩裂缝。对于一般发生在钢筋横截面方向上的混凝土横向裂缝，其宽度大小对于钢筋锈蚀并不会造成大的影响。静止的混凝土裂缝在适当的潮湿环境下还有自愈合可能，所以对收缩裂缝过分担心是多余的。

（2）干缩裂缝及其控制

1）干燥收缩及其影响因素

硬化水泥浆体内富含孔隙。即使所有毛细孔隙均能为水化硅酸钙所完全填满，仍至少会有 28% 的孔隙，这种情况在理论上需有小于 0.4 的水灰比以及理想的养护条件。一般混凝土实际采用的水灰比都较大，而且不可能完全水化，所以早期混凝土的孔隙率约有 50％ 左右或更大。影响混凝土干燥收缩的主要因素有：水泥组分、骨料类型、混凝土用水量和混凝土配比等，而收缩或失水的速率则又与混凝土构件的尺寸、形状和周围环境有非常大的关系。

a. 水泥

国外的大量试验研究表明，在满足不同需求的各种型号硅酸盐水泥中，还不能说某一型号水泥的收缩肯定比另一种大或小，因为同一型号水泥的净浆收缩量也可以有非常大的变化范围。美国 ASTM Ⅰ 型水泥的净浆 6 个月干燥收缩值可从 0.15％ 变化到 0.6％ 以上，平均为 0.3％。试验还发现，净浆收缩值较小的情况多为：水泥的 C_3A/SO_3 比值较低，Na_2O 与 K_2O 含量即含碱量较小，C_4AF 含量较高。ASTM Ⅱ 型水泥的净浆在养护早期的收缩量平均要比 Ⅰ 型水泥小得多，但 28 天的收缩量二者大致相同。在化学组成上，Ⅱ 型水泥的 C_3S、C_2S 和 C_3A 的含量分别为 40％～50％、25％～35％ 和 5％～7％，而 Ⅰ 型水泥分别为 45％～55％、20％～30％ 和 8％～12％，Ⅱ 型水泥为低水化热水泥，混凝土和砂浆试验结果表明，用 Ⅱ 型水泥时的混凝土收缩值从总体平均看要低于 Ⅰ 型，尤其比 ASTM Ⅲ 型（早强水泥）低许多。值得注意的是水泥中的石膏比例对收缩值有重大影响，水泥制造厂通过优化石膏含量来调节由于水泥组分不同造成的收缩差异。此外，水泥细度愈大，收缩量会有所增加，但其影响不大。

b. 骨料类型和骨料用量

粗、细骨料占混凝土总体积的 65％～75％，对混凝土的收缩有很大影响。粗、细骨料限制了水泥浆体的自由收缩，使混凝土的收缩量减少到只有浆体收缩量的几分之一。骨料限制收缩的能力与以下因素有关：1）骨料的压缩性能和水泥浆体的拉伸性能；2）骨料与浆体的界面粘结性能；3）水泥浆的收缩程度；4）骨料因干燥而收缩的性能。在这些因素中，骨料的压缩性对收缩影响最大。

骨料的弹性模量越高，减少收缩作用越明显，骨料的吸水性反映了骨料孔隙率的大小，也影响骨料的弹性模量，弹性模量低的吸水率通常较高。用石灰石、白云石、花岗岩、长石以及某些玄武岩配制的混凝土通常属于低收缩之列，而导致高收缩混凝土的骨料则有砂岩、板岩（slate）、闪石以及某些类型的玄武岩。由于不少骨料如花岗石、石灰岩或白云石的弹性模量有很大的变化范围，对于混凝土干燥收缩的影响程度上自然也会有很大差别。骨料本身在吸水后干燥时也会有一定收缩，尤其是吸水率较大的砂岩等骨料所配制混凝土有较大的干缩值。

骨料的最大粒径对混凝土干燥收缩值有非常显著的作用。骨料颗粒大时不仅可以减少需水量，而且能有效的降低水泥浆体的收缩。骨料的级配也很重要，级配不良会增加砂率，粗骨料用量减少，结果使收缩量加大。混凝土中的骨料含量愈高，收缩就愈小。

c. 用水量、水泥用量和水灰比

用水量是影响干缩的又一重要因素，用水量多了也会使骨料体积减小而加大混凝土收缩。要使收缩达到最小，就要尽可能减少用水量。泵送混凝土的砂率较高，所以其收缩值也相对较高。当坍落度保持定值时，所需的用水量与粗骨料尺寸有很大关系，骨料表面必须有浆体包裹，骨料尺寸越大，其总表面积越小。当坍落度为 7.5～10cm 时，若骨料最大尺寸从 19mm 增加一倍到 38mm，则用水量可从 202 降到 178kg/m³，即每方可少用水 24kg，其结果可使混凝土 1 年后的收缩量减少约 15%。另一个影响用水量的因素是拌料的温度，如将拌料的温度从 38℃ 降到 10℃，则在同样坍落度下可以减少用水量 20kg/m³，从而达到减少收缩的效果。

d. 化学外加剂

化学外加剂如引气剂、减水剂、缓凝剂、速凝剂等的应用越来越广泛，引气剂增加了混凝土中的孔隙，看起来似乎会增大收缩，但是实际却并不尽然，这是由于使用引气剂后在同样的坍落度下可以减少用水量，所以只要含气量不超过 5%，对于收缩并没有明显影响。有些引气剂同时又是缓凝剂或含有速凝剂，则可能会增大收缩 5%~10%。虽然减水剂和缓凝剂可以减少混凝土的用水量，但通常并不能降低混凝土的收缩，有些减水剂甚至可以增加早期收缩，尽管后期收缩量大体相同。氯化钙作为速凝剂的使用会显著增大混凝土的收缩量，尤其是早期收缩。有试验得出，1% 掺量的氯化钙可使 7 天收缩量加倍，但在 28 天以后，其收缩量约比基准混凝土大 40%。

e. 粉煤灰等火山灰质掺料

火山灰质矿物掺合料的种类较多，成分不一，有些会使需水量增大从而加大收缩，有的即使不影响用水量也会增加收缩量。一些粉煤灰对干缩几乎没有影响，而另一些则使收缩有所增加。也有不少试验资料认为粉煤灰混凝土的收缩量比不掺粉煤灰的混凝土要小些。所有这些试验资料均基于试验室小试件的量测结果，而实际大尺寸结构构件与小试件的收缩则相差甚远，与这一差别相比，这些掺合料对收缩造成的影响相对来说变得无关紧要。

清华大学土木系曾为广州地铁所作的粉煤灰混凝土试验表明，加粉煤灰后的收缩量有所减少。以上所说的掺合料对收缩量的影响实际上包含了其他因素的作用，比如在作对比试验时，若保持坍落度不变，则在加了粉煤灰后有可能使用水量减少，而后者显然会对收缩值起很大作用。

f. 环境条件

在前面关于硬化前新拌混凝土的塑性收缩中已讨论过这一问题。环境因素关系到混凝土的表面蒸发速度或失水程度，对硬化后混凝土的收缩一样起作用。当混凝土失水时，开始丧失水分的是较大孔径中的毛细孔隙水，所以相应的收缩值较小，但当失水量继续增加时，则带来的收缩量却会迅速增加，因为后一阶段的收缩多为胶体孔隙水的丧失所引起。

潮湿养护期限的长短对收缩终值几乎不产生影响。美国加州运输部曾试验将混凝土分别潮湿养护 7、14 和 28 天，然后置于干燥环境下，所得最终的干缩值没有区别。

g. 构件尺寸

构件尺寸主要影响混凝土内部水分丧失的速率，因而影响收缩的速率。不同水灰比混凝土的渗透性差别极大，对干燥速率有很大的影响。在处理具体工程时，要注意工程中的足尺构件与试验室小试件得出收缩值的差别。对比现场的墙、板构件与室内小试件的资料发现，前者的收缩往往只有后者的几分之一。即使是试验室资料，试件的不同尺寸也会导致试验结果的较大差异，比如 7.5×7.5cm 边长棱柱体的收缩量要比 12.5×15cm 的大 50%，当然这种比值也与试件的密实性有很大关系。

2）干缩裂缝的控制[4][5][11]

控制硬化混凝土干缩裂缝的主要措施如下[29]：

a. 配制低收缩量的混凝土

减少拌和水的用量对于减小干燥收缩最为重要，其次是加大粗骨料的最大粒径和骨料含量，挑选刚度大的骨料品种；良好的骨料级配，适当增加混凝土的稠度，以及降低拌料的入模温度都能达到减少用水量的目的。低水灰比的高强和高性能混凝土很易发生早期开裂，这与水泥用量较多、表层较易迅速干燥以及有较大的自生收缩有关。不论是哪种强度等级的混凝土，尽量减少水泥用量应作为配比设计的一个重要原则。此外，骨料中的很少粘土含量就能引起混凝土的高度收缩，所以骨料必须洁净。

b. 降低混凝土的干燥速率，延缓表层水分损失

混凝土有显著的应力松弛特性，任何能够降低收缩速率的措施都对防裂有好处。缓慢收缩时，混凝土能够承受不裂的收缩量可为快速干燥时的 1 到 2 倍。正确的养护对于延缓混凝土收缩十分重要，尤其是早期头几个小时和浇筑当天的养护。在保证混凝土强度达到一定数值的前提下，宜尽早松开模板，并将养护水注入。拆除模板后，仍应该保证暴露的混凝土表面不受阳光和风的直接作用并使之潮湿。在到达规定的养护时间（至少 7 天，并以 10 天为好）后，覆盖层仍应保留若干天（如 4 天）但不再浇水，使混凝土表面能缓慢干燥。对于地下隧道结构，在浇筑混凝土后，在隧道端部应加以封闭，尽可能防止干燥空气流入。

c. 设置构造钢筋

适当的配筋可以防裂。配筋对于防止相对较薄构件的开裂以及防止混凝土表面开裂比较有效，在块体结构内部则不一定需要。

d. 采用补偿收缩混凝土和后浇带施工[13]

混凝土中加入膨胀剂或应用膨胀水泥配制补偿收缩混凝土可以防止开裂。在钢筋混凝土内加入膨胀剂后，养护早期的水泥浆体膨胀会使混凝土受压而钢筋受拉，压应力的量级可达 0.2～0.7MPa。当混凝土干燥收缩时，原来的受压状态逐渐消除。一般膨胀剂只有在充足的水分条件下才能起反应，为使补偿收缩有效并防止表面开裂，应在混凝土入模、表面压光开始就立即养护；不间断的加水养护非常重要，如果养护不合适，膨胀量就会不足。

对于较长的混凝土墙、板，采用分段间隔浇筑也有利于减少约束应力。较好的办法是在段与段之间留下 0.5～1m 宽的后浇带，每段长度约 30m，待已浇的混凝土已有相当程度的收缩以后（如一个月后），再用膨胀混凝土做后浇带填充。鉴于后浇带为施工带来不便，中国建材院提出超长钢筋混凝土结构无缝设计与施工工法，采用连续浇筑，取消后浇带，用膨胀加强带代替，加强带宽约 2m，该处的构造钢筋量增加 15%～20%，用大膨胀混凝土（UEA 膨胀剂掺量增至 14%～15%）浇筑，其余部分则均用微膨胀混凝土构筑。膨胀加强带的两侧分别架设密孔钢丝网，防止外侧的微膨胀混凝土（UEA 掺量 10%～12%）流入。

e. 设置伸缩缝

这是控制收缩裂缝的常用方法之一，这里不再详细介绍。

f. 提高混凝土的抗裂能力

混凝土的抗裂能力与混凝土的强度、组成及变形速率有关。骨料最大粒径愈小，表面质地愈粗糙，则极限拉伸能力愈高。碎石混凝土的抗裂能力要高于卵石混凝土。但是骨料最大粒径较小时，混凝土收缩量增加，而且所需的水泥用量和用水量也会增加。所以如果骨料最大粒径过小，其带来的不良后果会超过抗裂性能（极限拉应变）提高的好处。

影响混凝土收缩开裂的因素众多而复杂。为了防止开裂，希望减少收缩量，降低收缩应力，提高抗裂强度（或极限拉应变）。但是有的因素往往在不同方面起着相反的作用，比如上面提到的增加骨料最大粒径可以减少收缩，却有可能降低抗拉能力；又如提高混凝土抗拉强度增加了抗裂能力，却又因弹性模量相应提高而在约束受力状态下使拉应力增大；使用缓凝剂常能增大混凝土的极限拉伸变形能力，对抗裂有好处，但延长了终凝时间会加大新拌混凝土的塑性收缩值；有的外加剂和掺合料可显著增大收缩，也能增大拉伸变形能力。

实际混凝土结构因为尺寸较大，失水过程很慢，收缩是一个长期的过程。混凝土浇筑后 28 天的收缩量大概只及半年时的 1/4，所以裂缝扩展可以延续一个较长的时间并且不断加宽。混凝土结构中发生的早期裂缝更多的是由于温度收缩原因造成的，而干燥收缩则加剧了这种开裂并使裂缝不断扩大。

（3）自生收缩[15][18][25]

自生收缩是水泥水化作用引起的收缩，并不属于干燥收缩。水泥水化造成体积膨胀，但如将参与水化反应的水的体积算在一起，则水化前后水泥与水的总体积减小，在已硬化的水泥浆体中，未水化的水泥继续水化是产生自生收缩的主要原因。水化使孔隙尺寸减小并消耗水分，如无外界水分补给，就会引起毛细水负压使硬化水化产物受压产生体积变化即自生收缩。按照通常的干缩测定方法，所测得的收缩值实际上是干缩和自生收缩之和。自生收缩需要在密封的试件上测定，以隔绝与外界环境之间的湿度交换并保持恒重，还应该扣除可能由于温度变化所造成的温度收缩影响。

自生收缩主要发生在混凝土硬化的早期，一般认为混凝土在开始硬结后的几天或几周内即可完成自生收缩，因此测定自生收缩应该从混凝土凝结后就立即加以测量，而不是按现有的收缩标准测定方法，从龄期 2 天后才开始测定。低水灰比混凝土的自生收缩在总的收缩值中所占比重较大，并可超过干燥收缩；而在高水灰比混凝土中，自生收缩则远小于干收缩，因而可以忽略。掺加硅粉则可增大自生收缩，按照常规试验测得的低水灰比混凝土的收缩值，有可能由于没有计入初期发生的自生收缩值而被低估，但如混凝土试件从一开始就置于水中能得到水的补给，就不会发生明显的自生收缩，甚至出现自生膨胀，至少对小尺寸的试件是这样。

水灰比越低，自生收缩越大，掺加硅粉更能加大自生收缩。据日本 Tazawa 的试验，W/C＝0.2 的加硅粉混凝土，自生收缩量可超过 600×10^{-6}，而且二天即可达 500×10^{-6}。水灰比 0.35 左右的一般高强混凝土的早期自生收缩约有 $200 \sim 300 \times 10^{-6}$，相当于温降 20～30℃。为了控制自生收缩，需要在混凝土硬化一开始就加水养护，这在小试件中的效果相当明显；由于混凝土早期水化不完全，渗透性可能较高，因而加水养护时水分至少能渗入一定深度，但对实际大尺寸截面构件来说，外部的水分能否深入内部是个问题，这样内部的早期自生收缩不一定就能得到外部水的渗入补给而得到有效控制。

自生收缩是造成低水灰比高强混凝土开裂的重要原因之一。掺加粉煤灰可以减少自生收缩，但掺量过大、超过 20% 以后则效果并不显著。由于一般的膨胀剂需要在充足水分的情况下才能起作用，而高强混凝土内部本身缺水，所以膨胀剂能否对高强混凝土起到补偿收缩作用仍是个问题。

4. 硬化混凝土早期的温度裂缝与控制

（1）温度收缩裂缝

实际结构中混凝土的早期干缩一般较小，而且局限于较易失水的构件表面，引起混凝土早期体积变化的主要是温度收缩。控制施工过程中的混凝土温度以防止混凝土开裂的方法早就在坝体等大体积混凝土施工中所采用，但近年来的研究结果和实践经验表明，即使是 30~40cm 厚的连续墙体，也应该视为大体积混凝土通过控制温度的办法防裂。

混凝土结构的早期温度变化主要由水化热和环境条件（如阳光辐射、风）引起，使结构的温度发生剧烈变化或使结构各部分的温度发生较大差异。温度对早期混凝土的收缩开裂起着极其重要的作用，我们所说的收缩是以混凝土变硬最初阶段的长度作为基准的，这时的混凝土正因水化热而处于高温或较高的温度下。

混凝土在凝结及早期硬化过程中释放大量水化热使混凝土升温，其实际的升温过程和达到的峰值温度值以及随之而来的降温过程取决于许多因素，主要有：环境大气温度，混凝土的入模温度，模板的类型（热学性能）及拆模时间，混凝土外露表面与混凝土体积的比值，混凝土浇筑后的截面厚度，水泥类别与水泥用量，拆模后是否有隔温措施以及养护方法等等。上述因素中何种最为重要需根据具体情况而定。

由于水化热的作用，混凝土变硬时的温度一般总是高于入模温度，而冷却引起的拉应力又与温度变化、热膨胀系数、有效弹性模量（考虑徐变影响折减）以及约束程度有关。混凝土体积愈大，可能发生的内外温差及内部约束程度也愈大。早期混凝土的强度和弹性模量都与混凝土的温度变化和龄期有关，而混凝土的温度变化又与水化热释放特点、散热条件、气温变化有关，这些都是时间的函数，所以温度收缩应力与温度收缩开裂的分析十分复杂。

温度收缩裂缝形成时通常较细，裂宽一般不超过 0.05mm，开始时不易发现。进一步的干燥收缩使这种裂缝加宽，因而温度裂缝通常被误指为干缩裂缝。干缩的发展过程甚慢，实际工程中发生的早期干缩值一般并不大。外部约束下发生的温度裂缝特征与干缩裂缝相似。

当混凝土表面温度突然下降发生收缩并受到内部混凝土约束时，常会在表面产生龟裂，造成这种情况的常见原因如采用过冷的养护水，或拆模后的混凝土表面骤然暴露于冷空气中。龟裂是发生在混凝土表面上的并组成多角形块状的无序状细小裂缝，在平时不易察觉，但当混凝土表面受湿并进而干燥时，龟裂就变得清晰可见。龟裂出现在硬化早期的混凝土中，除温度收缩原因造成外，混凝土浇筑后的抹面工序不当也会产生龟裂。抹面过度会使水和骨料上的尘泥带到表面，并加大表皮干燥收缩而导致龟裂；抹面时如对过湿的混凝土面层洒上干水泥粉，或者对过干的混凝土面层洒水都会造成龟裂。此外，表层混凝土的早期蒸发失水也是龟裂的主要原因之一。造成塑性干裂的所有因素都对早期硬化混凝土的龟裂起作用，只是塑性干裂出现得更早。为防止龟裂，养护水的温度与混凝土表面温度之差不应超过 15℃。

（2）防止温度收缩裂缝的主要措施[14][20]

1）降低水化热及其释放速度

减少水泥用量，掺加粉煤灰等矿料，采用低热水泥，这些都能降低水化热。普通硅酸盐水泥的水化热值约为 380kJ/kg（425 水泥）和 460kJ/kg（525 水泥），矿渣水泥的水化热约低 40kJ/kg 左右，一般混凝土的比热约为 1kJ/kg℃，这样每方混凝土中每 100kg 水泥的水化热可使混凝土升温约 10℃；但因混凝土的热量在水化热的释放过程中可向四周不断扩散，所以水化热导致混凝土的实际温升要比快速放热时低。大体积混凝土内部积聚的水化热不易释放，在理想绝热情况下，对于每方水泥量为 350kg/m³ 的混凝土，热膨胀应变可达 350×10^{-6} 甚至更多。早强水泥的发热量大，而且释放速度快，尤其在高温气候下不宜用于大体积混凝土中[12][28]。

用粉煤灰、矿碴等矿物掺合料取代部分水泥可以明显减少水化热，对早期混凝土防裂有重要作用。硅粉由于颗粒极细，水化反应较快，所以在降低水化热的效果上不明显。

2）降低混凝土的入模温度和浇筑温度

降低混凝土的入模温度对于提高硬化混凝土的 28 天强度和防止温度收缩开裂都有很大好处。入模温度增加时，水化热释放速度加快，升温速度加剧。当混凝土在高温季节中施工时，更应采取措施降低新拌混凝土的温度。为降低混凝土拌料温度，首先要控制投料时的原材料温度。在混凝土各个组分中，水的比热为水泥和骨料的 5 倍，对混凝土温度的影响最大，而且水温也比骨料的温度容易控制和调节，所以工程上多首先来用冷水或冰来降低混凝土的温度。以一般的混凝土配比（水泥 336kg，水 170kg，骨料 1850kg）为例，如果将水温降低 4℃，就可将混凝土温度降低 1℃，而若将 50% 的拌合水用冰取代，则单靠冰的融化（吸热 335J/g）就可将混凝土温度降低 11℃，而融化后的零度水还可继续将混凝土的温度再降低约 4℃。

骨料在混凝土配比中用量最大，因而降低骨料温度所带来的效果比较显著。可以将骨料堆放场地遮阴，或用气冷、喷雾、淋洒来降低骨料温度，不过后者易引起含水量的波动。骨料温度每降低 2℃，可将混凝土温度降下 1℃。水泥温度对拌料温度的影响相对较小，水泥的温度每降低 8℃才能使混凝土温度下降 1℃。但新出厂的水泥温度有时非常高，其在贮存过程中散热很慢，如用这种高温下的水泥来配制混凝土会明显提高拌料温度并带来不利的后果。

为了降低混凝土的入模温度，还要尽量减少混凝土在输送过程中由于环境影响造成的温升，如将搅拌运输车的滚筒表面漆成白色以减少阳光直射引起的温升。据测定，在夏天的 1 小时输送过程中，白色滚筒中的混凝土温度可比红色滚筒低 1.4℃，比奶油色低 0.3℃。从搅拌到输送的时间间隔应尽量缩短，因为时间一长，水泥水化、温升、坍落度损失、骨料磨细作用以及含气量消失程度都会增加。国外的经验表明，用液氮冷却骨料或直接冷却混凝土拌料甚为经济有效，不过在国内迄今尚未用于工程实践。

要控制混凝土入模时的温度在规定值以下。混凝土的浇筑温度宜在 24℃ 到 18℃ 之间，如果超过 30℃ 则很可能出现问题。较低的浇筑温度（如 10℃）对于防裂非常有用，另外浇筑时还要尽可能保持混凝土的温度均匀。

当白天气温很高时，改在傍晚后浇筑混凝土能取得较好效果，可防止或减少温度裂缝。早晨浇筑混凝土的效果往往最差，因为水化热和阳光会使浇筑后混凝土的温度在白天达到很高的数值。

对于不配筋的大体积混凝土，要求内部温升不应超过当地年平均气温 11～14℃。在配筋情况下，混凝土内部峰值温度也不宜大于 70℃～75℃。前面提到的防止塑性干缩裂缝的措施，如现场遮阴、设置风障、喷雾增湿降温等均有利于防止温度收缩裂缝。在热天进行混凝土施工，浇筑的速度也应该加快，但振捣必须充分，分层浇筑时的每层混凝土厚度应适当减小，使振动的影响能够达到下层混凝土，以消除施工缝的冷接质量问题。

3）防止混凝土表面温度的骤然变化

要防止阳光暴晒和接触寒冷空气。为了保持混凝土的表面温度与内部的温差以及与外界大气的温差在规定的范围内，就需要在表面设置隔热层以免温度的骤然变化，使表面混凝土的温度能缓慢的接近环境温度。但是隔热层也不能过厚或设置时间过长，否则内部混凝土温度会降不下来，另外在混凝土浇筑后初期，整个混凝土处于升温阶段，这时表面混凝土可能受压，此时设置隔热层可能反而有害。拌合水和养护水的蒸发有明显的降温效果，只要蒸发量不过分，不至于导致干裂，这种降温效果是很有利的。隔热层材料的热导率可在 $3.6～0.5\mathrm{kgcal/m^2/hr/℃}$ 之间。木模的热传导系数远低于钢模，在没有隔热层的情况下，双侧木模中的墙体温度会明显高于钢模中的温度，因为通过钢模的散热量可高于木模（厚 20mm）的 20 倍。混凝土墙的温升当然还与墙厚有关，当墙厚为 45～60cm 时，墙的中心部位温度有可能在浇筑后 20 小时达到峰值并可能达到 60～70℃，如果使用木模并在有风的较凉日子里拆模，混凝土表面温度可迅速下降到 15℃，这样就会出现开裂。

浇筑大体积混凝土可采用分层浇筑的施工方法，待下一层混凝土的水化热基本释放后（如每隔 5～7 天）再浇筑上一层，同时控制每层混凝土的厚度不使热量过于积聚。

混凝土内部和表面的温差不宜超过 20℃，表面温度与所接触的大气温度之差也不宜超过 20℃，混凝土冷却时的降温速度不宜超过 0.5～1℃/h，否则就很有可能开裂。这一温差限值多基于经验而定，显然应与不同的结构型式，所受的不同约束程度，不同的材料特性，以及所处的环境条件与养护条件而异，也有将温差限值定在 25℃ 或 30℃ 以内的。

4）改善混凝土的强度和热学性能

提高混凝土的抗拉性能和降低混凝土的热膨胀系数均有利于防止温度收缩开裂。混凝土的热膨胀系数约在 $(6.3～11.7)\times10^{-6}/℃$ 的范围内，平均约为 $9\times10^{-6}/℃$。10m 长的混凝土如温度变化 30℃ 约可收缩 3mm。热膨胀系数与不同骨料类型有关，用石灰岩时偏小，用砂岩时偏大。用石灰岩骨料的混凝土热膨胀系数约为 $7.5\times10^{-6}/℃$。

此外，还可采取设置伸缩缝、配置构造钢筋、采用膨胀混凝土或后浇带施工等措施。

（3）混凝土早期温度裂缝的控制[17]

早期温度裂缝的控制通常包括以下几个环节：

1）控制混凝土的浇筑温度；

2）控制混凝土浇筑后因水化热升温等原因达到的内部最高温度；

3）控制混凝土体内的温度梯度，即表面温度与中心温度的最大温差；

4）控制混凝土表面温度与外界相连介质（大气、保温层或老混凝土、基岩等）之间的温差。

为此，应在施工中尽可能减少混凝土因水化热和施工环境引起的温度变化幅度，更要防止环境温度的骤然变化，并在混凝土原材料及配比上，选择热膨胀系数较低和抗拉变形能力较高的混凝土。

上述各种控温参数一般由经验确定，在一些国家的混凝土施工规程中也有所规定。这里所指的表面温度是混凝土构件表面以内 2～3cm 处的混凝土表层温度。由于温度应力的计算相当复杂，而用计算机进行数值分析的现成程序也尚未普及，所以当前采用基于经验的温度控制方法仍有其实用价值。

混凝土的热膨胀系数一般在 $10 \times 10^{-6}/℃$ 左右。从表面上看，如发生 10℃ 的温差，温度收缩应变达到 100×10^{-6}，这在弹性状态下引起的拉应力已足能使早期混凝土发生开裂。但是实践说明，结构温差即使达到 20～30℃ 时往往还不至于开裂，原因是结构中的混凝土并没有受到完全的约束，以及早期混凝土具有较大的塑性变形和徐变能力。

若混凝土浇筑后处于理想的绝热情况下，则在水化热作用下不断升温，根据水泥品种和混凝土初始浇筑温度的不同，要在十余天后才能接近峰值温度。实际结构中的混凝土由于散热作用，混凝土浇筑后达到的峰值温度要低于绝热时的峰值，而且到达峰值温度的时间也较短并很快降温。混凝土内部温度升至峰值的时间视水泥品种，浇筑温度特别是构件的厚度、形状和散热条件而定。对于地下结构的墙、板构件，一般在浇注后的 1～2 天，内部温度达到峰值，如墙板很厚超过 1～2m，则达到峰值温度时间在浇注后 3～5 天。水化热引起的内部混凝土温升在较厚的墙板中可达 25～35℃，这样加上原来的浇筑温度后，峰值温度常可达 60℃ 以上，对于水泥用量较多的高强混凝土有时可超过 70～80℃。过高的温度不但在降温时更容易造成开裂，而且还会损害混凝土的强度发展。随着混凝土温度通过峰值后降温并发生收缩，原先在约束状态下形成的拉应力很快下降至零，此时的温度为 T_{Z2}（图7），继续降温冷却则在混凝土内引起拉应力。问题在于零应力温度 T_{Z2} 的大小通常仍与峰值温度相近，而混凝土中的温度收缩拉应力正是在 T_{Z2} 这一相当高的温度作为基准下冷却后产生的。零应力温度越高，冷却时的拉应力愈大，也愈容易开裂。混凝土内部温度冷却到接近周围气温的时间在几十厘米厚的墙板中有时可达 10～15 天。

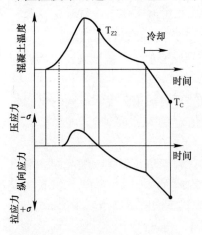

图 7　早期混凝土的温度
变化与应力变化

值得注意的是，同一截面不同位置的混凝土，由于散热条件不同，其峰值温度、零应力温度，以及到达这些温度的时间都不相同。由于温度分布梯度与零应力温度分布梯度不一致，即使混凝土没有外部约束，也会产生温度应力。混凝土浇筑后表面如受阳光照射，则表面处的零应力温度将增加，对防裂极为不利。重要的工程在施工过程中应该进行温度监控测量，如红水河铁路桥的箱梁高 3m、厚 1.3m，采用高强混凝土，在气温为 10～15℃ 的情况下，施工时实测混凝土内部最高温度达 72℃。

1) 浇筑温度的控制

降低混凝土浇筑温度可以提高混凝土工作度和强度并有利于防裂。美国有标准规定浇筑温度应低于32℃，日本建筑学会标准规定应低于35℃，但一般认为不宜超过30℃。研究表明，最有效的防裂途径就是降低新拌混凝土浇筑温度。德国等欧洲国家多规定混凝土拌料温度不超过25℃。混凝土的拌制温度与浇筑温度在试验室条件下一般不会有大的差别，但在工程中则不然，因为从拌制出料到浇筑，其间要经过运输与入模、振捣等环节，加上水泥遇水后升温，如果混凝土原材料未经过特殊冷却处理，则浇筑温度一般可高出拌制温度5℃甚至更多，不过这又与日照及从拌制到浇筑的过程长短有关。如果环境温度低于拌料温度，则可能出现相反的结果。

为了控制浇筑温度，首先是要控制混凝土原材料的温度。因为浇筑温度不宜大于25～30℃，所以夏天施工宜对混凝土原材料和拌料采取预冷措施。

2) 内部最高温度控制

控制混凝土浇筑后的温升并将内部的峰值温度限制在规定的数值内，是为了降低冷却时产生的拉应力以及防止过高的温度对混凝土的强度造成的可能损害。大体积混凝土内的最高温度一般可达50～60℃或更高，通常将最高温度限制在70℃以下。降低最高温度的主要途径是：1) 降低浇筑温度；2) 降低水化热释放值和释放速度，包括采用低热水泥，减少水泥用量和使用外加剂；3) 及时散热，减少水化热积聚，并通过合理的施工顺序和施工方法加以实现；4) 人工冷却，如在大体积混凝土内部埋入冷却水管降温。降低水化热及其释放速度是控制温升的关键。

3) 温差控制

温差控制主要是限制混凝土体内的温差和新浇混凝土与邻接老混凝土（或地基）之间的温差，防止发生过大拉应力。前面已经提到，混凝土沿截面的实际温度分布梯度与零应力温度分布梯度不一致，这样即使在相同的温差下，所产生的拉应力值仍可相差很多，甚至在混凝土表面上可出现压应力而不是拉应力。由于温度和温度应力之间不存在线性相关关系，基于经验的温差控制在一些情况下并不能保证裂缝发生，但在多数情况下，仍可作为一种简单的防范规则。事实上，如果沿截面的温度梯度与零应力温度梯度相等，则温度应力等于零，这时即使表面温度甚低于内部也不会开裂。零应力温度及其梯度主要决定于混凝土开始硬化时的温度即浇注后第一天的温度，如果混凝土表面初期时在较低的温度下硬化，其零应力温度较低，显然对防裂有利。试验也证明，混凝土浇筑后初期（约1天内）保持表面冷却（如铺上吸水毯，通过蒸发降温）对防裂有效，但一旦混凝土的弹性模量已发展较高时，则必须防止继续冷却而转为保温。如果混凝土表面的零应力温度比中心高（如表面在阳光照射下开始硬化），即使表面温度与内部相近，也会导致开裂。

温差控制的具体量值在一些国家和有关资料中并不一致，但多数要求混凝土表面温度与截面内部最高温度之差不大于20℃，或表面温度与截面平均温度之差不超过15℃。此外，在新浇混凝土与邻接混凝土之间的温差也要求小于20℃。但在此段要求新浇混凝土的浇筑温度平均值与已浇注的混凝土或已硬化的邻接混凝土之间的温差不超过12～15℃。将这一温差控制严一些看来有其必要，有分析表明，浇筑于硬化的刚性构件上的早期混凝土，即使温差小于15℃，也有开裂可能，而风速和外部约束程度则是造成开裂的最主要因素。也有一些资料规定，为防止表面开裂，混凝土里外温差对于 2m 厚以上的构件应不超过 15℃。考虑到温度膨胀系数的差异，也有人认为 20℃的经验温差比较适用于膨胀系数偏大的卵石混凝土（约 $12 \times 10^{-6}/℃$），如骨料为石灰石热膨胀系数低，则 20℃的限值偏于保守。

早期混凝土表面与大气直接接触时的温差限值一般也定在 20℃左右，否则应加上覆盖，养护水的温度应不低于混凝土表温 15℃。

如果能用温度应力分析的结果而不是依据经验来确定温差的控制值，有可能更为可靠。

新老混凝土之间的温差以及新浇混凝土与基底岩土之间的温差最好根据不同的约束情况作出调整，有资料介绍在不同水平变形模量的基岩上浇筑混凝土时，温差限值对刚度较弱的粉砂岩取为 25℃，对刚度较大的砾岩取为 17~22℃（构件高长比 H/L<0.2 时取下限，>0.5 时取上限）。早期混凝土如果拆模过早，表面暴露于大气时的温差大，必须立即覆盖保温。经验表明，新浇混凝土如当晚因气温下降，使混凝土表面温度下降 15℃以下，就有开裂的危险。

5. 混凝土开裂性能测定

为了比较不同原材料和不同配比混凝土的开裂性能，在传统的概念上多将收缩与开裂相联系，通过测定混凝土试件的干缩值来评定混凝土的开裂性能。但是混凝土开裂还与混凝土的抗拉强度、变形模量、徐变能力等力学性能以及线膨胀系数等的热学性能有关，干缩值偏大的并不表示抗裂性能就一定最差，所以寻求一种能够直接反映开裂特性的测试方法不论从工程检验或试验研究的角度看均有较大意义。在这一方面，国外业已采用的开裂测试环等方法值得借鉴应用。

（1）开裂测试环

与自由收缩状态下测定混凝土变形的标准干缩率试验不同，开裂性能试验是测定混凝土在约束条件下收缩时（限制收缩状态）的变形与开裂过程。采用环形混凝土试件，直接浇注在钢环的外侧（图 8），混凝土环形试件沿环向收缩时其内径有缩小趋势并因钢环的约束在试件中引起环向的收缩拉应力，当拉应力超过抗拉强度时发生开裂。随着继续收缩，裂缝宽度不断增加，且因混凝土与钢环之间的粘结力约束可有新的裂缝出现。根据裂缝的出现时间、裂缝发展以及最大裂宽等数据，可以对不同混凝土的开裂性能做出比较。这种限制性收缩试验综合体现了混凝土收缩、抗拉强度、徐变等多种因素对开裂的影响，但是尚不能反映温度收缩的作用。试验时混凝土环形试件的外侧表面暴露于空气中，内侧和底面则分别与钢环和底板接触，顶面则用硅酮橡胶或环氧树脂密封。试件的养护过程和温、湿度参数，可以模拟实际工程中的状态或按照设置的某一条件而定。

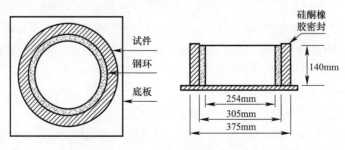

图 8 开裂测试环

试验时可以同时制作相同尺寸的混凝土环形试件在内侧没有钢环的约束情况下进行自由收缩试验,测定其自由收缩变形并与限制收缩时进行比较。

(2) 开裂测试架

开裂测试架主要用来测定混凝土在约束状态下发生温度等收缩变形时的应力与开裂特性。测试装置如图9所示。当混凝土试件纵向伸缩时,因其两端固定于测试架内不能自由移动而受力,测试架的两个端部用两根钢杆连接,后者的截面积与混凝土试件相近因而保证测试架有很大的刚度,钢杆用特殊的因伐钢制成,热膨胀系数非常低,以消除

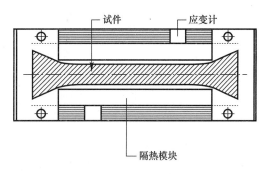

图 9 开裂测试架

周围温度变化带来的影响。混凝土试件置于隔热的模块中,试件所受的轴向力通过钢杆上的应变测力计量出,同时测量试件的温度变化。试验时试件首先在水化热作用下升温膨胀,并逐渐冷却收缩,直至出现开裂并记录开裂时的温度。如果冷却至室温时仍未开裂,则在试件周围通入冷空气,逐级降温直至发生开裂。显然,试验得出的开裂温度就成为混凝土开裂性能的一个指标,开裂温度愈低,表示这种混凝土愈不容易开裂。

图7所表示的就是开裂测试架量得的典型温度时程曲线和应力时程曲线。混凝土试件开始升温时应力为零,待硬化后在升温膨胀状态下呈受压状态,当温度超过峰值逐步冷却时,试件开始收缩,压应力逐渐减小,并继而变成受拉。压拉过渡时的应力为零,此时的温度 T_{Z2} 为零应力温度,零应力温度与混凝土水化热、热膨胀系数、弹性模量发展、应力松弛以及化学自生收缩或膨胀等多种因素有关,是混凝土处于不受力状态时并即将转入受拉的温度。零应力温度一般仅稍低于峰值温度,零应力温度愈高,冷却后的开裂危险性愈大。出于多种因素的影响,混凝土内出现峰值温度与峰值应力的时间并不重合。图7中 T_c 为试件冷却到开裂时的温度,此时试件的拉应力从峰值(抗拉强度)降为零。

开裂测试架的试验结果表明[3]:

a) 若将新拌混凝土的浇筑温度从 25℃减少到 12℃,则开裂温度可降低 15~19℃,足见降低浇筑温度对防裂的重要性;

b) 由于石英岩骨料的膨胀系数比石灰岩骨料高 50%,用石英岩骨料配制的混凝土,其开裂温度要提高 6~9℃,说明骨料品种对开裂的重要影响;

c) 增加水泥用量导致开裂温度增加。当水灰比从 0.4 增加到 0.7,开裂温度下降,说明提高水灰比对防裂有利,但水灰比大于 0.7 后,开裂温度又增加,因此时的抗拉强度降低太多;

d) 加矿渣可使水化热降低,但抗拉强度也下降,所以对防裂不一定有效。加粉煤灰则可使开裂温度下降。加硅粉对防裂不利;

e) 掺加引气剂有利于抗裂,可使开裂温度 T_c 下降 4~5℃,引气量可为 4%~6%;

f) 早强水泥增加开裂危险;

g) 不同水泥对混凝土开裂的影响,可用零应力温度测定加以说明;

h) 早期强度(12 小时)高的混凝土,开裂温度也高,不利于防裂,12 小时的抗压强

度宜在 3~6MPa 范围内，否则应调整水泥用量，比如德国根据对隧道施工的调查，冬季施工时每方水泥用量为 340kg，夏季则调整为 280kg 水泥加 60kg 粉煤灰，要求的开裂温度低于 10℃，并控制新拌混凝土的温度不高于 25℃。

6. 施工阶段裂缝控制的设计考虑

防裂的关键在于施工环节。但并不是说设计环节不重要，如果设计时忽略了对施工单位提出具体的防裂要求，或者在结构设计的连接缝、配筋等构造方法上有误，也会不可避免造成开裂。可是这些构造方法的正确选择，又往往依赖于施工的具体条件和水平。

为了控制大型地下结构混凝土的开裂并满足工程防水的需要，应该在工程的技术设计或施工图设计阶段进行专门分析研究。在我国，工程的施工图设计是由设计单位承担的，不像有些国家通常由施工承包单位负责。混凝土的裂缝控制与施工过程中的环境气象条件、材料供应、施工设备以及施工技术和管理水平等因素密不可分，所以设计单位要对施工方提出要求。随着我国基本建设体制改革的深化，国内近年来已有按国际惯例将施工图设计改由施工承包单位完成，这种做法在工程防裂等技术问题上责任明确，有利于提高工程质量。

设计单位需要考虑的裂缝控制途径主要有：

1）降低结构构件的外部约束度。主要是采取构造措施，设置各种连接缝（伸缩缝，控制缝，后浇带，施工缝）以及在约束界面上设置滑动层、缓冲层等，并规定具体的构造细节。

2）降低混凝土的收缩量与收缩差。包括干燥收缩和温差收缩。设计单位应该提出混凝土施工温度控制的具体规定以及混凝土施工养护和现场温度监控的基本要求。

3）提高混凝土的抗裂性能。除规定构造配筋的数量和布置方法外，设计单位可在施工图或施工文件中提出对混凝土配比的具体要求，必要时在某些区段采用膨胀混凝土或纤维混凝土。

此外，设计单位要对结构施工时的温度场和收缩应力进行必要的估算，以确认所采取的裂缝控制措施是适宜的，还可对施工方提出混凝土材料抗裂性能需要有进行必要试验的内容。

（1）防裂混凝土[35]

1）提高普通混凝土的防裂性能

混凝土质量的均匀性和密实性是结构防裂与防水的首要保证。国内 20 世纪 80 年代修建的地铁工程，有的竟采用高水灰比的 C25 混凝土，显然会损害工程的耐久性。用抗渗标号测试混凝土的密实性对于多数地下工程来说没有多大意义，只要控制好混凝土的水灰比或强度，抗渗标号自然会满足。混凝土工程之所以出现渗漏，更多是施工原因造成，特别是混凝土质量不均匀所致，强度等级低的混凝土更容易导致这种不均匀性。

为抗裂和防水，工程设计单位应该在施工图或相应文件标明：选用水化热较低的硅酸盐水泥；混凝土强度等级不宜低于 C35；采用矿渣粉煤灰掺合料；水胶比不宜大于 0.50；除高强混凝土外，硅酸盐水泥最大用量不宜超过 300kg/m³。

2）补偿收缩混凝土[31]

补偿收缩混凝土是一种适度膨胀的混凝土，或称膨胀混凝土[31]。采用膨胀混凝土可以防止混凝土开裂，用于地下工程有大量的成功实例，但也有过不少失败经历。在浙江曾举行过一次主要由施工单位参加的混凝土防裂研讨会，会上大概有一半的人对膨胀剂的有效性表示怀疑。应该说，膨胀剂能够防裂，之所以褒贬不一，关键在于这种技术的成功应用必须具有专门的知识和技术，在一定程度上带有"诀窍"的性质，并不是随便拿来就能用好的。膨胀剂的作用是在混凝土的养护早期引起水泥浆体膨胀，在内部钢筋或外部物体（如坚固的模板，邻侧构件等）的约束下使混凝土受到初始压应力，钢筋则相应受拉。当混凝土进一步干燥或降温收缩时，原来的受压状态可以全部或部分抵消收缩引起的拉应力，使混凝土内不至于开裂（图 10）。要使膨胀剂起到作用，膨胀剂用量的过大或过小都会对防裂效果和混凝土强度产生不利影响[26][30][32]。

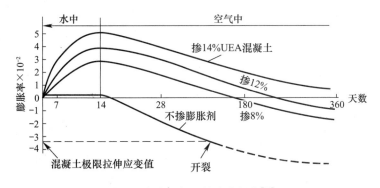

图 10　膨胀混凝土的膨胀性能[26]

试验表明，早期的限制膨胀还有利于增加混凝土抗压强度。早期限制膨胀的好处主要在于：a）可使早期混凝土处于受压或低受拉的应力状态，避免早期开裂；b）虽然膨胀混凝土仍然会逐渐发生收缩，但延迟了收缩时间，此时的混凝土抗拉能力已比早期有较大增长。一些资料均认为膨胀混凝土的限制收缩可比普通混凝土的收缩低 20％左右，不过后者一般是指自由收缩，没有钢筋的限制，所以似乎缺乏可比性。但是即使膨胀混凝土的收缩量与普通混凝土相同，其防裂作用依然是明显的，因为膨胀混凝土的收缩是在初始的限制膨胀量的基础上收缩，最终仍可使混凝土处于膨胀受压或者较小的收缩受拉状态。

膨胀混凝土的限制膨胀率，可按照我国技术标准 GBJ119-88 的方法测定，采用的是 $10cm×10cm×30cm$ 小试件。但是实际结构中混凝土所受的限制膨胀程度难以用标准小试件模拟，约束情况不同，饱水程度不一致，温度也不一致。不同的膨胀剂对于温度、养护条件、水泥品种、减水剂、掺合料品种的适应性均有所不同。限制膨胀率又与膨胀剂的种类、掺量、水灰比和养护条件等多种因素有关。有报导指出，膨胀混凝土如果早期干燥缺水，有可能引起水化产物成分的改变，此时的混凝土收缩甚至可比普通混凝土大许多，反而会加速开裂。膨胀剂拌合不匀，产生过量膨胀也能引起开裂。膨胀剂与其他外加剂一起使用的效果尚不很清楚，加入减水剂能加快钙矾石生成，可能会降低限制膨胀率。膨胀剂的应用还有可能增加混凝土的坍落度经时损失。

建议施工单位在应用某种膨胀剂时，应聘请专门从事膨胀剂施工的专业机构人员进行指导，有严格的工法和操作条例，除非此前已有此类膨胀剂的应用经验。此外在施工前，必须对所用膨胀混凝土的性能进行专门检验，测定其自由膨胀率、限制膨胀率和限制收缩率；除标准试验外，还宜补充进行温度影响试验以及较大尺寸构件的抗裂模拟试验。

在游宝坤主编的《建筑物裂渗控制新技术》[30]中，对膨胀剂的应用有详细的介绍。

3）纤维混凝土

比较常用的纤维有玻璃纤维，聚丙烯纤维、芳纶纤维、尼龙纤维等有机化学纤维和钢纤维，化学纤维对混凝土强度的提高作用不大，但能显著改善混凝土的抗裂性能，包括塑性开裂和硬化后的开裂，特别是塑性开裂。现在用得多的是有机化学纤维，因其价格较低，又不像玻璃纤维那样必须使用特殊的低碱水泥而且韧性很差。纤维混凝土的施工需有专门的技术，尤其是钢纤维混凝土的施工，这里不再叙述。

（2）连接缝

结构中的常见连接缝有施工缝、控制缝、伸缩缝以及抗震缝和沉降缝等，后浇带也可列入连接缝的范畴。这些连接缝有的不允许有任何相对移动，如施工缝；有的则可发生相对的移动如伸缩缝，抗震缝和沉降缝，统称为变形缝。施工缝主要适应工程施工的需要，控制缝主要用来控制裂缝的位置，伸缩缝适应徐变、收缩、温度变化的膨胀需要。所有这些连接缝对于防止或限制混凝土开裂都有重要作用，应在施工图中标明其位置和具体构造细节。

1）施工缝

施工缝应不损害结构整体性，置于受力较小的部位，构件中的钢筋应全部穿过施工缝。为确保水密性，宜在施工缝的位置上内埋止水带或在接缝内嵌入膨胀腻子条。精心操作的水平施工缝一般容易达到水密性要求，但竖向的施工缝宜设置止水带。施工缝两侧的新老混凝土需很好粘结，浇筑前应凿毛清洗。如果一侧混凝土已干燥，应在浇筑新混凝土以前使之润湿一天以上的时间，浇筑前在缝面上先刷上一层砂浆。

将施工缝分层、分段浇筑既是施工的需要，又能降低构件内水化热的积聚，而且施工停顿间隔可使已浇的混凝土能够在较小约束下完成部分体积收缩，这些均能降低混凝土中的收缩应力，因此合理规划施工缝的位置与施工间隔，应作为防裂的重要手段之一。

底部连续约束下的地下结构墙体和底板，其收缩拉应力与墙体的长度与高度之比 L/H（或板的长度与厚度之 L/h）有关，L/H 值较小的墙体在底部约束下不易开裂。如将墙体沿纵向分段浇筑或间隔跳槽浇筑，每段混凝土的 L/H 值均较小，当连成整体时也不易裂开。墙体分层浇筑时，每层的 L/H 值可能增大，但浇筑过程中容易散热，当继续浇筑上层混凝土时，下层已完成部分收缩。地下结构的外墙或底板多处于潮湿环境，干燥收缩较小，造成混凝土开裂的主要原因是早期温度收缩或收缩差。

施工缝的纵向间距取决于多种因素，有资料认为，混凝土墙一次浇筑的长度一般不宜超过 12～15m。图 11 是墙体施工缝的一些典型构造，在连结处的模板宜做成突出的键状，纵向钢筋可以全部连续穿过施工缝，也可以在连接缝处搭接，上下的搭接需错开。施工缝一侧的 4 倍板厚长度内，竖向分布钢筋的间距宜加密。在一些工程中，也有将施工缝与控制缝结合起来的做法，此时需削减施工缝的截面。

2）控制缝

控制缝又称收缩缝或诱导缝，是人为削减构件连接处的截面，其作用是控制混凝土开裂的位置，防止在其他部位继续发生无序的开裂。控制缝裂开后，墙、板构件的整体长度

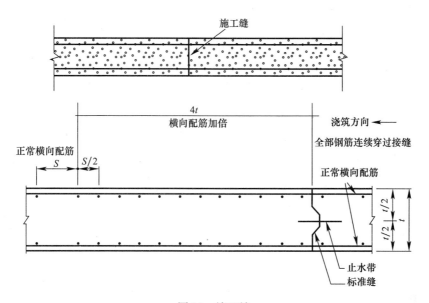

图 11 施工缝

减少，降低了外部约束的程度。控制缝二侧的钢筋可以部分（不大于50%）穿过接缝，也可以全部断开，将构件内的钢筋离接缝约5cm处切断。控制缝的截面缩减处，可做出槽沟并用防水材料嵌填密封。通常可在浇筑前嵌入木条形成槽沟，必要时在控制缝上也可设置传递剪力用的梢或键，为保证水密性需在控制缝内埋入止水带。

控制缝的施工方法可以与施工缝相同，即先浇筑到接缝位置，做好完整的对接面，并在对接面上涂刷养护剂或其他用于阻隔粘结的隔离剂，然后折去模板继续构筑另一侧的混凝土；控制缝二侧的混凝土也可以是连续浇筑，此时应削弱接缝处的截面。任何情况下，控制缝的截面削弱深度应不小于截面全高的$1/4 \sim 1/5$。止水带部位的施工质量是控制缝施工中最为重要的环节，必须有严格的质量保证措施。止水带在浇筑振捣过程中不能错位，周围的混凝土必需密实相连。通常宜采用膨胀橡胶止水带，止水带的形状和构造也应仔细选择；曲折式密封止水带安装较容易，施工时也不易错位，但如接缝处发生较大收缩易引起周围混凝土损坏，哑铃式密封止水带则反之。图12是控制缝的一些典型构造方法。

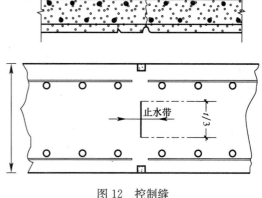

图 12 控制缝

对控制缝间距大小的看法比较分歧，防水结构的控制缝间距可从若干米到25m。控制缝的间距与混凝土的收缩特性、温差大小、结构所受的约束程度、构件尺寸、配筋率和结构功能要求等多种因素有关。由于缺乏可靠的工程计算分析方法，在很大程度上取决于经验和判断。控制缝间距通常与构件配筋率相联系，如果间距增加，混凝土开裂的可能性随之增大，因此配筋量也必须增加。但是控制缝在施工质量不能保证的情况下，本身就是一个潜在的渗漏环节，因此也有人主张宁可放大控制缝的间距，或者不设控制缝而只有施工缝，这时即使出现混凝土无序开裂，在有足够配筋的情况下也不至于裂宽很大，并且较细的无序开裂还有可能自愈。国外一些资料中对于那些有高水密性要求的贮水结构，多要求控制缝间距不超过 7～10m。对于外侧受连续约束的内衬墙和底面受连续约束的底板，由于垂直约束方向上的构件高度很小，设置控制缝不一定能起到其应有的作用。

3）伸缩缝

伸缩缝又称膨胀缝，允许在缝间发生伸缩，缝宽一般为 20～30mm。当外侧有水压时必须采用埋入式止水带并用其他材料嵌缝。由于混凝土构件的膨胀量通常不会超过收缩量，所以伸缩缝的应用场合比较有限。地下结构在使用期间的温度变化较小，除非结合抗震或沉降的需要，常无专门为混凝土体积变形而设置膨胀缝的必要，即使设置也应减少缝宽。伸缩缝构造复杂，防水失效的可能性大，应尽量节制使用，并尽可能用控制缝（收缩缝）、施工缝特别是用后浇带来替代。

我国标准中所指的伸缩缝实际上也包括了接缝处不留空隙的控制缝（即收缩缝），规定地上现浇框架和剪力墙的伸缩缝间距为 55～45m，地下墙板为 30m。国外有些标准也建议伸缩缝间距在 30～60m 左右，但不少专家倾向于 50～70m。也有人认为，混凝土干缩所造成的缝隙足以弥补 50～60℃ 的环境温升，所以用不着设置伸缩缝，而且确有许多长达120～150m 的房屋建筑不设伸缩缝而工作良好。

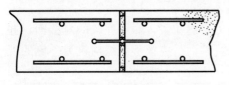

图 13 表示伸缩缝的一些典型构造。

在大开挖施工的地铁结构中，连接缝的做法也很不一样。旧金山地铁只采用 10～15m 的粘结施工缝，认为地下结构的环境温度变化不大，可不设伸缩缝，只要分段施工就能消除收缩影响，但在施

图 13　伸缩缝

工缝处设置了止水带。华盛顿地铁则采用最大间距为 15m 并设有止水带的无粘结施工缝（实际上相当于控制缝）来适应干缩和温降变形，同时在接缝的外侧表面上嵌入防水条。而在多伦多地铁，则采用间距为 12～20m 设有止水带的伸缩缝，地下结构的温差变化小，所以伸缩缝宽仅为 6mm。选择止水带的类型时应考虑到如何保证连接缝处的止水带定位不受施工浇筑影响，止水带须有足够厚度，宽度也不能太小，以防止被拉出缝间位置。除止水带外，连接处的补充防水措施可用膨润土做成防水层、防水带或防水条；膨润土是一种分解的火山灰材料，吸水后膨胀，能填充缝隙。如果某些部位的防水特别重要，如车站的顶板，则可同时采用止水带和膨润土防水，多伦多地铁顶板的接缝处铺了宽 60cm、厚5cm 的膨润土粉。

4）后浇带

后浇带在国外文献中称为收缩带（shrinkage strip），近年来广泛用于取代伸缩缝。工程实践表明，在很长的多层结构底板中，间距为 30～50m 的后浇带能起到很好的防裂作用，后浇带间距的大小当然也与构件所受的约束程度有关。

后浇带通常宽 0.7～1m，在两侧混凝土浇筑后的 2～4 周内构筑，此时二侧的混凝土已完成部分干缩（一个月龄期的混凝土约可完成全部干缩的 35%～40%）和水化热引起的温降收缩，并已获得较高的抗拉强度。后浇带上的钢筋应断开，来自两侧的钢筋相互搭接；如果后浇带上的钢筋是通长与两侧连续，则需作成弯折状（图 14），以便两侧的混凝土能在后浇带施工以前较为自由的收缩。国外在墙体施工中的后浇带间距常取 8m 左右，如果后浇带在两侧混凝土浇筑后很快施工（如间隔不到 2 周），这与间隔跳槽浇筑已无多大区别。国内对后浇带的施工，多要求两侧混凝土龄期达到 6 周以后才能进行。后浇带的连接缝做法与施工缝相同。

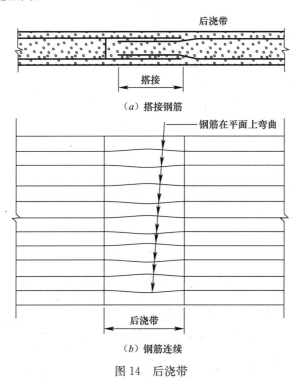

图 14　后浇带

5）无缝混凝土

无缝混凝土是指仅有施工缝而取消控制缝和伸缩缝的大体积混凝土，主要用于底板。为防止开裂，主要采取限制水泥用量、使用低热水泥、降低浇筑温度、控制构件内部的温差、设置施工缝和后浇带等措施。我国在无缝混凝土的施工方面有不少成功的经验，可参见王铁梦的著作[29]，游宝坤也提出过用 UEA 膨胀剂的无缝混凝土施工技术[30]。

6）滑动层和缓冲层

为了减少地基对底板所造成的外部约束，可以在地基与底板之间设置滑动层或缓冲层，后者用于构件局部突出嵌入基岩的情况（图 15）。滑动层的作法有：涂刷二道热沥青加铺一层油毡，或者铺设 10～20mm 厚沥青砂，或 50mm 厚砂或石屑层等。我们用有限元分析比较了岩石地基上高 $h=1m$ 和 $L/h=10$ 的混凝土构件在设置 10cm 厚砂垫层以后，构件所受到的最大约束度从 0.71 降低到 0.24，计算时偏大取用砂层的弹性模量为岩基的百分之一。

（3）构造钢筋

在构件中配置构造钢筋可以控制裂缝的宽度并限制其发展，其实质是通过减少裂缝间

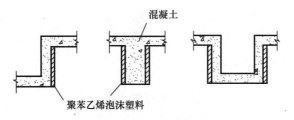

图 15　滑动层

距，使裂缝宽度能够控制在可以接受的范围内。配筋后，混凝土开裂时的极限拉应变值会有所增加，但也与多大的缝宽作为开裂标准有关。同样的配筋率，采用较细的钢筋能对抗裂起到更好的作用。

　　我国在房屋建筑中的构造配筋率常取 0.2% 左右，这一数值偏小，往往保证不了收缩开裂和构件应有的延性。美国出版的混凝土工程手册认为，ACI 207 委员会规定的最低构造配筋率 0.25% 在多数情况下不适用，根据经济和适用性的折中考虑，认为 0.4% 的配筋率（相应的钢筋屈服强度标准值为 420MPa）比较适当。图 16 所示抗收缩的配筋率与控制缝（或施工缝）间距的关系是基于经验总结得出的，钢筋强度高的抗裂作用也大，说明构造钢筋也宜选用较高强度等级的钢材。构造配筋一般放置在靠近构件表面的有限厚度内，对于厚度超过 50cm 的构件，在计算构件一侧的配筋率时，可按厚度为 25cm 的一侧混凝土面积计算。

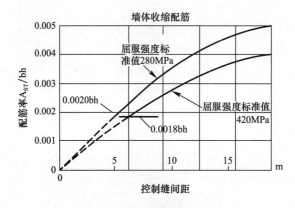

图 16　配筋率与控制缝间距

　　地铁车站墙体的构造配筋率多取 0.3%~0.6% 之间，当构件厚度超过 50cm 时，配筋率可按 50cm 的厚度计算。

7. 小结

　　（1）混凝土发生开裂往往是混凝土原材料选择不当、配比不良，以及施工质量低劣的综合反映，说明表示混凝土在强度、渗透性等方面可能存在更大的问题，后者对结构的危害程度要比裂缝本身严重得多。挡水结构与接触土体的地下结构等工程，有严格抗渗漏要求且缺乏修补条件，应严格控制裂缝出现。

　　（2）混凝土内的横向弯拉裂缝宽度对于钢筋锈蚀不至于造成较大影响，当裂缝宽度有可能构成防水威胁或有碍美观时应该加以修补。收缩裂缝和其他的非结构裂缝，绝大多数也是无害的，但应分析造出开裂的原因。

（3）对于厚度较大（超过 30～40cm）的墙板构件，特别是受有较大约束的地下结构构件，应该视为大体积混凝土在施工过程中进行混凝土的温度控制。施工过程中早期硬化混凝土的开裂主要是温度应力而不是干缩引起的，但后者可以加剧温度裂缝的发展，所以对早期混凝土的温度养护，具有与湿度养护一样的重要性。

（4）为了提高混凝土的防裂性能和防止开裂，在确定混凝土的配比时应减少水泥用量，外掺粉煤灰，并使用引气剂和适当的缓凝剂，同时选择适中的水灰比（0.45 左右），选用低收缩率和低温度膨胀系数的粗骨料与含泥量低的细骨料；在施工中应搅拌均匀，合理振捣并及时养护。

（5）防止新浇混凝土在硬化前的塑性干裂，关键在于控制混凝土表面的蒸发速度，并采取相应的措施。

（6）一般情况下，降低混凝土的拌和温度或浇筑温度能对于防裂起到重要作用。在大体积混凝土浇筑后的初期，表面混凝土在升温过程中宜保持冷却散热状态，但一旦温度开始下降，应立即采取覆盖保温措施。

（7）防止早期硬化混凝土的开裂，关键在于降低温度应力。基于经验的最高温度值和最大温差限值的控制方法虽然便于应用，但由于未能考虑结构所受约束和混凝土抗裂性能的作用而带有很大的局限性。重要的大体积混凝土工程在施工前宜进行温度和温度应力分析，并据此采取相应的防裂措施，同时在施工中实测监控实际温度。

（8）由于混凝土的抗裂性能受多种因素的综合影响，单凭标准干缩试验得出的收缩率大小并不能准确判断不同配比混凝土抗裂性能的优劣。为了测定混凝土不同原材料和不同配比对抗裂性能的影响，宜采用抗裂测试环等试验方法。

（9）施工阶段的裂缝控制，需要施工和设计方密切配合，共同提出具体措施。

参考文献

［1］ I. Soroka，Concrete in Hot Environments，E & FN SPON，1993

［2］ Guide to curing concrete ACI 328-R

［3］ R. Springenschmid, etc.，Practical Experience With Concrete Technological Measures to Avoid Cracking Effect of Restraint，*Proc. of Int. Rilem Symp.*，*Thermal Cracking in Concrete at Early Ages.* E&FN SPON，1994.

［4］ Causes，Evaluation，and Repair of Cracks in Concrete Structures，ACI 224 1R

［5］ Volume Change，and Reinforcement on Cracking of Massive Concrete，ACI 207. 2R

［6］ Hot Weather Concreting，ACI 305R

［7］ J. W. Kelly，Cracks in Concrete，*Concrete Construction*，Vol 26，No9，1981

［8］ K. Wiegrink, etc.，Shrinkage Cracking of High-Strength Concrete，*ACI Materials Journal* Sep-Oct. 1996

［9］ G. F. Kheder，Study of The Behavior of Volume Cracking in Base-Restraint Concrete Walls，*ACI Materials Journal* Mar-Apr. 1994

［10］ G. E. Kheder，A New Look at The Control of Volume Change Cracking of Base Restrained Concrete Walls，*ACI Structural Journal* May-June. 1997

[11] B. Khossrow, etc., Solutions to Concrete Bridge Deck Cracking, *Concrete International* July. 1997

[12] G. Schutter, etc., Estimation of Early-Age Thermal Cracking Tendency of Massive Concrete Elements by Means of Equivalent Thickness，*ACI Materials Journal* Sep-Oct. 1996

[13] S. P. Shah, etc., Effects of Shrinkage-Reducing Admixtures on Restrained Shrinkage Cracking of Concrete，*ACI Materials Journal* May-Jun. 1992

[14] R. Breitenbucher，M. Mangold，Minimization of Thermal Cracking in Concrete Members at Early Ages，Ibid

[15] E. Tazawa, etc., Effect of Autogenous Shrinkage on Self Stress in Hardening Concrete，Ibid

[16] E. Sellevold, etc., High Performance Concrete: Early Volume Change and Cracking Tendency，Ibid

[17] M. Mangold，R. Springenschmid，Why are Temperature-Related Criteria So Unreliable for Predicting Thermal Cracking at Early Ages，Ibid

[18] S. Lepage, etc., Control of the Development of Autogenous shrinkage Proc of Int. Sump. on HPC and RPC, Sherbroode 1998

[19] M. H. Price, Control of Cracking of Concrete During Construction *Concrete International*，Jan. 1982

[20] M. Enbag, S. Bernander, Assessment of Risk of Thermal Cracking in Hardening Concrete, ASCE, ST. Vol. 120，No. 10，1994

[21] S. P. Shah, A Method to Predict Shrinkage Cracking of Concrete, ACI Materials Journal, July/Aug，1998

[22] S. Ono，etc.，State of the Art on Thermal Cracking Control of Massive Concrete, Concrete Jour.，Vol. 38，No8，1998（in Japanese）

[23] 王铁梦. 建筑物的裂缝控制. 上海科学技术出版社，1987

[24] 叶琳昌，沈义. 大体积混凝土施工. 中国建筑工业出版社，1987

[25] 安明哲等. 高强混凝土的自收缩试验研究. 国际混凝土外加剂与高强高性能混凝土兼冬季施工综合技术研讨会论文集，哈尔滨，1998 年 8 月

[26] 淤宝坤等. 我国混凝土膨胀剂发展的近况.（同上论文集）

[27] 元萌，李宗津. 高性能混凝土收缩与裂缝的试验研究. 混凝土结构基本理论及工程应用全国第五届学术会论文集. 1998 年 10 月

[28] 赵士怀等. 高层建筑大体积混凝土结构温度裂缝控制技术. 施工技术，1998，No5

[29] 王铁梦. 工程结构裂缝控制. 中国建筑工业出版社，1997

[30] 游宝坤主编. 建筑物裂渗控制新技术（论文集）. 中国建材工业出版社，1994

[31] 薛君千，吴中伟. 膨胀和自应力水泥及其应用. 中国建筑工业出版社，1985

[32] 陈恩义. 钙矾石类膨胀剂各组分作用机理及其应用的研究. 清华大学博士学位论文，1995

[33] J. Weiss, et. al, Shrinkage Cracking of Restrained Slabs, *ASCE Jour. EM.* July, 1998

[34] R. Rawi，G. Kheder, Control of Cracking Due to Volume Change in Base-Restrained Concrete Members. *ACI Structural Journal*，July-Aug. 1990

[35] R. Bloom, et. al, Free and Restrained Shrinkage for Normal and High-Strength Concrete, *ACI Material Jour.* 92（2），1995

编后注：本文作为咨询项目报告，编写于 2000 年，原稿很长，本文为删节稿。

混凝土结构的弯、拉裂缝一般无害

1. 混凝土裂缝

现行混凝土结构设计规范主要针对荷载作用下由拉力和弯矩引起的构件横向裂缝提出裂缝控制要求，并作为适用性极限状态验算中的一个重要内容。

工程中绝大多数的混凝土裂缝是源于混凝土的早期收缩（新拌混凝土硬结前的塑性收缩与硬化后混凝土的水化热温降收缩、干燥收缩和自生收缩）、后期干缩以及使用中的温度变化和支座沉降。近年因推广散装水泥，运到工程现场后未经很好冷却就使用，又为温度收缩增加了一个新的难题。真正因荷载作用引起的裂缝在实际工程中极少见到，混凝土裂缝的大家族中，荷载裂缝实属凤毛麟角，可是我国的设计规范中，荷载裂缝宽度的计算值不但被夸大到异常的程度，而且又突出了它的危害性。

我们反复强调过，对于混凝土的开裂必须首先判定其原因。因为有一些裂缝是设计有误、原材料选择不当、配比不良、施工质量低劣的反映，如水泥安定性差、骨料含泥量高、新拌混凝土中掺水、混凝土均匀性不良或振捣不均。这些裂缝往往同时伴随混凝土强度低下、密实性差等缺陷，会损害结构承载力与耐久性因而值得严重关注。使用过程中因持久应力过高，引起过度徐变与挠度增长，也会使混凝土开裂。此外，另有一类裂缝属于环境因素的长期作用引起，如钢筋锈蚀产生顺筋胀裂，因反复冻融、盐结晶、碱骨料反应、钙矾石延迟生成等引起开裂。收缩裂缝和荷载横向裂缝基本上都属无害裂缝，如宽度过大有碍观瞻，只需适当注浆填补。如无防水等特殊功能要求，开裂到 0.4mm 的宽度应能接受，这对一般视力的人距离 1m 以外已难以觉察其存在。

对于荷载作用产生的裂缝，我国的国标混凝土结构设计规范所规定的裂缝宽度允许值，可以说是全世界标准中最严或最小的，而按这本规范所规定的计算公式算出荷载引起的裂缝宽度计算值，又是世界标准中最大的。由于国内规范的安全设置水准较低，使用阶段的钢筋应力增大，所以荷载引起的裂缝宽度计算值会大一些也合乎情理，问题出在大得过多。这一大一小，给我国国内推广应用高强混凝土、高性能混凝土和加强混凝土结构的耐久性、延长混凝土工程的使用寿命，带来很大阻力。因为要增加结构耐久性，主要得依靠加厚钢筋的混凝土保护层厚度，要减少混凝土砂石、石灰岩等不可再生原材料对国土资源的消耗，也得依靠使用高强高性能混凝土。

在一般碳化环境下，裂缝宽度对于钢筋锈蚀没有显著影响，这已成为定论。三四十年前的国外教科书和清华大学滕智明教授编的 80 年代的教科书中都已这样叙述。裂缝宽度对于氯盐环境引起的锈蚀有无影响？瑞典的设计标准早已允许海洋环境下的裂宽限值可到 0.3mm；上世纪 80 年代欧洲的 CEB-FIP 模式规范也规定氯离子引起钢筋锈蚀的海洋环境，裂宽限值为 0.3mm；欧共体的混凝土结构设计规范也是 0.3mm。这些足以说明裂缝宽度并无明显危害。

更早的传统观点认为，裂缝会引起钢筋锈蚀加速，降低结构寿命。但是20世纪50年代以来国内外所做的多批带裂缝混凝土构件长期暴露试验以及工程的实际调查表明，裂缝宽度与钢筋锈蚀程度并无明显关系。裂缝宽了会使开裂截面处的钢筋开始锈蚀时间提前，但锈蚀开始后钢筋的电化学腐蚀速度主要取决于保护层混凝土的质量而与裂缝宽度无关。美国ACI318规范自1999年版开始取消了以往室内、室外区别对待裂缝宽度允许值的做法，认为在一般的大气环境条件下，裂缝宽度控制并无特别意义。许多国家的规范值自20世纪90年代起纷纷将良好环境下的最大裂宽允许值提高到0.4mm。欧盟规范EN1992-1.1认为"只要裂缝不削弱结构功能，可以不对其加以任何控制"，"对于干燥或永久潮湿环境，裂缝控制仅保证可接受的外观；若无外观条件，0.4mm的限值可以放宽"。

在海水、除冰盐等腐蚀环境下，较宽的裂缝是否比较窄的裂缝更为有害，以往的认识较为一致，比如在腐蚀最为严重的海水干湿交替浪溅区，裂缝宽度限值多低到0.1mm。氯盐环境常引起钢筋的坑蚀，在英、美的规范中，对氯盐环境下的允许裂缝宽度有较为严格的要求，通常取0.15~0.2mm。自20世纪80年代以来，裂宽的限值也开始放宽，欧洲混凝土协会与国际预应力混凝土学会CEB-FIP《1990混凝土结构设计模式规范》（1991年最终稿）中，专门指出，除了有水密性要求或特殊环境暴露级别外，0.3mm的裂缝宽度限值已能满足外观需要和包括海洋环境在内的耐久性要求。在欧盟的欧洲规范EN1992-1-1中也已提高到0.3mm。这里所说的都针对普通钢筋，不包括预应力钢筋。

研究发现，裂缝带来的不良后果是将混凝土原有的微裂缝和孔隙连通，从而使腐蚀介质能更快地深入混凝土体内，造成整体的而不是局部的破坏。而众多细小的裂缝在这方面所起的作用可能更为显著，因为宏观的宽裂缝为数不多且间隔较宽。已有试验研究证明，用带肋钢筋配筋时由于出现的裂缝条数多，因而在氯离子环境中比用光面钢筋配筋反而更易锈蚀，虽然后者的裂缝更宽。也有现场海水环境与实验室的对比试验说明，虽然较宽裂缝截面上钢筋在较早的时间内开始出现局部的轻度锈蚀，但最终形成有害锈蚀状态的时间与裂宽大小并无关联，出现细而多的裂缝甚至更为严重。

2. 有关裂缝是否有害的一些国外试验研究结果

以下引用国外对于混凝土裂缝与钢筋锈蚀关系的一些试验结果。

（1）德国的Schissl和Raubach通过试验和数学模型，分析裂缝宽度限值、裂缝间距对氯盐引起钢筋锈蚀的截面损失影响。结果表明，开裂区的钢筋因氯盐侵入发生局部锈蚀后成为阳极（移去离子），而裂缝之间的钢筋成为阴极（消耗氧气）。所以裂缝区的锈蚀率在很大程度上取决于裂缝之间的状态。试验发现，保护层厚度与对锈蚀率的影响要比裂缝宽度大的多。简化计算结果显示，通过降低钢筋直径使裂缝宽度限值从0.4mm到更小值，导致钢筋直径的损失量增加。因此钢筋防锈必须依靠混凝土质量和保护层来保证[1]。Raupach认为，在微电池锈蚀中，裂缝区同时存在阳极和阴极，且阳极紧靠阴极；在以后的宏电池锈蚀中，裂缝区钢筋作为阳极，离开裂缝区的钝化钢筋表面作为阴极。Schiessl研究了海洋环境下裂宽对钢筋锈蚀影响，通过试验表明，从长期看，裂宽（0.5m以下）对裂缝截面钢筋锈蚀率的影响并不明显。在开裂区的钢筋因氯盐侵入发生局部锈蚀后，裂缝区钢筋成为阳极，裂缝之间的钢筋成为阴极，此时的阴极过程是确定锈蚀率的统治因素，所以裂宽对锈蚀率几乎没有影响。

（2）澳大利亚的 Z. T. Chang 等人试验研究了未开裂混凝土中钢筋与海水中混凝土裂缝处钢筋之间的宏电池电流。虽然钢筋之间的宏电池电流在初期很大并与胶凝材料有关，但随着时间增加，电流显著下降。试验发现，裂缝处钢筋会在短时期内开始锈蚀，但裂缝宽度对裂缝区钢筋锈蚀率无明显影响。裂缝截面锈蚀扩展的直接后果是钢筋有效阴极与阳极比随时间增长而降低，其重要意义是裂缝截面钢筋的锈蚀率随时间显著减少，这样就解释了裂缝宽度为何与开裂区的钢筋锈蚀率无多大关联。9 个月后的海水浸泡试验发现，0.1mm 到甚至宽达 3mm 的不同裂宽，对裂缝截面宏电池电流没有明显影响，这一结果符合以往长期观测得到的开裂区钢筋锈蚀率和裂宽之间没有明显关联的结论。高性能混凝土被广泛用来增强混凝土的抗侵入性，但这种低水胶比和大掺量矿料混凝土易于开裂，所以了解裂缝宽度对钢筋锈蚀率的影响成为应用的关键之一。

（3）法国 R. Francois 等人进行了裂缝对氯离子引起荷载作用下混凝土梁锈蚀的长期试验。采用两根大尺寸简支梁，跨长 3m，断面 15×28cm，28 天标准混凝土圆柱抗压强度为 45MPa（相当于立方强度约 C55）。第一根梁的钢筋直径为受拉主筋 12mm，压筋 6mm，箍筋 6mm（间距 25mm），纵筋的混凝土保护层厚度 10mm；第二根梁的钢筋直径为受拉主筋 16mm，压筋 8mm，箍筋 8mm（间距 25mm），纵筋的混凝土保护层厚度 40mm；试验采用 2 点对称加载，加载点至支座距离 100cm。试验开始时首先加载使梁中形成裂缝，裂宽分别为 0.05～0.2mm 和 0.05～0.5mm，并长期处于加载状态。试件置于室内空间中，整个试验过程中，间断喷盐雾（含 35g/1 氯化钠），平均每 80cm² 水平表面上每小时喷 2ml 溶液，15 天湿，15 天自然干燥。试验过程长达 17 年，但钢筋锈蚀最后没有发展到全长，锈蚀很不均匀。发现：

1）即使在严格控制的环境条件下，处于同样条件中的二根梁，其最终锈蚀状态也很不一样。这就说明很难得出给定环境条件（如湿度、温度、腐蚀因素）和混凝土特性参数（物理的、化学的和力学的）下钢筋随时间锈蚀的模型；

2）承受荷载并在氯盐环境下经受 17 年的试验梁，除原有荷载裂缝外，已发生许多锈蚀引起的裂缝，直径 12mm 钢筋的面积损失在最深处的截面损失达 25%，但仍能承受使用荷载。当然这与设计取用的强度安全度也有关系；

3）试验结果表明，不可能找出初始受弯裂缝与梁中钢筋最终锈蚀位置及锈蚀严重程度的关系；

4）对于较小的裂缝，可以得出氯离子在裂缝中的扩散与裂缝自愈并不影响梁的最终锈蚀效果。但对较大裂缝，该处的长期锈蚀并不比其他区域更加严重，看来是锈蚀的氧化产物对裂缝的填充结果；

5）试验发现，钢筋锈蚀程度与浇筑时所处位置有关。浇筑时处于上部的水平钢筋受泌水影响，使钢筋与混凝土的界面质量受损，加载时受拉的钢筋也有可能使界面受损。试验还发现箍筋虽然处于最外侧，但锈蚀程度很轻，可能与浇筑时箍筋处于竖向，有较好的与混凝土之间的界面质量有关。这些都足以说明：氯离子含量看来对锈蚀的发生是必要条件但并非充分条件；要发展锈蚀，可能还需其他因素；

6）有一根试验梁经 14 年锈蚀的裂缝集中在梁跨中部，似可说明荷载弯曲裂缝对锈蚀位置及程度有影响，但另一梁的锈蚀裂缝则沿全长发展，与有无初始弯曲裂缝及不同大小的受力状态无关，因而也不能就此得出结论；

7）对长达 17 年同时承载并在氯盐环境下的大尺寸梁的试验结果，足能说明弯曲裂缝对钢筋锈蚀进程的影响，试验时由荷载产生 0.05～0.5mm 的裂缝，其宽度比通常的设计限值 0.3mm 有超过也有较低，可以得出的结论是：钢筋锈蚀的长期发展，不受横向裂缝宽度大小以及是否开裂的影响。

（4）R. Francois 等人还研究了裂缝对砂浆中局部氯离子扩散的影响。有害介质侵入砂浆比较容易，尤其是氯离子侵入进入更快。但裂宽如低于某一阈值，就没有显著影响。裂缝的自愈能显著降低氯离子迁移速率，自愈可包含多种物理化学过程如钙矾石生成，碳酸钙沉淀，水泥水化，或锈蚀产物以及外来颗粒填充的物理作用。试验表明：自愈能阻碍氯离子扩散，但裂宽如大于 0.06mm，则裂缝形成时的龄期对自愈阻碍扩散的能力已无影响。对于小于 0.06mm 裂宽，裂缝形成时的龄期对自愈能力有影响。如裂缝形成在早期（28 天），较细的裂缝对于自愈阻碍扩散的能力较强。Francois 的研究结论是：在某一裂宽阈值下，沿裂缝深度的扩散降低，在阈值之上，水泥基体的自愈能阻碍沿裂缝的扩散。裂宽对自愈的影响与基体的龄期有关，但超过 0.2mm 的裂宽对于扩散就无限制作用。不同的荷载裂缝宽度与分布，甚至有无裂缝，对于钢筋混凝土的长期锈蚀状态没有任何关系。对于超过自愈阈值的裂宽，可能与锈蚀氧化产物的填充效应有一定关系。这一结论是否适用于动载作用下具有活性的裂缝，必须另行确认。

（5）澳大利亚 NSW 大学研究海水中开裂区箍筋锈蚀，包括裂宽对锈蚀率影响和裂缝区钢筋阳极溶解的宏电池与微电池机理。试验了 12 个梁试件浸泡于海水中，采用二种混凝土，掺 16％粉煤灰混凝土和掺 60％磨细矿渣混凝土，其 28 天强度分别 42 和 38MPa。每种梁 6 根，裂缝宽度在 6 根梁中从 0、0.1、0.2、0.4、0.8 到 3mm，试验龄期 78 和 96 天。其中 5 根有裂缝。试验研究结果发现，裂缝区钢筋锈蚀的发展显著降低了裂缝截面的宏电池电流，可以推测裂缝截面钢筋锈蚀向邻近扩展，是宏电池电流的极化结果，其直接后果是钢筋的有效阴极与阳极的比值随时间增长而降低，所以裂缝截面钢筋的锈蚀率随时间显著减少。9 个月后的海水浸泡试验发现，0.1 到 3mm 的不同裂宽对裂缝截面宏电池电流没有明显影响，这一结果与以往长期观测发现的开裂区钢筋锈蚀率与裂宽大小无关的结论相符合。可是，裂宽与锈蚀率之间缺乏关联不仅受到无裂缝区阴极过程的影响，而且还有邻接裂缝区阳极钢筋表面发展与随后减少的宏电池效应的影响。

（6）瑞典 Halvorsen 较早发现，裂缝截面因氧气和水分容易侵入，形成微电池条件而最早开始锈蚀，但锈蚀向邻近发展结果使整个裂缝处及其邻近合并成为阳极，于是随后的锈蚀率迅速降低，并取决于裂缝间未锈蚀部位的阴极状态。Tutti 对 Halvorsen 的发现作了进一步的试验研究，表明裂缝处的钢筋会较早锈蚀，但对随后未开裂处的钢筋锈蚀发展没有影响。英国的 Beeby 通过大量试验研究和工程调查也得出相似结论，不论是碳化或是氯盐引起的钢筋锈蚀，裂缝只使裂缝截面处钢筋较早发生锈蚀，但从长期看，裂宽及其大小对于热轧钢筋的锈蚀率与使用寿命并没有明显影响。瑞典 Fidjestol 与 Nilsen 报道了浸泡于海水中 18 个月混凝土梁的结果，包括受弯开裂的梁，发现在开裂的梁中只有很少的个例在裂缝的端部可见锈迹，钢筋表面并无值得关注的锈蚀，他们认为浸泡海水中的梁因缺氧不易锈蚀。Schiessl 试验研究了海洋环境下裂宽对钢筋锈蚀的影响，认为 0.5mm 以下的裂宽对裂缝截面钢筋的锈蚀率从长期看并不明显，他对这一现象的解释是："由于阴极过程是确定锈蚀率的统治因素，所以裂宽大小并不影响钢筋的锈蚀率"。Schiessl 与 Raupach 在他们关于宏电池效应的研究中并且注意到当裂缝区受盐水湿润时可测得较大的宏电池电流。Leiwis 与 Copenhagen 提出了他们对混凝土中钢筋的宏电池作用概念。Slater 进一步讨论了宏电池作用并指出当锈蚀进展时微电池作用向宏电池作用的改变。Brock 与 Stillwell 报道浸泡于海水 2 年半的混凝土梁，置于水深 140m，发现在裂缝截面上并无锈蚀证据。Wikins 与 Lawrence 认为，表面裂宽 0.6mm 以下的横向裂缝在实际工程中可被接受，由于海水的高导电性，在埋置钢材的大面积阴极与开裂区钢筋的小阳极之间，可以发生宏电池电偶效应。日本 Kato 等人研究了混凝土裂缝对氯离子侵入的影响，采用两种混凝土小梁，A 型梁截面 $10 \times 10cm$，长 38cm，1 根钢筋，保护层 2cm，B 型梁 7cm $\times$ 12cm，3 根钢筋，保护层各 3、6、9cm。水胶比 0.39～0.6，温度 20、40、50、60℃。试件保护层厚度 3、6、9cm，水胶比 0.39～0.6，环境温度 20、40、50、60℃，用加载产生裂缝，同时也用在浇注试件时填薄片的方法形成 0.2mm 裂宽，进行干湿交替泡于氯化钠 3‰ 溶液和喷盐雾的试验，测量氯离子沿裂缝深度与裂缝侧面分布。试验发现，裂缝区混凝土氯离子含量随裂缝离构件表面距离增加而降低，裂缝内氯离子溶液浓度随深度减少，并影响氯离子在裂缝区混凝土内的分布。

3. 小结

　　弯、拉引起的荷载横向裂缝只使裂缝截面的钢筋表面提前发生锈蚀，裂缝处一旦出现锈蚀，离开裂缝区的混凝土保护层下的钢筋，发生锈蚀的可能性和锈蚀速度会迅速降低，所以横向裂缝的大小和有无，对于热轧钢筋的使用年限和耐久性，并没有明显影响。这与钢筋沿着与混凝土粘结面出现的纵向裂缝（顺筋开裂）完全不同，后者的危害非常严重。正是我国过去的设计规范对保护层厚度的低标准要求（箍筋 1.5cm，板中 1cm），使浇注混凝土时的粗骨料沉降受阻、容易引起应力集中和抹面等扰动，才使板中发生顶部和底部钢筋容易发生顺筋开裂。对裂缝的过度关注，客观上淡化了人们对于规范在安全性和耐久性上严重不足的注意。

　　为控制裂缝，混凝土结构设计规范条文中甚至提出了对于厚度超过 4cm（新修订的 GB50010－2010 修改为超过 5cm）的保护层，需要在保护层内再加一层钢筋网的规定，反而成倍降低钢筋的使用寿命。这在国际工程界是闻所未闻过的。

　　混凝土的表面裂缝已成为各级领导和群众关注的大事。我们要加强宣传，消除不必要的混凝土裂缝恐惧症。美国著名的混凝土专家 J. W. Kelly 在一篇文章中说过："我们几乎都会伤风感冒，混凝土几乎都会有开裂。人们得了伤风感冒照样干活，混凝土发生开裂照样工作。但是我们都认为，象伤风感冒和开裂这样的事，都要避免。"这话很有点意思，裂缝就像伤风感冒一样，很难避免，裂缝本身也不至于致命，致命的是有些裂缝可能是设计有误、原材料选择不当、配比不良、施工质量低劣的反映。目前出现的混凝土大量开裂现象，主要原因包括对施工进度的盲目追求，缺乏足够的养护时间；低价中标的恶性竞争，施工企业入不敷出，被迫偷工减料；不合理的定额制度，其中不计混凝土养护所需的费用；水泥产品片面通过磨细和增加高强矿料组分来提高强度。这些都不是技术上的困难或无能，我们必须首先要从管理上解决问题。

参考文献

[1] Peter Schiessl, Michael Raubach, Laboratory studies and calculations on the influence of crack width on chloride-induced corrosion of steel in concrete, ACI Material Journal, JAN-Feb, 1997 Germany

[2] Z. T. Chang, B. Cherry, M. Marosszeky, The spread of corrosion from concrete crack zone due to macrocell current flow in steel reinforcement, 15th ICC, Australia

[3] R. Francois, etc. Effects of cracks on local diffusion of chloride and on long-term corrosion behavior of reinforced concrete members, Proceedings of an International Workshop on Durability of Reinforced Concrete under Combined Mechanical and Climate Loads, Qingdao Technical University, Qingdao, China, Oct. 27-28, 2005:

[4] K. Tuutti, Corrossion of steel in concrete, Stockholm, 1982

[5] N. Hearn, Structral permeability of concrete influenced by cracking and self-healing, Thesis Cambridge Univ. 1992

[6] ACI 224 Committee, Control of cracking in concrete structures

[7] M. Raubach, Int. Sym. on corrosion of reinforcement in concrete construction, UK, 1996

[8] A. W. Beeby, Concrete in the ocean-Cracking and corrosion, CCA, 1983

[9] R. Francois, Influence of service cracking on reinforcing steel corrosion, J. of materials in civil engineering, ASCE, Vol. 10 (1), Feb, 1998

[10] T. U. Mohammed, et. al., Corrosion of steel bars with respect to orientation in concrete, ACI Materials Jour. , 96, 2, March-Aptil, 1999

[11] E. Kato, et. al, Influence of crack formation on chloride penetraton.

编后注：本文编写于 2010 年，未曾发表。

荷载作用下钢筋混凝土构件裂缝控制的若干问题[*]

一、裂缝现象与裂缝控制

在现行混凝土结构设计规范的极限状态设计方法中，对混凝土构件的裂缝控制主要针对荷载作用下由拉力和弯矩引起的横向裂缝，并把它作为适用性（正常使用）极限状态的主要内容。规范规定了表面裂缝宽度的计算方法，并要求这一计算值不超过规定的允许值，后者主要取决于外观与钢筋黏着力和耐久性的需要。

有许多原因可以引起混凝土开裂，荷载作用只是其中之一。混凝土工程中的绝大多数开裂是混凝土早期收缩以及使用中的温度应力、后期干缩和支座沉降等因素造成的，规范并没有明确规定出现这类收缩裂缝及其宽度的计算方法，也没有明确规定收缩裂缝宽度是否应与荷载作用裂缝宽度叠加以及叠加后的裂缝宽度允许值是多少。究其原因，可能是由于收缩裂缝的计算方法更为复杂，不确定与不确知因素更多，对构件承载力亦无明显危害；也有可能是由于收缩裂缝应主要依靠施工过程中正确选择混凝土的原材料和配比、充分的养护、良好的振捣以及通过设计中的适当构造措施来解决。

结构中还有一些裂缝是由于混凝土原材料不良或施工质量过差所致。这种裂缝往往伴随混凝土强度低下、密实性差等缺陷，损害工程的承载力与耐久性，因而值得严重关注，必须找出其原因并设法补救。另有一类裂缝属于环境因素的长期作用引起，如钢筋锈蚀产生的顺筋胀裂，混凝土因反复冻融、盐结晶、碱骨料反应等引起开裂，对于这些则需及时修理加固，严重的需拆除。

出现荷载引起的横向裂缝只要宽度不是过大（如大于0.4mm）实为正常现象。与最常见的收缩等无害裂缝一样，如果宽度过大有碍观瞻，只需适当注浆修补即可。

二、荷载作用下受弯构件横向裂缝宽度的计算值

各国的混凝土结构设计规范都规定了荷载作用下拉区混凝土表面裂缝宽度的计算方法或基于这些方法导出的钢筋使用阶段最大应力限制与构造要求（例如最小配筋率、受拉钢筋间距）。这些方法在我国都以实验室内简支构件的加载试验为依据。同一加载工况下出现的裂缝宽度大小相当离散，多数计算公式给出的表面裂缝最大宽度计算值，是根据试验数据通过统计分析得到的某一分位值，通常有90%的保证率，即约有90%的裂缝宽度会低于这个数值，而个别裂缝宽度有可能超过计算值较多[1]。

不同国家设计规范采用的荷载裂缝宽度计算方法有着很大的差别。即使在我国，建设

---

* 本文作者李春秋、陈肇元。

部、交通部和水利部各自分管的混凝土结构设计规范中，算法也大不相同。

1. 从算例看最大裂缝宽度计算值的差异

图1、图3是用不同规范的计算公式对同一受弯构件（图2、图4）最大裂缝宽度进行计算的结果。其中包括我国现行的《混凝土结构设计规范》GB50010－2002，《公路桥涵混凝土及预应力混凝土结构设计规范》JTG D62－2004，美国现行的 ACI318－05 及 1995年旧版 ACI318－95，英国的 BS8110-2：1985，欧盟规范 EN1992 1-1：2004。算例1是按照我国规范的荷载分项系数配筋，其正常使用极限状态下钢筋应力为 265MPa；算例2是按照英国规范的荷载分项系数配筋（恒载、活载分别为1.4 和 1.6），其正常使用极限状态下钢筋应力为 218MPa。

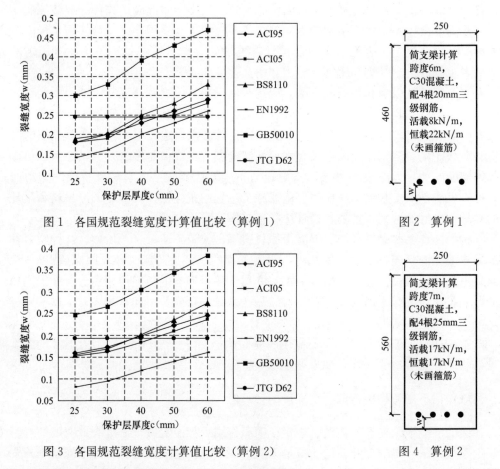

图1　各国规范裂缝宽度计算值比较（算例1）

图2　算例1

图3　各国规范裂缝宽度计算值比较（算例2）

图4　算例2

2.《混凝土结构设计规范》GB50010 的计算公式

GB50010 规范中的最大裂缝宽度计算公式，主要由原南京工学院丁大钧研究组和中国建筑科学研究院提出，基本思路是[2]：先确定短期荷载下的平均裂缝间距和平均裂缝宽度，然后根据裂缝宽度变异性的统计资料，给出一定保证率下的宽度作为最大裂缝宽度，并进一步考虑荷载长期作用的影响作为最终的设计依据。GB 规范中取裂缝最大宽度与平均宽度之比为 1.66，相当于有 95％的保证率；最后再将裂缝最大宽度乘以长期裂缝扩大系数 1.5。GB 规范要求用标准荷载组合进行裂宽验算，即将可变荷载对裂宽的作用与恒载同样看待。此外，所指的裂缝宽度是构件侧面上沿钢筋水平位置高度处的裂缝宽度，规范课题组在进行相关试验的量测时也以该处的裂宽为准。可是规范公式中并没有侧面保护层厚度的参数，实际运算时也都认为最大裂缝宽度仅与底面保护层有关。规范在条文说明中特别强调指出，虽然裂宽计算值随保护层厚度增加而加大，但较大的保护层厚度对钢筋耐久性有利，当外观允许时，可根据经验适当放大规范规定的裂宽允许值。

从图1、图3可见，GB规范给出的最大裂缝计算值明显高于其他规范，其原因将在后面再作探讨。

3.《公路桥涵混凝土和预应力混凝土结构设计规范》JTG D6—2004

我国交通部的桥涵设计规范自JTJ023—85开始，就改用了原大连工学院赵国藩研究组为港口工程钢筋混凝土结构设计规范JTJ220—82研究提出的最大裂缝宽度计算公式[3]。这个公式直接依据短期试验的最大裂缝宽度数据利用计算机进行数理统计分析导出：

$$W_{\max} = C_1 C_2 C_3 \frac{\sigma_s}{E_s}\left(\frac{30+d}{0.28+10\rho}\right) \tag{1}$$

式中 C_1——考虑钢筋表面形状，对带肋钢筋取1；C_2——考虑长期作用影响，等于$(1+0.5N_0/N)$，N_0和N分别为按荷载长期作用和短期作用组合计算的内力值；C_3——与受力性质有关的系数，梁取1.0；σ_s、E_s、d、ρ——裂缝截面的钢筋应力、钢筋弹模、钢筋直径和配筋率。

公式（1）最大的优点是不需烦琐运算。式中不考虑保护层对裂宽计算值的影响，理由是"加大保护层厚度对耐久性的有利作用既然在港工规范规定的裂宽允许值中未加考虑，那么在裂缝宽度的计算值中也就不再考虑保护层的影响，否则会使公式使用者产生保护层越薄，对裂缝控制越容易的错觉"。显然，这里的最大裂缝宽度计算值，不能完全看成是实际的裂缝宽度。

4. 美国混凝土学会《钢筋混凝土房屋建筑规范》ACI318

ACI318-95规范及之前的版本中，采用的最大裂缝宽度计算公式主要以Gergely和Lutz在Cornell大学的试验结果为基础，认为裂缝宽度与受拉钢筋应力大小的关系最大，保护层厚度也是重要参数，此外还与钢筋周围的混凝土面积有关，但与钢筋直径粗细则关系不大[1]。从1999年修订的99规范至现行的05规范，改用了基于Frosch[4]提出的裂缝计算公式的新方法，认为与最大裂缝宽度有关的因素有最大裂缝间距、开裂截面的钢筋应变以及根据平截面假定得到的受拉混凝土表面应变与钢筋处平均应变的比值，后者取决于钢筋中心到构件受拉表面的距离。考虑了可靠度的最大裂缝间距取为受拉表面上离开钢筋最远的点到该钢筋中心距离a的2倍（图5）。根据外观要求取最大裂缝计算宽度限值为0.40～0.55mm，导出构件最外层主筋间距的控制公式：

$$s = \frac{106000}{f_s} - 2.5C_c \left(\leqslant \frac{84000}{f_s}, mm\right) \tag{2}$$

式中 C_c——保护层厚度；f_s——开裂截面的钢筋应力，可直接取钢筋屈服强度的2/3。

美国规范的计算公式不考虑混凝土收缩和荷载长

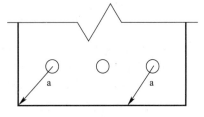

图5 裂缝间距相关的参数a

期作用对裂缝宽度的影响，明确最大裂宽发生在受拉底面。美国桥梁设计的 AASHTO 规范中，有关混凝土结构的计算都采用 ACI 方法，但考虑耐久性的需要附加了构造上的要求。

5. 英国的混凝土结构设计规范

在英国的 BS8110-1：1997《混凝土结构设计与施工规范》中，没有列入裂缝宽度的计算方法，只是给出构造措施，通过限制钢筋间距等办法进行裂缝控制，但也指出需要时可以更为准确地通过裂缝宽度计算方法进行控制，后者则留在 BS8110-2：1985《特殊环境下混凝土结构规范》中。计算方法主要依据 Beeby 的研究结果[5]，认为构件受拉混凝土表面某点处的裂缝宽度主要由三个因素决定：计算点距受拉纵筋的距离，计算点距中性轴的距离，按平截面假定得出的计算点处混凝土拉应变。所以这一方法可以计算构件拉区侧面和底面每一点上的混凝土裂宽，裂宽较大的部位应在底面的角点或底排相邻钢筋连线中点的正下方，或在侧面上离开侧面钢筋（图 5）最远或离断面中和轴最远的点，后者可用来判定是否需要设置腰筋。在计算拉区混凝土应变时，考虑了混凝土拉区应力，并取混凝土弹性模量为短期模量之半以反映长期作用影响。规范指出收缩可以忽略，除非预计的混凝土收缩会超过 600 微应变。规范并未指明计算裂宽时应该采取的荷载组合，要求工程师根据设计意图判断选用。

6. 欧盟的欧洲规范 2（Eurocode2）《第 1.1 部：混凝土结构设计——一般原则与建筑物设计 EN1992-1.1：2004》与《第 2 部：混凝土结构设计——混凝土桥梁设计 prEN1992-2：2002》

EN1992-1.1 规定的最大裂缝宽度计算值等于裂缝间的钢筋与混凝土的平均应变之差乘以最大裂缝间距。但具体的算式相当复杂，考虑的因素很多，与之前的欧洲 FIP－CEB 模式规范中的裂宽计算公式多有相似之处。规范在确定混凝土抗拉强度时考虑长期作用影响，同时要求在计算裂缝宽度时，采用准永久荷载组合，对房屋的楼层构件，活荷载的准永久组合系数为 0.3。此外规范还给出了需要对裂缝进行控制时的拉区钢筋最小面积要求。在尚未正式颁布生效的 prEN1992-2 桥梁设计规范中，裂缝宽度计算方法与 EN1992-1.1 相同，只是荷载组合有些区别，特别是在裂缝控制要求上因桥梁所处的不同环境而有较大差别。如果要考虑收缩对裂宽的影响，可以在上述的平均应变差中再引入一项收缩应变，这种情况主要用于设计的构件受到外部约束时考虑收缩对裂缝的影响。

三、裂缝宽度的控制方法与标准

对于荷载作用产生的裂缝，规范都采取了限制其宽度的办法作为裂缝控制的主要手段，要求最大裂缝宽度的计算值小于规定的允许值。对于一般环境作用（无冻融、氯盐或其他化学侵蚀）下的房屋建筑，多从外观需要提出允许值；对于露天的土木工程，则主要考虑耐久性的需要提出裂宽的限制。由于最大裂缝宽度的计算方法不同，得到的计算值实际上只是名义值，与实际可能出现的裂缝存在或多或少的差别，因此在确定裂宽的允许值时，不能不考虑裂宽计算方法的特点，即不同的计算方法可能需要有与之对应的不同允许值。

1. 裂缝宽度对耐久性的影响

在一般环境下，裂缝宽度对于钢筋锈蚀没有显著影响，这基本上已成为定论。传统的观点认为，裂缝的存在会引起钢筋锈蚀加速，降低结构寿命；但是 20 世纪 50 年代以来国内外所做的多批带裂缝混凝土构件长期暴露试验以及工程的实际调查表明，裂缝宽度与钢筋锈蚀程度并无明显关系[4][7]。裂缝宽度与开裂截面处钢筋开始出现锈蚀的时间可能有一定关系，但放在构件的长期使用期当中来看是可以忽略的；锈蚀开始后，钢筋的电化学腐蚀速度主要取决于保护层混凝土的质量而与裂缝宽度无关。美国 ACI318 规范自 1999 年版起，取消了以往室内、室外区别对待裂缝宽度允许值的做法，认为在一般的大气环境条件下，裂缝宽度控制并无特别意义。许多国家的规范值 20 世纪 90 年代起纷纷将良好环境下的最大裂宽允许值提高到 0.4mm。欧盟规范 EN1992-1.1 认为"只要裂缝不削弱结构功能，可以不对其加以任何控制"，"对于干燥或永久潮湿环境，裂缝控制仅保证可接受的外观；若无外观条件，0.4mm 的限值可以放宽"。

在海水、除冰盐等腐蚀环境下，较宽的裂缝是否比较窄的裂缝更为有害，以往的认识较为一致，比如在腐蚀最为严重的海水干湿交替浪溅区，裂缝宽度限值多低到 0.1mm。氯盐环境常引起钢筋的坑蚀，在英、美的规范中，对氯盐环境下的允许裂缝宽度有较为严格的要求，通常取 0.15～0.2mm，但北欧的规范早就允许到 0.3mm。自 20 世纪 80 年代以来，裂宽的限值也开始放宽，欧洲混凝土协会与国际预应力混凝土学会 CEB－FIP《1990 混凝土结构设计模式规范》（1991 年最终稿）中，专门指出，除了有水密性要求或特殊环境暴露级别外，0.3mm 的裂缝宽度限值已能满足外观需要和包括海洋环境在内的耐久性要求。在欧盟的欧洲规范 EN1992-1-1 中也已提高到 0.3mm。这里所说的都针对普通钢筋，不包括预应力钢丝、钢绞线和冷轧钢筋那样对锈蚀敏感且容易发生坑蚀、脆断的高强钢筋。

研究发现，可见裂缝的出现能将混凝土内原有的微裂缝和孔隙连通，从而使腐蚀介质能更快地深入混凝土体内，有可能造成整体的而不是局部的破坏[8]。众多细小的裂缝在这方面所起的作用可能更为显著，因为宏观的宽裂缝为数不多且间隔较宽。但已有试验研究[9]证明，用带肋钢筋配筋的构件由于出现的裂缝条数多，因而在氯离子环境中比用光面钢筋配筋的更易锈蚀，虽然后者的裂缝更宽。也有现场海水环境与实验室的对比试验说明，虽然较宽裂缝截面上钢筋在较早的时间内开始出现局部的轻度锈蚀，但最终形成有害锈蚀状态的时间与裂宽大小并无关联，出现细而多裂缝的构件锈蚀甚至更为严重。由于混凝土裂缝和环境作用的机理都过于复杂，要得出最后的定论看来还需做更多的工作。

2. 荷载裂缝在已建工程中的表现

对于荷载裂缝的宽度控制需要严格到何种程度？除了弄清裂缝对耐久性的影响外，还需了解荷载裂缝在已建工程中的实际表现。助长结构工程开裂的问题往往是楼板过薄、钢筋的混凝土保护层太小，应力集中部位的配筋缺陷以及构造钢筋不足，而在设计中经过复杂的计算公式验算本该合理合法出现的荷载裂缝，却在工程中难觅踪影。

出现这种情况的原因至少有：1）实际构件承受的活荷载通常总要低于设计规定的标准值；2）构件的实际受力状态与设计采用的理想计算图形有差别，工程中的受弯构件在其端部往往相互紧接，受弯后端部外推受阻产生拱效应，降低了弯矩和钢筋内力；3）最大裂缝宽度的出现概率本来很低，出现后的后果又不像承载力失效那样严重，我们可能采用了过于保守的裂缝宽度计算公式。

3. GB50010－2002 规范的裂缝控制要求和问题探讨

我国 GB50010－2002 规范规定室内正常环境下允许裂缝宽度为 0.3mm（年平均相对湿度小于 60％地区的受弯构件可取 0.4mm），室内潮湿环境和室外环境为 0.2mm，比欧、美规范更为严格。尤为突出的是，按 GB 规范公式得到的最大裂缝宽度计算值要比其他规范大得多（图 1、图 3）。

造成计算值偏大的原因主要有：1）对最大裂缝宽度取用的 95％保证率偏大；2）按标准荷载组合进行计算可能过高估计了可变荷载对裂缝的影响；3）在荷载裂缝的计算公式中引入了长期收缩的影响。

对于最大裂缝宽度的保证率，国外有取 85％、90％和 95％的[3]，但较多采用 90％[1]。由于裂缝宽度本属正常使用极限状态，而且裂缝宽度在荷载去除后基本上可以恢复，属可恢复的正常使用极限态，按规范的可靠度设计方法，可靠指标 β 有 1 到 1.1 也就够了，所以取 85％的保证率是合适的。这样 GB 规范的最大裂宽计算值应能降低 17％。

欧洲规范 prEN 1990：2001 (final draft)《结构设计基本依据》指出："准永久荷载组合用于含有偶然作用的承载力极限状态和可恢复的正常使用极限状态，并用于计算长期效应"。该规范还注明，对于居住建筑和办公室的活载准永久组合系数为 0.3，但其中的拥挤区域以及商场楼板等为 0.6。我国设计规范在体系和基本原则等方面多参考欧洲模式规范，如能与欧洲规范一样，将计算裂缝宽度时取用的标准荷载组合改为准永久组合，设活载与恒载之比为 0.5，则最大裂缝宽度可进一步降低 15％（商场）到 30％（住房）。

当然，我们必须注意，由于我国规范的安全设置水准较低，必然导致正常使用下的钢筋应力增大，所以我国规范对荷载裂缝的计算值偏大也有一定道理，只是大得过多。

4. 我国桥涵规范和港工规范的裂缝控制要求和问题探讨

现行的 JTG D62-2004 桥涵规范和 JTJ 220-87 港工规范采用同样的最大裂缝宽度计算公式，但在允许值的控制要求上并不相同。在港工规范 JTJ 220-87 中，海水环境的水下区、水位变动区、浪溅区和大气区的最大裂缝允许值分别为 0.30mm、0.25mm、0.20mm 和 0.20mm，淡水环境中的水下区、水位变动区和水上区的最大裂缝允许值分别为 0.40mm、0.30mm、和 0.25mm。

在桥涵规范 JTG D62-2004 中，规定温暖或寒冷地区的大气环境、与无侵蚀性的水或土接触的环境，以及严寒地区的大气环境、使用除冰盐环境以及滨海环境中的钢筋混凝土构件，最大裂缝允许值为 0.2mm；对于海水环境和受侵蚀性物质影响的环境则为 0.15mm。

英国桥梁规范 BS5400-4：1990 规定桥梁的设计裂缝宽度限值为：极端严重环境（海水磨蚀及 PH＜4.5 水中）0.1mm，很严重环境（直接接触除冰盐和海水浪溅区）0.15mm，严重环境（干湿交替）0.25mm，中等环境（永久处于水中，不接触盐）0.25mm。英国规范 BS8110：1985 规定，对于腐蚀性环境中的构件，裂缝计算宽度不应超过 0.3mm，当开裂可能削弱结构的工作性能（如防水）时，宜取其他限值。在日本土木学会规程中，最大裂缝限值在一般室外环境下取保护层厚度的 0.5％，侵蚀性环境下取 0.4％，特殊侵蚀环境下 0.35％。在早期的欧洲 1978 CEB-FIP 模式规范与最早的欧盟规范 Eurocode2 初稿（1984）中，如设计取用的保护层厚度 c 大于规范规定的最小保护层厚

度 $[c_{\min}]$，则允许将规范规定的最大裂缝宽度允许值 $[w_{\max}]$ 乘以 $c/[c_{\min}]$ 放大。后者的裂缝控制方法看来比较可取。在参考北欧和欧盟规范时也应注意到当地的环境气候条件与我国的差别。北欧的常年气温低，锈蚀速度慢。欧盟的规范虽然所有参与国都要遵守，但具体到裂缝宽度允许值、保护层厚度等数据都是建议值，允许各国根据各自的经验和传统，自定本国规范的补充条款。一般来说，欧盟规范中的建议值要求偏小，而各国补充条款中的要求偏大。

我国桥涵与港工规范的计算公式与国外规范比较接近。问题在于这个公式是在不考虑保护层影响的前提下用数理方法统计出来的，因此当保护层厚度偏大或偏小时必然会出现过大的误差。对于薄的保护层会偏于安全，对于厚的保护层则相反。室外的桥梁特别是海洋环境中的桥梁和港口工程，恰恰需要 50－80mm 厚的保护层。在桥涵和港工规范的条文说明中，引用了现场试验获得的构件裂缝宽度与劣化状态的关系，可是规范公式给出的裂缝计算值并不能代表保护层厚度较大的实际情况。这时取用较大的裂宽允许值存在较大风险，对此似有进一步研讨的必要。还有一个问题是，桥涵和港工既然采用同样的最大裂宽计算公式，但在相同的环境条件下，有些却规定了相当悬殊的裂宽限值。

5. 过度的裂缝宽度控制所带来的危害

裂缝过宽会影响结构的某些功能，但过度的控制也会带来浪费。更为重要的是，这种情况反过来会阻碍高强钢筋在我国钢筋混凝土结构的应用。我国在混凝土结构工程领域落后于发达国家的一个重要标志，就是钢筋的强度等级偏低，国外的主体钢筋强度要比我国高出 100MPa 以上，其经济效益及对结构施工带来的好处是不言而喻的。随着现代化建设工程的规模和质量要求不断提高，构件截面的承载力也不断增加，现在就有一些工程由于钢筋过密得不到充分振捣而严重影响混凝土质量。

稍宽的裂缝不一定有损耐久性。对于耐久性来说，重要的是改善保护层混凝土的质量（低水胶比和适当的原材料选择）并增加其厚度，至于裂缝宽度的限制并不需要过分关注。现在为了限制裂缝宽度的计算值，有的工程甚至不敢采用较大的保护层厚度，妨碍了混凝土结构耐久性的提高。

四、长期效应对裂缝宽度的影响

Brendel 和 Ruhle[10] 对 8 根钢筋混凝土梁进行了 2 年的持续加载后发现，最大裂缝宽度变为原来的 2 倍。Lutz[11] 对一对钢筋混凝土梁持续加载 5 个月，最大裂缝宽度增加约40%，且趋于稳定。Illston[12] 的试验数据表明，在 19℃ 和相对湿度 65% 的实验室条件下，持续加载两年后钢筋水平处最大裂缝宽度增加约 80%；在年平均温度约 10℃、平均相对湿度为 83% 的室外暴露环境下，持续加载一年，受拉钢筋水平处最大裂缝宽度增加约40%。我国原南京工学院在 1965 年和 1972 年先后进行了两批钢筋混凝土梁的长期加载试验[2]，荷载值相当于我国现行规范规定的正常使用极限状态荷载值的 1.3 倍左右，测量了钢筋水平处裂缝宽度。第一批梁加载 6 年，第 2 批梁加载 1.5 年，两批梁最大裂缝宽度平均增加 66%。可以看到，不同试验的结果可能差得很多。一方面，试验条件差别较大，材料特性、测量仪器、裂缝测量位置、环境条件、荷载大小等均有差别；另一方面，最大裂缝宽度的定义有所不同，数据分析的方法也就不同。

裂缝宽度主要由裂缝间距和钢筋与混凝土的应变决定。除非构件的配筋率较高或作用荷载较小，主裂缝间距不随时间变化，这一点已经得到研究人员的一致认可。因此，裂缝随时间变化的问题就集中在钢筋和混凝土应变随时间的变化。

Lutz[11]认为，裂缝随时间增长的主要原因有：a) 拉区混凝土内部次生裂缝的数量和宽度增加，导致裂缝间钢筋应力增加且趋于一致，但构件表面混凝土应变并不增加，势必导致裂缝截面扭曲增大，这是最主要的原因；b) 压区混凝土徐变导致梁内力臂减小，钢筋应力增大（但实验和计算分析表明，不会超过初始应力的 10%）；c) 混凝土收缩，但其引起的增量不会超过 5%。

Illston[12]指出，裂缝宽度随时间增长有两个主要原因：a) 压区混凝土的徐变导致应力重分布，中和轴下降，钢筋应力增加；b) 混凝土的回缩，回缩的原因是混凝土的收缩和拉应力的损失，其代表值 200×10^{-6}。

南京工学院的研究[2]指出，长期荷载作用下裂缝宽度增长的原因主要是：a) 拉区混凝土的应力松弛和滑移徐变，致使裂缝间受拉混凝土不断退出工作，导致裂缝间受拉钢筋应变不断增加，包括裂缝表面附近钢筋应变的增加；b) 混凝土收缩。并指出"收缩对裂缝展开较对挠度增长的影响为大，故一般不考虑荷载中仅有一部分为长期作用这一有利因素。"

规范公式主要基于实验室内的简支梁加载试验，我们还应看到实验室构件的工作条件与绝大多数实际工程构件有很大差别，后者受到的荷载作用要低于实验室试件，变形时又受到支座边界的约束，可以想象其引起的粘结破坏和引发次生裂缝的程度也会小很多。反映在混凝土简支梁荷载裂缝中的收缩影响是受构件内部约束引起的，它使裂宽加大；如果构件端部有外部约束，如支座处有摩擦力或被固定，这种收缩对荷载裂缝宽度的影响就会减少。反过来，混凝土的收缩对于端部受有外部约束的梁会引起一般意义上的收缩裂缝，而对支于滚轴上的试验简支梁是不受这种收缩影响的。既然在设计计算中不考虑外部约束下的收缩影响，为什么还一定要计较内部约束下的收缩后果？

因此，这里就出现了不同的选择。研究者或者笼统地在规范公式中引入一个长期裂缝的扩大系数（如我国规范），或者在公式中稍许加以照顾（如英国规范），或者干脆就不考虑长期效应（如美国规范）。既然收缩引起的裂缝对构件承载力无明显危害，考虑到裂缝宽度的随机性且其后果并不严重，像美国规范那样在最大裂缝宽度计算中根本不考虑长期效应也是说得过去的。

五、小结

1. 规范对裂缝宽度的控制要适度。《混凝土结构设计规范》GB50010—2002 给出的最大裂缝宽度计算值显然偏大，建议适当调整，为在我国应用推广高强钢筋创造条件。

2. 根据我国桥涵和港工混凝土结构设计规范给出的最大裂缝宽度计算值，当保护层厚度较大时，有可能过于低估实际的裂宽，建议适当调整，以适应当前的工程建设为达到设计使用年限而不断提高混凝土保护层厚度的趋势。

3. 规范中基于实验室试验研究结果的裂缝宽度计算公式，用于工程设计时应注意实际工程构件与实验室试件在荷载、支座边界等工作条件上的差别。对于荷载裂缝的控制，宜以构造措施为主，裂宽验算为辅；对于耐久性要求，也应以提高保护层混凝土的质量与厚度为主要手段，将裂宽验算置于从属的次要地位。

致谢：在书写本文的过程中，承中国建筑科学研究院白生翔和徐有邻研究员给予指点，谨致谢意。

主要参考文献

［1］ Control of Cracking in Concrete Structures. ACI 224R-01. Reported by ACI Committee 224，May 2001

［2］ 丁大钧等. 钢筋混凝土构件抗裂度裂缝和刚度. 南京：南京工学院出版社，1986

［3］ 赵国藩等. 钢筋混凝土结构的裂缝控制. 北京：海洋出版社，1991

［4］ R. J. Frosch. Another Look at Cracking and Crack Control in Reinforced Concrete. ACI Structural Journal，V. 96，No. 3，May-June 1999

［5］ F. K. Kong，R. H. Evans. Reinforced and Prestressed Concrete. 2nd edi. ，1980

［6］ A. W. Beeby. Corrosion of Reinforcing Steel in Concrete and its Relation to Cracking. Structure Engeneer，V. 56A，No. 3，March 1978

［7］ 周氏，康清梁，童保全. 现代钢筋混凝土基本理论. 上海：上海交通大学出版社，1989

［8］ P. K. Mehta. Durability—Critical Issues for the Future. Concrete International，July 1997

［9］ T. U. Morammed，Nobuali Otsuki，Makoto Hisada，Tsunenori Shibata. Effect of Crack Width and Bar Types on Corrosion of Steel in Concrete. Journal of Materials in Civil Engineering，V. 13，No. 3，May/June 2001

［10］ G. Brendel，H. Ruhle. Tests on Reinforced Concrete Beams Under Long-Term Loads. Proceedings，Seventh IABSE Congress，Zurich，Switzerland，1964

［11］ L. A. Lutz，N. K. Sharma，P. Gergely. Increase in Crack Width in Reinforced Concrete Beams under Sustained Loading. Proceedings，ACI Journal，V. 64，No. 9，Sept. 1968

［12］ J. M. Illston，R. F. Stevens. Long-Term Cracking in Reinforced Concrete Beams. Proceedings，Institution of Civil Engineers，London，Part 2，V. 53，Dec. 1972

编后注：本文载《建筑结构》杂志 2007 年 37 卷第 1 期 pp114-119。文中对于国内外规范中的混凝土构件裂缝计算宽度比较，主要由作者之一，当时的博士研究生李春秋完成。

第三部分　砖混结构连续倒塌的典型案例

北京矿业学院新建教学大楼倒塌
事故分析的试验研究[*]

    1961 年 7 月，北京矿业学院新建教学大楼在主体工程完工后的施工装修阶段，其中的一个区段（乙段）突然发生连续倒塌，事先并未发觉有损害征兆，造成死亡和重伤十余人的重大事故。这个区段的楼房为地下 1 层（人防地下室）、地上 5 层、砖墙承重、现浇混凝土梁板楼盖的单跨混合结构，图 1 和图 2 分别表示其平面和倒塌部分的剖面简图。乙段两端设沉降缝与相邻的区段隔开。除图中的楼梯间和有隔开横墙的小房间以外，区段中长 5m×5.4m 共 27m 长的范围全部塌毁。事故的原因比较综合，除结构方案和墙身构造欠妥（如砖墙的单跨长度达 14.5m 显然过大，横隔墙较少，且首层和 2 层墙体采用混凝土夹芯砖墙）以外，砖墙的施工砌筑质量较差，在房屋结构设计中所采取的计算图形也存在问题。但混凝土梁板的施工质量良好。

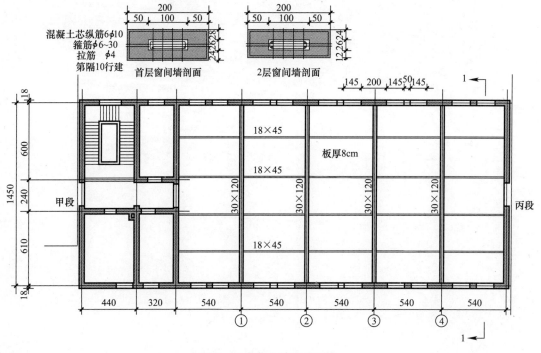

图 1　乙段各个楼层平面图

_____

   * 本项研究由北京市建筑设计研究院主持，联合清华大学土建系和北京工业建筑设计院成立专题组，组长郁彦。由清华大学土建系陈肇元、阚永魁主持规划试验研究的内容，本文由陈肇元执笔。

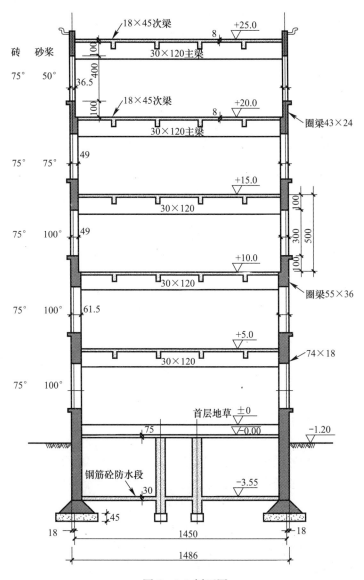

图2 1-1剖面图

对于多层混合结构的计算图形，我国的结构设计规范规定，梁端插入砖墙的节点可按铰节点计算，只考虑梁端底面施加于砖墙上的反力在接触面上按三角形分布后所引起的偏心弯矩（图3）。我国早期的结构设计规范都仿照苏联规范，安全设置水准甚低，其影响延续至今。但苏联的砌体结构设计规范规定，对于多层混合结构，楼层梁端插入墙体的深度不得超过墙厚的1/3。由于我国房屋的墙体一般较薄，不像苏联国内多处寒冷地区有较厚的墙体，因而梁端的插入深度往往较大，又没有规定插入深度的限制，如果统一采用铰节点的计算图形，有可能与实际工作状态出现很大差异而更接近于刚性节点。特别在本文所研讨的房屋中，由于梁的支点反力非常大，将梁端插入墙体全厚，并采取了梁垫与主梁整体浇注在一起并与主梁齐高的方案，且梁垫非常长，第2层的梁垫延伸到整个窗间墙的宽度2m（图4），在3、4两层也有180cm。混凝土楼层大梁的梁垫尺寸（宽×高×长）：2

275

层 74mm×120mm×200mm，3 层 62mm×120mm×180mm，4 层 49mm×120mm×180mm，5 层 49mm×120mm×160mm，房顶层 37mm×120mm×80mm。

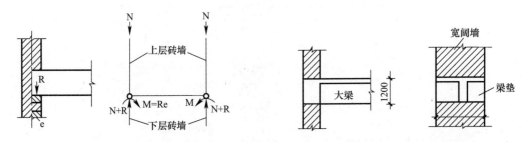

图 3 按规范规定的计算方法　　　　　图 4 梁端插入砖墙全厚

事故发生后，召开多次专家研讨会进行分析，有认为由于地基不均匀沉降引起的，1 层和 2 层混凝土夹心砖墙施工质量过差造成的（倒塌后的碎段砖墙可见其夹心混凝土捣固不实且与外包的砖脱离），结构方案不当的，也有认为是结构的内力计算按照设计规范规定的计算图形并不适用本项工程的；除地基沉降明显不符合实际外，其他列举的原因都有可能且相互影响，但哪种最为主要，则莫衷一是。为此提出进行结构模型的模拟试验。

这项研究包括三部分；1）两层结构的 1∶2 模型试验，2）梁墙节点的嵌固约束作用试验，3）5 层原型结构的内力分析。试验结果表明：类似北京矿院那样的梁柱结点构造，由于楼层混凝土梁端的上部有足够的荷载压住，这种结点的工作状态与计算图形应该视为刚性结点而不应是设计规范所规定的简支铰结。结点处的箍固弯矩虽然能对楼层梁板起到减少跨中弯矩的作用，却有可能对混合结构中比较脆弱的墙体带来非常不利的影响。矿院五层结构的梁墙节点，除了顶层的屋面节点，因其上部的女儿墙和屋面梁板的反力不能提供足够压力使结点成为刚性节点以外，其他楼层（1 层到 4 层的顶板，或者是 2 层到 5 层的梁）与砖墙连接的节点都应视为刚节点。这样一来，1 层到 4 层的砖墙所实际受到的弯矩，是按设计规范计算得出的几倍到 3 倍。正是由于嵌固弯矩过大，成为倒塌事故的主因。根据这一分析，认为 3 楼的窗间墙（厚度 49cm，而 1 楼和 2 楼分别为 61cm 和 74cm）应该首先破坏，造成上层的大梁坠落，引发上下连续倒塌。矿院大楼中还有与倒塌的乙段结构完全相同的丁段，后者虽未倒塌，但事后检查发现，在其多数大梁梁垫下部墙体的内表面，已出现竖向微细劈裂裂缝，类似的裂缝也出现在梁端上部窗间墙的墙体外表面。

一、结构模型试验[1]

（一）结构模型试验的设计与试验方法

为了验证上述结构的实际工作状态与铰接计算图形的差异，根据房屋结构原型的布置和构造方法，确定试验用的结构为上下两层的结构模型（图 5），并突出两层之间的楼层梁板与墙体及其相连的节点。模型的几何尺寸除墙厚（37cm）外均为原型结构的 1/2，即层高 2.5m，宽 1m（相当于窗间墙），跨度 7.25m，梁端插入墙体全厚后变成为与墙体齐宽的梁垫。模型主梁的配筋率也与原型结构相同。模型墙体的底部用砂浆砌筑在试验台上，顶部用 2 根 22 号槽钢相连。试验在北京设计院试验室的结构试验台上进行。

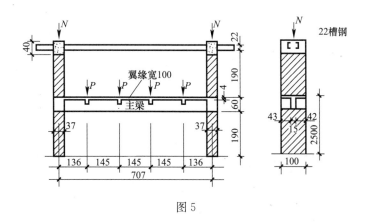

图 5

在模型结构制作过程中，同时留取测定模型构件原材料基本力学性能用的标准试件，有：37cm×37cm×91cm 的砖砌体试件 3 组（2 组为下层墙体，1 组为上层墙体），7cm×7cm×17cm 的砂浆试件 5 组；混凝土的立方试件（边长 20cm）3 组，棱柱试件 1 组；钢筋抗拉试件 1 组；每组试件的数量均为 3 个。模型墙体材料为：100 号内燃机砖（经实际测定为 90 号）；所用混合砂浆的体积比为 1:1:6（水泥:石灰膏:砂）；楼层梁板的混凝土重量比为 1:2.5:5.6（400 号水泥:砂:砾石），水灰比 0.75；钢筋品种 G3。试验开始时的砌体龄期对上、下层砖墙分别为 64 和 78 天，混凝土龄期为 74 天。根据标准小试件试验，测得模型结构砌体的抗压强度为上层墙 59kg/cm² （52.5～63.5kg/cm²），下层墙 56kg/cm²（50.8～68.7kg/cm²）；砌体的砂浆抗压强度为上层墙平均值 53kg/cm²（41～61kg/cm²），下层墙墙体 55kg/cm²（42～60kg/cm²）；混凝土标准试件的抗压强度 158kg/cm²（140～174kg/cm²），考虑龄期修正后，结构试验时的混凝土立方强度为 172kg/cm²；钢筋屈服强度平均值 3170kg/cm²。

为了准确估计模型结构中混凝土 T 形梁的刚度以及梁端约束弯矩数值，又专门制作了对比用的悬臂梁试件（图 5），除悬臂部分外，试件的其余尺寸及配筋情况均与模型结构中的主梁完全相同，采用的原材料、制作工艺以及养护条件也均相同。

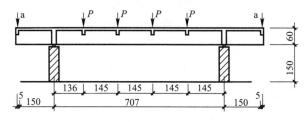

图 6　悬臂简支梁

1. 模型结构的加载方法

结构的加载图形示于图 7。梁上荷载 P 用盘上的铸铁砝码通过杠杆将荷载放大后加于梁上，杠杆的另一端反力与试验台座相连。墙顶荷载 N 则用 100t 千斤顶通过大型球座和球座下的一对滚轴加于墙体，千斤顶的反力通过加载架传至试验台座上。

在正式加载和梁体拆模前，先在墙顶施加初荷载，寻求砌体的初始偏心矩，然后用了

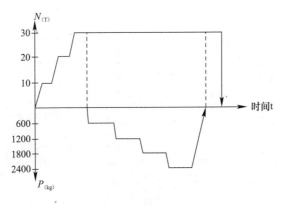

图 7 加载顺序图

3 个小吨位千斤顶通过弹簧测力计将梁托住，拆去梁模板的支柱，而后分级卸去千斤顶上荷载，直至全部加上自重为止。在上述加卸载的同时，测读了结构上各个仪表的读数，以估计自重作用下的结构工作性能。

共进行了 7 个循环的加卸载，第 1 个循环是试加载，后 6 个循环为正式加载。

除最后一个加载循环外，每次加载均为先在墙顶分二级或三级加到规定的数值 N 然后保持 N 值不变，再在梁上以 600kg 为一级，分级加到规定的数值 P。每级荷载下维持时间为 20—25min。相邻两个加载循环之间的间隔均在一天以上。每次加载循环最后到达的 N 和 P 值列于表 1。

表 1

荷载	试加载	正式加载					
		1	2	3	4	5	6
N (t)	30	20	10	30	45	45	45
P (kg)	2400	2400	1800	2400	3000	2400	1200

图 7 表示加卸载顺序图。每一循环内的卸载次序为先卸去梁上全部荷载至初始值，然后卸去所有墙顶荷载。但最后一个加载循环（第 6 循环）的加载次序适与以往相反，即先在梁上分二级加到 P＝1200kg，然后分级施加墙顶荷载。

2. 仪表布置及测读方法

在每级加、卸载后的 5 分钟，开始按一定顺序分区测读各个仪表读数。在模型结构上共设置有 128 个测点，仪表布置方案如下：

(1) 墙的水平位移，用百分表量测，沿左侧墙 100cm 宽的中线，从上到下布置 7 个百分表，沿西侧墙中线布置 4 个（图 8a）。

(2) 墙的垂直位移，用百分表量测如图 8b；此外在砖墙侧边的外露梁垫上水平设置一个 0.5m 长的角铁，两端置有百分表，通过测定其垂直位移，确定梁端在荷载下的转角。

(3) 砖砌体的竖向应变，用 20cm 标距（合三皮砖）的千分表应变仪和 40cm 标距（合 6 皮砖）的百分表应变仪进行量测，确定砌体沿高度及沿厚度上的断面应力（图 8c）。

(4) 混凝土梁的挠度曲线及梁端倾角，分别用 7 个百分表及水准式倾角仪量测，百分表置于支座、跨中及次梁位置。

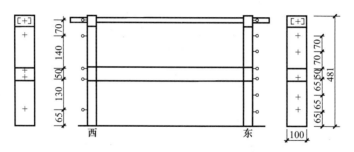

图 8a   测量砖墙水平位移仪表布置

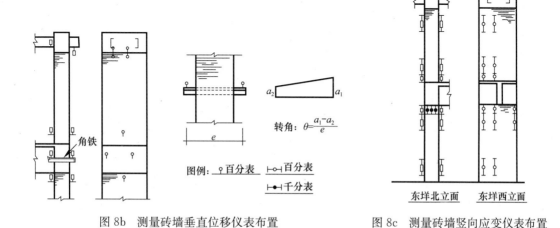

图 8b   测量砖墙垂直位移仪表布置   图 8c   测量砖墙竖向应变仪表布置

（5）梁的反弯点，用应变计量测。

（6）梁支座及跨中断面的混凝土应变与主筋应变，前者用 20cm 标距的双杠杆应变计，后者用 10cm 标距的双杠杆应变计及 1cm 长的电阻片。

（7）顶部钢梁的上、下翼缘应变，用应变计测定其轴力和弯矩。

此外，在结构的不同部位上安置了多个温度计，并在不受力的钢筋和混凝土试块上装置了温度补偿用的双杠杆应变仪。曾多次测定结构在零载下但由于温度变化而引起各个仪表读数的改变。对每次加载循环下得出的仪表读数，最后都用零载下的记录进行温度影响的误差修正。结果表明，温度对百分表和千分表的影响并不明显（试验过程中温度变化不超过 2 度），所以只对双杠杆应变仪读数做了修正。

3. 悬臂梁（图 5）试件的试验

悬臂梁试件中的仪表布置完全与模型结构的主梁相同，加载方法亦相似，即在正式加载前先分级加卸 3 次跨中荷载（$P=1200\text{kg}$，$Q=0$），用来确定梁在裂缝前、裂缝后以及荷载重复作用下的刚度变化。

正式加卸载共进行了 5 个循环。梁上的荷载仍用 600kg 为一级，与模型结构中相同，而同时施加的悬臂端荷载 Q，则采用跨中荷载 P 的 α 倍，α 值在各个循环内是不同的（表 2），根据模型结构试验的结果预先估出，使得悬臂梁试件的总变形能与模型结构加载循环中接近。

表 2

悬臂梁加载循环	1	2	3	4	5
比值 $\alpha=Q/P$	0.97	1.40	1.44	1.50	1.64
与模型结构相对应的墙顶荷载 N	10t	15t	20t	30t	45t

（二）模型结构构件断面的计算特征

模型结构为超静定体系，其构件内力与断面的刚度有关，需要通过试验正确测定其刚度，特别是凝土 T 形梁的刚度计算公式，通常有着较大的误差。

1. 砌体

根据砌体的标准抗压试件测得砌体应力应变曲线，求得低应力（$\sigma/R=0.3-0.4$，R 为砌体强度）下的变形模量约为 $E_q=30000\text{kg/cm}^2$，初始弹性模量 E_{oq} 则为 45000kg/cm^2。根据模型结构中的砖墙在墙顶荷载作用下测得的竖向应变，也可算出砖墙的实际变形模量，从各个仪表得出的这个数值比较离散（受标距过小，砌体不匀质等因素的影响），但平均值亦在 30000kg/cm^2 左右。所以砌体断面的计算刚度最后定为（EJ）k＝30000×$(1/12\times100\times37^3)$＝$1.21\times10^{10}\text{kg/cm}^2$。

2. 混凝土形梁的计算特征

钢筋混凝土 T 形梁在裂缝出现后以及荷载重复作用下的刚度不易用现有的理论计算方法准确获得，所以模型结构梁的计算刚度根据悬臂梁试件的试验结果对比得出。

根据模型结构梁和悬臂梁的棱柱体抗压试件试验，测得二者的变形模量分别为 2.91×10^5 和 $2.71\times10^5\text{kg/cm}^2$，棱柱体强度比值分别为 152 和 143kg/cm^2；考虑到混凝土梁是用手工搅拌混凝土多次浇置而成，而同时留作棱柱试件的数量又比较有限，最后又用混凝土回弹仪测定模型结构主梁与悬臂梁的混凝土强度，得出二者的平均值相差仅 1.8%，可认为二者的强度和变形模量相等。

模型结构梁在始加载下（$N=30T$）当梁上荷载到达 2400kg 时，开始在跨中出现少许裂缝，与裂缝向上伸展的高度均未超过受拉钢筋的水平位置，在正式加载的第 1 到第 3 循环下，裂缝没有新的发展，而当第 4 循环下梁上荷载达 3000kg 时，裂缝又稍有伸展。

悬臂梁试件在正式加载前的始加载作用下（$P=1200\text{kg}$，$Q=0$）开始出现了少许跨中裂缝，与模型结构中第一循环加载时开始出现的裂缝相仿，只是数量更少；在以后各次正式加载中，梁均在裂缝下工作，可认为模型结构梁在各级荷载作用下的计算刚度是与悬臂梁在相应荷载作用下相等。按照静定的悬臂梁在各次加载循环下已知的弯矩和量得的挠度，代入一般材料力学中弯矩刚度和挠度的公式，就可以反算出模型结构梁在 5 次加载循环下的刚度 EJ 值如图 9 所示。

3. 模型结构的计算图形

图 10 和图 11 表示了结构的两种计算图形，前者按通用的设计规范所规定的计算方法，即视梁墙节点为铰接，该处只考虑梁的反力 2P 施加于墙的偏心弯矩（2P）×e，其中 e 为偏心距，等于（d/2－d/3）或 d/6，其中 d 为墙厚；后者则视整个结构为刚节点框架。在图 11 的框架计算图形中，结构构件的长度通常取其二端节点间的中距 2.5m，但考虑到沿砖墙高度内放置高度达 60cm 的混凝土梁垫，其压缩性能与砌体之比约等于 8，因此在计算结构的层高时，上下层砌体分别取 187 和 194cm，即混凝土梁垫的高度均按混凝土

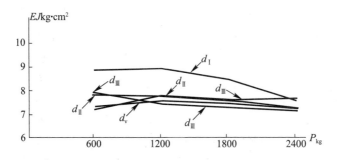

图 9　五次加载循环下梁的刚度

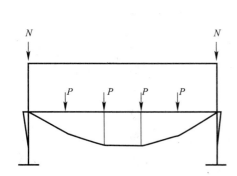

图 10　按设计规范规定计算图形的弯矩图

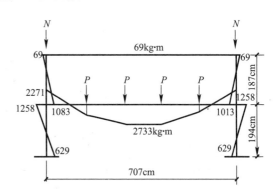

图 11　按刚节点框架计算图形的弯矩图

与砌体变形模量比值加以折减。

从图 9 可见，混凝土梁的刚度在梁端不同约束弯矩的情况下是不尽相同的，而且第一次加载下的刚度（曲线 α_1）变化较大，以后继续再次加载，则刚度改变较小（表 3），所以可近似认为刚度无变化，并取后几次加载下刚度的平均值作为计算刚度。

表 3

P　kg	600	1200	1800	2400
EJ　kg/cm^2	7.65×10^{10}	7.60×10^{10}	7.5×10^{10}	7.25×10^{10}

在历次加载循环下，测得梁的混凝土最大应力为 50kg/cm^2，砌体最大应力为 19kg/cm^2，如计入由于自重及加载设备等重量而引起的应力（梁上自重及加载设备重量相当于 $P=530$kg 的荷载，又梁端下部砌体由于梁及上部砖墙等重量而受到的自重荷载约为 1.9t），则分别达到约 60kg/cm^2 和 24kg/cm^2，均为材料实际强度的 1/3 至 1/2.5 左右，符合一般工程结构在使用荷载下的实际情况。

（三）模型结构变形与内力的实测值与理论计算值的比较

1. 墙顶压力足够大时结构变形符合刚节点框架工作

以第 5 次加载循环下 $N=45$t、$P=1200$ 时的结构变形和内力为例，对实测值与理论值进行具体比较，比较时以 $N=45$t 下的变形作为起始变形为零。

（1）砌体的水平位移曲线及纵向应变分布图形如图 12a，b 所示。砌体的横向位移值在上、下二层内的方向适相反，与刚节点框架的变形图一致，只是因顶梁的槽钢刚度甚小于砌体，所以顶层的节点与铰接相差不多，此处的节点弯矩很小，从图 14b 可以得出下层砌体反弯点的理论计算值位置就在下层的 1/3 高度位置上，而试验值（表 4）为 60cm，等于高度 194cm 的 1/3.18，相差仅 6%。

（2）梁端上下砖墙的断面应变如图 12c，根据这一应变图形可得出砌体 1-1 和 2-2 断面的弯矩 M_1 和 M_2 的试验值分别为 1000 和 1160kg-m，二者相加为 2160，与按框架计算得出的梁端弯矩（图 11）2271kg-m 比较，也相差 6%，应该指出，砖砌体并不能承受较大的弯曲拉应力，之所以出现这种情况，实际是砌体顶部的压力（在 N＝45t 作用下）来实现的，关于这个问题我们将在下面再作讨论。

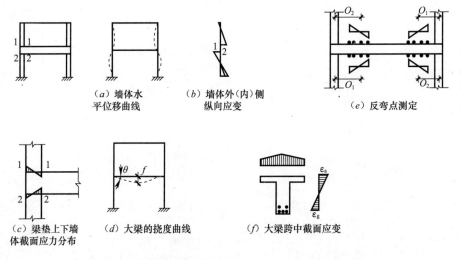

（a）墙体水平位移曲线　　（b）墙体外（内）侧纵向应变　　（e）反弯点测定

（c）梁垫上下墙体截面应力分布　　（d）大梁的挠度曲线　　（f）大梁跨中截面应变

图 12　模型结构的变形与应变（$N＝45t$，$P＝1200kg$）

（3）混凝土梁的挠度曲线和梁端转角如图 13 和图 14 所示，从中也可看出试验数据与简支梁的理论计算值相差悬殊，而与框架梁的理论值相当接近，但图示的试验曲线却略高于框架梁的理论曲线，主要原因在于量测误差，比如跨中挠度的测量值，实际是挠度实测值减去梁端的沉降实测值，而沉降所反映的是下层墙体的压缩变形，两者属于同一数量

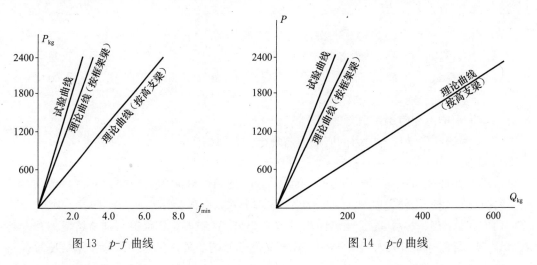

图 13　$p\text{-}f$ 曲线　　　　　　　　　　图 14　$p\text{-}\theta$ 曲线

级，且均用百分表测量，而未用千分表，导致挠度测量值 1.3mm 可能偏小于实际值，同时构件的计算刚度与实际刚度也可能略有出入；此外，上层砌体的梁的自重也有可能加大梁端受约束的程度。

（4）混凝土梁的反弯点（图 12e）位置，根据测量梁在左右两端的上下应变，得到反弯点距墙中心线在 100cm 左右的位置上，这与理论计算值 95cm 相当接近。如果按照设计视梁端为铰接就不可能有反弯点。

（5）图 12f 表示混凝土梁跨中断面的应变，根据梁的压区混凝土的应变和拉区主筋应变，可得出跨中弯矩 M_0 值为 2400kg-m，与框架梁的理论计算弯矩 2730kg-m 接近。

试验量测表明，沿混凝土梁压区翼缘宽度上的应变分布是不均匀的，中间最大，向两侧逐渐减小。如换算为均匀分布的矩形图形，并保持翼缘中间部分的最大应变值不变，则可得出翼缘的有效宽度为 60cm，这与现行混凝土结构设计规范规定的 12 倍翼缘厚度加梁宽即 63cm 是相当吻合的。

上述试验实测值与理论值的比较综列于表 4 中，无可置疑的说明该结构的计算图形应取为刚节点框架，而不是设计规范规定的铰接简支梁。

表 4

		混凝土 T 形梁				下层砌体		
		跨中挠度 f mm	支座断面转角 θ 秒	反弯点 cm	跨中弯矩 M	M_1 kg-m	M_2 kg-m	反弯点位置 cm
试验值 A		1.3	72	100	2400	1160	1000	60
理论计算值 B	按设计规范	3.4	320	0	5010	144	0	0
	按刚节点框架	1.6	105	95	2733	1013	1258	65
B/A	按设计规范	2.62	4.44		2.08	0.12		
	按刚节点框架	1.23	1.46	0.95	1.14	0.87	1.26	1.08
误差 $(B-A)/A$	按设计规范	162%	344%		108%	−88%		
	按刚节点框架	23%	46%	−5%	14%	−12%	26%	8%

2. 关于梁端节点的约束程度

上节分析了 $N=45$t、$P=1200$ 时的结构变形和内力，其梁端约束弯矩的理论计算值为 2271kg-m（图 11），即为 M_1 与 M_2 之和，说明此时的墙梁连接为刚节点。以下根据各个加载循环下测得的结构变形试验值，分析不同情况下的梁端约束程度。

设约束弯矩的试验值为 M_s，如按刚节点工作的理论计算值为 M_j，则两者的比值 $K=M_s/M_j<1$ 时，梁端约束程度就不完全，不能视为刚节点。M_s 可以根据试验数据从几个途径导出：根据试验得出梁的跨中弯矩，可求得梁端支座弯矩的试验值，与梁在相应荷载作

用下的计算弯矩之比得系数 K_1；根据试验得出的跨中最大挠度，可导出相应荷载作用下的梁端支座弯矩试验值，与理论计算值之比得系数 K_2；同理，可根据梁端转角得系数 K_3，根据反弯点位置得系数 K_4。K_1 至 K_4 的数值分别示于图 15～18 中。

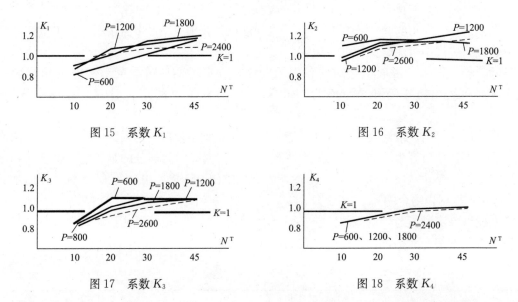

图 15　系数 K_1　　　　　　　　　　　图 16　系数 K_2

图 17　系数 K_3　　　　　　　　　　　图 18　系数 K_4

当墙顶压力 N 较大时，图 15 至图 18 中出现 K 值稍大于 1 的情况，造成这一现象的原因除试验误差外，主要在于结构的自重影响并未反映在量测数据中，而自重能在一定程度上增加梁端的约束。

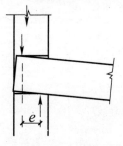

图 19　第 6 次加载循环下的梁端砌体变形

最后，我们分析第 6 个循环中 $N=0$、$P=600$kg 的情况。这时作用在梁端底面上的砌体压力只有上部结构自重和梁的反力。试验得出混凝土梁的跨中挠度达简支梁计算挠度的 60%，说明梁端仍有很大约束作用。产生这一现象是因为在梁上荷载作用下，梁端墙体的变形已成图 19 所示的形状，梁端的上下墙体与梁体局部脱离，这时的梁端约束弯矩是靠上部砌体自重的偏心作用（由于顶部槽钢梁的推力影响），偏心距 e 根据测试仪表读数估计竟超过 30cm。

（四）小结

对于图 4 那样墙梁节点构造的结构，有：

1. 如墙上有足够压力，能保证梁端与砌体之间的变形连续性，则结构可视为刚节点框架。类似图 2 那样的多层单跨混合结构，除顶层外的其他各层的墙梁连接，是按刚节点框架工作的。

2. 如墙上压力较小，当梁弯曲后，梁端可能与砌体发生局部脱离，这时混凝土梁端的约束弯矩要比框架算得的小，但梁端底部的砌体最大应力有可能比框架算得的大，且有可能超出允许值导致墙体破损。

3. 本项目研究的原型结构是按规范规定的通用的计算方法设计的，假定混凝土梁端为简支，因而与实际情况有很大出入，并偏于严重不安全。

4. 本项试验对象是采用单跨两层的模型结构，其计算图形中的上、下墙高是折算高度，分别为 1.98 和 1.87m；如果取各层墙高为 2.2m，即等于梁端混凝土高度的中心到下层地面的高度，此时可算得梁的跨中挠度为 1.71mm，梁端转角 115 秒，梁的反弯点离墙体中心线 109cm，墙在梁端下表面处的弯矩为 1217kg-m，墙在梁端上表面处的弯矩为 950kg-m，下层墙体的反弯点离地表 61cm。如与前面表 4 中按刚节点图形的各项理论计算值比较，虽然相差有限，但前者所取的墙高计算高度（1.98 和 1.87m）得出的计算值更接近试验值。

二、梁墙节点的嵌固约束作用试验[2]

为进一步验证梁端插入的不同构造所具有的约束程度，在完成两层模型结构的试验研究后的次年，进行了两种不同构造的墙梁连接节点试验，所采用的两个试件 A 和 B 代表了实际工程中最极端的两种节点构造方法（图 20）。节点 A 与上述两层模型结构中相同，即梁端插入墙体全厚并转变为横贯整个窗间墙宽度的梁垫，节点 B 则插入 2/3 墙厚且不设梁垫。试件 A 和 B 的砖墙厚分别为 38cm 和 37cm，宽 63cm 和 61.5cm，用机制红砖和 50 号水泥砂浆砌成。为避免混凝土梁的刚度会随着荷载变化而引起的内力重分布，试验选用了 8 英寸高的工字钢取代钢筋混凝土梁，并在试件梁 B 的插入端用细石混凝土将工字钢包裹成宽约 12cm，高 26cm 的矩形断面实体，相当于同样尺寸的混凝土梁的梁端。工字钢梁的另一端支于砖墩上的能自由滚动的圆轴，避免产生水平方向的摩擦力（图 21）。

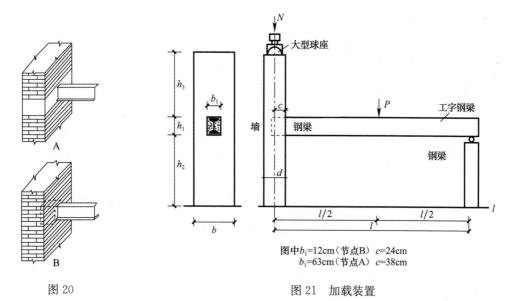

图中 b_1=12cm（节点B） c=24cm
b_1=63cm（节点A） c=38cm

图 20   图 21 加载装置

试验在清华大学结构试验室的静力试验台座上进行，墙顶用 Amsler 液压千斤顶通过大型球座和一对滚轴施加墙体的轴力 N，钢梁在跨中用铁块砝码通过槓杆放大后加载。砌体墙的弹性模量和刚度等参数则根据试件加载试验中测得的压缩量算出，钢梁的受弯刚度 EJ 和几何尺寸等参数均根据工字钢在两端简支条件下加载测得的挠度和应变值算出（表 5、表 6）。钢梁与墙的线刚度之比对试件 A 和 B 分别为 1：7.14 和 1：6.24。根据这些参数就可以计算构件内力与变形的理论计算值。

表 5

墙体												
试件	d cm	b cm	F cm^2	b_1 cm	c cm	h_1 cm	h_2 cm	h_3 cm	h cm	W_q $/10^3cm^3$	E_q kg/cm^2	E_qJ_q $/10^9kg\text{-}cm^2$	i_q $/10^7$
A	38	63	2394	63	38	26	103	100	116	15.16	28000	8.06	6.95
B	37	61.5	2276	12	24	26	111	103	124	14.03	26000	6.75	6.08

注：符号：d—墙厚；b—墙宽；F—墙断面积；b_1—梁插入端宽度；c—梁插入端深度；h_1—梁插入端高度；h_2—上部墙高；h_3—下部墙高；h—下部墙高计算高度，$h=h_3+h_1/2$；W_q—墙断面模量；E_qJ_q—墙断面刚度 $kg\cdot cm^2$；i_q—墙的线刚度 kg·cm。

表 6

钢梁				
试件	$l$cm	W_1cm^3	$E_1J_1/10^9kg\cdot cm^2$	$i_1/10^6$
A	503	224	4.9	9.74
B	504	224	4.9	9.74

注：l—长度；W_1—断面模量；E_1J_1—断面刚度；i_1—线刚度 kg·cm。

表 7 列出荷载 N 为 24 吨、P 为 1050kg 时的梁端负弯矩 M_z、跨中正弯矩 M_0、反弯点到梁端距离 a、跨中应力 σ_0、挠度 f、梁端倾角 θ 等参数按墙梁节点为刚节点（图 22a）或为铰节点（图 22b）时的理论计算值。钢梁与墙的线刚度之比对试件 A 和 B 分别为 1∶7.14和 1∶6.24。

表 7

节点试件	理论计算图形	梁支座弯矩 $M_z kg\cdot cm$	梁跨中弯矩 $M_0 kg\cdot cm$	反弯点至墙中线 $a$cm	梁跨中挠度 $f$cm	梁跨中应力 kg/cm^2	墙砌体弯曲应力 kg/cm^2
节点 A	刚节点框架	$66.4P$	$92.6P$	106	$3.27\times10^{-4}P$	$0.41P$	$4.38\times10^{-3}P$
	铰节点框架	0	$126P$	0	$5.43\times10^{-4}P$	$0.56P$	
节点 B	刚节点框架	$63.8P$	$94.1P$	102	$3.37\times10^{-4}P$	$0.42P$	$4.55\times10^{-3}P$
	铰节点框架	0	$126P$	0	$5.43\times10^{-4}P$	$0.56P$	

注：1. P—为梁上荷载，单位为 kg；
2. 铰接计算图形 $M_q=V(d/2-0.4a_c)$，a_c—据实测的 tgθ 算出，取 18cm。

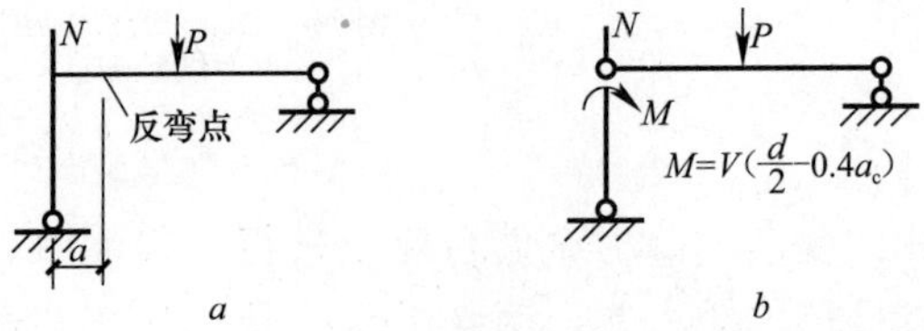

图 22 计算图形

刚节点框架；b. 铰接框架，砌体受梁反力的偏心作用

V——反力，$V=P/2$，a_c——有效支承长度

加载试验前在每个试件上共设置了约 32 个测点，量测的类别与上述模型结构试验中

相同。加卸载过程中同时量测墙体的应变、压缩沉降、水平位移与钢梁的应变、挠度和支座沉降。在钢梁跨中和靠近梁端的顶面与底部各布置 4 个应变仪来确定梁的应变与反弯点，根据测得的应变、挠度和反弯点就能从不同途径算出梁所受到的弯矩并可相互进行校核。在墙砌体的上部和下部各布置二排共 6 个千分表应变仪，标距为三层砖厚约 20cm，用来测定墙体的应变。此外在梁端紧靠墙体处安装 1 个倾角仪测定梁端的倾角，同时在试件 A 的梁端墙体上也安装了倾角仪测定该处墙体的倾角。但对试件 B，则用 2 个千分表分别测定梁端墙体的水平位移，据此来确定墙体的倾角。在以下列出的测得梁跨中挠度，均已作了梁在荷载作用下的支座沉降修正；对于紧靠墙体放置的倾角仪所测的数据，也已作了必要的修正以代表墙体中线处的梁端倾角。

节点试件 A 共进行 6 次加卸载循环，试件 B 进行 2 次加卸载循环。

（一）节点 A 试验

第 1 次加卸载循环先将墙顶轴力 N 分级加到 16ton 保持不变，接着分 3 级（250，650，1050kg）加上梁上荷载 P 到 1050kg。卸载过程与加载相反，先分级卸去 P，再分级卸除 N。第 2 次加卸载循环先将 N 分级加到 24^T，然后分级加上梁上荷载 P 到 1050kg，接着分级卸去墙上荷载至 4^T 后再加至 24^T，最后卸除墙体荷载与梁上荷载（图 23）。第 3 次加卸载循环与第 2 次相似，只是墙顶荷载 N 改为偏心施加，离开墙体断面的中心线距离约 9cm，偏向墙体的外表面。

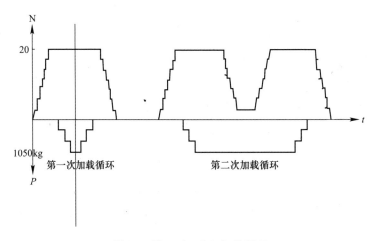

图 23　第 1 至 2 次加卸载循环

表 8 中列出前 2 次加卸载循环中测得的主要试验数据；从表中可以看出，在足够大的墙体压力作用下，节点完全按刚性工作，这时的梁挠度、梁跨中应力、梁反弯点的测试值（f_s、σ_{ls}、a_s）均符合刚节点框架图形算得的理论计算值（f_j、σ_{lj}、a_j），两者的比值均在 0.99 到 1.06 之间。若以 σ_c 表示 N 产生的墙体压应力，以 σ_w 表示墙体受嵌固弯矩产生的弯曲应力，并假定 σ_w 按线性分布如图 24 所示，则可得出梁端上表面的墙体外侧边缘点上（图 24 中 A 点）的压应力 σ_c 与嵌固弯矩产生的弯曲应力 σ_w 以及两者的比值。节点能够达到刚性的条件大体应在比值 σ_c/σ_w 大于 1 的场合。

表 8

加载循环	N t	P kg	梁跨中挠度 f 10^{-4} cm			梁跨中应力 σ_1 kg/cm²			梁反弯点至墙中心线距离 α cm			梁端墙体弯曲应力 σ_{qw} kg/cm²			σ_c/σ_w
			f_s	f_j	f_s/f_j	σ_{ls}	σ_{lj}	σ_{ls}/σ_{lj}	a_s	a_j	a_s/a_j	σ_{qs}	σ_{qj}	σ_{qs}/σ_{qj}	
1	16	650	2.15	2.12	1.01	267	269	1.01	106	105	1.01	2.45	2.87	0.86	6.67/2.87
		1050	3.56	3.43	1.03	458	434	1.06	106	105	1.01	4.05	4.63	0.88	6.67/4.63
2	24	650	2.17	2.12	1.02	277	269	1.02	104	105	0.99	2.21	2.87	0.78	10.0/2.87
		1050	3.50	3.43	1.01	450	434	1.04	104	105	0.99	3.53	4.63	0.77	10.0/4.63

注：1. 表中的理论计算值均按刚节点框架图形（图 22a）算出，为表 7 中的相应数值代入 P 求得；

2. 表中加载循环 3 的压力 N 为偏心作用，σ_c 按偏压算得；

3. 表中所有量测数据都为 N 保持不变，P 从 0 增至规定值之间的测试值增量；

4. 表中 σ_c 和 σ_w 为墙体受轴力和弯矩引起的理论计算值，按公式 $\sigma_c = N/bd$ 和 $\sigma_w = 6M_q/bd^2$ 算出，计算 σ_c 时未计入砌体自重。

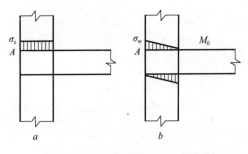

图 24 节点 A 的压应力与弯曲应力

第 3 次加卸载循环由于施加墙体压力的偏心距难以通过球座和一对滚轴准确调整，特别是在墙体首先偏心受压到 24t 时使得梁端受到很大的逆时针方向的偏心弯矩，又因梁体的自重甚小在零加载的情况下会向上翘起有离开另一端支座的趋向，使得测得的部分数据难以分析而未有结果。

表 9 列出第 4、5 次加卸载循环下梁的挠度、跨中应力和墙体应力的测试值与节点按刚性的理论计算值。第 4 次循环中，P 不变，当墙顶压力大体卸至 $\sigma_c/\sigma_w < 1$ 时，墙梁节点的刚性削弱，此时梁的跨中挠度和断面应力的测试值逐渐变大，说明此时的节点已不再是完全刚性。第 5 次循环中，当 P 不变，N 逐级卸至 4t 时，装在梁下部墙体外表面的仪器也测出拉应变。

表 9

加载循环	Pkg	Nt	梁跨中挠度 f_s/f_j	梁跨中断面应力 σ_s/σ_{lj}	σ_c/σ_w
4	1050	24	1.02	1.06	10.04/4.63
		16	1.02	1.04	6.68/4.63
		8	1.08	1.14	3.34/4.63
		4	1.18	1.14	1.67/4.63
5	1050	16	1.02	1.04	6.68/4.63
		8	1.05	1.12	3.34/4.63
		4	1.19	—	1.17/4.63
		2	1.35	—	0.59/4.63
		1	1.45	—	0.29/4.63

注：表中计算值为按刚节点框架计算图形算出。

在最后的第 6 次加载中，当 $N = 0$ 并将 P 逐级加至 1050kg 时，测得反弯点到墙中线的距离见表 10。

表 10

N t	P kg	反弯点至墙中线距离 a_s cm	墙体对梁的约束弯矩 M_{zs} kg·cm	按框架图形计算 M_{zj}	按框架图形计算 M_{zs}/M_{zj}	按铰接图形计算 M_{zJ}	按铰接图形计算 M_{zs}/M_{zJ}
0	250	69	40P	66.5P	0.60	6P	6.67
	650	35	19P	66.5P	0.29	6P	3.17
	1050	19	9.9P	66.5P	0.15	6P	0.15

注：M_{zj} 根据根据反弯点测试值 a_s 反推算出，从砌体量测的应变并换算为应力的数据甚为离散。

当 $N=0$ 时，反弯点至墙中线距离仍不为零，原因是梁插入部分的顶面上受有上部墙体的自重和加载装置的作用，因而仍能给出一定的梁端嵌固弯矩。即使在这样的情况下，它给下部墙体造成的弯矩要比按通用的铰接计算图形得到的弯矩值（由支承面上梁的反力偏心作用引起）大很多。而当墙上有足够的压力 N 作用时，墙体承受的弯矩比按规范给出的数值大 10 倍以上。

在多次反复加载之后，节点的刚性没有改变，在相同荷载下，给出同样的读数。这一试验表明，对于类似 A 节点那样构造的混合结构，其实际工作状态与设计规范规定计算图形相差很远。

（二）节点 B 试验

节点 B 在第一次加载循环下，先将墙顶轴力分级加到 24t 保持不变，再分级加梁上荷载到 2050kg。表 11 列出梁的跨中挠度 f（cm）、反弯点至墙中线距离（cm）和梁跨中应力（kg/cm²）的测试值与按刚节点的理论计算值之比。可见随着 P 值增大，f 与 σ_1 的比值逐渐小于 1，而反弯点距离 a 则反之，说明节点的刚性长度减弱。表中还列出按刚节点的嵌固端顶面上由轴力产生的墙体均布压应力 σ_c 以及由嵌固弯矩产生的墙体边缘最大弯曲应力 σ_w 的理论计算值（图 25）。

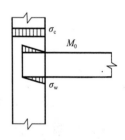

图 25 节点 B

表 11

N t	P kg	梁跨中挠度 f_s/f_j	梁跨中应力 σ_{ls}/σ_{lj}	反弯点至墙中线距离 a_s/a_j	嵌固端顶面的压应力 σ_{cs}/σ_{cj}	嵌固端顶面的弯曲应力 σ_{ws}/σ_{wj}
24	250	0.85/0.85	112/104	114/102	10	7.7
	450	1.64/1.60	208/188	112/102	10	14
	650	2.39/2.21	296/271	108/102	10	20
	1050	3.85/3.57	470/439	108/102	10	32
	1550	5.68/5.27	693/647	104/102	10	47
	2050	7.58/6.97	935/859	93/102	10	63

注：$\sigma_w=6M_{zj}/c\,(b_1)^2$，其中 M_{zj} 是理论计算值，c 和 b_1 为梁插入端宽度和深度。

如以系数 K（测试值与理论值之比）作为节点刚性的标志，K 等于 1 时为完全刚性，则从表 12 可见 K_f 值随着 P 值逐渐增大而大于 1，K_s 值则相反。

表 12

Nt	Pkg	梁跨中挠度 K_f	梁跨中应力 $K_{\sigma 1}$	反弯点至墙中线距离 K_a
		f_s/f_j	σ_{1s}/σ_1	a_s/a
24	250	1	1.07	1.12
	450	1.03	1.10	1.10
	650	1.08	1.09	1.06
	1050	1.08	1.07	1.05
	1550	1.08	1.07	1.02
	2050	1.09	1.09	0.91

注：测量 B 节点试件的数据反常，未考虑这些数据。

我们也可以根据量测到梁的挠度和跨中应力反算弯矩 M_s，与按刚节点计算的 M_j 作比较，得到 K 值见表 13。可见随着 P 值增大，K 值减小。出现这种差别是因节点已不是呈完全刚性。

表 13

Nt	Pkg	$K=M_s/M_j$	
		按梁跨中挠度	按梁跨中应力
24	250	0.99	0.99
	450	0.98	
	650	0.94	—
	1050	0.90	0.81
	1550	0.85	0.81
	2050	0.80	0.75

需要指出，表 13 中的 K 值当荷载 P 等于 2050kg 时仍有 $0.75\sim0.80$，是因 B 节点试件的嵌入端构造是一种极端情况以及试件梁的刚度过低。在实际工程中，梁与墙的刚度比值不会如此巨大的差别。由于节点 B 的插入端宽度 b_1 和深度分别只是节点 A 为砌体全宽和全深时的 1/5.1 和 2/3，如果节点为完全刚性，则嵌入弯矩引起的梁端顶面墙体最大弯曲应力 σ_w 如按图 25 的分布图形计算，此时的 σ_w 在 P 等于 2050kg 的情况下就将超过 100kg/cm² 以上，超过了砌体所能承受的局部承压能力的（约为 75kg/cm²），而实际并未出现破损，也说明此时的节点 B 已不属刚性。此外，当局部插入的梁端砌体临近破损前，应该会出现一定塑性变形，虽然不会较大，但足以在很窄梁端的上方砌体中形成一个卸载拱，降低上方墙体对梁端的压力。

实际混合结构中的梁刚度往往较大，梁的反力也大。文献 [4] 曾介绍哈尔滨建工学院做过一项混合结构的梁端局部承压试验结果，梁端局部插入墙体的嵌固作用在加载后期逐渐削弱（这种情况在整体插入的节点 A 情况下当然不存在），砌体临近破坏前的整个梁端顶面与上部墙体脱离，嵌固作用从而丧失。实际工程中的梁底下面设有长度较大的梁垫，但梁顶与砌体的接触面仍较窄，所以梁端嵌固作用受到顶面砌体局部挤压强度的限制。

（三）小结

1. 本项节点试验进一步验证了本文第一部分试验的结论；重复加卸载，结点连接的

原有刚度不会有明显变化;

2. 如上部砌体的轴力较小,梁端又未插入砌体全厚,且引起的压应力不足以抵消由于梁上荷载在插入端所产生嵌固弯矩引起的拉应力,这时的砌体在扦入端底部就有可能被局部拉裂脱开,并削弱结点的嵌固程度,相应的梁端负弯矩与按刚性节点计算得出的理论弯矩之比就会减少,而梁的挠度和跨中应力会变大。

3. 当梁的高度与刚度较大,墙体的刚度相对较小,梁端受到的负弯矩将远远超过按我国设计规范规定计算得出的数值,梁在跨中实际发生的弯矩,也会甚小于按设计规范计算的数值。这时很有可能造成墙体破坏。20 世纪 60 年代初发生的北京矿院教学大楼连续倒塌事故就是这样引起的。但反过来,如墙体较厚且层间高度较小,而梁的刚度却相对较小,有时竟能避免一起按规范设计因梁的跨中配筋严重不足而本应倒塌的事故。

4. 混合结构中楼层梁的跨度和刚度通常较小,所以按照砖石结构设计规范设计的房屋并未出现很多安全事故,但这些并不表示规范计算方法符合实际的工作状态及其正确性。我国的设计设计规范从一开始就是从苏联移植过来的,苏联的房屋砖墙由于天寒一般都很厚,楼层多为木地板,木梁不仅硬度甚低于混凝土梁,而且与墙体的连接因防腐需要不可能做成嵌固,后来混凝土楼层出现后就袭用这种按照铰结的算法。对于厚墙来说,这种算法偏于安全,移植到我国后由于墙变薄了,这种算法就会出问题。

三、矿院 5 层大楼的倒塌分析与经验教训

(一) 矿院 5 层大楼的倒塌分析

以上的试验研究说明,类似矿院 5 层大楼那样的结构,除房顶的大梁支座节点因所受的女儿墙压力很小不能形成刚节点外,其他 2 到 5 层的楼层大梁支座节点都属于刚节点。考虑到大梁的荷载主要承受等间距的多条次梁反力,可将楼层大梁承受的荷载简化为均布荷载 p kg/m。矿院结构的每层墙高达 5m,其中的 1.2m 为梁端混凝土,3.8m 为砖砌体,两种材料的压缩模量相差 8 倍,在确定结构的内力时,如何选定砖墙的等效高度甚为困难。对此我们在确定结构内力时,忽略混凝土梁端的高度,成为层高 3.8m 砖墙;但在验算墙体构件的承载力力需要确定墙体的高厚比 H/d 时,则取 $H=5$m。由于外墙的厚度从上到下变化,上层墙体的轴力在节点处对下层墙体产生偏心弯矩,图 26a 和 b 是楼层均布载 p 作用下的结构弯矩,前者考虑了节点处的偏心弯矩影响,后者没有考虑。至于房顶大梁均布载 q 引起的下层结构构件的内力甚小可另行考虑,并未反映在图 26 中。

从这些图中可知,结构按刚节点工作得出的墙体弯矩,与按规范规定的梁体简支仅因反力偏心作用引起的弯矩比较,两者相差 4 至 6 倍多。当然,墙体作为压弯构件的承载能力力不完全取决于弯矩,还要综合考虑轴力。

比较图 26a 和 b,可见因外墙厚度从上到下变化由上层轴力对下层引起的偏心弯矩,几乎对墙或梁的内力没有明显影响。矿院倒塌时的梁板荷载主要是结构自重,可以认为此时的房顶梁板所承受的荷载 q 大体与楼层中的 p 相等,所以在以下的分析中,倒塌前的每层墙体轴力应为图 27 中的数据再加上 $7.25p$,即半跨均布载的反力。

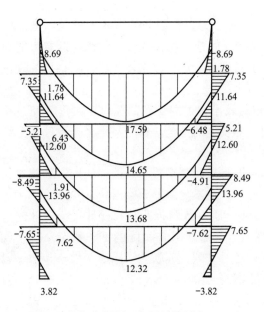

图 26a　框架弯矩图，每层计算层高 3.8m
（叠加墙体偏心引起的弯矩）

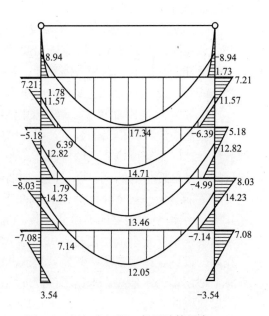

图 26b　框架弯矩图，每层计算层高 3.8m
（未叠加墙体偏心距）

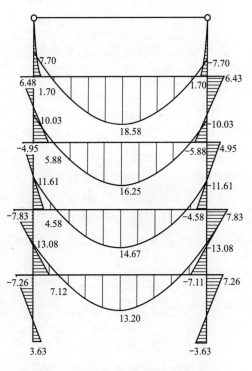

图 26c　框架弯矩图，每层计算高度 5m，
顶层 4.4m，未叠加墙体偏心引起的弯矩

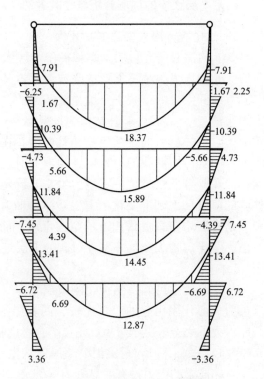

图 26d　楼层计算高度 5m，顶层 4.4m，
叠加墙体偏心引起的弯矩

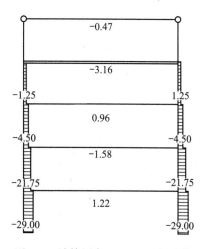

图 27a　计算层高 3.8m，叠加墙体
偏心引起的弯矩

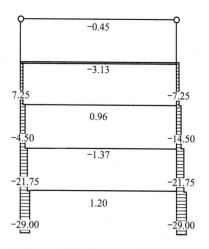

图 27b　计算层高 3.8m，不叠加墙体
偏心引起的弯矩

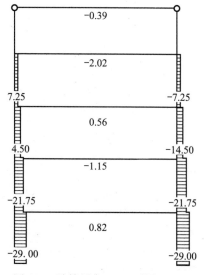

图 27c　计算层高 5m，顶层 4.4m，
叠加墙体偏心引起的弯矩

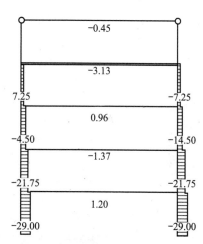

图 27d　计算层高 5m，顶层 4.4m，
不叠加墙体偏心引起的弯矩

根据图 26 的结构内力，选取其中受力比较严峻的 3 层和 2 层的顶部墙体作强度核算：

1）计算层高 3.8m，3 层顶部墙体内力有：弯矩 $M＝5.21p$kg-m，$N＝21.25p$kg，墙厚 $d＝0.49$m，偏心距 $e＝M/N＝0.24$，$e/d＝0.49$。

2）计算层高 3.8m，2 层顶部墙体内力有：$M＝8.49p$kg-m，$N＝29p$kg，墙厚 $d＝0.61$m，偏心距 $e＝M/N＝0.29$，$e/d＝0.48$。

根据图 26 的弯矩和轴力，按砖石结构设计规范（GBJ3－75）对 3 层墙体进行承载力校核，发现即使在自重作用下，安全系数就不满足。所以应是 3 层墙体首先破坏，引发连续倒塌。与倒塌的乙楼相对称的丁楼，两者结构完全相同，虽然没有倒塌，但已出现大量裂缝在 3 楼墙体而不在 1、2 两层。为挽救丁楼进行了紧急加固，在承受大梁反力的窗间墙内侧梁底补加了钢筋混凝土柱，又在大梁跨中底部加了柱子，原先的单跨变成了双跨梁。

　　混合结构更多的是用于跨度和层高度相对较小的房屋，墙的刚度较大，梁的刚度较小，如果按结构设计规范设计，一般不至于出现问题，有时还能避免按规范验算本应倒塌的事故。这里引用参考文献［3］介绍的一幢混合结构实测研究，同在 20 世纪 60 年代初，北京和平里有个 3 层的办公小楼，设计人员在设计时误将梁的跨中计算弯矩值的小数点向前点错了一位，使计算弯矩降低到了按规范所需的 1/10，致使楼板梁所配置的跨中纵向受力钢筋面积，只有设计所需的 30%。楼房在通过竣工验算提交业主正式使用后一个月，设计单位在整理资料归档时才发现这个错误。但从外表看，楼层并无异常变形或压裂现象，于是紧急撤出办公人员，委托清华大学工程结构试验室进行现场试验。

　　这是一幢由纵横的外墙与内墙承重的结构，其中 3.5m×5m 的小房间为连续的现浇混凝土双向板直接支于墙上，楼的四角各为一个 5m×7m 的大房间，后者的楼板中间设有一个现浇混凝土梁，两端支在纵向的外墙和内墙上（图 28）。现场试验在 2 层和 3 层各选取一个大房间进行砖块加载，同时量测梁、板的挠度，梁端倾角，梁跨中截面的应变分布与反弯点位置。试验结果表明，实测的支座弯矩与跨中弯矩的比值，对 2 层梁为 1.23，对 3 层梁为 0.914。而设计中采用的计算图形按照常规为简支梁，故支座弯矩应为零。由于支座嵌固影响，实际的跨中弯矩在 2 层只有设计预计值的 45%；在 3 层也只有设计预计值的 52%。测量结果说明，梁的承载能力已够，没有必要加固就能安全使用。主要原因仍是墙体对梁的嵌固作用，是强墙与弱梁的结合起了正作用，与矿院倒塌事故的原因正好相反。此外，这个办公小楼的厚 8cm 混凝土楼板上面还铺有焦渣混凝土隔音层与水泥抹面层，一定程度上加大了钢筋的抗弯能力；梁板之间的相互作用也是一个有利因素，当梁体受载下垂，使得部分的板上荷载能够转移到刚度较大的墙体上，减轻了梁的负担。

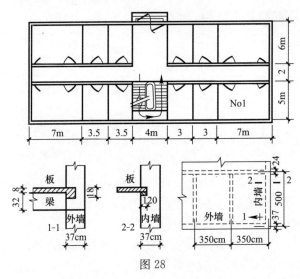

图 28

　　（二）关于混合结构的计算图形

　　基于梁与墙体节点嵌固作用的不同理解，竖向荷载下的砖墙计算图形大体可归纳成二类，即：

　　1. 铰接计算图形　不考虑嵌固作用，只考虑楼盖反力（或由于上层墙体轴压）偏离下层轴线而引起的弯矩，苏联、我国还有其他一些国家的结构设计规范，均采用这种计算图形。按这一计算图形，层间墙体弯矩沿高度线性分布呈三角形，上端最大，下端为零。

上述的试验数据足以说明，按这种计算图形设计，并不是任何情况下都像某些教科书上说的那样"既偏于安全，又基本上符合实际"。它高估了塑性构件楼盖的内力，低估了脆性构件砖墙负担，出现这种情况一般是不符合结构设计基本原则的。如果墙体没有额外的安全储备，或有可能招致危险后果。

与许多国家相比，我国规范赋予的安全系数是低的，而混合结构的跨度，有时做得较大，墙体也相对较薄，加以施工管理水平低，施工质量控制不严等不利因素，因此对各种情况下的混合结构都统一采用铰接计算图形，显然并不适当。

从上述试验结果可知，楼盖插入墙体越深，节点嵌固弯矩越大；但按铰接计算图形得到的正相反，楼盖插入墙体愈深，反力的偏心距愈小，墙体弯矩反而降低，与实际情况不符。

2. 刚节点框架计算图形　混合结构按刚节点框架体系进行内力分析，层间墙体上、下端的弯矩正负号相反。如果楼盖的梁板整体插入砖墙全厚或大部分厚度且其上部受有足够的压力，这时视节点为完全刚性并按刚节点框架计算图形进行内力分析应该没有问题。如果梁体只是局部插入墙体或插入较浅，并与砌筑的墙体紧密结合时，其嵌固程度就不易准确估计了，只能参考相关试验数据进行判断。但即使按刚节点进行内力分析，对墙体来说也是偏于安全的。

这里，顺便提一下国外对这个问题的部分研究情况。瑞典斯德哥尔摩皇家理工学院与英国爱丁堡大学在 H. Nylander，S. Sahlin，A. W. Hendry[5,6]等人的主持下曾对混合结构房屋的计算图形以及楼板与墙体的相互作用做过不少试验研究。Sahlin 专门设计了包括墙体和楼板在内的单跨层间单元进行试验，楼板插入墙厚的一半，当梁端嵌固弯矩 M_z 低于某一极限值时，楼板与墙体的节点可视整体工作（图 29），它们在节点处的转角一致，相对转角 $\theta=0$。一旦嵌固弯矩达到极限值时，θ 值急剧增大，所以节点可近似视为刚塑性工作，而极限塑性转角 θ_u 则与墙体的轴力 N 与其中心受压时的承载力 N_0 的比值有关，N/N_0 愈小，极限转角愈大，并给出经验公式：

$$\theta_u = 0.03(1 - N/N_0)$$

式中，N 为墙体轴力，N_0 为墙体中心受压时承载力。所以结构在达到极限状态以前是按刚节点框架工作的，文献［6］并提出了考虑这种相互作用的理论分析与设计方法。Hendry、Sinha、Colville 等曾作过楼板插入墙体全厚的 3 跨 3 层结构试验及单跨 2 层结构试验[7]，认为"目前对墙体与楼板相互作用的认识还偏于不够安全，如墙上压应力超过 $30 \mathrm{kg/cm^2}$，就有可能应用刚节点框架分析的方法"。并指出"常用的铰接计算图形很不准确，只能用很大的安全系数可以保证，因此一个合理的计算模型必须考虑楼板与墙体节点能够传递弯矩的能力，而在一些情况下必须视节点为完全刚性"。这些看法与我们在文献［1］中得出的结论是一致的。

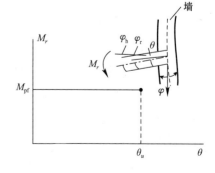

图 29　节点刚塑性

三、设计建议

1. 对于跨度较大的混合结构多层房屋，当楼盖梁板插入墙体全厚（或不小于墙厚 2/3）并与梁垫整体浇注时，其内力除按现行规范规定的方法进行分析外，还应考虑墙体对楼盖的嵌固影响，并按刚节点的框架计算图形补充进行内力分析，复核砖墙的整体强度。对于顶层（屋盖）处，由于上部传来的压力不足，仍应按铰接分析，即仅考虑由屋盖反力偏心作用引起的弯矩。

2. 对于跨度较大的混合结构多层房屋，如楼盖梁板插入墙体的深度较小，但节点处砌筑紧密，这时仍需按刚节点图形进行补充的内力分析，但可参照试验数据或工程判断，将算得的节点弯矩予以适当折减，核算砖墙的整体强度及与梁上、下面接触的砌体局部受压强度。

3. 对于采用装配式楼盖的混合结构，若大梁不与梁垫整体相连，宜在大梁顶面上采取某种构造措施（如设置软垫层或留空隙）消除可能产生的嵌固弯矩。这时可按现行规范的计算图形进行内力分析，认为节点处不存在嵌固作用。

4. 对于跨度大，开间大，楼层高的空旷混合结构，最好能采取一些构造措施，在不影响楼盖与墙体整体连接的前提下，尽量减小楼层节点的嵌固作用。而且在这种场合最好不采用混合结构。

有关混合结构计算图形的研究还很不够。对局部嵌入时的嵌固程度现在尚不甚清楚，影响嵌固作用的各种因素还认识得不够。按刚节点框架计算图形进行内力分析时，如何选取计算单元的宽度及其刚度也是一个有待细致分析的问题。什么情况下必须按刚节点框架图形，而在另一些情况下则可按铰接计算图形，其定量的界限尚待深入探讨。但我们认为，对于前面提到的某些特定构造的混合结构房屋，即使根据现有的一些试验资料粗略判断节点嵌固作用，也比按现行的方法进行内力分析得出的结果准确。更重要的是，如果不重视节点的嵌固作用，并在设计中加以忽略，有可能引起严重后果。

参考文献

[1] 陈肇元，阚永魁. 关于某混合结构房屋计算图形的试验研究. 工程结构科学研究报告文集（总6400－12），清华大学土木建筑系，1964 年 7 月

[2] 陈肇元，阚永魁. 多层混合结构中梁板的嵌固作用，建筑结构学报，第 7 卷第 2 期，1988 年

[3] 过镇海. 关于某混合结构房屋计算图形的试验研究. 载工程结构科学研究报告文集（总 6400－12），清华大学土木建筑系，1964 年 7 月

[4] 唐岱新，罗维前，孟宪君. 砖砌体受压试验研究. 哈尔滨建筑工程学院，专题研究第 8016 号，1980 年 5 月.

[5] S. Sahlin, Load-Bearing capacity of masonary walls, RIT, Med. No. 36 (in Swedish)，1960

[6] S. Sahlin, Design methods for walls with special reference to the load-carrying capacity, National Swedish Institute for Building Research. 1966

[7] A. W. Hendry, Structural Brickwork，Macmillan Press，London，1981

编后注：本稿最早刊于 1964 年 7 月清华大学土木建筑系内部刊物《工程结构科学研究报告文集》总 64010－012，题名为"关于某混合结构房屋相连的试验研究"。当时严重的倒塌事故属于保密范围，不能公开。改革开放后的 1985 年，当时的建设部总工表示，建筑物的重大事故如矿院的教学大楼倒塌应该公开以吸取教训，所以投寄写于 1964 年的这份报告，在 1986 年 2 月出版的《建筑结构学报》第 7 卷第 2 期上发表，题名改为"多层混合结构中的嵌固作用"，在内容上也有所删节，但增加了在 1965 年继续对矿院结构节点进行后续试验的研究结果。又同时用英文写作被收录在 1989 年出版的美国土木工程学会的 ASCE Selected papers from Chinese Journals of Structural Engineering。现在收录在本文集中这篇文章，经重新组织和校核原始资料，改正了在建筑结构学报上这篇文章中的个别数据错误。

盘锦某部队办公居住楼燃气爆炸事故

1990年2月，东北盘锦发生一起燃气爆炸引起的5层砖混楼房连续倒塌的重大事故。本文通过对这一事例的调查分析，论证了燃气爆炸的特点，提出了结构设计中应该考虑的减灾措施。随着城镇居民使用燃气日益增多，这个问题应该引起房屋设计人员的重视，并应在有关的设计规程中予以反映。

根据国外经验[1][2]，燃气爆炸事故的增长几乎与燃气用量及用户数的增长成正比，不少国家对室内燃气爆炸进行过比较系统的研究并探讨相应的对策，并且在房屋设计的有关标准中，针对可能出现的偶然性爆炸做出了原则性的或具体的规定。

我国城市居民的居住房屋以砖混结构为多数，这种结构的整体性很差，抵抗偶然爆炸的能力比较薄弱，迄今为止，我国的设计规范始终没有对室内燃气爆炸可能造成的严重灾害予以应有的注意，而死伤的人数已超过国外的任一国家。下面，我们介绍国内的这起燃气爆炸重大事故，希望能够引起设计技术人员的重视，并从中吸取必要的教训。

一、建筑物及其破坏概况

这幢建筑物分为两部分，主体部分包括一幢五层（局部六层）的办公兼宿舍用的楼房。附属部分为单层房屋，为单层现浇混凝土框架，预制屋面板支于框架梁上，包括厨房、餐厅、会议室和门厅，后者并与主体部分相连。建筑物的首层平面图和房屋的北侧立面图见图1。

首层平面图上，主体的5层结构在轴线5到17之间，局部6层结构在轴线3到5之间。五层为横墙承重结构，室内房间的预制楼板支于横墙上，而中间走廊（D与E轴线之间）的预制板则支于二道内纵墙上。外墙和底层内隔墙厚37cm，内纵墙和2层以上的内隔墙厚24cm，层高3.3m。建筑物按7度地震设防，在主体的1层、3层和屋盖处均设有圈梁，圈梁沿外墙、内纵墙以及在轴线3、5、8、12、15处设置，并且在5轴线上设置了二个钢筋混凝土构造柱（图1）。主体的局部6层结构也是砖墙承重，6层的楼板为现浇混凝土，2层到5层的楼板为预制混凝土板，2层的预制楼板为纵向布置，其他各层的预制板则为横向布置。建筑物的附属部分为单层混凝土框架结构，层高4.9m，框架柱之间的围护墙为厚度37cm的砖砌体，屋盖为预制混凝土板，支于混凝土框架上。整个建筑物在1987年底竣工，并在厨房间安装了天然气管道。

1990年2月11日晚，厨房内的天然气管道出现裂缝造成燃气泄漏并扩散，翌日凌晨工作人员进入厨房后，关闭天然气管道的户外总开关，打开厨房的门窗通风约20分钟，并绑扎好漏气的管道，照常点燃天然气使用。早上8点，有人上班进入与厨房之间有大餐厅相隔的会议室，在会议室内划火柴点火抽香烟，迅即引起爆炸，造成建筑物的宏观破坏状态如下

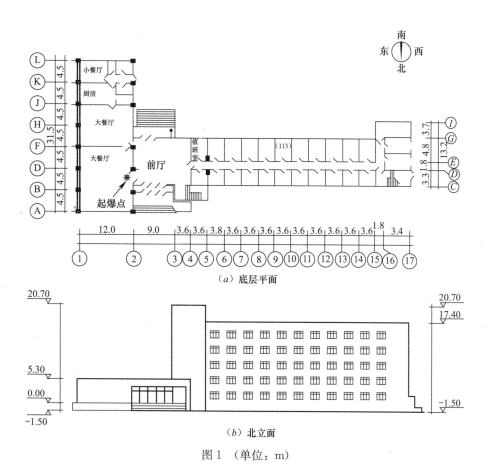

图 1 （单位：m）

1. 会议室。北侧端墙上部向外倾斜，中部明显外凸，端面多处开裂（图 2），东侧墙面三个木质窗扇连同窗框抛落；南面与餐厅相连的隔墙上部向餐厅一侧倾斜，与餐厅相通的门过梁以上墙体局部塌落；西侧铝合金门抛向门厅；会议室的木吊顶全部塌毁；大部分预制屋面板被抛起坠落，残留的屋面板底面布满横向裂缝。

2. 门厅。部分屋面板塌落，原先关闭的北侧铝合金门外抛 18m，与大餐厅相连的木质门扇向门厅一侧抛出 5m。

图 2 会议室北墙的外墙面（瓷砖贴面）

3. 大餐厅。屋面板轻度移位但未掉落，东侧有窗扇破坏，但窗框完好，与厨房相隔的南墙局部倒向厨房一侧。

4. 厨房及小餐厅。屋面板及窗扇完好，仅窗玻璃破碎，原先关闭的仓库货架上有燃烧痕迹。

5. 主体结构。长 43m 的 5 层砖混房屋全部倒塌，堆积高度约 5～6m。紧挨门厅的局部六层结构（从轴线 3 到 5）仍残存，其中的南墙（G 轴线）倒塌。由于 6 层结构中的预

299

制楼板布置方案在2层以上与2层不同，改为横向排列，一端支于外墙，另一端支于与构造柱相连的E轴梁上（图3）。南墙倒塌后，赖以支撑的上层预制板也坠落。但是因为有钢筋混凝土构造柱和E轴上的钢筋混凝土梁，才使EC轴之间的预制板和楼梯间得以残留。图4是残存6层结构的照片。图5是残存建筑物的平面图。

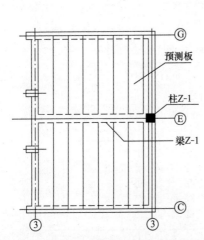

图3 局部6层结构在2层以上平面

图4 局部6层结构的灾后照片

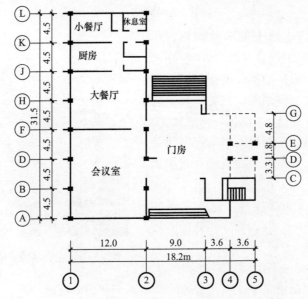

图5 残存建筑物平面图（虚线所示墙体已倒塌）（单位：m）

二、燃气爆炸的特点

可燃气体只有与空气混合并在一定的浓度范围内才能遇火爆炸，并且有一个最优浓度，相应有最大的燃速和最快的压力升高过程。各种燃气因其化学组分不同而具有不同的爆炸浓度上限和下限以及最优爆炸浓度。通常炼焦燃气的爆炸浓度范围较宽，其上下限为 36％和 4.4％，而天然气爆炸浓度的上下限则分别为 15％和 4.5％左右。处于最优浓度的各种燃气在密闭的小型容器内点燃爆炸时，其升压过程比较悬殊，但所能产生的最大峰值超压相差不大，多在 $700\sim800kN/m^2$ 之间。当燃气在一般的房屋内爆炸时，能够产生的最大超压就要低得多，原因之一是燃气的浓度并非处于最优状态，而且周围并非密闭。由于燃烧的火焰阵面速度一般仅每秒几米，要比燃烧产生的爆炸压力传播速度（声速）低得多，所以初始燃烧爆炸所产生的压力对前方尚未燃烧的气体起到了一定的驱散作用。此外，房屋门窗玻璃和轻型隔墙在很低压力下就会破碎，使室内压力外泄，这些都对室内爆炸压力起到抑制作用。但是燃烧在传播过程中也会强化，燃烧生成的气体膨胀和温度升高可使火焰阵面的速度增快，当室内可燃气为压力驱使经过房间之间的洞口和遇到家具物时会产生湍流，这会使燃烧的有效面积增长，产生的压力增加，从而使实际的燃烧速度可能达到每秒十几米甚至几十米的量级。以上所说的燃气爆炸过程称为爆燃，如果燃烧速度超过声速则转变为爆轰，爆轰时产生冲击波，相应的压力可达十几至数十大气压，具有强大的破坏作用，但这种情况只有在管道中爆炸时才有可能出现。

就室内燃气爆炸而言，爆炸产生的是具有升压过程的压力波。当火焰阵面在充满可燃气的室内传播时，室内各处的压力分布有如图 6 所示，在每一瞬间，火焰阵面上有最高的压力。室内墙面受到的典型压力时程曲线大体具有图 7 所示的形状。根据国外的试验和事故调查，室内燃气爆炸所产生的最大压力一般为 $25\sim50kN/m^2$，仅在极个别最不利情况下，有可能达到 $100kN/m^2$ 的量级，压力上升到峰值的时间一般在 0.1～0.3 秒之间（图 7）。正压的作用过程 t_0 一般不超过 $2t_1$。所以，燃气爆炸压力与炸药产生的冲击波压力有很大的区别，前者是发生于可燃气体介质中的分散爆炸，压力有较长的升压过程并以声速传播，当爆燃在可燃介质中传播时，压力逐渐增加；后者则是点爆炸，压力瞬时增至峰值并以超声速传播，离开爆心愈远压力愈低。

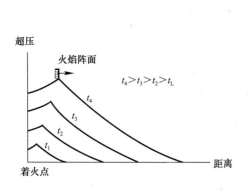

图 6 压力随距离分布（t_1、t_2、t_3 表示不同时间）

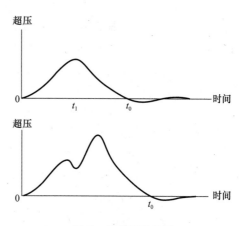

图 7 压力时程曲线

根据目击者对本例爆炸事故所提供的材料，形象地说明了这种燃气爆炸的特点：（1）一层值班室（见图 1a）内的人员听到巨响，看到房门迎面倒过来，透过值班室东墙上小窗，见到会议室屋顶透亮并有预制板掉下来，再看值班室的外墙窗子已去掉一半，于是从窗口跳出到楼外；（2）在 1 层 113 房间（见图 1a）值夜班休息的人被爆炸声惊醒，看到房门已经掉在地上，跑到门边向走廊东侧望去见到黑烟，此时窗户已飞散，便从窗口跳出到楼外；（3）在会议室的一个人见蓝光闪过后失去知觉，他的外露皮肤被烧伤，衣服部分碳化，但幸免于难；（4）在会议室内站在东窗边向外眺望的人听到爆炸声后看到窗子飞出去，他也越过窗口，事后发现后脑头发被烧焦；（5）有二人在与门厅相连的楼梯间内向上走时听到爆炸声，上到五楼推开楼梯间门准备进入楼房的室内时，发现已经没有房屋了，空成一片。所有这些都说明爆炸压力波是逐渐增加的，当关闭的门窗已经飞散时，如果是冲击波，以超声速度传播，人就会被击倒，但爆炸压力波到来时，人体不会感到有压力，而且爆炸压力的最大值也不是很高。这次事故的幸存者耳朵鼓膜都没有受伤（鼓膜的损伤值约为 $50 \sim 70 kN/m^2$）。

据事故发生后调查，在会议室、门厅、大餐厅的受害者都有被烧伤的现象，但紧挨门厅的二层楼梯以及小餐厅等处均无燃烧痕迹。事故发生前曾见到有人在门厅南侧抽烟而未引起爆炸，所以除会议室及大餐厅外，事故前的门厅燃气浓度当在爆炸下限以下，主体建筑物的走廊内浓度无疑将更低。发生在门厅（或者包括大餐厅）内的爆燃现象应该是会议室中的未燃混合气体在爆炸压力驱动下被推入门厅所致。门厅有相当大的门窗泄压面积，所产生的压力不可能高于会议室，但后者却引起了离开爆炸初始地点最远的 5 层楼房彻底倒塌，这真是一件在技术上值得很好总结的惨痛教训。

三、事故分析

1. 天然气扩散及爆炸过程

天然气的主要成分为甲烷，略有气味，比空气轻，天然气在前一天晚上泄露，先上升到厨房顶部形成与空气的混合气层，混合物逐渐向下扩展，透过缝隙流入周围房间。凌晨打开厨房门窗通风以及上班前曾打开餐厅与会议室的门，可能进一步增加会议室和门厅内的燃气浓度，使得会议室内的混合气处于爆炸极限范围以内。爆燃的顺序为会议室向大餐厅（餐厅的西侧门抛向门厅）和门厅扩散。门厅中发生的爆燃程度看来有限，因其可燃介质主要是从会议室中推入的，否则门厅北角一侧的楼梯间便不会没有烧痕。进入主体结构底层走廊的主要是压力波而不会有大量的可燃气，所以在走廊内发生爆燃的可能性也不大，即使有燃烧大概也只局限于门厅相接的东端。

2. 爆炸压力估计

室内爆炸的不确定因素很多，准确估计爆炸压力相当困难，但可以从现有的一些经验公式和事故后破坏现象作近似的估算。

按照会议室的空间体积及其门窗泄压面积，并取门窗开始破坏时的压力为 $2.5 kN/m^2$，则可从文献 [2～6] 所引的不同经验公式（分别为 Simmonds，奥尔廖夫，Kinney，Dragosavic 和 Rasbash 公式）中，得出会议室内的最大爆炸压力为 12.1，4.6，10.4，13.5 和 $9.1 kN/m^2$，平均为 $11 kN/m^2$。

燃气爆炸的压力升压过程要比建筑结构构件的自振周期大得多，所以爆炸压力可以按拟静力对待。会议室屋面板连同上部屋面总重 $3.0 kN/m^2$，在爆炸压力下一般要被掀开。会议室屋面中间有一条钢筋混凝土现浇带，事故后发现部分钢筋拉断，按照这一现浇带的实际尺寸（30cm×20cm）和配筋情况（$A_g = A'_g = 3\Phi12$）用连续板受力进入塑性阶段计算，可得拉断时的压力为 11.6kN/m²。另外会议室北侧端墙在爆炸力压下产生很大变形，这一 37cm 厚的墙体净宽近 12m，中间有钢筋混凝土构造柱，两端有钢筋混凝土框架柱，如按侧向受力并考虑端部伸长受到约束，则能抵抗侧压的最大抗力约为 13kN/m²，而墙体的实际开裂及变形情况均已相当严重。

根据以上分析，会议室内的最大爆炸压力预期在 10～20kN/m² 之间，不可能超过 25KN/m²。大餐厅的宏观破坏比会议室轻得多，所以爆炸压力更低。可以推断，同样与会议室毗邻但距厨房更远、有更大泄压孔口比例的门厅，也不可能产生比会议室更大的压力。爆炸压力波遇到前面的阻挡物如墙面时，不会产生反射，这也是压力波与爆炸冲击波的最大不同之一，冲击波的反射压力至少要大于入射波压力的 2 倍以上。

3. 主体砖混结构的倒塌

砖墙结构抵抗爆炸侧压的能力在很大程度上取定于墙体中的轴向压力，轴压越大，抗侧压的能力也愈强，所以底层墙体承受上层重量具有很大的轴力。但 4 轴线的底层横墙上凑巧在 2 层以上都是大开间，上面再没有横墙压住（见图 8）。爆炸压力同时向上作用于楼板，使楼板产生向上的反力，从而又能部分抵消底层 4 轴墙体的轴向压力，虽然这一向上的反力甚小。当门厅内发生爆炸时，压力波首先作用于在主体结构底层的 4 轴横墙上，爆炸压力 p 只要达到 3kN/m²，置于 4 轴底层横墙上的预制楼板自重就能被向上的爆炸压力抵消，这时的横墙恰如没有轴力作用的悬臂梁，只需 1.2kN/m² 的侧压就能将它推倒，4 轴底层墙的倒塌也使 4～5 轴之间的 2 层预制板下坠。从图 9 所示的楼板与墙的连接节点构造即可看出，当楼板的一端失去支撑下坠时，另一端的翘起或滑落必将损坏 5 轴线 2 层墙体底部的截面（参见图 8），再加上底层墙体还受到一定的爆炸侧压作用，所以不管以后作用于各个横墙上的爆炸压力有多大，4 轴墙的倒塌就有可能触发整个房屋的连续破坏。

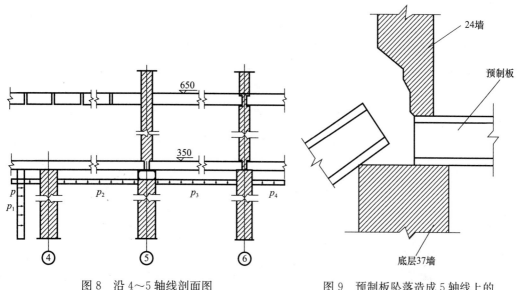

图 8 沿 4～5 轴线剖面图　　　图 9 预制板坠落造成 5 轴线上的
　　　　　　　　　　　　　　　　　　　　2 层墙体底部承压面缺损

如果不是轴 4 墙体倒塌引起连续反应，那么轴 5 底层墙体由于有上部墙体的竖向荷载作用，大概可抵抗 19kN/m² 的侧向爆炸压力。底层的内纵墙同样受上部墙体和上层走廊预制板的自重竖向荷载，而且压力波很快从门孔进入房间后，房间室内与走廊之间的纵墙受到里外的压力能够相互抵消，所以内纵墙本身也不至于破坏。房屋底层纵向外墙的上部也有五层墙体压住，据估算有可能抵抗 20kN/m² 的侧压。外纵墙是非承重墙，它是随着与之相连的横墙倒塌而倒塌的。应该说，这幢混合结构的设计在许多方面还是不错的；如果能在主体五层和局部六层相接的 5 轴线上也能设置几个钢筋混凝土构造柱，或者在 2 层的 3 到 5 轴线之间不设大开间，大概就不会发生这次连续倒塌。这真是细节有误，一样能酿成大祸。

四、经验教训

1. 钢筋混凝土整体框架结构有良好的抗爆能力。这次爆炸虽然发生在单层附属建筑内，但主框架未受到严重损坏。预制屋面板掀开泄压使得本来已经很大的门窗泄压面积又有所增长，在一定程度上又减轻了爆炸对墙体的损害。

2. 钢筋混凝土构造柱和与之连接的钢筋混凝土梁，对于砖混结构防止爆炸荷载下彻底倒塌起到十分重要的作用。图 4 和图 5 表示的 6 层残存结构，在 C 轴上的 4、5 轴之间的楼板和墙体都得以保存。残存结构中的 5 层楼板是现浇混凝土板，破裂后仍未下坠。可以设想，如果在 5 与 G 轴的交点上也设有钢筋混凝土构造柱，那么 6 层结构的整个主体都有可能保存。

3. 仅靠圈梁抗震设防的预制板砖混结构，抵抗水平爆炸压力的能力很差，甚易触发成连续破坏。5 层砖混结构在长达 43m 的整个范围内，既未设任何钢筋混凝土构造柱，也没有现浇楼板带，这对 7 度地震设防的建筑物来说，不能不说是一种欠妥的结构方案。建筑物的施工质量也不理想，从倒塌的砌体可见砂浆和砖块的粘结很差。如果这一建筑物能够每隔一段长度设置与圈梁整体浇注的钢筋混凝土构造柱并适当设置现浇楼板带，或者每隔一定距离采取必要的构造措施，使结构在一个开间内形成独立的牢固整体，这样就不至于造成如此大范围的连锁破坏效应。

4. 一般情况下，室内燃气爆炸产生的压力是比较有限的，最大压力数值相当不定，考虑爆炸可能产生严重后果，英国的有关设计标准曾一度提出房屋的承重构件应能承受 35kN/m² 的爆炸压力，或者在设计中采取必要的措施，使任一承重构件的破坏不会引起其他构件的倒塌，后者就是所谓的荷载作用的双重传递途径，比如在相邻二跨的预制板之间用拉筋连接，在失去中间支撑后也不会坠落，对于预制壁板结构，则通常采用拉筋在各个方向上将整个房屋连成整体，即使有某一外墙板失落，也能将上部构件拉住。但是对于普通建筑物来说，即使按有限的爆炸压力设计，也是经济能力上不能承受的；双重受力途径同样导致工程造价增加，所以这些都难以作为普遍的措施在我国推广。从我国具体国情出发，室内燃气一旦爆炸，造成建筑物的局部范围破坏甚至局部倒塌看来是难以避免的。要解决这个问题，首先是要选择具有良好整体牢固性的现浇钢筋混凝土结构（无梁板体系除外），特别是剪力墙结构，尽量不用容易发生连续倒塌的砖混结构和连接不良的预制结构。

五、结论

1. 燃气爆炸引起的房屋连续倒塌应该引起足够注意，按抗震要求单纯设置圈梁的预制板砖混结构，在偶然性爆炸荷载作用下仍有可能发生连续倒塌。对于这类多层砖混房屋，至少应每隔一定区段设置与圈梁整体连接的钢筋混凝土构造柱，或其他加强房屋整体性的构造措施。

2. 随着我国城镇燃气用量迅速增加，在我国的房屋建筑设计规范（主要是砖石砌体结构规范）中，应该尽快补充有关条文，采取必要的措施，防止灾难性的倒塌连锁反应。

参考文献

［1］ Editors：E. H. Gaylord and R. J. Mainstone, Tall Buildings — Criteria and Loading, ASCE, 1960

［2］ 鹿島建設技術研究所編. 既存建筑物耐力診斷對策. 鹿島出版社，1978（日文）

［3］ Справочник Проектировщика，Динамический Расчет Специал ных Инженерных Сооружений и Конструкцй，Под Редакцией Б. Г. Коренова，А. Ф. Смирнова，1986，Стройцздат，Разделб—Г. Г. Орлов，Н. А. Стрелвчук

［4］ G. F. Kinney, G. J. Graham, Explosive Shocks in Air, Spring-Verlag, 1985

［5］ Ir. M Dragosavic, Structural Measures Against Natural-Gas Explosions in High-Rise Blocks of Flats, Heron，1973，Vol，19 No. 4

［6］ D. J. Rasbash, Explosions in Domestic Structure, The Structural Engineers, 1969，Vol. 47，No. 10

编后注：本文原载于 1991 年 9 月的清华大学抗震抗爆工程研究室的科学研究报告，后发表在《防护工程》杂志（为内部发行的季刊）1993 年第 2 期。

衡阳衡州大厦火灾

衡阳衡州大厦为8层（局部9层）商居楼，建筑面积9300m²。1层为现浇混凝土梁柱框架和预制（局部现浇）预应力混凝土板，用于商业，但被违规作为仓库使用（图1）；

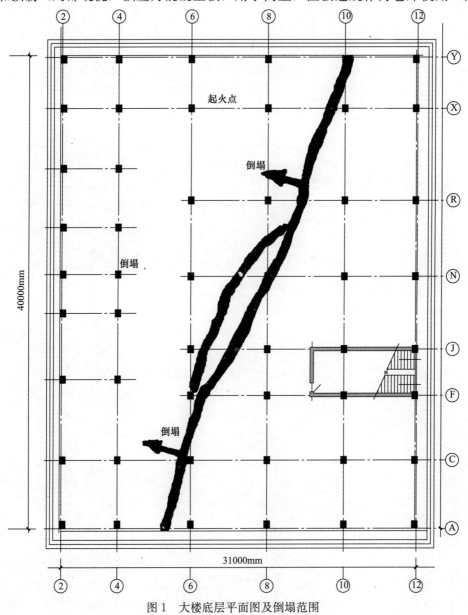

图1 大楼底层平面图及倒塌范围

2层以上均为墙厚仅19cm的混凝土空心砌块墙，底部支承在1层框架梁位置上，各层的地面楼板均为预应力混凝土条形预制板，简单的搁在墙体（2层的楼板搁在框架梁上）上，用作单元式公寓住房（图2）。

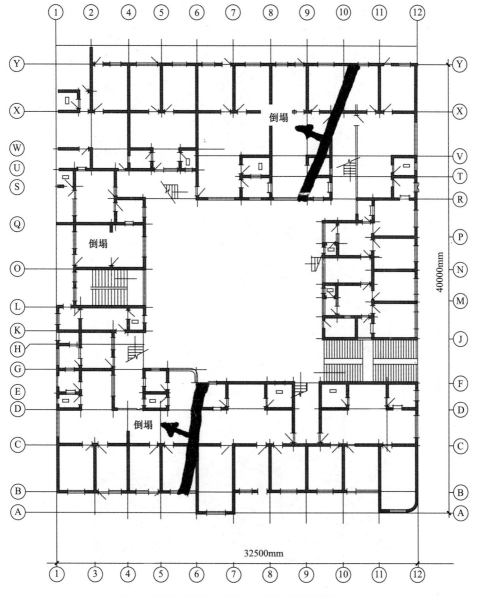

图2 大楼2层及2层以上的平面图及倒塌范围

2003年11月3日凌晨5：30，底层仓库局部起火，经消防人员疏散楼内全部居民并灭火，底层的实际着火面积其实甚为有限，火灾高温殃及2层起火的部位更少。到早晨8：30，大楼突然发生大范围的连续倒塌，超过5000m²建筑面积的楼房瞬时塌毁（图2、3）。倒下的外墙压向在建筑物楼外离外墙不远的消防战士，牺牲20人，伤11人；另有记者、保安6人受伤。死伤人数众多还由于墙外是一小巷，人员快速躲避无退路。

图 3　倒塌照片

图 4　现场救援

图 5　倒塌的墙体混凝土空芯砌块与预制空芯楼板
（图中可见，预应力楼板内的钢筋保护层不到 1cm，砌体的混凝土砌块与砂浆之间的粘结不良）

　　经检查发现，楼房属违法设计，设计人无设计资质，一些图纸无盖章签字，建造时设计报批的为 7 层，实际盖了 8 层、局部 9 层，施工质量低劣。灾后，有关责任人为推卸罪责，找外地有设计资质的人员核算楼房结构的强度，被认为即使加了 1～2 层，楼房的强度依然满足规范要求，而火已烧了 3 个小时，因此又认为早已超过公安消防部门规定的耐火极限（1.5～2 小时）要求，说明设计没有问题，设计人并没有责任。

但是，高达7~8层的空心砌块墙体在墙体的转角和门窗洞两侧都没有在空心砌块内用混凝土填芯并插入竖向钢筋，在墙体转角处也没有在水平砌缝内放置必要数量的连接筋，足以说明设计人没有起码的结构构造知识。大楼采用的预制预应力混凝土板，混凝土保护层厚度严重不足，在火灾高温下会很快丧失强度并坠落。这种整体牢固性极其低下的结构，只要有任何一个结构构件在火灾下出现破损，就有可能引发连续倒塌。

湖南衡阳"11·3"特大火灾坍塌事故发生后，引起了党中央和国务院领导的高度重视，对事故处理工作相继做出重要批示。为分析事故原因，笔者受邀到受灾现场，并对这起事故的性质、原因和应吸取的教训做了汇报。

衡阳"11·3"火灾坍塌事故，就其性质来说，定性为违规建设、违规施工、违规使用是确定无疑的。从技术角度看，大厦的坍塌有许多值得研究总结的地方。大面积坍塌事故在我国已经发生过很多起，大多属于砖墙预制板结构体系，这种结构如果设计不当，在砖墙、预制板之间以及相邻预制板之间缺乏可靠的连接，很容易在火灾、地震或因人为差错造成个别构件的局部破损时，会进一步引发更大范围的连续破坏倒塌。衡州大厦就属于这类结构，设计的根本错误在于整体牢固性太差。这座建筑物的设计在结构的整体方案和体系上不合理。事故从技术上找原因有两种可能性，一种可能是大厦中2层的预应力楼板遭底层仓库着火烧后，由于预应力钢筋在高温下的强度损失远比普通钢筋大，抵抗火灾能力很差，钢筋受热后强度下降，先有一块板因承载力不足发生坠落，使得砌在板端上方的19cm厚的墙体承重面积损失了一半，于是墙体也发生破坏，并进一步造成上方的预应力楼板坠落，造成大面积坍塌事故；另一种可能是底层中的某根梁或柱在火灾中先受到损伤，也会引发大面积的坍塌。

钢筋混凝土柱的截面大，混凝土是传热较慢的惰性材料，一般有较强的防火能力，如果受高温时间不是特别长是不容易破坏的。不过从图纸中可见，这个建筑物的个别柱体，所受的轴力和轴压比都比较大，平时使用荷载下的安全贮备就不足，长时间受高温也有遭到破坏的可能。

大厦的设计图纸中也设计了构造柱，可是灾后在现场实际勘察中，构造柱的数量与设置情况确与设计图纸不相符。而且我们在现场中没有发现墙角处有构造柱，已发现的构造柱与砌体之间也没有胡子筋连接。另外，现场中发现梁的内部钢筋有的是不连续的，梁、柱的箍筋也没有按规定弯钩。如果梁的强度和构造合理，那么坠落后会比较完整，可能会造成一些小的空间，留在墙角的人或有活下来的可能，不至于被压扁，这种死里逃生的事情在国内也曾发生过的。

大厦的施工与设计图纸不吻合，施工单位没有资质。在现场中，我们发现砂浆和砌块、混凝土构件中的钢筋石子和水泥浆体都没有很好粘结，有些部位用手指一捏就能剥落，说明混凝拌合料在当初施工时有掺水可能。经了解，施工单位还在初期使用了20t不合格的水泥，在下一步的现场勘查取证中，要注意调查这批不合格水泥用在哪些部位的构件中。

从已搜集的资料和现场查勘情况分析原因，在上面说到的两种可能性中，笔者认为最大的可能应该是预制预应力楼板首先坠落，因为预应力楼板的强度本身就不高而且耐火极限很低。

　　这起事故还应该引起我们对规范标准编制工作的进一步思考，规范应该从工程事故中吸取教训，在设计规范条文中增添结构整体性的要求。此外，在大楼与周围建筑物之间应该留有足够的空间，现在的大城市内建房，好比见缝插针，一有灾害发生，不利于逃生和救援。

　　编后注：谈"11·3"衡阳特大火灾坍塌事故的原文篇幅相当长，不少内容与本文集中的其他文章重复，此处仅摘录原文中的几段。